中国科学院科学出版基金资助出版

U0263224

运筹与管理科学丛书 17

线 性 锥 优 化

方述诚　邢文训　著

科学出版社

北　京

内 容 简 介

线性锥优化是线性规划的延伸，也是非线性规划，尤其是二次规划的一种新型研究工具，其理论性强，应用面广，值得深入研究. 本书系统地介绍了线性锥优化的相关理论、模型和计算方法，主要内容包括：线性锥优化简介、基础知识、最优性条件与对偶、可计算线性锥优化、二次函数锥规划、线性锥优化近似算法、应用案例和内点算法软件介绍等.

本书不仅包含了线性规划、二阶锥规划和半定规划等基本模型，还引进二次函数锥规划来探讨更一般化的线性锥优化模型. 同时，在共轭对偶理论的基础上，系统地建立了线性锥优化的对偶模型，分析了原始与对偶模型之间的强对偶性质. 本书的主要内容来源于我们研究小组近些年工作总结，一些研究结果还非常初始，仍然具有较新的研究价值和可能的扩展空间.

本书可作为数学及最优化等相关专业高年级本科生、研究生的教材或参考书，也可供教师、科研人员参考.

图书在版编目(CIP)数据

线性锥优化/方述诚，邢文训著. —北京：科学出版社，2013
(运筹与管理科学丛书；17)
ISBN 978-7-03-038176-7

I. ①线⋯ II. ①方⋯ ②邢⋯ III. ①线性规划—高等学校—教材
IV. ①O221.1

中国版本图书馆 CIP 数据核字 (2013) 第 166766 号

责任编辑：李　欣／责任校对：张凤琴
责任印制：吴兆东／封面设计：王　浩

科 学 出 版 社 出版
北京东黄城根北街 16 号
邮政编码：100717
http://www.sciencep.com
北京凌奇印刷有限责任公司 印刷
科学出版社发行　各地新华书店经销
*
2013 年 8 月第 一 版　开本：B5(720 × 1000)
2021 年 8 月第七次印刷　印张：18 1/4
字数：343 000
定价：88.00 元
(如有印装质量问题，我社负责调换)

《运筹与管理科学丛书》序

运筹学是运用数学方法来刻画、分析以及求解决策问题的科学. 运筹学的例子在我国古已有之, 春秋战国时期著名军事家孙膑为田忌赛马所设计的排序就是一个很好的代表. 运筹学的重要性同样在很早就被人们所认识, 汉高祖刘邦在称赞张良时就说道: "运筹帷幄之中, 决胜千里之外."

运筹学作为一门学科兴起于第二次世界大战期间, 源于对军事行动的研究. 运筹学的英文名字 Operational Research 诞生于 1937 年. 运筹学发展迅速, 目前已有众多的分支, 如线性规划、非线性规划、整数规划、网络规划、图论、组合优化、非光滑优化、锥优化、多目标规划、动态规划、随机规划、决策分析、排队论、对策论、物流、风险管理等.

我国的运筹学研究始于 20 世纪 50 年代, 经过半个世纪的发展, 运筹学研究队伍已具相当大的规模. 运筹学的理论和方法在国防、经济、金融、工程、管理等许多重要领域有着广泛应用, 运筹学成果的应用也常常能带来巨大的经济和社会效益. 由于在我国经济快速增长的过程中涌现出了大量迫切需要解决的运筹学问题, 因而进一步提高我国运筹学的研究水平、促进运筹学成果的应用和转化、加快运筹学领域优秀青年人才的培养是我们当今面临的十分重要、光荣, 同时也是十分艰巨的任务. 我相信, 《运筹与管理科学丛书》能在这些方面有所作为.

《运筹与管理科学丛书》可作为运筹学、管理科学、应用数学、系统科学、计算机科学等有关专业的高校师生、科研人员、工程技术人员的参考书, 同时也可作为相关专业的高年级本科生和研究生的教材或教学参考书. 希望该丛书能越办越好, 为我国运筹学和管理科学的发展做出贡献.

袁亚湘

2007 年 9 月

前　　言

　　线性锥优化是对决策变量取自锥, 而约束和目标函数为决策变量的线性函数这类优化问题系统研究的统称, 其内容包括模型的建立、最优解性质的理论分析、最优解的计算求解和模型的应用等. 最简单的线性锥优化问题其实就是大家熟悉的线性规划问题, 其决策变量限定在 n 维欧氏空间中第一卦限这个锥上, 而目标和约束都是决策变量的线性函数. 线性规划问题是线性锥优化中最为经典、最为著名的一类. 自 1947 年 George B. Dantzig 提出单纯形算法后, 线性规划问题在各应用学科得到了广泛的应用. 虽说单纯形算法非常实用, 但在极端情况下, 研究者举出了计算效率降至极低的实例. 20 世纪 70 年代末期椭球算法以及 80 年代初期内点算法的出现, 证明了线性规划问题是多项式时间可计算的. 由此学术界更期望在给定的精度下发现更多的多项式时间可计算 (简称可计算) 问题. 研究者相继提出了二阶锥规划、半定规划等可计算问题, 并在大量实际问题中得到应用, 由此引发了人们对线性锥优化问题的关注和研究兴趣.

　　以上提到的线性规划、二阶锥规划和半定规划三类问题的共同点是目标为凸 (线性) 函数, 可行解区域为凸集, 并且都是可计算的. 一些学者不禁产生联想: 是否凸优化问题都可计算? 答案是否定的. 20 世纪末提出的协正规划 (copositive programming) 就涵盖很多计算复杂性高的 NP- 难问题. 本书介绍的二次函数锥规划问题也是一类难解的线性锥优化问题, 其变形源于一般的二次约束二次规划问题, 而与其有相同的目标值.

　　线性锥优化问题涵盖线性规划、二阶锥规划和半定规划这些可计算问题, 使得大量实际应用问题得以解决. 同时, 像二次约束二次规划这种理论问题也可以在其框架下研究和求解. 因此, 线性锥优化非常具有挑战性. 如何利用锥的特殊结构, 扩大我们在理论上对一些困难问题的了解和如何实现近似计算求解, 成为数学规划领域中的一个重要研究方向.

　　本书作者及其研究小组自 1980 年初展开线性规划问题的研究, 近年来特别关注二次约束二次规划问题与线性锥优化问题间的关系, 分别在清华大学和美国北卡罗来纳州立大学 (North Carolina State University) 为研究生开设线性锥优化相关课程. 我们将课程中讲授的部分内容进行了总结, 同时系统地整理了研究小组近期有关共轭对偶、广义 Lagrange 对偶、二次函数锥规划问题的理论及其计算求解等研究结果, 一并归结在本书中.

　　作为引论, 第 1 章从应用的视角分别介绍了隶属于线性规划、二阶锥规划、半定规划和二次函数锥规划的线性规划问题、Torricelli 点问题、相关阵满足性问题和最大割问题及其数学模型的建立. 具有运筹学、高等数学基础知识的读者阅读这一章不会有太大困难. 第 2、3 章介绍凸分析和非线性规划的基础知识, 为后续章节内容作准备. 特别需要关注这两章中关于相对内点内容的讨论和对偶观点的介绍. 第 4~6 章为本书的核心. 第 4 章介绍可计算线性锥优化的模型和理论结果, 包括线性规划、二阶锥规划和半定规划三类模型. 由于具备多项式时间可计算的特点, 这三类模型在很多实际问题中得以应用. 可计算线性锥优化问题的计算一般采用内点算法, 第 4 章对内点算法的框架给以简单介绍. 第 5 章介绍二次函数锥规划的最新发展和理论结果. 第 6 章则介绍利用可计算锥逼近的一些近似算法, 以二次约束二次规划问题为例, 实现可计算锥逼近的计算方法. 第 7 章选择了若干个典型问题, 介绍线性锥优化的应用. 为了便于线性锥优化的研究和应用, 我们在附录中简单介绍内点算法软件 CVX 的使用.

如以本书作为高年级本科生和研究生课程教材, 可完全按照本书的顺序讲授. 对于学时较短的课程, 可以在讲完第 1~4 章后, 有选择地讲授第 7 章的应用案例. 这样的安排也可作为凸分析和非线性规划等基础课程的替代. 对有一定线性锥优化基础的研究人员来讲, 可以直接选择阅读第 3~7 章. 这一部分内容更可作为 (博士) 研究生线性与非线性规划的后续课程.

本书的完成得益于研究小组全体成员的鼎力支持. 2011 年秋季, 应方述诚教授的邀请, 邢文训教授访问美国北卡罗来纳州立大学, 并开始本书的撰写. 我们采取每周按写作内容授课和讨论一次的方式, 一步步修正和确定本书内容. 参加课程研讨的人员除本书作者外, 还有邓智斌、邓志锋、金庆伟、黄建嘉、田野、王子腾等同学. 金庆伟博士对书中内容和证明提出了很多非常有建设性的建议, 邓智斌提供了本书的大部分插图, 王子腾为本书的每一稿都提供了详尽的文字修改意见. 2012 年上半年, 邢文训教授在清华大学特别开设一门课程讲授本书全部内容, 郭晓玲、马健、聂嘉明、谢悦、徐鑫、张彰、周晶等同学指出了多处错误并给出了一些非常好的建议, 他们的一些精彩证明也被收集到本书中. 在此, 我们对各位同学的热心学习和认真负责态度表示衷心的感谢!

在撰写附录部分时, 我们发现 CVX 的有些输出结果难以解释, 由此得到美国斯坦福大学的 Stephen Boyd 教授和 Michael C. Grant 教授的指教, 本书附录 A.3 节则采用他们给出的算例. 在此表示感谢!

本书的撰写引用了不少叶荫宇教授、张树中教授、罗智泉教授在清华大学方述诚讲席教授组授课及 (专题) 研讨会时使用的珍贵内容, 我们万分感激他们长期的指导与支持, 珍惜多年来与他们的友谊! 另外, 本书的成稿受益于韩继业教授、袁亚湘教授、修乃华教授、孙小玲教授、张立卫教授、白延琴教授、张立平教授、王振波教授、李平科教授和路程博士的真挚与细致的指正和建议, 我们铭记在心. 与高扬教授、许瑞麟教授、谢金星教授和赵晓波教授的长期合作更使我们受益匪浅.

本书得到清华大学教育基金会、教育部科学技术研究重点项目 (108005)、国家自然科学基金委员会 (10801087, 11171177)、美国自然科学基金会、美国陆军研究办公室, 以及美国北卡罗来纳州立大学 Walter Clark 讲座基金的长期支持. 承蒙科学出版社的青睐及中国科学院出版基金的资助, 使本书得以顺利出版. 在此一并表示感谢!

最后也最为重要的是, 如果没有家庭的支持, 我们的工作是绝无可能完成的. 谨将此书献给赵继新、方先安、李娟、邢睿磊! 谢谢他们无尽的体谅和支持.

方述诚　邢文训

2013 年春

目　　录

《运筹与管理科学丛书》序

前言

符号表

第 1 章　引论 ……………………………………………………………… 1

　　1.1　线性规划 …………………………………………………………… 1

　　1.2　Torricelli 点问题 …………………………………………………… 3

　　1.3　相关阵满足性问题 ………………………………………………… 4

　　1.4　最大割问题 ………………………………………………………… 5

　　1.5　小结及相关工作 …………………………………………………… 7

第 2 章　基础知识 ………………………………………………………… 9

　　2.1　集合、向量与空间 ………………………………………………… 9

　　2.2　集合的凸性与锥 …………………………………………………… 18

　　2.3　对偶集合 …………………………………………………………… 35

　　2.4　函数 ………………………………………………………………… 38

　　2.5　共轭函数 …………………………………………………………… 46

　　2.6　可计算性问题 ……………………………………………………… 52

　　2.7　小结及相关工作 …………………………………………………… 56

第 3 章　最优性条件与对偶 ……………………………………………… 57

　　3.1　最优性条件 ………………………………………………………… 57

　　3.2　约束规范 …………………………………………………………… 67

　　3.3　Lagrange 对偶 ……………………………………………………… 73

　　3.4　共轭对偶 …………………………………………………………… 79

　　3.5　线性锥优化模型及最优性 ………………………………………… 89

　　3.6　小结及相关工作 …………………………………………………… 96

第 4 章　可计算线性锥优化 ……………………………………………… 98

　　4.1　线性规划 …………………………………………………………… 98

　　4.2　二阶锥规划 ………………………………………………………… 99

　　　　4.2.1　一般形式 …………………………………………………… 103

　　　　4.2.2　二阶锥可表示函数/集合 ………………………………… 106

　　　　4.2.3　常见的二阶锥可表示函数/集合 ·· 108

　　　　4.2.4　凸二次约束二次规划 ·· 110

　　　　4.2.5　鲁棒线性规划 ·· 111

　　4.3　半定规划 ·· 112

　　　　4.3.1　半定规划松弛 ·· 120

　　　　4.3.2　秩一分解 ·· 122

　　　　4.3.3　随机近似方法 ·· 125

　　4.4　内点算法简介 ·· 127

　　4.5　小结及相关工作 ·· 141

第 5 章　二次函数锥规划 ·· 142

　　5.1　二次约束二次规划 ·· 142

　　5.2　二次函数锥规划 ·· 149

　　5.3　可计算松弛或限定方法 ·· 158

　　5.4　二次约束二次规划最优解的计算 ·· 161

　　　　5.4.1　全局最优性条件 ·· 162

　　　　5.4.2　可解类与算法 ·· 168

　　　　5.4.3　算例 ·· 170

　　　　5.4.4　KKT 条件及全局最优性条件讨论 ·· 172

　　5.5　小结及相关工作 ·· 172

第 6 章　线性锥优化近似算法 ·· 175

　　6.1　线性化重构技术 ·· 176

　　6.2　有效冗余约束 ·· 187

　　　　6.2.1　$\mathcal{C} = \mathcal{S}_+^{n+1}$ 和 $\mathcal{C} = \mathcal{S}_+^{n+1} + \mathcal{N}^{n+1}$ 的情况 ·· 194

　　　　6.2.2　冗余约束算法及算例 ·· 197

　　6.3　椭球覆盖法 ·· 199

　　　　6.3.1　近似计算的基本理论 ·· 200

　　　　6.3.2　自适应逼近方案 ·· 203

　　　　6.3.3　敏感点与自适应逼近算法 ··· 205

　　　　6.3.4　算法与应用 ·· 208

　　6.4　二阶锥覆盖法 ·· 212

　　　　6.4.1　二阶锥的线性矩阵不等式表示 ·· 212

　　　　6.4.2　二阶锥覆盖的构造 ·· 215

　　　　6.4.3　二阶锥覆盖在协正规划中的应用 ·· 217

　　6.5　小结及相关工作 ·· 224

第 7 章　应用案例 ·· 225
　7.1　线性方程组的近似解 ·· 225
　7.2　投资管理问题 ·· 230
　7.3　单变量多项式优化 ·· 233
　7.4　鲁棒优化 ·· 235
　7.5　协正锥的判定 ·· 238
　7.6　小结 ·· 245
附录　CVX 使用简介 ··· 247
　A.1　使用环境和典型命令 ·· 247
　A.2　可计算凸优化规则及核心函数库 ······························ 254
　A.3　参数控制及核心函数的扩展 ·································· 258
　A.4　小结 ·· 262
参考文献 ·· 263
索引 ·· 268
《运筹与管理科学丛书》已出版书目 ······························· 273

符 号 表

$\mathbb{R}$	实数集合
$\mathbb{R}_+$	非负实数集合
$\mathbb{R}^n$	n 维实向量空间
$\mathbb{R}^n_+$	n 维非负实向量空间, 第一卦限
$\cup, \cap$	集合运算符号: 并, 交
$\in, \notin, \subseteq$	属于, 不属于, 集合包含于
a, b, f 等小写字母	表示列向量
a_i, b_i, f_i 等	表示列向量分量
A, B, Q 或 A_i, B_i, Q_i 等大写字母	表示矩阵
$A \succeq B, A \succ B$	$A - B$ 为半正定, 正定矩阵
$x^{\mathrm{T}}, A^{\mathrm{T}}$	列向量 x, 矩阵 A 的转置
$\mathcal{C}, \mathcal{F}, \mathcal{X}, \mathcal{K}$ 等大写花字母	表示集合
$\mathcal{C}^*, \mathcal{X}^*, \mathcal{K}^*$ 等大写花字母	表示对偶集合
$\mathcal{M}(m, n)$	$m \times n$ 实矩阵集
$\mathcal{S}^n$	n 阶实对称矩阵集
$\mathcal{S}^n_+$	n 阶实对称半正定矩阵集
$\mathcal{S}^n_{++}$	n 阶实对称正定矩阵集
$\mathcal{N}(A)$	矩阵 A 的零空间
$\mathcal{R}(A)$	矩阵 A 的列生成空间
$\mathrm{rank}(A)$	矩阵 A 的秩
$\inf, \sup$	下确界, 上确界
$\min, \max$	极小, 极大
$\dim(\mathcal{X})$	集合 $\mathcal{X}$ 的维数
$\mathrm{tr}(A)$	矩阵 A 的迹
$\bullet$	内积
$\|x\|$	向量 x 的范数
$\|x\|$	实数 x 的绝对值
$N(x, \delta)$	以 x 为中心, 半径为 δ 的开球邻域
$\mathrm{cl}(\mathcal{X})$	集合 $\mathcal{X}$ 的闭包集合
$\mathrm{int}(\mathcal{X})$	集合 $\mathcal{X}$ 的内点集合
$\mathrm{bdry}(\mathcal{X})$	集合 $\mathcal{X}$ 的边界点集合
$\mathrm{ri}(\mathcal{X})$	集合 $\mathcal{X}$ 的相对内点集合
$\mathrm{conv}(\mathcal{G})$	集合 $\mathcal{G}$ 的凸包

cone($\mathcal{G}$)   集合 $\mathcal{G}$ 的锥包

"O", "o"   大小的级别

$\nabla f(x) = \left(\dfrac{\partial f(x)}{\partial x_1}, \cdots, \dfrac{\partial f(x)}{\partial x_n} \right)^{\mathrm{T}}$ 函数 $f(x)$ 的梯度

$\nabla^2 f(x)$ 函数 $f(x)$ 的 Hessian 矩阵

conv(f)   函数 $f(x)$ 的凸包函数

epi$f$ 函数 $f(x)$ 的上方图

$\partial f(x)$ 函数 $f(x)$ 在 x 点的次梯度集合

$\mathcal{D}_{\mathcal{G}}$ 集合 $\mathcal{G}$ 上的二次函数锥

$\mathcal{CP}^n$ n 阶协正锥

$\mathcal{CP}^n_{\mathcal{G}}$ 集合 $\mathcal{G} \subseteq \mathbb{R}^n$ 上的协正锥

第1章 引   论

线性规划 (linear programming)已被运筹学界广泛接受并深入了解, 人们均熟悉其数学模型中的线性目标函数、线性约束函数及决策变量在第一卦限 $\mathbb{R}^n_+$ 定义的表示方法. 线性锥优化是如何定义的, 与线性规划又有什么样的关系, 本章将通过一些简单例子的介绍, 分别引出线性锥优化 (linear conic programming)中的线性规划、二阶锥规划 (second-order cone programming)、半定规划 (semi-definite programming) 和二次函数锥规划 (conic programming over cones of nonnegative quadratic functions)等模型, 从而对线性锥优化有一个初步的认识.

线性锥优化比线性优化多出的一个 "锥" 字, 主要指决策变量由锥集合中选取. 所谓的锥集合 $\mathcal{C}$ 定义为: 任取 $x \in \mathcal{C}$ 和非负实数 $\theta \in \mathbb{R}_+$, $\theta x \in \mathcal{C}$ 恒成立. 简而言之, 线性锥优化的表现特征为: 决策变量由一个锥中选取, 在满足一些决策变量线性方程的约束条件下, 最优化一个线性目标函数.

1.1 线 性 规 划

线性规划模型的最早提出者可以追溯到 1939 年的俄罗斯科学家 Leonid Kantorovich, 他当时建立了车间产品生产的一个初始线性规划模型. 随着第二次世界大战的结束, 一些运筹学的核心内容得以公开. George B. Dantzig 于 1947 年提出了一套完整的线性规划模型和单纯形算法, 解决军方的物资和人员调度问题, 翌年与 John von Neumann 讨论后形成了对偶理论. 由此线性规划成为一套完整的体系, 在大量实际问题中得以广泛应用. 虽说单纯形算法有非常好的实际计算效果, 但 1969 年 Klee 和 Minty[36] 在理论上证实该算法具有指数复杂度. 第一部关于线性规划理论的专著发表于 1963 年 [10]. 单纯形算法提出的 30 多年后, L. G. Khachiyan[35] 于 1979 年和 N. Karmarkar[34] 于 1984 年分别给出多项式时间求解线性规划问题的椭球算法和内点算法, 这成为运筹学发展的一个里程碑, 由此进一步引发人们对线性锥优化和凸优化问题的关注.

线性规划问题的标准模型如下

$$\min \quad \sum_{j=1}^{n} c_j x_j$$
$$\text{s.t.} \quad \sum_{j=1}^{n} a_{ij} x_j = b_i, \quad i = 1, 2, \cdots, m,$$

$$x \in \mathbb{R}_+^n, \tag{1.1}$$

其中 $x = (x_1, x_2, \cdots, x_n)^{\mathrm{T}}$ 为决策变量, $c = (c_1, c_2, \cdots, c_n)^{\mathrm{T}}$ 为给定 n 维向量, $A = (a_{ij})_{m \times n}$ 为给定 $m \times n$ 矩阵, $b = (b_1, b_2, \cdots, b_m)^{\mathrm{T}}$ 为给定 m 维向量, $\mathbb{R}_+^n = \{x \in \mathbb{R}^n \mid x \geqslant 0\}$. 满足约束条件的点集称为可行解集合.

标准模型的特点是约束方程都取等号形式. 实际问题中可能出现 "$\leqslant$" 或 "$\geqslant$" 的形式, 可以通过数学处理而得到标准模型的形式. 如

$$\sum_{j=1}^n a_{ij} x_j \leqslant b_i,$$

通过增加松弛变量 $y_i \geqslant 0$, 可写成等式形式

$$\sum_{j=1}^n a_{ij} x_j + y_i = b_i.$$

同理, 对

$$\sum_{j=1}^n a_{ij} x_j \geqslant b_i,$$

通过引进松弛变量 $y_i \geqslant 0$, 其等价等式形式成为

$$\sum_{j=1}^n a_{ij} x_j - y_i = b_i.$$

在可行解集非空的情况下, 不失一般性, 标准模型中可以假设 A 的行 (row) 向量线性无关, 即 $\mathrm{rank}(A) = m$, 否则去掉线性相关的行向量不改变可行解集合, 也就不影响线性规划问题的最优解, 也就有 $m \leqslant n$. 线性规划问题标准模型 (1.1) 写成矩阵形式为

$$\begin{aligned} \min \quad & c^{\mathrm{T}} x \\ \text{s.t.} \quad & Ax = b, \\ & x \in \mathbb{R}_+^n. \end{aligned}$$

若将 c 看成单位费用组成的向量, A 为单位材料消耗矩阵, b 为各项消耗材料的给定量, 则线性规划模型描述了在材料资源限定的条件下, 如何选取决策变量 x, 使得花费最小这样一类应用问题.

若 A 中存在 m 列 (column) 组成的矩阵 B 可逆且满足 $B^{-1}b \geqslant 0$, 可构造一个 n 维向量 $x \in \mathbb{R}^n$, 将 B 对应位置的 m 个分量以 $B^{-1}b$ 添加, 余下加上 $n-m$ 个 0 分量. 这个向量即为线性规划问题的一个基础可行解. 当一个线性规划问题的最优目标函

数值有下界时, 其最优解一定可在某个基础可行解达到 [16]. 这样的结果使得求解线性规划问题的最优解变得非常直观, 我们最多枚举 $C_n^m = \dfrac{n(n-1)\cdots(n-m+1)}{m(m-1)\cdots 1}$ 个满足以上条件的 B 即可得到. George B. Dantzig 的单纯形算法是一个非常精巧的枚举基础可行解的辗转替换方法. V. Klee 和 G. J. Minty[36] 给出的一个实例证明单纯形算法在最坏的情形下是指数时间的算法. L. G. Khachiyan [35] 给出以区域分割及椭球覆盖的椭球算法, N. Karmarkar[34] 则提出从可行解区域内点出发搜索最优解的内点算法. 这两个算法被证明具有多项式时间的计算复杂性, 由此确定了线性规划问题为一类多项式时间可计算问题.

观察 (1.1), 其决策变量的定义域为第一卦限 $\mathbb{R}_+^n$, 目标函数为线性函数, 约束方程为线性方程. 不难验证第一卦限 $\mathbb{R}_+^n$ 满足锥集合的定义, 所以线性规划问题是一类线性锥优化问题.

1.2 Torricelli 点问题

该问题的起源可以追溯到 17 世纪著名法国数学家 Pierre de Fermat (1601—1665) 提出的一个问题: 给定平面上的三个点 $a = (a_1, a_2)^{\mathrm{T}}$, $b = (b_1, b_2)^{\mathrm{T}}$ 和 $c = (c_1, c_2)^{\mathrm{T}}$, 求平面上的一点 $x = (x_1, x_2)^{\mathrm{T}}$ 与这三个点的距离之和为最小. 意大利数学家 E. Torricelli (1608—1647) 给出一个求解方法, 这个问题也因此得名. 其优化模型为

$$
\begin{aligned}
\min \quad & t_1 + t_2 + t_3 \\
\text{s.t.} \quad & [(x_1 - a_1)^2 + (x_2 - a_2)^2]^{1/2} \leqslant t_1, \\
& [(x_1 - b_1)^2 + (x_2 - b_2)^2]^{1/2} \leqslant t_2, \\
& [(x_1 - c_1)^2 + (x_2 - c_2)^2]^{1/2} \leqslant t_3, \\
& x_1, x_2, t_1, t_2, t_3 \in \mathbb{R}.
\end{aligned}
\tag{1.2}
$$

记

$$
\begin{cases} y_1 = x_1 - a_1, \\ y_2 = x_2 - a_2, \end{cases} \quad
\begin{cases} z_1 = x_1 - b_1, \\ z_2 = x_2 - b_2, \end{cases} \quad
\begin{cases} w_1 = x_1 - c_1, \\ w_2 = x_2 - c_2. \end{cases}
$$

则有 $[y_1^2 + y_2^2]^{1/2} \leqslant t_1$, $[z_1^2 + z_2^2]^{1/2} \leqslant t_2$ 和 $[w_1^2 + w_2^2]^{1/2} \leqslant t_3$. 记 $\mathcal{L}^3 = \{(x_1, x_2, t)^{\mathrm{T}} \in \mathbb{R}^3 : (x_1^2 + x_2^2)^{1/2} \leqslant t\}$. 以变量替换消除 x_1, x_2 项, 则 (1.2) 可以等价表示为

$$
\begin{aligned}
\min \quad & t_1 + t_2 + t_3 \\
\text{s.t.} \quad & y_1 - z_1 = b_1 - a_1, \\
& y_1 - w_1 = c_1 - a_1, \\
& y_2 - z_2 = b_2 - a_2,
\end{aligned}
$$

$$y_2 - w_2 = c_2 - a_2,$$
$$(y_1, y_2, t_1)^{\mathrm{T}} \in \mathcal{L}^3, \quad (z_1, z_2, t_2)^{\mathrm{T}} \in \mathcal{L}^3, \quad (w_1, w_2, t_3)^{\mathrm{T}} \in \mathcal{L}^3. \tag{1.3}$$

将 (1.3) 的定义域写成笛卡儿积 (Cartesian product) 形式为 $\mathcal{L}^3 \times \mathcal{L}^3 \times \mathcal{L}^3$. 容易验证, 对任意 $(x_1, x_2, t)^{\mathrm{T}} \in \mathcal{L}^3$ 和 $\theta \geqslant 0$, 有

$$\sqrt{(\theta x_1)^2 + (\theta x_2)^2} = \theta\sqrt{(x_1)^2 + (x_2)^2} \leqslant \theta t,$$

即 $\theta(x_1, x_2, t)^{\mathrm{T}} \in \mathcal{L}^3$. 由此得知 (1.3) 的定义域 $\mathcal{L}^3 \times \mathcal{L}^3 \times \mathcal{L}^3$ 是一个锥. 观察 (1.3) 的目标函数和约束方程, 它们都是线性函数, 因此 (1.3) 是一个线性锥优化问题.

1.3   相关阵满足性问题

统计学的理论表明, 随机变量的相关阵具有半正定性. 假设有三个随机变量 A, B 和 C. 它们的相关系数 ρ_{AB}, ρ_{AC} 和 ρ_{BC} 一定满足

$$\begin{pmatrix} 1 & \rho_{AB} & \rho_{AC} \\ \rho_{AB} & 1 & \rho_{BC} \\ \rho_{AC} & \rho_{BC} & 1 \end{pmatrix} \succeq 0,$$

其中 "$\succeq$" 表示矩阵半正定关系. 假设我们通过一些先验知识 (如大量的数值实验) 得到 $-0.2 \leqslant \rho_{AB} \leqslant -0.1$ 和 $0.4 \leqslant \rho_{BC} \leqslant 0.5$, 那么 ρ_{AC} 可以在什么范围内变化?

非常直观, 我们可以建立相关阵满足性问题 (correlation matrix satisfying problem) 的以下模型

$$\begin{aligned} \min/\max \quad & \rho_{AC} \\ \text{s.t.} \quad & -0.2 \leqslant \rho_{AB} \leqslant -0.1, \\ & 0.4 \leqslant \rho_{BC} \leqslant 0.5, \\ & \rho_{AA} = \rho_{BB} = \rho_{CC} = 1, \\ & \begin{pmatrix} \rho_{AA} & \rho_{AB} & \rho_{AC} \\ \rho_{AB} & \rho_{BB} & \rho_{BC} \\ \rho_{AC} & \rho_{BC} & \rho_{CC} \end{pmatrix} \succeq 0. \end{aligned} \tag{1.4}$$

沿用前两节建立模型的思路, 对 (1.4) 的变量重新表示为: $\rho_{AA} = x_{11}, \rho_{AB} = x_{12}$, $\rho_{AC} = x_{13}, \rho_{BB} = x_{22}, \rho_{BC} = x_{23}, \rho_{CC} = x_{33}$. 增加松弛变量 $x_{44}, x_{55}, x_{66}, x_{77}$, 再扩大到一个变量矩阵 $(x_{ij})_{7\times7}$, (1.4) 可等价地表示为

$$
\begin{aligned}
\min/\max \quad & x_{13} \\
\text{s.t.} \quad & x_{12} + x_{44} = -0.1, \\
& x_{12} - x_{55} = -0.2, \\
& x_{23} + x_{66} = 0.5, \\
& x_{23} - x_{77} = 0.4, \\
& x_{11} = x_{22} = x_{33} = 1, \\
& x_{ij} = 0, \quad \begin{cases} 1 \leqslant i \leqslant 3 且 4 \leqslant j \leqslant 7, \\ 4 \leqslant i \leqslant 7 且 1 \leqslant j \leqslant 3, \\ 4 \leqslant i, j \leqslant 7 且 i \neq j, \end{cases} \\
& (x_{ij}) \in \mathcal{S}_+^7,
\end{aligned}
\tag{1.5}
$$

其中 "$\mathcal{S}_+^7$" 表示 7 阶对称半正定矩阵集合.

$\mathcal{S}_+^7$ 明显具有锥的特性, 因为任何一个半正定阵乘上一个非负数仍为半正定阵. 因此 (1.5) 也是一个线性锥优化问题.

1.4 最大割问题

最大割 (max-cut) 是组合最优化中经典问题之一, 描述如下: 给定一个无向图 $G = (N, E)$, 结点集 $N = \{1, 2, \cdots, n\}$, 边集 $E = \{(i, j) \mid i, j \in N = \{1, 2, \cdots, n\}\}$ 和 $(i, j) \in E$ 边上的权重 $w_{ij} \geqslant 0$, 求结点集 N 的一个划分 (S, S'), 即 $S \bigcup S' = N$ 且 $S \bigcap S' = \varnothing$, 使得连接 S 和 S' 之间边上的权重和最大.

当 i 落入 S 时, 选取决策变量 $x_i = 1$, 否则 $x_i = -1$. 不失一般性, 定义 $w_{ij} = 0, (i, j) \notin E$, 则目标函数可表示为

$$
\begin{aligned}
& \frac{1}{2} \left(\sum_{(i,j) \in E} w_{ij} - \sum_{(i,j) \in E} w_{ij} x_i x_j \right) \\
=& \frac{1}{2} \left(\frac{1}{2} \sum_{i,j=1}^n w_{ij} - \frac{1}{2} \sum_{i,j=1}^n w_{ij} x_i x_j \right) \\
=& \frac{1}{4} \sum_{i,j=1}^n w_{ij} (1 - x_i x_j).
\end{aligned}
$$

因此, 最大割模型为

$$
\begin{aligned}
\max \quad & \frac{1}{4} \sum_{i,j=1}^n w_{ij} (1 - x_i x_j) \\
\text{s.t.} \quad & x_i^2 = 1, \quad i = 1, 2, \cdots, n, \\
& x \in \mathbb{R}^n.
\end{aligned}
$$

为了讨论方便, 将上面模型写成如下 0-1 二次规划形式

$$v = \max \quad \frac{1}{2} x^{\mathrm{T}} A x$$
$$\text{s.t.} \quad x_i^2 = 1, \quad i = 1, 2, \cdots, n, \tag{1.6}$$

其中 $A = \dfrac{\sum_{i,j=1}^{n} w_{ij}}{2n} I - \dfrac{1}{2}(w_{ij})$, I 为单位阵.

(1.6) 的 Lagrange 函数为

$$L(x, \lambda) = \frac{1}{2} x^{\mathrm{T}} (A + \Lambda) x - \frac{1}{2} \sum_{i=1}^{n} \lambda_i, \tag{1.7}$$

其中 $\Lambda = \mathrm{Diag}(\lambda_1, \lambda_2, \cdots, \lambda_n)$ 表示以 $\lambda_1, \lambda_2, \cdots, \lambda_n$ 为对角线元素的对角矩阵.

考虑优化问题

$$v_D = \min \quad \sigma$$
$$\text{s.t.} \quad L(x, \lambda) \leqslant \sigma, \quad \forall x \in \{-1, 1\}^n, \tag{1.8}$$
$$\sigma \in \mathbb{R}, \quad \lambda \in \mathbb{R}^n.$$

写成矩阵形式为

$$v_D = \min \quad \sigma$$
$$\text{s.t.} \begin{pmatrix} 1 \\ x \end{pmatrix}^{\mathrm{T}} \begin{pmatrix} -\sum_{i=1}^{n} \lambda_i - 2\sigma & 0 \\ 0 & A + \Lambda \end{pmatrix} \begin{pmatrix} 1 \\ x \end{pmatrix} \leqslant 0, \quad \forall x \in \{-1, 1\}^n, \tag{1.9}$$
$$\sigma \in \mathbb{R}, \quad \lambda \in \mathbb{R}^n.$$

下面说明 (1.9) 与 (1.6) 的目标值相同, 即 (1.9) 是 (1.6) 的一种等价表示形式. 由于 (1.6) 的可行域是 $\{-1, 1\}^n$, 一共有 2^n 个解, 故其目标值有界且记最优解为 x^*.

对任意 $x \in \{-1, 1\}^n$, $\lambda \in \mathbb{R}^n$, 都有 $x_i^2 = 1$, 所以 $L(x, \lambda) = \frac{1}{2} x^{\mathrm{T}} A x \leqslant \frac{1}{2} x^{*\mathrm{T}} A x^* = L(x^*, \lambda) = v$, 由此得到 $v_D \leqslant v$. 明显可知, 对满足 (1.8) 的任何一个 σ 和对任意 $x \in \{-1, 1\}^n$, $\sigma \geqslant L(x, \lambda) = \frac{1}{2} x^{\mathrm{T}} A x$ 成立, 因此, $v_D \geqslant v$. 综合以上讨论得到 $v_D = v$.

记

$$\mathcal{D}_{\{-1,1\}^n} = \left\{ U \in \mathcal{S}^{n+1} \,\middle|\, \begin{pmatrix} 1 \\ x \end{pmatrix}^{\mathrm{T}} U \begin{pmatrix} 1 \\ x \end{pmatrix} \geqslant 0, \forall x \in \{-1, 1\}^n \right\},$$

其中 $\mathcal{S}^{n+1}$ 为 $n+1$ 阶全体实对称矩阵集合. 以后将 $\mathcal{D}_{\{-1,1\}^n}$ 称为集合 $\{-1,1\}^n$ 上的二次函数锥 (cone of quadratic functions), 则 (1.9) 可以等价写成

$$
\begin{aligned}
v_D = \min \quad & \sigma \\
\text{s.t.} \quad & U = -\begin{pmatrix} -\sum_{i=1}^{n} \lambda_i - 2\sigma & 0 \\ 0 & A + \Lambda \end{pmatrix}, \\
& U \in \mathcal{D}_{\{-1,1\}^n}, \quad \lambda \in \mathbb{R}^n, \quad \sigma \in \mathbb{R}.
\end{aligned}
\tag{1.10}
$$

与前三节有类似的结论, 当 $U \in \mathcal{D}_{\{-1,1\}^n}$ 和 $\theta \geqslant 0$ 时, 则对任意 $x \in \mathbb{R}^n$, 有 $x^{\mathrm{T}}(\theta U)x = \theta x^{\mathrm{T}} U x \geqslant 0$, 即 $\theta U \in \mathcal{D}_{\{-1,1\}^n}$, 故知变量 U, λ, σ 的定义域 $\mathcal{D}_{\{-1,1\}^n} \times \mathbb{R}^n \times \mathbb{R}$ 为一个锥. 又因为 (1.10) 具有线性的等式约束及目标函数, 所以它是一个线性锥优化问题.

1.5 小结及相关工作

以上列举的线性规划问题、Torricelli 点问题、相关阵满足性问题和最大割问题, 最终都可以等价地表示为一个具有线性目标函数、一些线性等式约束方程和定义域为锥集合的优化问题. 这些就是后续将要研究的线性锥优化问题. 线性规划问题是第一卦限锥规划问题, Torricelli 点问题是二阶锥规划问题的一个例子, 相关阵满足性问题可化成一个半定规划问题, 最大割问题等价于一个二次函数锥规划问题. 后续的研究将揭示前三类问题相对比较简单, 是可计算问题, 而最后一类问题则相对复杂, 目前只能近似求解.

基于线性锥优化中线性规划、二阶锥规划和半定规划问题的可计算性, 诸多更为复杂的优化问题得以计算求解, 其求解的主要方法为内点算法. 总结线性规划、二阶锥规划和半定规划问题的共性, 我们发现它们具有目标函数为凸函数和可行解区域为凸集的特性, 而变量所定义的锥为凸锥. 这些共性引导研究者对凸优化问题的可计算性开展了研究. S. Boyd 和 L. Vandenberghe 在他们的著作[6] 中罗列了诸多可计算的凸优化问题. 线性锥优化因 A. S. Nemirovski[48] 在 2006 年国际数学家大会的一小时报告更得到国际数学界关注.

本书侧重线性锥优化的基础理论和模型, 将以上述四类模型为初始点, 系统给出线性锥优化的模型、最优性条件和求解办法. 目前一些教材或专著多将重点放在可计算模型的理论及应用. S. Boyd 和 L. Vandenberghe[6] 的著作重点讨论目标函数为凸函数、可行区域为凸集的可计算凸优化问题. 本书后续的内容表明, 线性规划、二阶锥规划、半定规划和二次函数锥规划问题都是凸优化问题, 但二次函数锥规划问题不是可计算的. 因此, 本书与 S. Boyd 和 L.Vandenberghe 著作[6] 的关

注点不同, 两书分别强调线性锥优化问题和凸优化可计算问题, 但研究的模型互有交叉而互不包含. 以 Y. Ye[71] 和 A. S. Nemirovski[46] 为代表的有关线性锥优化的书籍, 多将重点放在可计算的线性锥优化模型上. 他们研究的模型主要包括线性规划、二阶锥规划和半定规划模型. 在他们的书中, 一些应用问题的线性锥优化模型转换和计算非常具有特色.

第2章 基础知识

本章内容主要为以后各章作基础准备. 首先规范一些集合常用的符号、概念、运算和基本结论. 2.1 节介绍集合与向量空间的基本概念和基本运算, 并引出欧氏空间的概念. 2.2 节介绍集合的凸性和锥概念. 2.3 节给出对偶的概念. 2.4 节讨论凸函数的性质. 2.5 节研究共轭函数所具有的性质. 2.6 节简单介绍计算复杂性, 为了本书的系统性, 我们分别介绍连续和组合最优化的相关复杂性概念, 并给以一定的比较.

2.1 集合、向量与空间

集合与运算

集合是一些元素的群体. 对于集合 $\mathcal{A}, \mathcal{B}$ 和全集 Ω, 常用的集合运算有: 交、并、差和补, 定义分别如下:

(i) 交运算. $\mathcal{A} \cap \mathcal{B} = \{x \in \Omega \mid x \in \mathcal{A} \text{ 且 } x \in \mathcal{B}\}$,

(ii) 并运算. $\mathcal{A} \cup \mathcal{B} = \{x \in \Omega \mid x \in \mathcal{A} \text{ 或 } x \in \mathcal{B}\}$,

(iii) 差运算. $\mathcal{A} \setminus \mathcal{B} = \{x \in \Omega \mid x \in \mathcal{A} \text{ 但 } x \notin \mathcal{B}\}$,

(iv) 补运算. $\overline{\mathcal{A}} = \Omega \setminus \mathcal{A}$.

集合运算的简单性质有

$$\overline{\mathcal{A} \cap \mathcal{B}} = \overline{\mathcal{A}} \cup \overline{\mathcal{B}}, \quad \overline{\mathcal{A} \cup \mathcal{B}} = \overline{\mathcal{A}} \cap \overline{\mathcal{B}} \text{ 和 } \overline{(\overline{\mathcal{A}})} = \mathcal{A}.$$

一个集合的负元素集定义为

$$-\mathcal{A} = \{-x \in \Omega \mid x \in \mathcal{A}\}.$$

两个集合的加和减运算分别定义为

$$\begin{aligned} \mathcal{A} + \mathcal{B} &= \{x + y \in \Omega \mid x \in \mathcal{A}, y \in \mathcal{B}\}, \\ \mathcal{A} - \mathcal{B} &= \mathcal{A} + (-\mathcal{B}). \end{aligned} \tag{2.1}$$

本书中还会用到笛卡儿积集合运算. 设 $\mathcal{A}$ 及其全集 Ω_1, $\mathcal{B}$ 及其全集 Ω_2, 定义这两个集合的笛卡儿积为

$$\mathcal{A} \times \mathcal{B} = \left\{ \begin{pmatrix} x \\ y \end{pmatrix} \in \Omega_1 \times \Omega_2 \mid x \in \mathcal{A}, y \in \mathcal{B} \right\}.$$

向量与空间

本书中考虑的向量与空间均在实数域讨论. 全体实数集合为 $\mathbb{R}$. $x = (x_1, x_2, \cdots, x_n)^{\mathrm{T}}$ 表示一个 n 维实列 (column) 向量, 其中 "T" 为转置符号. n 维实向量的全体用 $\mathbb{R}^n$ 表示, 即

$$\mathbb{R}^n = \{x = (x_1, x_2, \cdots, x_n)^{\mathrm{T}} \mid x_i \in \mathbb{R}, i = 1, 2, \cdots, n\}.$$

向量可以用行或列的形式表示, 为了规范, 本书通篇采用列向量形式. 对 $x \in \mathbb{R}^n$, $x \geqslant 0$ 为 $x_i \geqslant 0, i = 1, 2, \cdots, n$ 的简写形式, 称为非负向量. $\mathbb{R}^n$ 中的非负向量集合记为

$$\mathbb{R}^n_+ = \{x \in \mathbb{R}^n \mid x \geqslant 0\},$$

也称为第一卦限集.

$A = (a_{ij})_{m \times n}$ 表示一个由 m 行 n 列实数 $a_{ij}, i = 1, 2, \cdots, m, j = 1, 2, \cdots, n$ 组成的矩阵, 其全体记成 $\mathcal{M}(m, n)$. 一些常用的特殊矩阵有: $\mathrm{Diag}(a_1, a_2, \cdots, a_n)$ 表示以 $a_1, a_2, \cdots, a_n$ 为对角元素而其他元素为 0 的对角方阵, I 表示对角元素全为 1 的对角方阵. 向量是一类特殊的 $n \times 1$ 矩阵.

两个同型矩阵 $A = (a_{ij}), B = (b_{ij}) \in \mathcal{M}(m, n)$ 称为相等, 若 $a_{ij} = b_{ij}$ 对所有的 $1 \leqslant i \leqslant m, 1 \leqslant j \leqslant n$ 成立. 两个同型矩阵的加法定义为

$$A + B = (a_{ij} + b_{ij}).$$

当 $k \in \mathbb{R}$, $A = (a_{ij}) \in \mathcal{M}(m, n)$ 时, 矩阵的数乘运算为

$$kA = (ka_{ij}).$$

当 $A = (a_{ij}) \in \mathcal{M}(m, n)$ 和 $B = (b_{ij}) \in \mathcal{M}(n, p)$ 时, 两个矩阵相乘的结果为 $AB = (c_{ij})_{m \times p}$, 其中 c_{ij} 定义为

$$c_{ij} = \sum_{l=1}^{n} a_{il} b_{lj}.$$

当 $A = (a_{ij}) \in \mathcal{M}(m, n)$ 时, A 的转置矩阵记为 $A^{\mathrm{T}} = (b_{ij}) \in \mathcal{M}(n, m)$, 其中 b_{ij} 定义为

$$b_{ij} = a_{ji}, \quad i = 1, 2, \cdots, n, \quad j = 1, 2, \cdots, m.$$

在定义以上的加法和数乘后, $\mathbb{R}^n$ 和 $\mathcal{M}(m, n)$ 分别构成一个线性空间. 本书后续内容主要集中在这两个实线性空间上讨论.

实线性空间中 $s \geqslant 1$ 个元素 $\alpha_1, \alpha_2, \cdots, \alpha_s$ 的线性组合为

$$k_1\alpha_1 + k_2\alpha_2 + \cdots + k_s\alpha_s, \tag{2.2}$$

其中 $k_1, k_2, \cdots, k_s$ 为实数. 若线性组合

$$k_1\alpha_1 + k_2\alpha_2 + \cdots + k_s\alpha_s = 0,$$

当且仅当 $k_1 = k_2 = \cdots = k_s = 0$ 成立时, 则称 $\alpha_1, \alpha_2, \cdots, \alpha_s$ 线性无关 (linearly independent). 一个线性空间 $\mathcal{V}$ 中线性无关元素的最大个数称为空间的维数 (dimension), 记成 $\dim(\mathcal{V})$. 由线性代数理论, 一个矩阵所有列向量中线性无关向量的最大个数同所有行向量中线性无关向量的最大个数相同, 因此, 一个矩阵 A 的所有列向量 (或所有行向量) 中线性无关向量的最大个数称为矩阵的秩 (rank of matrix), 记成 $\mathrm{rank}(A)$. 单位矩阵的秩 $\mathrm{rank}(I) = n$.

当 (2.2) 中 $k_1 \geqslant 0, k_2 \geqslant 0, \cdots, k_s \geqslant 0$ 且 $\sum\limits_{l=1}^{s} k_l = 1$ 时, 称之为凸组合 (convex combination). 去掉组合系数非负的要求, 即 (2.2) 中只要求 $\sum\limits_{l=1}^{s} k_l = 1$ 时, 称之为仿射组合 (affine combination).

若线性空间中一个子集合的任意有限个元素的仿射组合还在其中, 则称这个子集合为仿射空间 (affine space). 包含原点的仿射空间为一个线性空间. 任何一个仿射空间 $\mathcal{Y}$ 可以通过其中的任何一点 $\alpha^0 \in \mathcal{Y}$ 的位移得到一个线性空间

$$\mathcal{X} = \{\alpha - \alpha^0 \mid \alpha \in \mathcal{Y}\}.$$

仿射空间 $\mathcal{Y}$ 的维数定义为此 $\mathcal{X}$ 的维数. 当 $\mathbb{R}^n$ 中 $\alpha_1, \alpha_2, \cdots, \alpha_{s+1}$ 个点以任何一个点位移后得到 s 个向量线性无关, 则称 $\alpha_1, \alpha_2, \cdots, \alpha_{s+1}$ 仿射线性无关 (affine linearly independent).

一个矩阵称为实对称的, 若其满足 $A \in \mathcal{M}(n,n)$ 且 $A = A^{\mathrm{T}}$. 全体 n 阶实对称矩阵的集合记成 $\mathcal{S}^n$, 其维数为 $\dim(\mathcal{S}^n) = \dfrac{n(n+1)}{2}$. 对称矩阵集合 $\mathcal{S}^n$ 构成一个线性空间, 它是 $\mathcal{M}(n,n)$ 的一个线性子空间.

若 n 阶实对称矩阵 A 对任意 $x \in \mathbb{R}^n$ 满足 $x^{\mathrm{T}}Ax \geqslant 0$, 则称 A 是半正定的 (positive semi-definite), 记成 $A \succeq 0$, 全体 n 阶半正定矩阵的集合为

$$\mathcal{S}^n_+ = \{A \in \mathcal{S}^n \mid A \succeq 0\}.$$

若 n 阶实对称矩阵 A 对任意 $x \in \mathbb{R}^n, x \neq 0$ 满足 $x^{\mathrm{T}}Ax > 0$ 成立, 则称 A 是正定的 (positive definite), 记成 $A \succ 0$, 全体 n 阶正定矩阵的集合记成

$$\mathcal{S}^n_{++} = \{A \in \mathcal{S}^n \mid A \succ 0\}.$$

当 $A \in \mathcal{M}(m,n)$, 记

$$\mathcal{N}(A) = \{x \in \mathbb{R}^n \mid Ax = 0\},$$

称为 A 的零空间 (null space), 也就是方程组 $Ax = 0$ 的解空间. 定义

$$\mathcal{R}(A) = \{y \in \mathbb{R}^m \mid y = Ax = \sum_{i=1}^n x_i \alpha_i, x = (x_1, x_2, \cdots, x_n)^{\mathrm{T}} \in \mathbb{R}^n\},$$

称为 A 的列生成空间 (range of A), 表示 A 的列向量的所有线性组合所形成的集合, 其中 $A = (\alpha_1, \alpha_2, \cdots, \alpha_n)$, α_i 为 A 的第 i 个列向量.

若 A 为 n 阶方阵, $\mathrm{tr}(A)$ 表示 A 的迹 (trace), 定义为

$$\mathrm{tr}(A) = \sum_{i=1}^n a_{ii}.$$

以下罗列一些有关矩阵及其运算的代数基本结论, 详细内容可以参考文献 [33].

定理 2.1 迹有下列性质:

(i) $\mathrm{tr}(A) = \mathrm{tr}(A^{\mathrm{T}})$, 其中 A 是一个 n 阶方阵.

(ii) $\mathrm{tr}(AB^{\mathrm{T}}) = \mathrm{tr}(B^{\mathrm{T}}A)$, 其中 A 和 B 是同型矩阵.

(iii) $\mathrm{tr}\left(A\left(\sum_{i=1}^k B_i\right)^{\mathrm{T}}\right) = \sum_{i=1}^k \mathrm{tr}(AB_i^{\mathrm{T}})$, 其中 A 和 B_i 是同型矩阵.

(iv) $\mathrm{tr}(kAB^{\mathrm{T}}) = k \cdot \mathrm{tr}(AB^{\mathrm{T}})$, 其中 k 为实数, A 和 B 是同型矩阵.

(v) $\mathrm{tr}(A^{\mathrm{T}}A) \geqslant 0$ 且 $\mathrm{tr}(A^{\mathrm{T}}A) = 0$ 当且仅当 $A = 0$.

(vi) $\mathrm{tr}(Dxx^{\mathrm{T}}) = x^{\mathrm{T}}Dx$, 其中 $D \in \mathcal{S}^n$, $x \in \mathbb{R}^n$.

在线性空间 $\mathcal{V}$ 上, 满足下列四条性质的运算关系称为内积 (inner product). 对任意 $X, Y \in \mathcal{V}$, 运算 $X \bullet Y \in \mathbb{R}$ 满足

(i) $X \bullet Y = Y \bullet X$, $X, Y \in \mathcal{V}$,

(ii) $X \bullet (Y + Z) = X \bullet Y + X \bullet Z$, $X, Y, Z \in \mathcal{V}$,

(iii) $(kX) \bullet Y = k(X \bullet Y)$, $X, Y \in V, k \in \mathbb{R}$,

(iv) $X \bullet X \geqslant 0$ 且 $X \bullet X = 0 \Leftrightarrow X = 0$.

当一个线性空间定义内积后, 就可以定义范数和角度. $X \in \mathcal{V}$ 的范数 (norm)可以定义为

$$\|X\| = (X \bullet X)^{\frac{1}{2}}.$$

由内积的定义, 得到 Cauchy-Schwarz 不等式: $X, Y \in \mathcal{V}$,

$$\mid X \bullet Y \mid \leqslant \|X\| \|Y\|.$$

以此定义两个非零元素 X, Y 间的角度,

$$\theta = \arccos \frac{X \bullet Y}{\|X\|\|Y\|}.$$

对 $x, y \in \mathbb{R}^n$, 一个自然的内积为

$$x \bullet y = x^{\mathrm{T}} y.$$

在 $\mathcal{M}(m, n)$ 上, 当 $X, Y \in \mathcal{M}(m, n)$ 时, 常用

$$X \bullet Y = \operatorname{tr}(X^{\mathrm{T}} Y) = \operatorname{tr}(X Y^{\mathrm{T}}).$$

于是定义了 $X \in \mathcal{M}(m, n)$ 的 Frobenius 范数 (Frobenius norm):

$$\|X\|_F = (X \bullet X)^{\frac{1}{2}} = \sqrt{\operatorname{tr}(X^{\mathrm{T}} X)}.$$

一个有限维线性空间在赋予了内积后, 线性空间就有了范数和角度, 因此称为欧氏空间 (Euclidean space). 本书所讨论内容主要涉及两个欧氏空间 $\mathbb{R}^n$ 和 $\mathcal{M}(m, n)$, 因此, 在不产生混淆的情况下, 书中用符号 $\mathbb{E}$ 代表这两个欧氏空间, 用 "$\bullet$" 表示其上的内积. 具体到对应的欧氏空间, $\mathbb{R}^n$ 默认采用自然内积及 $\mathcal{M}(m, n)$ 采用 Frobenius 内积.

一般来说, 范数赋予向量一个长度, 欧氏空间中的内积自然定义了一个范数, 还有一些常见的范数定义, 如:

- p- 范数: $\|x\|_p = (\sum\limits_{i=1}^{n} |x_i|^p)^{1/p}$, $p \geqslant 1, x \in \mathbb{R}^n$;

- 无穷范数: $\|x\|_\infty = \max\{|x_1|, \cdots, |x_n|\}$, $x \in \mathbb{R}^n$;

- 谱范数: $\|X\|_2 = \sqrt{\lambda_{\max}(X^{\mathrm{T}} X)}$, 其中 $X \in \mathcal{M}(m, n), \lambda_{\max}(X^{\mathrm{T}} X)$ 表示 $X^{\mathrm{T}} X$ 的最大特征值.

特别需要注意, 本书后续部分除特别注明外, $\mathbb{R}^n$ 中的默认范数为自然内积形成的范数, $\mathcal{M}(m, n)$ 中的默认范数为 Frobenius 范数.

在欧氏空间 $\mathcal{V}$ 中, 范数满足三角不等式, 即对任意 $x, y \in \mathcal{V}$, 都有

$$\|x + y\| \leqslant \|x\| + \|y\|.$$

两个欧氏空间 $\mathcal{V}_1$ 和 $\mathcal{V}_2$ 可以通过笛卡儿积形成一个欧氏空间 $\mathcal{V}_1 \times \mathcal{V}_2$, 其中一个元素 $\begin{pmatrix} x \\ y \end{pmatrix} \in \mathcal{V}_1 \times \mathcal{V}_2$ 的范数可以定义为

$$\left\| \begin{pmatrix} x \\ y \end{pmatrix} \right\| = \sqrt{\|x\|^2 + \|y\|^2},$$

其中 $\|x\|$ 和 $\|y\|$ 虽然用同一个范数符号, 但分别表示在原有空间 $\mathcal{V}_1$ 和 $\mathcal{V}_2$ 的范数.

内积运算的 (ii) 和 (iii) 具有线性性, 于是将线性方程组在自然内积下记为

$$\left\{\begin{array}{rcl} a^1 \bullet x & = & b_1, \\ a^2 \bullet x & = & b_2, \\ & \vdots & \\ a^m \bullet x & = & b_m, \end{array}\right.$$

简记为 $Ax = b$, 其中 $a^1, \cdots, a^m$ 和 x 都属于 $\mathbb{R}^n$ 且 $A = (a^1, a^2, \cdots, a^m)^{\mathrm{T}}$.

进一步对属于 $\mathcal{S}^n$ 的矩阵 $A_1, \cdots, A_m$ 和 X

$$\left\{\begin{array}{rcl} A_1 \bullet X & = & b_1, \\ A_2 \bullet X & = & b_2, \\ & \vdots & \\ A_m \bullet X & = & b_m, \end{array}\right.$$

上述方程简记成 $\mathcal{A} \bullet X = b$, 其中 $\mathcal{A} = \begin{pmatrix} A_1 \\ A_2 \\ \vdots \\ A_m \end{pmatrix}$.

在本书中, 我们经常会用到一些实对称矩阵的性质, 在此罗列一些主要结果.

定理 2.2 若 $A \in \mathcal{S}^n$, 则存在正交阵 Q(满足 $Q^{\mathrm{T}}Q = QQ^{\mathrm{T}} = I$), 使得

$$Q^{\mathrm{T}}AQ = \mathrm{Diag}(\lambda_1, \lambda_2, \cdots, \lambda_n),$$

其中 $\lambda_1, \lambda_2, \cdots, \lambda_n$ 为 A 的特征值. $A \in \mathcal{S}_+^n$ 的充分必要条件为 $\lambda_i \geqslant 0, i = 1, 2, \cdots, n$. 若 $A = (a_{ij}) \in \mathcal{S}_+^n$, 则有 $a_{ii} \geqslant 0, i = 1, 2, \cdots, n$.

推论 2.3 设 $A \in \mathcal{S}^n$ 的特征值为 $\lambda_1, \lambda_2, \cdots, \lambda_n$, 则 $\mathrm{tr}(A^{\mathrm{T}}A) = \sum\limits_{i=1}^{n} \lambda_i^2$. 当 $x \neq 0$ 时,

$$\min_{1 \leqslant i \leqslant n} \{\lambda_i\} \leqslant \frac{x^{\mathrm{T}}Ax}{x^{\mathrm{T}}x} \leqslant \max_{1 \leqslant i \leqslant n} \{\lambda_i\}.$$

设 $A, B \in \mathcal{S}^n$. 当 $A - B \in \mathcal{S}_+^n$ 时, 有 $\mathrm{tr}(A) \geqslant \mathrm{tr}(B)$.

证明 由定理 2.2, 得到

$$A^{\mathrm{T}}A = Q\mathrm{Diag}(\lambda_1^2, \lambda_2^2, \cdots, \lambda_n^2)Q^{\mathrm{T}}.$$

再由定理 2.1, 得到 $\mathrm{tr}(A^{\mathrm{T}}A) = \sum\limits_{i=1}^{n} \lambda_i^2$.

同时，

$$\frac{x^{\mathrm{T}}Ax}{x^{\mathrm{T}}x} = \frac{(Q^{\mathrm{T}}x)^{\mathrm{T}}\mathrm{Diag}(\lambda_1,\lambda_2,\cdots,\lambda_n)Q^{\mathrm{T}}x}{(Qx)^{\mathrm{T}}Qx} \leqslant \max_{1\leqslant i\leqslant n}\{\lambda_i\}.$$

同理得到 $\dfrac{x^{\mathrm{T}}Ax}{x^{\mathrm{T}}x} \geqslant \min_{1\leqslant i\leqslant n}\{\lambda_i\}$.

当 $A-B\in\mathcal{S}_+^n$ 时，由定理 2.2 得到 $a_{ii}-b_{ii}\geqslant 0$, $i=1,2,\cdots,n$. 有 $\mathrm{tr}(A)\geqslant\mathrm{tr}(B)$. ∎

通过上述推论得到一个实对称方阵 A 的 Frobenius 范数为：$\|A\|_F = \sqrt{\displaystyle\sum_{i=1}^{n}\lambda_i^2}$.
下面给出矩阵的 Frobenius 范数、矩阵 2 范数和向量 2 范数之间的关系.

推论 2.4 设 $A\in\mathcal{M}(m,n)$ 和 $B\in\mathcal{M}(n,p)$, 则有: (i) $\|A\|_2\leqslant\|A\|_F$; (ii) 对任意 $x\in\mathbb{R}^n$, 有 $\|Ax\|_2\leqslant\|A\|_2\|x\|_2$; (iii) $\|AB\|_F\leqslant\|A\|_2\|B\|_F$.

证明 由定理 2.2, 得到 $\|A\|_2 = \sqrt{\lambda_{\max}(A^{\mathrm{T}}A)}\leqslant\sqrt{\displaystyle\sum_{i=1}^{n}\lambda_i(A^{\mathrm{T}}A)} = \|A\|_F$,
其中 $\lambda_{\max}(A^{\mathrm{T}}A)$, $\lambda_i(A^{\mathrm{T}}A)$ 分别表示 $A^{\mathrm{T}}A$ 的最大和第 i 个特征值. 因此 (i) 成立.
$\|Ax\|_2^2 = x^{\mathrm{T}}A^{\mathrm{T}}Ax\leqslant\lambda_{\max}(A^{\mathrm{T}}A)x^{\mathrm{T}}x = \|A\|_2^2\|x\|_2^2$. 因此 (ii) 成立. 由 $\lambda_{\max}(A^{\mathrm{T}}A)I - A^{\mathrm{T}}A\in\mathcal{S}_+^n$, 得到 $\lambda_{\max}(A^{\mathrm{T}}A)I - A^{\mathrm{T}}A = C^{\mathrm{T}}C$, 其中 $C\in\mathcal{M}(n,n)$. 因此得到

$$B^{\mathrm{T}}(\lambda_{\max}(A^{\mathrm{T}}A)I - A^{\mathrm{T}}A)B = (CB)^{\mathrm{T}}(CB),$$

并知

$$B^{\mathrm{T}}(\lambda_{\max}(A^{\mathrm{T}}A)I - A^{\mathrm{T}}A)B\in\mathcal{S}_+^p.$$

由引理 2.3 得到

$$\mathrm{tr}(\lambda_{\max}(A^{\mathrm{T}}A)B^{\mathrm{T}}B) = \lambda_{\max}(A^{\mathrm{T}}A)\mathrm{tr}(B^{\mathrm{T}}B)\geqslant\mathrm{tr}((AB)^{\mathrm{T}}AB),$$

所以, $\|AB\|_F\leqslant\|A\|_2\|B\|_F$. ∎

定理 2.5 设 $A\in\mathcal{S}_+^n$ 且 $\mathrm{rank}(A) = r$, 则存在 $p^i\in\mathbb{R}^n$, $i=1,2,\cdots,r$, 使得

$$A = \sum_{i=1}^{r}p^i(p^i)^{\mathrm{T}}.$$

证明 由定理 2.2 和 $A\in\mathcal{S}_+^n$ 的条件, 得到

$$Q^{\mathrm{T}}AQ = \mathrm{Diag}(d_1,d_2,\cdots,d_r,0,\cdots,0),$$

其中 $d_i>0$, $i=1,2,\cdots,r$. 于是

$$A = Q\mathrm{Diag}(d_1,d_2,\cdots,d_r,0,\cdots,0)Q^{\mathrm{T}} = CC^{\mathrm{T}},$$

其中

$$C = Q \begin{pmatrix} \sqrt{d_1} & \cdots & 0 & \cdots & 0 \\ 0 & \ddots & 0 & \ddots & 0 \\ 0 & \cdots & \sqrt{d_r} & \cdots & 0 \\ 0 & \cdots & 0 & \cdots & 0 \end{pmatrix}.$$

记 $C = (p^1, p^2, \cdots, p^r, 0, \cdots, 0)$, 得到结论. ∎

对于半正定矩阵还可以进一步进行秩一分解 (rank-one decomposition) 且满足一定的约束条件.

定理 2.6 [59]　设 $X \in \mathcal{S}_+^n$ 的秩为 r, G 为任意给定 n 阶矩阵, 则 $G \bullet X \geqslant 0$ 的充分必要条件为: 存在 $p^i \in \mathbb{R}^n$, $i = 1, 2, \cdots, r$, 使得

$$X = \sum_{i=1}^{r} p^i (p^i)^{\mathrm{T}} \quad \text{且} \quad (p^i)^{\mathrm{T}} G p^i \geqslant 0.$$

特别 $G \bullet X = 0$ 时, 存在 $p^i \in \mathbb{R}^n$, $i = 1, 2, \cdots, r$, 使得

$$X = \sum_{i=1}^{r} p^i (p^i)^{\mathrm{T}} \quad \text{且} \quad (p^i)^{\mathrm{T}} G p^i = 0.$$

证明　由定理 2.1 得到

$$G \bullet X = \mathrm{tr}(G X^{\mathrm{T}}) = \sum_{i=1}^{r} G \bullet (p^i (p^i)^{\mathrm{T}}) = \sum_{i=1}^{r} (p^i)^{\mathrm{T}} G p^i \geqslant 0,$$

充分性得证. 我们按 Sturm 和 Zhang[59] 给出的一个构造性计算过程证明必要性. 计算过程如下:

- 输入: $X \in \mathcal{S}_+^n$ 和给定的 G 满足 $G \bullet X \geqslant 0$.
- 输出: 向量 y 满足 $0 \leqslant y^{\mathrm{T}} G y \leqslant G \bullet X$ 且 $X - y y^{\mathrm{T}}$ 为秩 $r - 1$ 的半正定矩阵.

步骤 0　计算出 $p^1, p^2, \cdots, p^r$ 使得 $X = \sum_{i=1}^{r} p^i (p^i)^{\mathrm{T}}$.

步骤 1　若 $[(p^1)^{\mathrm{T}} G p^1][(p^i)^{\mathrm{T}} G p^i] \geqslant 0$ 对任意 $i = 2, 3, \cdots, r$ 成立, 则输出 $y = p^1$. 否则任取其一 j 满足 $[(p^1)^{\mathrm{T}} G p^1][(p^j)^{\mathrm{T}} G p^j] < 0$.

步骤 2　计算 α 使得 $(p^1 + \alpha p^j)^{\mathrm{T}} G (p^1 + \alpha p^j) = 0$. 输出 $y = (p^1 + \alpha p^j)/\sqrt{1 + \alpha^2}$.

首先考虑 $G \bullet X \geqslant 0$ 的情形.

当 $(p^1)^{\mathrm{T}} G p^1 = 0$ 时, 计算在步骤 1 停止, 输出 $y = p^1$ 而 $X - y y^{\mathrm{T}}$ 为秩 $r - 1$ 的半正定矩阵.

以下在 $(p^1)^{\mathrm{T}} G p^1 \neq 0$ 的假设下讨论. 若 $[(p^1)^{\mathrm{T}} G p^1][(p^i)^{\mathrm{T}} G p^i] \geqslant 0$ 对任意 $i = 2, 3, \cdots, r$ 成立, 就此推出 $(p^1)^{\mathrm{T}} G p^1$ 和 $(p^i)^{\mathrm{T}} G p^i$ 有相同符号. 加上

$$G \bullet X = \sum_{i=1}^{r} G \bullet p^i (p^i)^{\mathrm{T}} = \sum_{i=1}^{r} (p^i)^{\mathrm{T}} G p^i \geqslant 0,$$

就得到 $(p^i)^T G p^i \geqslant 0$ 对所有 $1 \leqslant i \leqslant r$ 成立.

否则算法在步骤 2 停止, 由于 $(p^1)^T G p^1$ 和 $(p^j)^T G p^j$ 异号, 则存在 α 使得 $y^T G y = 0 \leqslant G \bullet X$ 成立. 记 $z = (p^j - \alpha p^1)/\sqrt{1 + \alpha^2}$. 有

$$X - yy^T = zz^T + \sum_{i \in \{2,3,\cdots,r\}-j} p^i(p^i)^T \in \mathcal{S}_+^n,$$

且秩为 $r - 1$.

对一个秩为 r 的矩阵, $r = 0$ 结论明显成立. 否则重复以上算法使得秩逐步下降可以得到必要性的证明.

对 $G \bullet X = 0$ 的特殊情形, 对上述算法适当修改, 将 $G \bullet X \geqslant 0$、$y^T G y \geqslant 0$ 和 $(p^i)^T G p^i \geqslant 0$ 中的 "$\geqslant$" 限定修改为 "$=$". 对上述证明的整个过程, 除 $(p^1)^T G p^1 \neq 0$ 时的讨论相同. 当 $(p^1)^T G p^1 \neq 0$ 时, 由

$$G \bullet X = \sum_{i=1}^r G \bullet p^i(p^i)^T = \sum_{i=1}^r (p^i)^T G p^i = 0,$$

得知算法不会在步骤 2 停止. 一定存在 j 使得 $(p^1)^T G p^1$ 和 $(p^j)^T G p^j$ 异号, 故存在 α 使得 $y^T G y = 0 \leqslant G \bullet X$ 成立, 而 $X - yy^T$ 为秩 $r - 1$ 的半正定矩阵. 重复以上步骤使得秩逐步下降可以得到 $G \bullet X = 0$ 特殊情形结论的证明. ∎

有关步骤 0 中满足条件的 $p^1, p^2, \cdots, p^r$ 分解, 定理 2.5 只是给出了存在性证明, 但作为算法我们则需要一个多项式时间的算法. 采用 Gauss 消元法 (参考文献 [33]), 只使用一行加 (减) 到另一行的初等行变换, 对称地同时一列加 (减) 到另一列的初等列变换, 即可得到满足条件的分解, 这一过程的计算量不超过 n^3 的一个常数倍数. 步骤 1 的计算量也不超过 n^3 的常数倍数. 再考虑每次循环输出一个 y, 最多有 n 次这样的循环, 因此上述算法的总计算量不超过 n^4 的常数倍数, 与变量个数 n 为多项式关系, 这样的算法称为多项式时间算法 (polynomial time algorithm).

鉴于以后研究的线性锥优化问题主要在 $\mathbb{R}^n$ 和 $\mathcal{S}^n$ 两个线性空间讨论, 且在 $\mathbb{R}^n$ 采用自然内积范数和在 $\mathcal{S}^n$ 采用 Frobenius 范数, 可以建立一个一对一的映射

$$
\begin{aligned}
X \in \mathcal{S}^n &\rightleftharpoons \text{vec}(X) \\
&= [X_{11}, \sqrt{2}X_{12}, X_{22}, \sqrt{2}X_{13}, \sqrt{2}X_{23}, X_{33}, \cdots, X_{nn}]^T \in \mathbb{R}^{\frac{n(n+1)}{2}},
\end{aligned}
$$

使得

$$X \bullet Y = \text{vec}(X)^T \text{vec}(Y) = \sum_{i,j} X_{ij} Y_{ij},$$

其中第一个 "$\bullet$" 表示 $\mathcal{S}^n$ 中的矩阵 Frobenius 内积, 第二个 $\text{vec}(X)^T \text{vec}(Y)$ 表示 $\mathbb{R}^{\frac{n(n+1)}{2}}$ 中的自然内积.

基于本书只讨论 $\mathbb{R}^n$ 和 $\mathcal{S}^n$ 两个线性空间, 同时在 $\mathbb{R}^n$ 采用自然内积范数和在 $\mathcal{S}^n$ 采用 Frobenius 范数, 我们以后都针对 $\mathbb{R}^n$ 进行讨论, 所得结果自然推广到 $\mathcal{S}^n$ 上.

2.2　集合的凸性与锥

开集、闭集和内点

对于任何一个欧氏空间, 因有了范数, 就有距离概念, 也就可以定义开集、闭集、内点等概念. 为了直观简便, 以下结果都针对 $\mathbb{R}^n$ 给出. 由 2.1 节结束部分的讨论, 所得结果同样在 $\mathcal{S}^n$ 上成立. 以下讨论中 $\mathbb{R}^n$ 中采用自然内积范数而 $\mathcal{S}^n$ 中采用 Frobenius 范数.

以点 x^0 为中心 $\epsilon > 0$ 为半径的邻域 (neighborhood)定义为

$$N(x^0; \epsilon) = \left\{ x \in \mathbb{R}^n \mid \|x - x^0\| < \epsilon \right\}.$$

若一个集合 $\mathcal{X} \subseteq \mathbb{R}^n$ 满足: 对任意 $x \in \mathcal{X}$, 存在 $\epsilon > 0$ 使得 $N(x; \epsilon) \subseteq \mathcal{X}$, 则称 $\mathcal{X}$ 为 $\mathbb{R}^n$ 中的开集, 简称开集 (open set). $\mathcal{X} \subseteq \mathbb{R}^n$ 为闭集 (closed set), 则定义为: $\mathbb{R}^n \backslash \mathcal{X} = \{x \in \mathbb{R}^n \mid x \notin \mathcal{X}\}$ 为开集. $\mathcal{X} \subseteq \mathbb{R}^n$ 的闭包 (closure)定义为包含 $\mathcal{X}$ 的最小闭集, 记成 $\mathrm{cl}(\mathcal{X})$.

闭集也可以用极限的概念来定义: 若 $\mathcal{X}$ 中的任何一个极限点还在该集合中, 则该集合为闭集.

$\mathcal{X} \subseteq \mathbb{R}^n$ 的内点 (interior point)定义为

$$\mathrm{int}(\mathcal{X}) = \left\{ x \in \mathcal{X} \mid 存在\epsilon_x > 0使得N(x; \epsilon_x) \subseteq \mathcal{X} \right\}.$$

边界 (boundary)定义为

$$\mathrm{bdry}(\mathcal{X}) = \mathrm{cl}(\mathcal{X}) \backslash \mathrm{int}(\mathcal{X}) = \{x \in \mathrm{cl}(\mathcal{X}) \mid x \notin \mathrm{int}(\mathcal{X})\}.$$

若存在 $r > 0$ 使得 $\|x\| \leqslant r, \forall x \in \mathcal{X}$, 则称 $\mathcal{X}$ 有界.

例 2.1　$\mathcal{S}^n_{++}$ 是开集, $\mathcal{S}^n_+$ 是闭集, $\mathrm{int}(\mathcal{S}^n_+) = \mathcal{S}^n_{++}$, $\mathrm{cl}(\mathcal{S}^n_+) = \mathrm{cl}(\mathcal{S}^n_{++}) = \mathcal{S}^n_+$,

$$\mathrm{bdry}(\mathcal{S}^n_+) = \{A \in \mathcal{S}^n_+ \mid 存在x \in \mathbb{R}^n \text{ 且} x \neq 0 \text{ 使得} x^{\mathrm{T}} A x = 0\}.$$

解　用 $\lambda_{\max}(A)$ 和 $\lambda_{\min}(A)$ 分别表示矩阵 A 的最大特征值和最小特征值. 任给 $A \in \mathcal{S}^n_{++}$, 由定理 2.2 和正定的定义推出 $\lambda_{\min}(A) > 0$. 取 $\epsilon = \dfrac{\lambda_{\min}(A)}{2}$, 对

$N(A;\epsilon) = \{B \in \mathcal{S}^n \mid \|B - A\| < \epsilon\}$ 中任意 B, 由推论 2.3 知 $B - A$ 每一个特征值的绝对值严格小于 ϵ. 对任意 $x \neq 0$, 有

$$x^{\mathrm{T}}Bx = x^{\mathrm{T}}Ax + x^{\mathrm{T}}(B - A)x > (\lambda_{\min}(A) - \epsilon)x^{\mathrm{T}}x = \frac{\lambda_{\min}}{2}x^{\mathrm{T}}x > 0,$$

推出 $B \succ 0$, 即 $B \in \mathcal{S}^n_{++}$, 所以 $\mathcal{S}^n_{++}$ 为开集.

欲证 $\mathcal{S}^n_+$ 是闭集, 只需证明 $\mathcal{S}^n \setminus \mathcal{S}^n_+$ 为开集. 同上思路, $\forall A \in \mathcal{S}^n \setminus \mathcal{S}^n_+$, 其特征值 $\lambda_{\min}(A) < 0$, 取 $\epsilon = \dfrac{|\lambda_{\min}(A)|}{2}$ 即可仿效上面的证明得到结果.

明显 $\mathrm{int}(\mathcal{S}^n_+) \supseteq \mathcal{S}^n_{++}$. $\forall A \in \mathrm{int}(\mathcal{S}^n_+)$, 若 A 不是正定矩阵, 记 $A = Q\mathrm{Diag}(\lambda_1, \lambda_2, \cdots, \lambda_n)Q^{\mathrm{T}}$, 不妨设 $\lambda_1 \leqslant \lambda_2 \leqslant \cdots \leqslant \lambda_n$, 由定理 2.2 及半正定阵的定义, 则 $\lambda_1 = 0$. 对任意的 $\epsilon > 0$, 存在

$$B = Q\mathrm{Diag}(-\epsilon/2, \lambda_2, \cdots, \lambda_n)Q^{\mathrm{T}},$$

使得 $\|B - A\| = \epsilon/2 < \epsilon$, 但 B 不是半正定矩阵. 故 $\mathrm{int}(\mathcal{S}^n_+) \subseteq \mathcal{S}^n_{++}$. 由此得到 $\mathrm{int}(\mathcal{S}^n_+) = \mathcal{S}^n_{++}$.

例题中余下的结论可类似证明.

集合 $\mathcal{X} \subseteq \mathbb{R}^n$ 的相对内点 (relative interior)定义为: 设 $\mathcal{A}$ 是一个包含 $\mathcal{X}$ 的最小仿射空间,

$$\mathrm{ri}(\mathcal{X}) = \{x \in \mathcal{X} \mid \text{存在开集} \mathcal{Y} \subseteq \mathbb{R}^n \text{ 满足 } x \in \mathcal{Y} \cap \mathcal{A} \subseteq \mathcal{X}\}.$$

相对内点的概念比较抽象, 但在线性锥优化中非常基础. 首先需要特别注意的是, 当 $\mathcal{X}$ 只含一个点时, 它的相对内点就是其本身. 可以完全按定义得到包含这一点的仿射空间就是这一点自身, 仿射空间的维数为 0. 当 $\mathcal{X}$ 中至少包含两点时, 包含 $\mathcal{X}$ 的最小仿射空间至少包含这两点形成的直线, 此时, 这个仿射空间的维数不小于 1, 相对内点就相当于这个仿射空间的内点. 于是, 研究相对内点的性质就可以先将这个最小仿射空间 (经一点的位移为线性空间) 看成线性空间, 然后按线性空间的性质研究. 所以, 有时我们不加区别地将线性空间的一些性质直接套用到研究相对内点的仿射空间中. 下面通过两个例子予以说明.

例 2.2 $\mathcal{X} = \{(x_1, x_2)^{\mathrm{T}} \in \mathbb{R}^2 \mid x_1 = 1, 0 < x_2 \leqslant 1\}$ 的相对内点集合 $\mathrm{ri}(\mathcal{X}) = \{(x_1, x_2)^{\mathrm{T}} \in \mathbb{R}^2 \mid x_1 = 1, 0 < x_2 < 1\}$.

解 任取 $\mathcal{X}$ 其中一点, 如 $x^0 = (1,1)^{\mathrm{T}} \in \mathcal{X}$, 再取不同于 x^0 的一点, 如 $x^1 = (1, 0.5)^{\mathrm{T}} \in \mathcal{X}$, 则得到一个非零的方向 $d = x^1 - x^0 = (0, 0.5)^{\mathrm{T}}$. 此时, 仿射线性组合为 $y = x^0 + kd = kx^1 + (1-k)x^0, k \in \mathbb{R}$, 表示以 x^0 为起点沿 d 方向的一条直线. 于是包含 $\mathcal{X}$ 的最小仿射空间为 $\mathcal{A} = \{(x_1, x_2)^{\mathrm{T}} \in \mathbb{R}^2 \mid x_1 = 1, x_2 \in \mathbb{R}\}$. 按定义得到相对内点集合的结论.

上述例子说明, 当仿射空间为一维时, 一维区间的开集就是内点集.

例 2.3   设 $\mathcal{X} = \mathcal{X}_1 \cup \mathcal{X}_2$, 其中 $\mathcal{X}_1 = \{(x_1, x_2)^{\mathrm{T}} \in \mathbb{R}^2 \mid x_1 = 1, 0 \leqslant x_2 < 1\}$, $\mathcal{X}_2 = \{(x_1, x_2)^{\mathrm{T}} \in \mathbb{R}^2 \mid x_1 \geqslant 2, x_2 = 0\}$ 的相对内点集合 $\mathrm{ri}(\mathcal{X}) = \varnothing$.

解   与上例相同的逻辑, 任取 $\mathcal{X}$ 其中一点, 如 $x^0 = (1, 0)^{\mathrm{T}} \in \mathcal{X}$, 再取不同于 x^0 的两点, 如 $x^1 = (1, 0.5)^{\mathrm{T}} \in \mathcal{X}_1$ 和 $x^2 = (2, 0)^{\mathrm{T}} \in \mathcal{X}_2$, 则得到两个方向 $d^1 = x^1 - x^0 = (0, 0.5)^{\mathrm{T}}$ 和 $d^2 = x^2 - x^0 = (1, 0)^{\mathrm{T}}$. 明显看出 d^1 和 d^2 线性无关, 且仿射线性组合 $y = x^0 + k_1 d^1 + k_2 d^2 = k_1 x^1 + k_2 x^2 + (1 - k_1 - k_2) x^0, k_1, k_2 \in \mathbb{R}$ 可以表示 $\mathbb{R}^2$ 中的任何一点. 因此, 包含 $\mathcal{X}$ 的最小仿射空间为 $\mathbb{R}^2$. 于是, $\mathcal{X}$ 中的任何一点都不是相对内点.

上述例子说明, 当仿射空间为二维时, 二维的圆形邻域可以照搬使用.

对给定 $a \in \mathbb{R}^n$ 且 $a \neq 0$ 和 $b \in \mathbb{R}$,

$$\mathcal{H} = \left\{ x \in \mathbb{R}^n \mid a^{\mathrm{T}} x = \sum_{i=1}^n a_i x_i = b \right\}$$

称为超平面 (hyperplane). 超平面为一个仿射空间. 半空间 (half space) 定义为

$$\mathcal{H}^+ = \left\{ x \in \mathbb{R}^n \mid a^{\mathrm{T}} x = \sum_{i=1}^n a_i x_i \geqslant b \right\}.$$

一个超平面将空间分成两个半空间, 但由于上式中 a, b 取值的任意性, 任何一个半空间都可以写成上面的形式.

对给定的两个集合 $\mathcal{X}_1$ 和 $\mathcal{X}_2$, 若存在超平面 $\mathcal{H}$ 使得 $a^{\mathrm{T}} x \geqslant b, \forall x \in \mathcal{X}_1$ 和 $a^{\mathrm{T}} x \leqslant b, \forall x \in \mathcal{X}_2$, 则称超平面 $\mathcal{H}$ 分离 (separation) 集合 $\mathcal{X}_1$ 和 $\mathcal{X}_2$.

若进一步存在 $x^1 \in \mathcal{X}_1$ 使得 $a^{\mathrm{T}} x^1 > b$ 或 $x^2 \in \mathcal{X}_2$ 使得 $a^{\mathrm{T}} x^2 < b$, 则称此超平面 $\mathcal{H}$ 真分离集合 $\mathcal{X}_1$ 和 $\mathcal{X}_2$. 超平面真分离 (proper separation) 两个集合的另一个几何解释是: 超平面分离 $\mathcal{X}_1$ 和 $\mathcal{X}_2$ 且这两个集合中的点不全包含在这个超平面内.

引理 2.7   设 $\mathcal{X}$ 为 $\mathbb{R}^n$ 中一个内点非空的集合, $\mathcal{H} = \{x \in \mathbb{R}^n \mid a^{\mathrm{T}} x = b\}$ 为 $\mathbb{R}^n$ 中任何一个超平面, 则一定存在 $\bar{x} \in \mathcal{X}$ 使得 $a^{\mathrm{T}} \bar{x} \neq b$.

证明   因为 $\mathcal{X}$ 内点非空, 所以 $\dim(\mathcal{X}) = n$. 反证法假设 $a^{\mathrm{T}} x = b, \forall x \in \mathcal{X}$, 因 $\dim(\mathcal{H}) = n - 1$, 得到 $\dim(\mathcal{X}) \leqslant n - 1$, 矛盾. 结论得证. ■

相对内点是优化问题中经常遇到的一个概念, 如线性规划的约束集合 $\mathcal{F} = \{x \in \mathbb{R}^2 \mid x_1 + x_2 = 1, x_1 \geqslant 0, x_2 \geqslant 0\}$, 虽说是 $\mathbb{R}^2$ 中的一个集合, 但它的维数只有一维, 等同于可行解集合 $\mathcal{F}_1 = \{x \in \mathbb{R} \mid 0 \leqslant x \leqslant 1\}$ 的变形. 在 $\mathbb{R}$ 中, $\mathcal{F}_1$ 是有内点的一个集合, 故 $\mathcal{F}$ 在 $\mathbb{R}^2$ 中有相对内点. 将以上有关内点的性质直接推广到相对内点, 有以下结论.

引理 2.8 设 $\mathcal{X}$ 为 $\mathbb{R}^n$ 中一个非空集合且 $\mathcal{A}$ 为包含 $\mathcal{X}$ 的最小仿射空间, $\mathrm{ri}(\mathcal{X}) \neq \varnothing$. 对任意超平面 $\mathcal{H} = \left\{ x \in \mathbb{R}^n \mid a^\mathrm{T} x = b \right\}$ 满足 $\dim(\mathcal{H} \cap \mathcal{A}) \leqslant \dim(\mathcal{A}) - 1$ 时, 则存在 $\bar{x} \in \mathcal{X}$ 使得 $a^\mathrm{T} \bar{x} \neq b$.

同上引理证明一样, 利用维数的关系可得.

集合 $\mathcal{X} \subseteq \mathbb{R}^n$ 的支撑平面 (supporting hyperplane) 为一个超平面 $\mathcal{H} = \{ x \in \mathbb{R}^n \mid a^\mathrm{T} x = b \}$, 满足

$$a^\mathrm{T} y \geqslant b, \quad \forall\, y \in \mathcal{X} \text{ 和 } \mathrm{cl}(\mathcal{X}) \cap \mathcal{H} \neq \varnothing.$$

凸集与锥

线性空间 $\mathbb{R}^n$ 中凸集 (convex set)$\mathcal{X}$ 定义如下: 对任意 $x^1 \in \mathcal{X}$ 和 $x^2 \in \mathcal{X}$ 及 $0 \leqslant \lambda \leqslant 1$ 的实数, $\lambda x^1 + (1 - \lambda) x^2 \in \mathcal{X}$ 恒成立. 凸集的几何直观见图 2.1, 左侧为凸集, 右侧不是凸集. 包含一个集合 $\mathcal{X}$ 的最小凸集称为 $\mathcal{X}$ 凸包 (convex hull), 记成 $\mathrm{conv}(\mathcal{X})$, 等价为

$$\mathrm{conv}(\mathcal{X}) = \left\{ x \in \mathbb{R}^n \,\middle|\, \begin{array}{l} \text{存在正整数} m, \lambda_i \geqslant 0 \text{ 和} y^i \in \mathcal{X}, i = 1, \cdots, m, \\ \text{使得} \sum_{i=1}^{m} \lambda_i = 1, x = \sum_{i=1}^{m} \lambda_i y^i \end{array} \right\}.$$

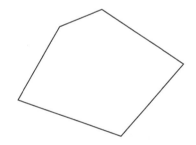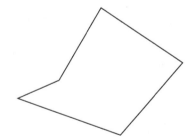

图 2.1 凸集与非凸集

为了分析凸集的性质, 先给出点到集合的距离定义及基本引理. 点 $z \in \mathbb{R}^n$ 到集合 $\mathcal{X}$ 的距离 (distance between a point and a set)定义为

$$\mathrm{dist}(z, \mathcal{X}) = \inf \{ \|z - x\| \mid x \in \mathcal{X} \}.$$

引理 2.9 设 $\mathcal{X} \subseteq \mathbb{R}^n$ 为非空闭凸集且 $z \in \mathbb{R}^n$, 则存在唯一点 $\bar{x} \in \mathcal{X}$ 满足

$$\mathrm{dist}(z, \mathcal{X}) = \|z - \bar{x}\| = \min \{ \|z - x\| \mid x \in \mathcal{X} \},$$

且

$$(z - \bar{x})^\mathrm{T} (x - \bar{x}) \leqslant 0, \quad \forall x \in \mathcal{X}.$$

证明   若 $z \in \mathcal{X}$, 则结论成立. 否则 $z \notin \mathcal{X}$, 则 $\mathcal{X}$ 中任取一点到 z 的距离为 $\mathrm{dist}(z, \mathcal{X})$ 的上界. 由此存在一个收敛点列 $\{x^k \mid k = 1, 2, \cdots\} \subseteq \mathcal{X}$ 满足 $x^k \to \bar{x}, k \to \infty, \bar{x} \in \mathcal{X}$ 且 $\|z - \bar{x}\| = \min\{\|z - x\| \mid x \in \mathcal{X}\} > 0$, 因此存在性得证.

当 $\bar{x}$ 满足 $\mathrm{dist}(z, \mathcal{X}) = \|z - \bar{x}\|$, 对任意 $x \in \mathcal{X}$, 令

$$\hat{x} = \alpha x + (1 - \alpha)\bar{x},$$

且 $0 < \alpha \leqslant 1$, 则

$$
\begin{aligned}
\|z - \bar{x}\|^2 &\leqslant \|z - \hat{x}\|^2 \\
&= \|z - \bar{x}\|^2 + 2\alpha(z - \bar{x})^{\mathrm{T}}(\bar{x} - x) + \alpha^2 \|x - \bar{x}\|^2.
\end{aligned}
$$

得到

$$2(z - \bar{x})^{\mathrm{T}}(\bar{x} - x) + \alpha\|\bar{x} - x\|^2 \geqslant 0$$

对所有 $0 < \alpha \leqslant 1$ 成立, 也就推出 $(z - \bar{x})^{\mathrm{T}}(x - \bar{x}) \leqslant 0$.

再用反证法证唯一性. 若存在 $x^* \in \mathcal{X}$ 且 $x^* \neq \bar{x}$ 满足 $\|z - x^*\| = \min\{\|z - x\| \mid x \in \mathcal{X}\}$. 由上面的推导

$$(\bar{x} - x^*)^{\mathrm{T}}(\bar{x} - x^*) = (z - \bar{x})^{\mathrm{T}}(x^* - \bar{x}) + (z - x^*)^{\mathrm{T}}(\bar{x} - x^*) \leqslant 0,$$

与 $x^* \neq \bar{x}$ 矛盾. 因此唯一性得证. ∎

引理 2.10   设 $\mathcal{X} \subseteq \mathbb{R}^n$ 为非空凸集且 $z \notin \mathrm{cl}(\mathcal{X})$, 则存在由 $a \neq 0, a \in \mathbb{R}^n, b \in \mathbb{R}$ 决定的一个超平面

$$\mathcal{H} = \{y \in \mathbb{R}^n \mid a^{\mathrm{T}} y = b\}$$

使得

$$a^{\mathrm{T}} x \geqslant b > a^{\mathrm{T}} z \text{ 对任意 } x \in \mathcal{X} \text{ 成立.}$$

证明   由于 $z \notin \mathrm{cl}(\mathcal{X})$, 故 z 到 $\mathrm{cl}(\mathcal{X})$ 的距离大于 0. 设 $\bar{x}$ 为 $\mathrm{cl}(\mathcal{X})$ 到 z 的距离最小点, 则有

$$(z - \bar{x})^{\mathrm{T}}(z - \bar{x}) > 0,$$

再利用引理 2.9, 则有

$$(z - \bar{x})^{\mathrm{T}}(x - \bar{x}) \leqslant 0, \quad \forall x \in \mathcal{X}.$$

综合得到

$$(\bar{x} - z)^{\mathrm{T}} x \geqslant (\bar{x} - z)^{\mathrm{T}} \bar{x} > (\bar{x} - z)^{\mathrm{T}} z \text{ 对任意 } x \in \mathcal{X} \text{ 成立.}$$

令 $a = \bar{x} - z$ 和 $b = (\bar{x} - z)^{\mathrm{T}} \bar{x}$, 即得结论. ∎

定理 2.11 设 $\mathcal{X} \subseteq \mathbb{R}^n$ 为一个非空凸集, 则在其边界集 bdry($\mathcal{X}$) 上的任何一点 y 均存在一个由 $a \in \mathbb{R}^n, b \in \mathbb{R}$ 生成的支撑超平面 $\{x \in \mathbb{R}^n \mid a^{\mathrm{T}}x = b\}$, 使得 $a^{\mathrm{T}}y = b$ 且 $a^{\mathrm{T}}x \geqslant b$ 对任意 $x \in \mathcal{X}$ 成立.

证明 任意取定 bdry($\mathcal{X}$) 上的一点 y, 可构造 cl($\mathcal{X}$) 外的点列 $\{z^k \mid k = 1, 2, \cdots\}$ 收敛到 y. 由引理 2.10, 存在 a^k, b_k 使得

$$(a^k)^{\mathrm{T}}x \geqslant b_k > (a^k)^{\mathrm{T}}z^k, \quad \text{对任意 } x \in \mathcal{X} \text{ 成立.}$$

单位化处理平面方程系数 $\dfrac{1}{\sqrt{(a^k)^{\mathrm{T}}a^k + b_k^2}} \begin{pmatrix} a^k \\ b_k \end{pmatrix}$, 则每一个分量都有界, 由此存在一个子列 $\left\{ \dfrac{1}{\sqrt{(a^{k_i})^{\mathrm{T}}a^{k_i} + b_{k_i}^2}} \begin{pmatrix} a^{k_i} \\ b_{k_i} \end{pmatrix} \right\}$ 收敛到 $\begin{pmatrix} a \\ b \end{pmatrix}$, 使得

$$a^{\mathrm{T}}x \geqslant b \text{ 对任意 } x \in \mathcal{X} \text{ 成立.}$$

结论得证. ∎

关于集合的运算, 不难推出下列性质.

引理 2.12 若 $\mathcal{X}_1, \mathcal{X}_2$ 都是凸集, 则 $\mathcal{X}_1 + \mathcal{X}_2$ 和 $\mathcal{X}_1 \times \mathcal{X}_2$ 都是凸集. 对 $i = 1, 2, \cdots$, 若 $\mathcal{X}_i$ 是凸集, 则 $\bigcap_{i=1}^{\infty} \mathcal{X}_i$ 为凸集. 对 $i = 1, 2, \cdots$, 若 $\mathcal{X}_i$ 是闭集, 则 $\bigcap_{i=1}^{\infty} \mathcal{X}_i$ 为闭集. 对 $i = 1, 2, \cdots$, 若 $\mathcal{X}_i$ 是开集, $i = 1, 2, \cdots$, 则 $\bigcup_{i=1}^{\infty} \mathcal{X}_i$ 为开集.

定理 2.13 若两个非空凸集 $\mathcal{X}_1 \subseteq \mathbb{R}^n$ 和 $\mathcal{X}_2 \subseteq \mathbb{R}^n$ 的交集 $\mathcal{X}_1 \cap \mathcal{X}_2 = \varnothing$, 则存在一个由 $a \in \mathbb{R}^n, b \in \mathbb{R}$ 生成的超平面 $\{x \in \mathbb{R}^n \mid a^{\mathrm{T}}x = b\}$ 分离 $\mathcal{X}_1$ 和 $\mathcal{X}_2$.

证明 令 $\mathcal{X} = \mathcal{X}_1 - \mathcal{X}_2$, 由引理 2.12 得知 $\mathcal{X}$ 为凸集. 再由交集为空集的特性, 得到 $0 \notin \mathcal{X}$, 依据引理 2.10 和定理 2.11, 存在一个 $c \in \mathbb{R}^n, d \in \mathbb{R}$ 的超平面 $\{x \in \mathbb{R}^n \mid c^{\mathrm{T}}x = d\}$ 使得 $c^{\mathrm{T}}0 = 0 \leqslant d$ 和 $c^{\mathrm{T}}x \geqslant d, \forall x \in \mathcal{X}$.

而 $c^{\mathrm{T}}x \geqslant d \geqslant 0$ 对所有 $x \in \mathcal{X}$ 成立. 等价于 $c^{\mathrm{T}}x^1 \geqslant c^{\mathrm{T}}x^2, \forall x^1 \in \mathcal{X}_1$ 和 $\forall x^2 \in \mathcal{X}_2$. 于是对任意 $x^2 \in \mathcal{X}_2, c^{\mathrm{T}}x^2$ 对 $c^{\mathrm{T}}x^1, \forall x^1 \in \mathcal{X}_1$ 有下界控制. 同理对任意 $x^1 \in \mathcal{X}_2, c^{\mathrm{T}}x^1$ 对 $c^{\mathrm{T}}x^2, \forall x^2 \in \mathcal{X}_2$ 有上界控制. 因此分别得到 $\inf_{x^1 \in \mathcal{X}_1} c^{\mathrm{T}}x^1$ 存在并记为 b_1, $\sup_{x^2 \in \mathcal{X}_2} c^{\mathrm{T}}x^2$ 存在并记为 b_2, 且满足 $b_1 \geqslant b_2$ 和 $\inf_{x^1 \in \mathcal{X}_1} c^{\mathrm{T}}x^1 = b_1 \geqslant b_2 = \sup_{x^2 \in \mathcal{X}_2} c^{\mathrm{T}}x^2$.

取 $a = c$, b 为 $[b_2, b_1]$ 中的任何一个值, 重新构造一个超平面 $\mathcal{H} = \{x \in \mathbb{R}^n \mid a^{\mathrm{T}}x = b\}$, 则有

$$a^{\mathrm{T}}x \geqslant b, \forall x \in \mathcal{X}_1 \text{ 且 } a^{\mathrm{T}}x \leqslant b, \forall x \in \mathcal{X}_2.$$

于是得到结论. ∎

定理 2.14 两个非空集 $\mathcal{X}_1 \subseteq \mathbb{R}^n$ 和 $\mathcal{X}_2 \subseteq \mathbb{R}^n$ 可以被超平面真分离的充要条件为存在一个向量 $a \in \mathbb{R}^n$, 使得

(i) $\inf_{x\in\mathcal{X}_1} a^{\mathrm{T}}x \geqslant \sup_{x\in\mathcal{X}_2} a^{\mathrm{T}}x,$

(ii) $\sup_{x\in\mathcal{X}_1} a^{\mathrm{T}}x > \inf_{x\in\mathcal{X}_2} a^{\mathrm{T}}x.$

证明　"必要性". 由可分离的定义, 易知存在 a 使得 (i) 成立. 假设对所有使得 (i) 成立的 a 而言 (ii) 不正确, 则

$$\sup_{x\in\mathcal{X}_1} a^{\mathrm{T}}x \leqslant \inf_{x\in\mathcal{X}_2} a^{\mathrm{T}}x \leqslant \sup_{x\in\mathcal{X}_2} a^{\mathrm{T}}x \leqslant \inf_{x\in\mathcal{X}_1} a^{\mathrm{T}}x.$$

又由

$$\inf_{x\in\mathcal{X}_1} a^{\mathrm{T}}x \leqslant \sup_{x\in\mathcal{X}_1} a^{\mathrm{T}}x$$

得到

$$\sup_{x\in\mathcal{X}_1} a^{\mathrm{T}}x = \inf_{x\in\mathcal{X}_2} a^{\mathrm{T}}x = \sup_{x\in\mathcal{X}_2} a^{\mathrm{T}}x = \inf_{x\in\mathcal{X}_1} a^{\mathrm{T}}x.$$

这表明 $\mathcal{X}_1$ 和 $\mathcal{X}_2$ 在超平面 $\{x\in\mathbb{R}^n \mid a^{\mathrm{T}}x = \inf_{x\in\mathcal{X}_1} a^{\mathrm{T}}x\}$ 内. 这样, 不存在真分离 $\mathcal{X}_1$ 和 $\mathcal{X}_2$ 的超平面, 产生矛盾.

"充分性". 由于 $\mathcal{X}_1$ 和 $\mathcal{X}_2$ 非空, 则 $\inf_{x\in\mathcal{X}_1} a^{\mathrm{T}}x$ 和 $\sup_{x\in\mathcal{X}_2} a^{\mathrm{T}}x$ 存在, 取 $b = \inf_{x\in\mathcal{X}_1} a^{\mathrm{T}}x$, 则 $\{x\in\mathbb{R}^n \mid a^{\mathrm{T}}x = b\}$ 分离两个集合. 若 $\mathcal{X}_1$ 中有一点没有落入在超平面 $\{x\in\mathbb{R}^n \mid a^{\mathrm{T}}x = b\}$ 内, 则结论成立. 否则, $\mathcal{X}_1$ 落入在超平面 $\{x\in\mathbb{R}^n \mid a^{\mathrm{T}}x = b\}$ 内, 由 (ii) 知, 存在一点 $x\in\mathcal{X}_2$ 使得 $a^{\mathrm{T}}x < b$, 故结论成立. ∎

由于相对内点较为抽象, 而内点的概念相对容易理解, 下面给出**仿射空间位移法 (displacement for an affine space)**, 以建立它们之间的联系.

设 $\mathcal{X}\subseteq\mathbb{R}^n$ 为任一非空集合, 包含 $\mathcal{X}$ 的最小仿射空间记为 $\mathcal{A}$. 任取一点 $x^0\in\mathcal{A}$, 记 $\tilde{\mathcal{A}} = \mathcal{A} - \{x^0\} = \{x - x^0 \mid x\in\mathcal{A}\}$, $\tilde{\mathcal{X}} = \mathcal{X} - \{x^0\} = \{x - x^0 \mid x\in\mathcal{X}\}$. 由仿射空间的定义, $\tilde{\mathcal{A}}$ 为一个线性空间, 而 $\tilde{\mathcal{X}}\subseteq\tilde{\mathcal{A}}$. 在 $\tilde{\mathcal{A}}$ 这个线性空间中, 沿袭 $\mathbb{R}^n$ 中的范数 (内积) 后, $\tilde{\mathcal{A}}$ 成为一个有度量的线性空间, 即欧氏空间. 这个方法称为仿射空间位移方法. 这里需要读者对线性代数的线性空间与子空间有一定了解, 可以参考文献 [33]. 在采用仿射空间位移方法后, 有如下一些结论.

可按凸集的定义验证得知, 当 $\mathcal{X}\subseteq\mathbb{R}^n$ 为任一非空凸集, 则 $\tilde{\mathcal{X}}$ 为 $\tilde{\mathcal{A}}$ 中的非空凸集, 反之也正确.

由于 $\tilde{\mathcal{A}}$ 中沿用 $\mathbb{R}^n$ 中的范数 (内积), 按相对内点的定义验证, 得到当 x 为 $\mathcal{X}$ 的一个相对内点, 则 $x - x^0$ 为 $\tilde{\mathcal{X}}$ 的一个在线性空间 $\tilde{\mathcal{A}}$ 的内点. 基于 $\tilde{\mathcal{A}}$ 中沿用 $\mathbb{R}^n$ 中的范数 (内积), 反过来在 $\tilde{\mathcal{A}}$ 中的一个球形邻域可以自然扩充到 $\mathbb{R}^n$ 中的一个球形邻域. 当对任意一点 $\bar{x}\in\tilde{\mathcal{A}}$ 通过 $\bar{x}+x^0$ 的位移返回到 $\mathbb{R}^n$ 中后, 以上的结论反之也同样成立.

同理, $\mathbb{R}^n$ 中的任意超平面方程 $\mathcal{H} = \{x\in\mathbb{R}^n \mid a^{\mathrm{T}}x = b\}$ 经位移得到 $\tilde{\mathcal{H}} = \{x - x^0\in\mathbb{R}^n \mid a^{\mathrm{T}}(x - x^0) = b - a^{\mathrm{T}}x^0\}$. 对于线性空间 $\tilde{\mathcal{A}}$, 存在 $A\in\mathcal{M}(m,n)$, 使其

等价于一个零空间 $\mathcal{N}(A) = \{x - x^0 \in \mathbb{R}^n \mid A(x - x^0) = 0\}$, 于是超平面经过位移限定在 $\tilde{\mathcal{A}}$ 为

$$\tilde{\mathcal{H}} \cap \tilde{\mathcal{A}} = \left\{ x - x^0 \in \mathbb{R}^n \mid A(x - x^0) = 0, a^{\mathrm{T}}(x - x^0) = b - a^{\mathrm{T}}x^0 \right\}.$$

不妨记 $A(x - x^0) = 0$ 的自由变量为 $x_1 - x_1^0, x_2 - x_2^0, \cdots, x_r - x_r^0$, 其中 $r = \dim(\mathcal{X})$, 则可以通过方程组 $A(x - x^0) = 0$ 解出 $x - x^0$ 其他变量与 $x_1 - x_1^0, x_2 - x_2^0, \cdots, x_r - x_r^0$ 之间的线性关系. 当 $\tilde{\mathcal{H}} \cap \tilde{A} \neq \varnothing$ 时, 将上面方程组解的关系代入 $a^{\mathrm{T}}(x - x^0) = b - a^{\mathrm{T}}x^0$ 中, 得到在 $\tilde{A}$ 中的一个超平面方程. 于是可以这样认为, $\mathbb{R}^n$ 中的任意超平面方程限定在 $\tilde{A}$ 中还是一个超平面方程.

对 $\tilde{A}$ 中的任何一个超平面, 一定可以用方程 $c_1(x_1 - x_1^0) + c_2(x_2 - x_2^0) + \cdots + c_r(x_r - x_r^0) = d$ 表示, 将未出现变量系数看成 0, 明显是 $\mathbb{R}^n$ 的一个超平面方程.

依据上述讨论, 为了直观和便于理解, 对与相对内点有关性质的研究就可以采用仿射空间位移的办法处理, 在位移后按与内点相关的性质研究. 这将是我们后续一些证明中常用到的技巧.

考察凸集与相对内点的关系, 先给出如下引理.

引理 2.15 设 $\mathcal{X} \subseteq \mathbb{R}^n$ 为非空凸集, 则 $\mathrm{ri}(\mathcal{X}) \neq \varnothing$.

证明 当 $\mathcal{X}$ 中只有一点, 则由定义得到 $\mathrm{ri}(\mathcal{X}) = \mathcal{X} \neq \varnothing$. 当 $r = \dim(\mathcal{X}) \geqslant 1$ 时, 由仿射空间位移法知, $\mathcal{X}$ 中存在 $r + 1$ 个仿射线性无关的点, 任意选取 $\mathcal{X}$ 中 $r + 1$ 个仿射线性无关的点 $\{x^1, x^2 \cdots, x^{r+1}\}$, 则对任意 $\lambda_i > 0, i = 1, 2, \cdots, r + 1$ 且 $\sum_{i=1}^{r+1} \lambda_i = 1$, 有 $\sum_{i=1}^{r+1} \lambda_i x^i \in \mathrm{ri}(\mathcal{X})$. ∎

引理 2.16 设 $\mathcal{X}$ 为相对内点非空凸集, $y \in \mathrm{cl}(\mathcal{X})$ 且 $z \in \mathrm{ri}(\mathcal{X})$, 则有 $x = \alpha y + (1 - \alpha)z \in \mathrm{ri}(\mathcal{X})$, $\forall 0 \leqslant \alpha < 1$.

证明 当 $\dim(\mathcal{X}) = 0$ 时, 则 $\mathcal{X}$ 中只有一点, 结论成立. 当 $\dim(\mathcal{X}) = 1$ 时, 凸集 $\mathcal{X}$ 中只有一线段, 该线段除边界点外全部为相对内点, 结论成立.

当 $\dim(\mathcal{X}) \geqslant 2$ 时, 设包含 $\mathcal{X}$ 的最小仿射空间为 $\mathcal{A}$.

对 $y \in \mathrm{cl}(\mathcal{X})$, $z \in \mathrm{ri}(\mathcal{X})$ 和 $x = \alpha y + (1 - \alpha)z, \forall 0 \leqslant \alpha < 1$, 明显当 $\alpha = 0$ 时结论成立. 而对给定 $0 < \alpha < 1$ 和对应的 $x = \alpha y + (1 - \alpha)z$, 存在 $\delta > 0$ 使得 $N(z, \delta) \cap \mathcal{A} \subseteq \mathcal{X}$, 并令

$$\mathcal{Y} = \left\{ \bar{x} \mid \bar{x} = \frac{x - (1 - \alpha)w}{\alpha}, w \in N(z, \delta) \cap \mathcal{A} \right\}.$$

明显, 得知 $\mathcal{Y}$ 为仿射空间 $\mathcal{A}$ 的一个开集且 $y = \dfrac{x - (1 - \alpha)z}{\alpha} \in \mathcal{Y}$. 再由 $y \in \mathrm{cl}(\mathcal{X})$, 则存在 $p \in \mathcal{X}$ 使得 $p \in \mathcal{Y}$, 由此推出存在 $\bar{w} \in N(z, \delta)$ 使得 $x = \alpha p + (1 - \alpha)\bar{w}$.

令

$$\mathcal{Z} = \{\tilde{x} \mid \tilde{x} = \alpha p + (1-\alpha)w, w \in N(z,\delta) \cap \mathcal{A}\},$$

则 $\mathcal{Z}$ 是仿射空间 $\mathcal{A}$ 的一个开集. 另由 $p \in \mathcal{X}$ 和 $w \in N(z,\delta)\cap\mathcal{A} \subseteq \mathcal{X}$ 得到 $x \in \mathrm{ri}(\mathcal{X})$. 综合以上讨论得到引理的结论. ∎

定理 2.17 设 $\mathcal{X}$ 为非空凸集, 则 $\mathrm{cl}(\mathrm{ri}(\mathcal{X})) = \mathrm{cl}(\mathcal{X})$ 和 $\mathrm{ri}(\mathrm{cl}(\mathcal{X})) = \mathrm{ri}(\mathcal{X})$.

证明 明显可知 $\mathrm{ri}(\mathcal{X}) \subseteq \mathcal{X}$, 所以 $\mathrm{cl}(\mathrm{ri}(\mathcal{X})) \subseteq \mathrm{cl}(\mathcal{X})$. 反之, 当 $\mathcal{X}$ 中只有一点时, 按定义这一点为相对内点, 故 $\mathrm{cl}(\mathrm{ri}(\mathcal{X})) = \mathrm{cl}(\mathcal{X})$. 当 $\mathcal{X}$ 中至少有两个不同的点时, 由凸集的特性知其连线在其内, 故 $\dim(\mathrm{ri}(\mathcal{X})) \geqslant 1$. 任取 $y \in \mathrm{cl}(\mathcal{X})$, 下面证明存在 $\mathrm{ri}(\mathcal{X})$ 的点列 $\{x^i \mid i = 1, 2, \cdots\}$ 收敛到 y, 这样得到 $y \in \mathrm{cl}(\mathrm{ri}(\mathcal{X}))$.

对任取 $y \in \mathrm{cl}(\mathcal{X})$ 和任意选取一点 $z \in \mathrm{ri}(\mathcal{X})$, 由引理 2.16 得到 $x = \alpha y + (1-\alpha)z \in \mathrm{ri}(\mathcal{X}), \forall 0 \leqslant \alpha < 1$, 所以存在 x^i 充分接近 y(取 α 尽量接近 1), 故得到 $y \in \mathrm{cl}(\mathrm{ri}(\mathcal{X}))$, 即 $\mathrm{cl}(\mathcal{X}) \subseteq \mathrm{cl}(\mathrm{ri}(\mathcal{X}))$. 所以 $\mathrm{cl}(\mathcal{X}) = \mathrm{cl}(\mathrm{ri}(\mathcal{X}))$ 成立.

由于分别包含 $\mathcal{X}$ 和 $\mathrm{cl}(\mathcal{X})$ 的最小仿射空间相同, 按相对内点的定义, 对任意 $x \in \mathrm{ri}(\mathcal{X})$, 有 $x \in \mathrm{ri}(\mathrm{cl}(\mathcal{X}))$, 即 $\mathrm{ri}(\mathrm{cl}(\mathcal{X})) \supseteq \mathrm{ri}(\mathcal{X})$.

现证明 $\mathrm{ri}(\mathrm{cl}(\mathcal{X})) \subseteq \mathrm{ri}(\mathcal{X})$. 当 $\dim(\mathcal{X}) = 0$ 时, $\mathcal{X}$ 为一点, 明显成立. 考虑 $\dim(\mathcal{X}) \geqslant 1$ 的情形. 对 $x \in \mathrm{ri}(\mathrm{cl}(\mathcal{X}))$, 任取一点 $z \in \mathrm{ri}(\mathcal{X})$ 且 $z \neq x$, 因 $\mathrm{cl}(\mathcal{X})$ 为凸集, 所以 x 与 z 的连线点都属于 $\mathrm{cl}(\mathcal{X})$. 由 $x \in \mathrm{ri}(\mathrm{cl}(\mathcal{X}))$, 所以存在 $\delta > 0$ 使得 $x + \delta(z-x) \in \mathrm{cl}(\mathcal{X})$ 和 $x - \delta(z-x) \in \mathrm{cl}(\mathcal{X})$. 因此, 存在 $\mu = 1 + \delta$, 满足 $y = \mu x + (1-\mu)z \in \mathrm{cl}(\mathcal{X})$, 由此得到

$$x = \frac{1}{\mu}y + \frac{\mu-1}{\mu}z.$$

根据 $z \in \mathrm{ri}(\mathcal{X})$, $y \in \mathrm{cl}(\mathcal{X})$ 和 $0 < \frac{1}{\mu} < 1$ 及引理 2.16 的结论, 有 $x \in \mathrm{ri}(\mathcal{X})$. 所以, $\mathrm{ri}(\mathrm{cl}(\mathcal{X})) \subseteq \mathrm{ri}(\mathcal{X})$. 综合得 $\mathrm{ri}(\mathrm{cl}(\mathcal{X})) = \mathrm{ri}(\mathcal{X})$. 结论得证. ∎

对给定的一个 $A \in \mathcal{M}(m,n)$, 定义映射

$$A : x \in \mathbb{R}^n \mapsto Ax \in \mathbb{R}^m.$$

容易验证, 对任意 $x^1, x^2 \in \mathbb{R}^n$ 和任意 $k_1, k_2 \in \mathbb{R}$ 满足

$$A(k_1 x^1 + k_2 x^2) = k_1 A x^1 + k_2 A x^2,$$

因此, A 为一个线性变换. 符号 $A\mathcal{X}$ 表示集合 $\mathcal{X} \subseteq \mathbb{R}^n$ 经过 A 线性变换后的点集.

定理 2.18 若 $\mathcal{X}$ 为 $\mathbb{R}^n$ 中一个非空凸集, A 是 $m \times n$ 矩阵, 则 $\mathrm{ri}(A\mathcal{X}) = A(\mathrm{ri}(\mathcal{X}))$.

证明 不难验证 $A\mathcal{X}$ 为非空凸集.

因为 A 是线性映射, 不难验证

$$A(\mathrm{ri}(\mathcal{X})) \subseteq A\mathcal{X} \subseteq A(\mathrm{cl}(\mathcal{X})).$$

再根据定理 2.17 进一步得到

$$A(\mathrm{cl}(\mathcal{X})) = A(\mathrm{cl}(\mathrm{ri}(\mathcal{X}))) \subseteq \mathrm{cl}(A(\mathrm{ri}(\mathcal{X}))),$$

其中定理 2.17 保证等号的成立. 于是有 $\mathrm{cl}(A\mathcal{X}) \subseteq \mathrm{cl}(A(\mathrm{ri}(\mathcal{X})))$, 加之明显 $A(\mathrm{ri}(\mathcal{X})) \subseteq A\mathcal{X}$, 所以 $\mathrm{cl}(A\mathcal{X}) = \mathrm{cl}(A(\mathrm{ri}(\mathcal{X})))$.

再由定理 2.17, $\mathrm{ri}(A\mathcal{X}) = \mathrm{ri}(\mathrm{cl}(A\mathcal{X})) = \mathrm{ri}(\mathrm{cl}(A(\mathrm{ri}(\mathcal{X})))) = \mathrm{ri}(A(\mathrm{ri}(\mathcal{X}))) \subseteq A(\mathrm{ri}(\mathcal{X}))$.

对任意 $y \in A(\mathrm{ri}(\mathcal{X}))$ 和 $z \in A\mathcal{X}$, 则有 $y' \in \mathrm{ri}(\mathcal{X})$ 和 $z' \in \mathcal{X}$ 使得 $y = Ay'$ 和 $z = Az'$. 因此, 与定理 2.17 证明中相同的原因, 存在有 $\mu > 1$ 使得 $\mu y' + (1-\mu)z' \in \mathcal{X}$, 并得到 $A(\mu y' + (1-\mu)z') = \mu y + (1-\mu)z \in A\mathcal{X}$, 所以 $w = \mu y + (1-\mu)z \in A\mathcal{X}$. 由任何凸集的相对内点非空的结论, 当取 $z \in \mathrm{ri}(A\mathcal{X})$ 时, 则有 $0 < \dfrac{1}{\mu} < 1$, 由引理 2.16 得知 $y = \dfrac{w}{\mu} + \dfrac{(\mu-1)z}{\mu} \in \mathrm{ri}(A\mathcal{X})$. 于是 $A(\mathrm{ri}(\mathcal{X})) \subseteq \mathrm{ri}(A\mathcal{X})$. 整合得到 $A(\mathrm{ri}(\mathcal{X})) = \mathrm{ri}(A\mathcal{X})$. ∎

定理 2.19 设 $\mathcal{X}_1$ 和 $\mathcal{X}_2$ 为非空凸集, 则 $\mathrm{ri}(\mathcal{X}_1 \times \mathcal{X}_2) = \mathrm{ri}(\mathcal{X}_1) \times \mathrm{ri}(\mathcal{X}_2)$ 和 $\mathrm{ri}(\mathcal{X}_1 + \mathcal{X}_2) = \mathrm{ri}(\mathcal{X}_1) + \mathrm{ri}(\mathcal{X}_2)$.

证明 由引理 2.12, $\mathcal{X}_1 \times \mathcal{X}_2$ 为非空凸集. 首先证明

$$\mathrm{ri}(\mathcal{X}_1 \times \mathcal{X}_2) = \mathrm{ri}(\mathcal{X}_1) \times \mathrm{ri}(\mathcal{X}_2).$$

设 $\mathcal{A}_1$ 和 $\mathcal{A}_2$ 分别是包含 $\mathcal{X}_1$ 和 $\mathcal{X}_2$ 最小仿射空间, 根据空间维数关系 $\dim(\mathcal{A}_1 \times \mathcal{A}_2) = \dim(\mathcal{A}_1) + \dim(\mathcal{A}_2)$, 则 $\mathcal{A}_1 \times \mathcal{A}_2$ 是包含 $\mathcal{X}_1 \times \mathcal{X}_2$ 的最小仿射空间.

任取 $x = \begin{pmatrix} x^1 \\ x^2 \end{pmatrix} \in \mathrm{ri}(\mathcal{X}_1 \times \mathcal{X}_2)$, 则存在 $\delta > 0$ 使得

$$N(x, \delta) \cap \mathcal{A}_1 \times \mathcal{A}_2 \subseteq \mathcal{X}_1 \times \mathcal{X}_2. \tag{2.3}$$

因此得知 $N(x^1, \delta) \cap \mathcal{A}_1 \subseteq \mathcal{X}_1$ 和 $N(x^2, \delta) \cap \mathcal{A}_2 \subseteq \mathcal{X}_2$, 就有 $x^i \in \mathrm{ri}(\mathcal{X}_i), i = 1, 2$, 所以 $\mathrm{ri}(\mathcal{X}_1 \times \mathcal{X}_2) \subseteq \mathrm{ri}(\mathcal{X}_1) \times \mathrm{ri}(\mathcal{X}_2)$.

反之, 对 $i = 1, 2$ 的 $x^i \in \mathrm{ri}(\mathcal{X}_i)$, 则存在 $\delta_i > 0$ 使得 $N(x^i, \delta_i) \cap \mathcal{A}_i \subseteq \mathcal{X}_i$, 取 $\delta = \min\{\delta_1, \delta_2\}$, 则 (2.3) 式成立, 所以 $\mathrm{ri}(\mathcal{X}_1 \times \mathcal{X}_2) \supseteq \mathrm{ri}(\mathcal{X}_1) \times \mathrm{ri}(\mathcal{X}_2)$. 因此得到我们需要的结论.

取 $A = [I \ \ I]$, 在 $\mathbb{R}^{2n}$ 上作如下线性变换

$$x = \begin{pmatrix} x^1 \\ x^2 \end{pmatrix} \mapsto Ax = x^1 + x^2 \in \mathbb{R}^n.$$

由定理 2.18 及上面的证明, 则有 $\mathrm{ri}(A(\mathcal{X}_1 \times \mathcal{X}_2)) = \mathrm{ri}(\mathcal{X}_1 + \mathcal{X}_2) = A(\mathrm{ri}(\mathcal{X}_1 \times \mathcal{X}_2)) = \mathrm{ri}(\mathcal{X}_1) + \mathrm{ri}(\mathcal{X}_2)$. 结论得证. ∎

定理 2.20　对两个非空凸集 $\mathcal{X}_1$ 和 $\mathcal{X}_2$, 存在真分离超平面的充分必要条件为 $\mathrm{ri}(\mathcal{X}_1) \cap \mathrm{ri}(\mathcal{X}_2) = \varnothing$.

证明　"必要性". 当两个非空凸集 $\mathcal{X}_1$ 和 $\mathcal{X}_2$ 存在真分离时, 令 $\mathcal{X} = \mathcal{X}_1 - \mathcal{X}_2$, 则易验证 $\mathcal{X}$ 为凸集. 由定理 2.14, 存在真分离时一定存在 $a \in \mathbb{R}^n$ 满足

(i) $\inf_{x \in \mathcal{X}_1} a^{\mathrm{T}}x \geqslant \sup_{x \in \mathcal{X}_2} a^{\mathrm{T}}x$,

(ii) $\sup_{x \in \mathcal{X}_1} a^{\mathrm{T}}x > \inf_{x \in \mathcal{X}_2} a^{\mathrm{T}}x$.

取 $\mathcal{X}$ 的支撑超平面 $\mathcal{H} = \{x \mid a^{\mathrm{T}}x = 0\}$. 记包含 $\mathcal{X}$ 的最小仿射空间为 $\mathcal{A}$. 于是可知, $a^{\mathrm{T}}x \geqslant 0, \forall x \in \mathcal{X}$ 且存在 $\bar{x} \in \mathcal{X}$ 使得 $a^{\mathrm{T}}\bar{x} > 0$.

采用前面讨论的仿射空间位移方法, 对相对内点的研究可以视同内点的研究. 在这样的背景下, 当 $\mathcal{H} \cap \mathcal{A} = \varnothing$ 时, 由 $0 \in \mathcal{H}$ 得到 $0 \notin \mathcal{A}$, 进一步得到 $0 \notin \mathcal{X}$, 也就有 $0 \notin \mathrm{ri}(\mathcal{X})$.

当 $\mathcal{H} \cap \mathcal{A} \neq \varnothing$ 时, 用反证法证明. 假设 $0 \in \mathrm{ri}(\mathcal{X})$, 由上面的讨论存在 $\bar{x} \in \mathcal{X}$ 使得 $a^{\mathrm{T}}\bar{x} > 0$, 则存在充分小的 $\delta > 0$ 满足 $\bar{y} = 0 - \delta\bar{x} \in \mathcal{X}$. 由此得到 $a^{\mathrm{T}}\bar{y} = -\delta a^{\mathrm{T}}\bar{x} < 0$, 与支撑超平面矛盾. 矛盾说明假设错误, 故知 $0 \notin \mathrm{ri}(\mathcal{X})$

由定理 2.19, 有 $\mathrm{ri}(\mathcal{X}) = \mathrm{ri}(\mathcal{X}_1) - \mathrm{ri}(\mathcal{X}_2)$, 而 $0 \notin \mathrm{ri}(\mathcal{X})$ 可推出 $\mathrm{ri}(\mathcal{X}_1) \cap \mathrm{ri}(\mathcal{X}_2) = \varnothing$.

"充分性". 当 $\mathrm{ri}(\mathcal{X}_1) \cap \mathrm{ri}(\mathcal{X}_2) = \varnothing$, 令 $\mathcal{X} = \mathcal{X}_1 - \mathcal{X}_2$. 由引理 2.12 得到 $\mathcal{X}$ 为非空凸集. 设包含 $\mathcal{X}$ 的最小仿射空间为 $\mathcal{A}$.

由 $\mathrm{ri}(\mathcal{X}_1) \cap \mathrm{ri}(\mathcal{X}_2) = \varnothing$, 得到 $0 \notin \mathrm{ri}(\mathcal{X})$, 故知 $0 \in \mathrm{bdry}(\mathcal{X})$ 或 $0 \notin \mathrm{cl}(\mathcal{X})$.

当 $0 \notin \mathrm{cl}(\mathcal{X})$ 时, 由引理 2.10, 存在超平面 $\mathcal{H} = \{x \mid a^{\mathrm{T}}x = b\}$ 使得 $a^{\mathrm{T}}x \geqslant b > 0, \forall x \in \mathcal{X}$, 等价于 $a^{\mathrm{T}}x^1 > a^{\mathrm{T}}x^2, \forall x^1 \in \mathcal{X}_1, \forall x^2 \in \mathcal{X}_2$. 此时上述 (i)(ii) 成立, 故存在真分离.

当 $0 \in \mathrm{bdry}(\mathcal{X})$ 时, 讨论比较复杂. 类似以前的逻辑, 在仿射空间 $\mathcal{A}$ 位移后, 有下面的结论. 在仿射空间 $\mathcal{A}$ 中, 由定理 2.11, 存在一个支撑超平面 $\mathcal{H} = \{x \mid a^{\mathrm{T}}x = 0\}$ 使得 $a^{\mathrm{T}}x \geqslant 0, \forall x \in \mathcal{X}$. 此等价于 $a^{\mathrm{T}}x^1 \geqslant a^{\mathrm{T}}x^2, \forall x^1 \in \mathcal{X}_1, \forall x^2 \in \mathcal{X}_2$. 再由引理 2.7, 这个超平面与仿射空间交集的维数小于仿射空间即 $\mathcal{X}$ 的维数, 故存在 $\bar{x} = \bar{x}^1 - \bar{x}^2, \bar{x}^1 \in \mathcal{X}_1, \bar{x}^2 \in \mathcal{X}_2$, 使得 $a^{\mathrm{T}}\bar{x}^1 > a^{\mathrm{T}}\bar{x}^2$, 这是一个真分离. 结论得证. ∎

真分离的几何解释为: 超平面 $\mathcal{H}$ 将两个集合 $\mathcal{X}_1$ 和 $\mathcal{X}_2$ 分离且这两个集合没有同时落在该超平面内. 此时, 我们会对支撑超平面产生相同的疑问: 若 $\mathcal{H}$ 为集合 $\mathcal{X}$ 的一个支撑超平面, $\mathcal{X}$ 是否会落在 $\mathcal{H}$ 内?

当 $\mathcal{X} \subseteq \mathbb{R}^n$ 且 $\dim(\mathcal{X}) = r < n$ 时, 设 $\mathcal{A}$ 为包含 $\mathcal{X}$ 的最小仿射空间, 则有 $\dim(\mathcal{A}) = \dim(\mathcal{X}) = r$. 于是, 任取 $x^0 \in \mathcal{A}$, 有 $\mathcal{A} - x^0 = \{y \mid y = x - x^0, x \in \mathcal{A}\}$ 为 $\mathbb{R}^n$ 中一个 r 维线性 (子) 空间, 于是利用 $\mathcal{A} - x^0$ 中任何 r 个线性无关的向量可以非常容易地构造一个超平面 $\mathcal{H}$ 包含 $\mathcal{A}$, 也就包含 $\mathcal{X}$. 这样的支撑超平面称为平凡

的. 若 $\mathcal{H}$ 是 $\mathcal{X}$ 的支撑超平面, 但 $\mathcal{X}$ 不全部落在 $\mathcal{H}$ 中, 则称 $\mathcal{H}$ 为 $\mathcal{X}$ 的非平凡支撑超平面 (non-trivial supporting hyperplane). 下面给出一个更强的结论.

定理 2.21 设 $\mathcal{X}$ 为一个非空凸集, 对任意 $x^0 \notin \mathrm{ri}(\mathcal{X})$, 存在一个非平凡支撑超平面 $a^\mathrm{T} x = b$ 使得 $a^\mathrm{T} x \geqslant b, \forall x \in \mathcal{X}$, $a^\mathrm{T} x^0 = b$ 且 $a^\mathrm{T} x > b, \forall x \in \mathrm{ri}(\mathcal{X})$.

证明 记包含 $\mathcal{X}$ 的最小仿射空间为 $\mathcal{A}$, 采用仿射空间位移的方法, 分别根据 $x_0 \notin \mathrm{cl}(\mathcal{X})$ 及引理 2.10 和 $x_0 \in \mathrm{bdry}(\mathcal{X})$ 及定理 2.11, 在 $\mathcal{A}$ 中存在一个 $\dim(\mathcal{A}) - 1$ 的超平面, 扩大到 $\mathbb{R}^n$ 中记为 $\mathcal{H} = \{x \in \mathbb{R}^n \mid a^\mathrm{T} x = b\}$, 使得 $a^\mathrm{T} x \geqslant b, \forall x \in \mathcal{X}$ 和 $a^\mathrm{T} x^0 = b$. 由于 $\dim(\mathcal{H} \cap \mathcal{A}) = \dim(\mathcal{A}) - 1$, 对任意 $x \in \mathrm{ri}(\mathcal{X})$, 则 $x \notin \mathcal{H} \cap \mathcal{A}$. 故进一步有 $a^\mathrm{T} x > b, \forall x \in \mathrm{ri}(\mathcal{X})$. ∎

线性规划的可行解区域由有限个半空间交集组成, 所交的集合称为多面体 (polyhedron). 当多面体有界时, 特称这个集合为多胞形 (polytope), 包含多面体的最小仿射空间的维数称为多面体的维数 (dimension of polyhedron).

对给定的非空多面体 $\mathcal{X} = \{x \in \mathbb{R}^n \mid a_i^\mathrm{T} x \leqslant b_i, i = 1, 2, \cdots, m\}$, 容易验证其为凸集. 更进一步, 有下列结论.

定理 2.22 设 $\mathcal{C}$ 和 $\mathcal{D}$ 为 $\mathbb{R}^n$ 中的多面体, 则

(i) $\mathcal{C} \cap \mathcal{D}$ 为 $\mathbb{R}^n$ 中的多面体;

(ii) $\mathcal{C} \times \mathcal{D} = \left\{ \begin{pmatrix} x \\ y \end{pmatrix} \in \mathbb{R}^{2n} \mid x \in \mathcal{C}, y \in \mathcal{D} \right\}$ 为 $\mathbb{R}^{2n}$ 中的多面体;

(iii) $\mathcal{C} + \mathcal{D}$ 为 $\mathbb{R}^n$ 中的多面体.

证明 我们用线性代数的方法证明. $\mathcal{C}$ 和 $\mathcal{D}$ 为 $\mathbb{R}^n$ 中的多面体, 线性约束的表示形式为

$$\mathcal{C} = \left\{ x \in \mathbb{R}^n \mid Ax \leqslant b^1 \right\},$$

$$\mathcal{D} = \left\{ x \in \mathbb{R}^n \mid Bx \leqslant b^2 \right\},$$

其中 A 和 B 分别为 $m \times n$ 和 $p \times n$ 矩阵.

明显

$$\mathcal{C} \cap \mathcal{D} = \left\{ x \in \mathbb{R}^n \mid \begin{pmatrix} A \\ B \end{pmatrix} x \leqslant \begin{pmatrix} b^1 \\ b^2 \end{pmatrix} \right\}$$

是一个多面体,

$$\mathcal{C} \times \mathcal{D} = \left\{ \begin{pmatrix} x \\ y \end{pmatrix} \mid \begin{pmatrix} A & 0 \\ 0 & B \end{pmatrix} \begin{pmatrix} x \\ y \end{pmatrix} \leqslant \begin{pmatrix} b^1 \\ b^2 \end{pmatrix} \right\}$$

为 $\mathbb{R}^{2n}$ 中的多面体.

多面体还可等价地表示成点集的凸组合和方向的非负线性组合 (参考文献 [53] 的 Theorem 19.1), 而线性变换 $\sigma: x \in \mathbb{R}^{2n} \to y = Lx \in \mathbb{R}^n$, 其中 L 是一个 $n \times 2n$

矩阵, 保持线性性, 因此作线性变换

$$\sigma : \begin{pmatrix} x \\ y \end{pmatrix} \rightarrow x + y = [I \ \ I] \begin{pmatrix} x \\ y \end{pmatrix}, \quad \forall \begin{pmatrix} x \\ y \end{pmatrix} \in \mathcal{C} \times \mathcal{D}.$$

由前面结论 $\mathcal{C} \times \mathcal{D}$ 是一个多面体, 因此是一些顶点集的凸组合和方向的非负线性组合, 经过线性变换后还保持映射顶点集的凸组合和映射后方向的非负组合, 因此, $\mathcal{C} + \mathcal{D}$ 为多面体. 而 $\mathcal{C} + \mathcal{D}$ 全是 n 维向量, 所以, $\mathcal{C} + \mathcal{D}$ 为 $\mathbb{R}^n$ 中的多面体. ∎

线性空间 $\mathbb{R}^n$ 的集合 $\mathcal{K} \subseteq \mathbb{R}^n$ 是锥 (cone)的定义如下:

$$\forall x \in \mathcal{K} \text{ 和 } \lambda \geqslant 0 \text{ 都满足} \lambda x \in \mathcal{K}.$$

若还满足

$$\mathcal{K} \cap -\mathcal{K} = \{0\},$$

就称为尖锥 (pointed cone); 当

$$\mathrm{int}(\mathcal{K}) \neq \varnothing$$

时, 称为实锥 (solid cone); 进一步当一个锥同时具有尖、实、闭和凸性, 则称其为真锥 (proper cone).

例 2.4   集合

$$\mathcal{K} = \left\{ (x, y)^{\mathrm{T}} \in \mathbb{R}^2 \mid x \geqslant 0, y = 0 \right\} \cup \left\{ (x, y)^{\mathrm{T}} \in \mathbb{R}^2 \mid x = 0, y \geqslant 0 \right\},$$

既不是实锥也不是凸锥, 但是闭锥和尖锥.

对给定集合 $\mathcal{X} \subseteq \mathbb{R}^n$, 其中任何 m 个点 $\{x^1, x^2, \cdots, x^m\} \subseteq \mathcal{X}$ 的锥组合 (conic combination)定义为: $\sum\limits_{i=1}^{m} \lambda_i x^i$, 其中 $\lambda_i \geqslant 0$, $i = 1, \cdots, m$; 锥包 (conic hull)定义为

$$\mathrm{cone}(\mathcal{X}) = \{x \in \mathbb{R}^n \mid x \text{为} \mathcal{X} \text{中有限个点的锥组合}\}.$$

锥有如下简单性质.

定理 2.23   设 $\mathcal{K}_1, \mathcal{K}_2, \cdots, \mathcal{K}_m$ 为欧氏空间的锥集合, 若 $\mathcal{K}_1, \mathcal{K}_2, \cdots, \mathcal{K}_m$ 同时为 (尖、实、闭或凸) 锥时, 则它们的笛卡儿积为锥且为 (尖、实、闭或凸) 锥; 交集运算分别保持锥及锥的尖、闭或凸的性质.

证明   仅证明锥的笛卡儿积运算保持实锥的特性, 其他不难得证. 若 $\mathcal{K}_1$, $\mathcal{K}_2, \cdots, \mathcal{K}_m$ 都是实锥, 则对每一个 $1 \leqslant i \leqslant m$, 存在 $x^i \in \mathcal{K}_i$ 和 $\epsilon_i > 0$, 使得 $N(x^i; \epsilon_i) \subseteq \mathcal{K}_i$. 取 $\epsilon = \min_{1 \leqslant i \leqslant m} \epsilon_i$, 当 $y = y^1 \times y^2 \times \cdots \times y^m \in N(x^1 \times x^2 \times \cdots \times x^m; \epsilon)$ 时, 对任意 i 有 $\|y^i - x^i\| \leqslant \|(y^1 \times y^2 \times \cdots \times y^m) - (x^1 \times x^2 \times \cdots \times x^m)\| < \epsilon \leqslant \epsilon_i$, 所以 $y \in \mathcal{K}_1 \times \mathcal{K}_2 \times \cdots \times \mathcal{K}_m$, $\mathrm{int}(\mathcal{K}_1 \times \mathcal{K}_2 \times \cdots \times \mathcal{K}_m) \neq \varnothing$ 为实锥. ∎

当 $\mathcal{K}_1, \mathcal{K}_2, \cdots, \mathcal{K}_m$ 分别为实锥时, 它们的交集不一定还是实锥, 示例如下.

例 2.5 当 $\mathcal{K}_1 = \{(x,y)^{\mathrm{T}} \in \mathbb{R}^2 \mid x \geqslant 0, y \geqslant 0, x - y \geqslant 0\}$ 和 $\mathcal{K}_2 = \{(x,y)^{\mathrm{T}} \in \mathbb{R}^2 \mid x \geqslant 0, y \geqslant 0, x - y \leqslant 0\}$ 时, $\mathcal{K}_1, \mathcal{K}_2$ 分别是真锥, 但它们的交集 $\mathcal{K}_1 \cap \mathcal{K}_2 = \{(x,y)^{\mathrm{T}} \in \mathbb{R}^2 \mid x \geqslant 0, y \geqslant 0, x - y = 0\}$ 不是实锥.

现在来熟悉一些以后经常用到的锥.

例 2.6 第一卦限锥:

$$\mathcal{K} = \mathbb{R}^n_+ = \{x \in \mathbb{R}^n \mid x_i \geqslant 0, \ i = 1, \cdots, n\}, \tag{2.4}$$

图 2.2 从左至右分别表示 $\mathbb{R}_+$, $\mathbb{R}^2_+$ 和 $\mathbb{R}^3_+$ 三个锥.

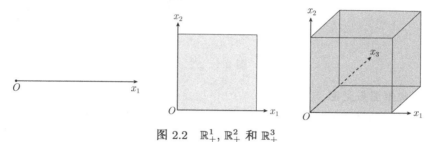

图 2.2 $\mathbb{R}^1_+$, $\mathbb{R}^2_+$ 和 $\mathbb{R}^3_+$

n 维二阶锥 (second-order cone), 也称为冰淇淋锥 (ice cream cone) 或 Lorentz 锥 (Lorentz cone):

$$\mathcal{K} = \mathcal{L}^n = \left\{ x \in \mathbb{R}^n \mid \sqrt{x_1^2 + \cdots + x_{n-1}^2} \leqslant x_n \right\}, \tag{2.5}$$

图 2.3 从左至右分别表示 $\mathcal{L}^2$ 和 $\mathcal{L}^3$ 两个锥.

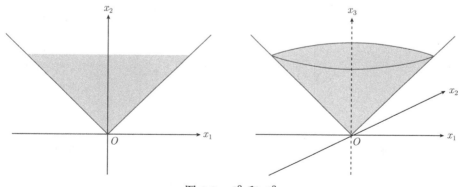

图 2.3 $\mathcal{L}^2$ 和 $\mathcal{L}^3$

n 阶半正定锥 (positive semi-definite cone):

$$\mathcal{K} = \mathcal{S}^n_+ = \{X \in \mathcal{S}^n \mid X \succeq 0\}, \tag{2.6}$$

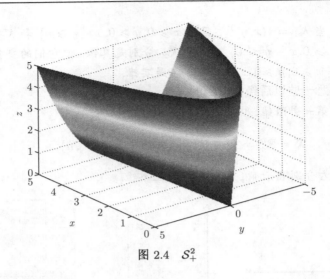

图 2.4　$\mathcal{S}_+^2$

2 阶半正定锥图形见图 2.4.

　　在半正定锥图形图 2.4 中, 我们将决策变量 $X \in \mathcal{S}^2$ 转换到 $\mathrm{vec}(X) \in \mathbb{R}^3$（ 见 2.1 节末尾的定义 ）中画出了该图形.

　　在 1.1 节, 线性规划决策变量的定义域就是第一卦限锥. 这个锥具有非常好的特性, 是真锥.

　　在 1.2 节 Torricelli 点问题的定义域为 $\mathcal{L}^3 \times \mathcal{L}^3 \times \mathcal{L}^3$, 是三个二阶锥的笛卡儿积. 由定理 2.23 的结论, 笛卡儿积具有保持尖、实、闭或凸的性质, 下面先讨论二阶锥的一些特性.

　　首先, 显然有 $0 \in \mathcal{L}^n \subseteq \mathbb{R}^n$, 当 $x = (x_1, x_2, \cdots, x_n)^{\mathrm{T}} \in \mathcal{L}^n \cap (-\mathcal{L}^n)$ 时, 得到

$$\sqrt{x_1^2 + x_2^2 + \cdots + x_{n-1}^2} \leqslant x_n$$

和

$$\sqrt{x_1^2 + x_2^2 + \cdots + x_{n-1}^2} \leqslant -x_n.$$

有

$$\sqrt{x_1^2 + x_2^2 + \cdots + x_{n-1}^2} = 0,$$

即 $x = 0$, 是尖锥. 其次, 对 $\mathcal{L}^n$ 中点 $x^0 = (0, 0, \cdots, 0, 1)$ 和 $\epsilon = \dfrac{1}{n}$, 对任意 $\|x - x^0\| = \sqrt{x_1^2 + x_2^2 + \cdots + x_{n-1}^2 + (x_n - 1)^2} < \epsilon$ 时, 有 $|x_i| < \dfrac{1}{n}$, $i = 1, 2, \cdots, n-1$ 和 $|x_n - 1| < \dfrac{1}{n}$. 由此得到 $\dfrac{n-1}{n} < x_n < \dfrac{n+1}{n}$. 于是有

$$\sqrt{x_1^2 + x_2^2 + \cdots + x_{n-1}^2} < \frac{\sqrt{n-1}}{n} \leqslant \frac{n-1}{n} < x_n,$$

即 $x \in \mathcal{L}^n$, 所以它是实锥. 闭性可由极限点的概念得到. 最后, 证明它具有凸性. 设 $x = (x_1, x_2, \cdots, x_n)^{\mathrm{T}}$, $y = (y_1, y_2, \cdots, y_n)^{\mathrm{T}} \in \mathcal{L}^n$ 和 $0 \leqslant \lambda \leqslant 1$, 则有

$$\sqrt{x_1^2 + x_2^2 + \cdots + x_{n-1}^2} \leqslant x_n$$

和

$$\sqrt{y_1^2 + y_2^2 + \cdots + y_{n-1}^2} \leqslant y_n,$$

于是推导出下式

$$\sqrt{[\lambda x_1 + (1-\lambda)y_1]^2 + [\lambda x_2 + (1-\lambda)y_2]^2 + \cdots + [\lambda x_{n-1} + (1-\lambda)y_{n-1}]^2}$$

$$= \sqrt{\lambda^2 \sum_{i=1}^{n-1} x_i^2 + 2\lambda(1-\lambda)\sum_{i=1}^{n-1} x_i y_i + (1-\lambda)^2 \sum_{i=1}^{n-1} y_i^2}$$

$$\leqslant \sqrt{\lambda^2 x_n^2 + 2\lambda(1-\lambda)x_n y_n + (1-\lambda)^2 y_n^2}$$

$$= \lambda x_n + (1-\lambda)y_n.$$

所以, 有 $\lambda x + (1-\lambda)y \in \mathcal{L}^n$. 综合以上讨论, $\mathcal{L}^n$ 是真锥.

半正定锥 $\mathcal{S}_+^n$ 也是一个真锥. 显然, $0 \in \mathcal{S}_+^n \cap -\mathcal{S}_+^n$. 对任意 $A \in \mathcal{S}_+^n \cap -\mathcal{S}_+^n$, 由于 $x^{\mathrm{T}}Ax \geqslant 0, -x^{\mathrm{T}}Ax \geqslant 0$ 对任意 $x \in \mathbb{R}^n$ 成立, 推出 $A = 0$. 所以 0 是 $\mathcal{S}_+^n \cap -\mathcal{S}_+^n$ 的唯一元素, 即 $\mathcal{S}_+^n$ 为尖锥. 实锥、闭锥由例 2.1 得到. 对任意 $A, B \in \mathcal{S}_+^n, x \in \mathbb{R}^n$ 和 $0 \leqslant \lambda \leqslant 1$, 有 $x^{\mathrm{T}}[\lambda A + (1-\lambda)B]x = \lambda x^{\mathrm{T}}Ax + (1-\lambda)x^{\mathrm{T}}Bx \geqslant 0$ 得到凸集的性质. 因此, $\mathcal{S}_+^n$ 是一个真锥.

第 1.3 节相关阵满足性问题的定义域为 7 阶半正定锥.

例 2.7 对任意非空集合 $\mathcal{F} \subseteq \mathbb{R}^n$, 定义 $\mathcal{F}$ 集上的二次函数锥为

$$\mathcal{D}_{\mathcal{F}} = \left\{ U \in \mathcal{S}^{n+1} \mid \begin{pmatrix} 1 \\ x \end{pmatrix}^{\mathrm{T}} U \begin{pmatrix} 1 \\ x \end{pmatrix} \geqslant 0, \quad \forall x \in \mathcal{F} \subseteq \mathbb{R}^n \right\}. \tag{2.7}$$

该锥是实、凸和闭的.

容易验证 $\mathcal{S}_+^{n+1} \subseteq \mathcal{D}_{\mathcal{F}}$, 而 $\mathcal{S}_{++}^{n+1}$ 为一个开集, 故为实锥. 按凸集合的定义易验证是凸锥. 闭锥可由反证法不难得到. 但是否为尖锥则取决于 $\mathcal{F}$ 的特性.

例 2.8 $\mathcal{F} = \{x \in \mathbb{R}^n \mid e^{\mathrm{T}}x = 1\}$, 其中 $e = (1, 1, \cdots, 1)^{\mathrm{T}}$, 则

$$U = \begin{pmatrix} 2 & -e^{\mathrm{T}} \\ -e & 0 \end{pmatrix} \in \mathcal{D}_{\mathcal{F}}$$

满足

$$\begin{pmatrix} 1 \\ x \end{pmatrix}^{\mathrm{T}} U \begin{pmatrix} 1 \\ x \end{pmatrix} = 0,$$

同时 $-U \in \mathcal{D}_{\mathcal{F}}$, 但 $U \neq 0$. 所以, $\mathcal{D}_{\mathcal{F}}$ 不是一个尖锥.

锥半序

在定义了真锥后, 同样可以借助锥诱导出一种半序关系. 首先, 给出半序关系的定义. 一个关系 "$\geqslant$" 在集合 $\mathbb{R}^n$ 上称为半序 (partial order)关系, 若满足下面性质:

1. *自反性*(reflexivity): $a \geqslant a$ 对任意 $a \in \mathbb{R}^n$ 满足;
2. *反对称性*(antisymmetry): 若 $a \geqslant b$ 且 $b \geqslant a$ 则 $a = b$;
3. *传递性*(transitivity): 若 $a \geqslant b$ 且 $b \geqslant c$ 则 $a \geqslant c$.

由于本书考虑的集合 $\mathbb{R}^n$ 为有限维线性 (向量) 空间, 故有序向量空间 (ordered vector space)还要求:

4. *一致性*, *同次性*(homogeneity): $a \geqslant b$ 且 $\lambda \in \mathbb{R}_+$ 则 $\lambda a \geqslant \lambda b$;
5. *可加性*(additivity): $a \geqslant b$ 且 $c \geqslant d$ 则 $a + c \geqslant b + d$.

为什么要有真锥的条件要求? 主要是与我们通常理解的不等号关系相吻合. 如 $\mathbb{R}^n$ 是一个锥, 但不是真锥. 定义半序关系 "$\geqslant$" 为 "$a \geqslant b \Leftrightarrow a - b \in \mathbb{R}^n$". 这时可以发现, $a - b \in \mathbb{R}^n$ 和 $b - a \in \mathbb{R}^n$ 无法得到 $a = b$, 即破坏了第 2 条性质. 因此, 我们都是在真锥上讨论半序关系.

对一个真锥 $\mathcal{K} \subseteq \mathbb{R}^n$, 定义线性空间 $\mathbb{R}^n$ 上一个半序关系 "$\geqslant_{\mathcal{K}}$", 满足:

$$a \geqslant_{\mathcal{K}} b \Leftrightarrow a - b \in \mathcal{K}.$$

同样

$$a \leqslant_{\mathcal{K}} b \Leftrightarrow b \geqslant_{\mathcal{K}} a,$$

也定义一个半序关系 "$\leqslant_{\mathcal{K}}$".

我们不逐一验证以上定义的半序关系的合理性, 仅以反对称性和一致性的合理性验证为例. 先验证反对称性的成立: 由于 $a \geqslant_{\mathcal{K}} b$ 且 $b \geqslant_{\mathcal{K}} a$, 则有 $a - b \in \mathcal{K}$ 且 $b - a = -(a - b) \in \mathcal{K}$. 因为 $\mathcal{K}$ 是尖锥, 得到 $a - b = -(a - b) = 0 \in \mathcal{K} \cap -\mathcal{K}$, 得到结论. 下面验证一致性的成立. 当 $a \geqslant b$ 且 $\lambda \in \mathbb{R}_+$ 时, 得到 $(a - b) \in \mathcal{K}$, 再由 $\mathcal{K}$ 是锥, 所以 $\lambda a - \lambda b = \lambda(a - b) \in \mathcal{K}$.

在欧氏空间中, 真锥 $\mathcal{K} \subseteq \mathbb{R}^n$ 的闭性又保证了半序关系的封闭性, 即当

$$a^i \geqslant_{\mathcal{K}} b^i, \ a^i \to a, \ b^i \to b \ \text{当} i \to \infty \ \Rightarrow \ a \geqslant_{\mathcal{K}} b.$$

实锥使得我们可以定义严格不等关系

$$a >_{\mathcal{K}} b \Leftrightarrow a - b \in \text{int}(\mathcal{K})$$

和

$$a <_{\mathcal{K}} b \Leftrightarrow b >_{\mathcal{K}} a.$$

锥半序体系是线性锥优化的基础, 也是推广内点算法的重要概念, 我们会在后续章节中继续讨论.

2.3 对 偶 集 合

欧氏空间 $\mathbb{R}^n$ 中, 集合 $\mathcal{X} \subseteq \mathbb{R}^n$ 的对偶集 (dual set) 定义为

$$\mathcal{X}^* = \{y \in \mathbb{R}^n \mid y^{\mathrm{T}} x \geqslant 0, \forall\, x \in \mathcal{X}\}.$$

若 $\mathcal{X}^* = \mathcal{X}$, 则称 $\mathcal{X}$ 为自对偶集合.

对偶集合有下面简单性质.

定理 2.24 设 $\mathcal{X}_1$ 和 $\mathcal{X}_2$ 为 $\mathbb{R}^n$ 中两个集合, (i) 当 $\mathcal{X}_1 \subseteq \mathcal{X}_2$ 时, 有 $\mathcal{X}_1^* \supseteq \mathcal{X}_2^*$; (ii) 当两个集合都包含 0 点时, $(\mathcal{X}_1 + \mathcal{X}_2)^* = \mathcal{X}_1^* \cap \mathcal{X}_2^*$.

证明 (i) 由定义易证, 故省略.

(ii) $\forall y \in (\mathcal{X}_1 + \mathcal{X}_2)^*$, 有 $y^{\mathrm{T}} x \geqslant 0$ 对所有 $x = x^1 + x^2, x^1 \in \mathcal{X}_1, x^2 \in \mathcal{X}_2$ 成立. 因为定理假设有 $0 \in \mathcal{X}_1 \cap \mathcal{X}_2$, 所以有 $y^{\mathrm{T}} x^1 \geqslant 0$ 对所有 $x^1 \in \mathcal{X}_1$ 成立 且 $y^{\mathrm{T}} x^2 \geqslant 0$ 对所有 $x^2 \in \mathcal{X}_2$ 成立, 即 $(\mathcal{X}_1 + \mathcal{X}_2)^* \subseteq \mathcal{X}_1^* \cap \mathcal{X}_2^*$. 对任意 $y \in \mathcal{X}_1^* \cap \mathcal{X}_2^*$, 因为 $y^{\mathrm{T}} x^i \geqslant 0$ 对所有的 $x^i \in \mathcal{X}_i$, $i = 1, 2$ 成立, 故可推出 $y^{\mathrm{T}}(x^1 + x^2) \geqslant 0$. 所以 $y \in (\mathcal{X}_1 + \mathcal{X}_2)^*$, 即 $(\mathcal{X}_1 + \mathcal{X}_2)^* \supseteq \mathcal{X}_1^* \cap \mathcal{X}_2^*$. 于是 (ii) 成立. ∎

尖锥及其对偶锥具有下面性质.

定理 2.25 设 $\mathcal{X}$ 是至少包含一个非 0 点的闭凸尖锥且其对偶锥的内点集 $\mathrm{int}(\mathcal{X}^*) \neq \varnothing$, 则任一 $y \in \mathrm{int}(\mathcal{X}^*)$ 的充分必要条件是: $y^{\mathrm{T}} x > 0$ 对任意 $x \in \mathcal{X}$ 且 $x \neq 0$ 成立.

证明 "充分性". 设 $\mathcal{Y} = \{x \in \mathcal{X} \mid 0 < r \leqslant \|x\| \leqslant R\}$, 其中 $r < R$ 为给定的两个实数. 由锥的性质得到 $\mathcal{Y}$ 为一个非空有界闭集. 由充分条件得知 $\epsilon = \min\limits_{x \in \mathcal{Y}} y^{\mathrm{T}} x > 0$, 因此存在 $\delta > 0$ 使得对任意 $\bar{y} \in N(y, \delta)$ 而言, $\bar{y}^{\mathrm{T}} x > 0$ 对任意 $x \in \mathcal{Y}$ 成立. 继续由锥的特性得到 $\bar{y}^{\mathrm{T}} x \geqslant 0$ 对任意 $x \in \mathcal{X}$ 成立. 所以, $y \in \mathrm{int}(\mathcal{X}^*)$.

"必要性". 反证. 若存在 $\bar{x} \neq 0$ 且 $\bar{x} \in \mathcal{X}$ 使得 $y^{\mathrm{T}} \bar{x} = 0$. 取 $d = -\bar{x}$ 则满足 $d^{\mathrm{T}} \bar{x} < 0$, 同时有 $(y + \alpha d)^{\mathrm{T}} \bar{x} < 0$ 对任意 $\alpha > 0$ 成立. 只要取 α 充分小, y 的任何一个邻域中都有一点 $\bar{y} = y + \alpha d$ 使得 $\bar{y}^{\mathrm{T}} \bar{x} < 0$, 与 $y \in \mathrm{int}(\mathcal{X}^*)$ 矛盾. 因此必要性得证. ∎

考虑集合加运算, 凸锥有以下性质.

定理 2.26 (i) $\mathcal{K}_1$ 和 $\mathcal{K}_2$ 是两个凸锥, 则有 $\mathcal{K}_1 \cap \mathcal{K}_2$ 和 $\mathcal{K}_1 + \mathcal{K}_2$ 是凸锥; $\mathcal{K}_1 \cup \mathcal{K}_2$ 是锥, 但不一定为凸锥; (ii) $\mathcal{K}_1$ 和 $\mathcal{K}_2$ 是实锥, 则有 $\mathcal{K}_1 + \mathcal{K}_2$ 是实锥.

证明 (i) 的证明较为简单, 故省略. (ii) 设 $x^1 \in \mathrm{int}(\mathcal{K}_1)$ 和 $x^2 \in \mathrm{int}(\mathcal{K}_2)$, 则存在 $\delta > 0$ 使得 $N(x^1, \delta) \subseteq \mathcal{K}_1$ 和 $N(x^2, \delta) \subseteq \mathcal{K}_2$. 对任意 $y \in N(x^1 + x^2, \delta)$, 则

有 $\|y - (x^1 + x^2)\| = \|(y - x^1) - x^2\| < \delta$. 因此得到 $y - x^1 \in N(x^2, \delta)$, 也就有 $y \in \{x^1\} + N(x^2, \delta) \subseteq \mathcal{K}_1 + \mathcal{K}_2$. 由此推出 $N(x^1 + x^2, \delta) \subseteq \mathcal{K}_1 + \mathcal{K}_2$, 故得到 $\mathcal{K}_1 + \mathcal{K}_2$ 是实锥的结论. ∎

定理 2.27　设 $\mathcal{X}$ 为欧氏空间 $\mathbb{R}^n$ 中的非空集合, 则 (i) $\mathcal{X}^*$ 是一个闭凸锥; (ii) $\mathcal{X} \subseteq (\mathcal{X}^*)^*$; (iii) 若 $\mathcal{X}$ 是闭凸锥, 则 $(\mathcal{X}^*)^* = \mathcal{X}$; (iv) 若 $\mathrm{int}(\mathcal{X}) \neq \varnothing$, 则 $\mathcal{X}^*$ 是尖锥; (v) 若 $\mathcal{X}$ 是闭凸尖锥, 则 $\mathrm{int}(\mathcal{X}^*) \neq \varnothing$.

证明　(i) 设 $y \in \mathcal{X}^*$, 则对所有 $x \in \mathcal{X}$, 有 $y^{\mathrm{T}} x \geqslant 0$. 于是 $(\lambda y)^{\mathrm{T}} x = \lambda(y^{\mathrm{T}} x) \geqslant 0$ 对任意 $x \in \mathcal{X}$ 和 $\lambda \geqslant 0$ 成立, 所以 $\mathcal{X}^*$ 是锥. 凸性按对偶集合的定义易证. 若点列 $\{y^k \in \mathcal{X}^* \mid k = 1, 2, \cdots\}$ 以 y^* 为极限点, 则由 $(y^k)^{\mathrm{T}} x \geqslant 0$ 对任意 $x \in \mathcal{X}$ 成立, 保证 $(y^*)^{\mathrm{T}} x \geqslant 0$ 对任意 $x \in \mathcal{X}$ 成立. 故 $\mathcal{X}^*$ 是闭锥.

(ii) 取任意 $x \in \mathcal{X}$, 有 $x^{\mathrm{T}} y \geqslant 0$ 对任意 $y \in \mathcal{X}^*$ 成立. 按对偶集合的定义有 $x \in (\mathcal{X}^*)^*$, 得到 $\mathcal{X} \subseteq (\mathcal{X}^*)^*$.

(iii) 由 (ii) 知 $\mathcal{X} \subseteq (\mathcal{X}^*)^*$. 若 $\mathcal{X} \neq (\mathcal{X}^*)^*$, 因为 $\mathcal{X}$ 是非空闭凸锥, 则存在一点 $z \in (\mathcal{X}^*)^* \setminus \mathcal{X}$, 再由引理 2.9, 有 $\mathcal{X}$ 中与 z 距离最小点 $\tilde{x}$ 满足

$$(z - \tilde{x})^{\mathrm{T}} (x - \tilde{x}) \leqslant 0, \text{对任意} x \in \mathcal{X} \text{成立}.$$

可推出

$$(z - \tilde{x})^{\mathrm{T}} (z - \tilde{x}) = z^{\mathrm{T}}(z - \tilde{x}) - \tilde{x}^{\mathrm{T}}(z - \tilde{x}) \leqslant z^{\mathrm{T}}(z - \tilde{x}) - x^{\mathrm{T}}(z - \tilde{x}),$$

对任意 $x \in \mathcal{X}$ 成立. 这时有 $x^{\mathrm{T}}(z - \tilde{x}) \leqslant 0$, 否则由锥的特性, $\alpha x^{\mathrm{T}}(z - \tilde{x})$ 随 α 趋于无穷大而趋于无穷大, 可得到 $z^{\mathrm{T}}(z - \tilde{x})$ 是无界数这样的矛盾. 因此, 由 $x^{\mathrm{T}}(z - \tilde{x}) \leqslant 0$ 及 $\alpha x^{\mathrm{T}}(z - \tilde{x})$ 中的 α 可以取任意小的正数, 得到

$$z^{\mathrm{T}}(z - \tilde{x}) > 0 \geqslant x^{\mathrm{T}}(z - \tilde{x}).$$

现令 $y = \tilde{x} - z$, 得到 $y^{\mathrm{T}} x \geqslant 0$ 对所有 $x \in \mathcal{X}$ 成立, 其含义是 $y \in \mathcal{X}^*$. 而 $z^{\mathrm{T}} y = z^{\mathrm{T}}(\tilde{x} - z) < 0$ 推出 $z \notin (\mathcal{X}^*)^*$, 此与 $z \in (\mathcal{X}^*)^* \setminus \mathcal{X}$ 矛盾. 综合得 $(\mathcal{X}^*)^* = \mathcal{X}$.

(iv) 当 $y \in \mathcal{X}^*$ 且 $-y \in \mathcal{X}^*$ 时, 若只有 $y = 0$ 则结论成立. 否则当 $y \neq 0$ 时, 由 $\mathrm{int}(\mathcal{X}) \neq \varnothing$, 存在一个 $x \in \mathrm{int}(\mathcal{X})$ 满足 $y^{\mathrm{T}} x \neq 0$. 由 (i) 中 $\mathcal{X}^*$ 为锥的结论, 推出 $y^{\mathrm{T}} x \geqslant 0, -y^{\mathrm{T}} x \geqslant 0$, 即 $y^{\mathrm{T}} x = 0$, 据此矛盾得到 $y = 0$.

(v) 反证假设 $\mathrm{int}(\mathcal{X}^*) = \varnothing$. 由 (i) 得到 $\mathcal{X}^*$ 为闭凸锥, 因此 $0 \in \mathcal{X}^*$. 因为包含 0 点的仿射空间为线性空间. 记包含 $\mathcal{X}^*$ 的最小线性子空间 (仿射空间) 为 $\mathcal{A}$, 则有 $\dim(\mathcal{A}) \leqslant n - 1$. 否则 $\mathcal{X}^*$ 中存在 n 个线性无关的点 $\{x^1, x^2, \cdots, x^n\}$ 使得 $\mathrm{conv}(0, x^1, x^2, \cdots, x^n) \subseteq \mathcal{X}^*$ 且 $\mathrm{int}(\mathrm{conv}(0, x^1, x^2, \cdots, x^n)) \neq \varnothing$. 这与假设矛盾. 所以假设 $\dim(\mathcal{A}) = k \leqslant n-1$. 记 $\mathcal{A}^\perp = \{x \in \mathbb{R}^n \mid x^{\mathrm{T}} y = 0, \forall y \in \mathcal{A}\}$, 则有 $\dim(\mathcal{A}^\perp) \geqslant 1$

且 $\mathcal{A}^{\perp} \subseteq (\mathcal{X}^*)^* = \mathcal{X}$. 所以 $\mathcal{X}$ 不是尖锥, 此与条件矛盾, 故假设不成立. 因此得到 $\mathrm{int}(\mathcal{X}^*) \neq \varnothing$. ∎

由定理 2.27 可以直接得到下面的推论: 若 $\mathcal{X}$ 是一个凸锥, 则 $(\mathcal{X}^*)^* = \mathrm{cl}(\mathcal{X})$; $\mathbb{R}^n$ 中锥 $\mathcal{X}$ 的任何一个支撑超平面一定过 0 点; 若凸锥 $\mathcal{X}$ 是实 (尖) 锥, 则 $\mathcal{X}^*$ 是尖 (实) 锥.

例 2.9 (i) $(\mathbb{R}^n_+)^* = \mathbb{R}^n_+$, (ii) $(\mathcal{L}^n)^* = \mathcal{L}^n$, (iii) $(\mathcal{S}^n_+)^* = \mathcal{S}^n_+$, 并且它们都是自对偶锥.

解 (i) 对任意 $y \in (\mathbb{R}^n_+)^*$, 只需取 $\mathbb{R}^n_+$ 中的向量

$$(1, 0, \cdots, 0)^{\mathrm{T}}, (0, 1, \cdots, 0)^{\mathrm{T}}, \cdots, (0, 0, \cdots, 1)^{\mathrm{T}},$$

按对偶的定义要求得到 $y \geqslant 0$, 即 $(\mathbb{R}^n_+)^* \subseteq \mathbb{R}^n_+$. 反之很易验证, 故 (i) 成立.

(ii) 给定 $y \in \mathcal{L}^n$ 和 $\forall x \in \mathcal{L}^n$, 由内积的 Cauchy-Schwarz 不等式得知

$$\begin{aligned}
&| (x_1, x_2, \cdots, x_{n-1})(y_1, y_2, \cdots, y_{n-1})^{\mathrm{T}} | \\
\leqslant\ &\sqrt{x_1^2 + x_2^2 + \cdots + x_{n-1}^2}\sqrt{y_1^2 + y_2^2 + \cdots + y_{n-1}^2} \\
\leqslant\ &x_n y_n,
\end{aligned}$$

所以 $y^{\mathrm{T}} x \geqslant 0$, 故得到 $y \in (\mathcal{L}^n)^*$. 因此 $\mathcal{L}^n \subseteq (\mathcal{L}^n)^*$.

给定 $y \in (\mathcal{L}^n)^*$, 对所有的 $(x_1, x_2, \cdots, x_{n-1}, x_n)^{\mathrm{T}} \in \mathcal{L}^n$, 有

$$(y_1, y_2, \cdots, y_{n-1}, y_n)(x_1, x_2, \cdots, x_{n-1}, x_n)^{\mathrm{T}} \geqslant 0.$$

用反证法, 假设

$$\sqrt{y_1^2 + y_2^2 + \cdots + y_{n-1}^2} = t > y_n \geqslant 0.$$

特别取

$$(x_1, x_2, \cdots, x_{n-1}, x_n)^{\mathrm{T}} = -\frac{1}{t}(y_1, y_2, \cdots, y_{n-1}, -t)^{\mathrm{T}},$$

则

$$(x_1, x_2, \cdots, x_{n-1}, x_n)^{\mathrm{T}} \in \mathcal{L}^n.$$

但

$$(y_1, y_2, \cdots, y_{n-1}, y_n)(x_1, x_2, \cdots, x_{n-1}, x_n)^{\mathrm{T}} = -t + y_n < 0,$$

故得到矛盾. 所以 $\mathcal{L}^n \supseteq (\mathcal{L}^n)^*$. 因此 (ii) 结论得证.

根据定理 2.2, 任给 $A \in \mathcal{S}^n_+$ 可以分解成

$$\begin{aligned}
&Q^{\mathrm{T}}\mathrm{Diag}(\lambda_1, \lambda_2, \cdots, \lambda_n)Q \\
=\ &Q^{\mathrm{T}}\mathrm{Diag}(\sqrt{\lambda_1}, \sqrt{\lambda_2}, \cdots, \sqrt{\lambda_n})QQ^{\mathrm{T}}\mathrm{Diag}(\sqrt{\lambda_1}, \sqrt{\lambda_2}, \cdots, \sqrt{\lambda_n})Q \\
=\ &C^{\mathrm{T}}C,
\end{aligned}$$

其中 Q 为正交阵, $C = Q^\mathrm{T}\mathrm{Diag}(\sqrt{\lambda_1}, \sqrt{\lambda_2}, \cdots, \sqrt{\lambda_n})Q$ 为方阵. 同理对给定的 $B \in \mathcal{S}^n_+$ 有方阵 D 使得 $B = D^\mathrm{T}D$, 于是

$$B \bullet A = \mathrm{tr}(B^\mathrm{T}A) = \mathrm{tr}(D^\mathrm{T}DC^\mathrm{T}C) = \mathrm{tr}((DC^\mathrm{T})^\mathrm{T}(DC^\mathrm{T})) \geqslant 0,$$

故得到 $\mathcal{S}^n_+ \subseteq (\mathcal{S}^n_+)^*$.

给定 $B \in (\mathcal{S}^n_+)^*$, 任选 $x \in \mathbb{R}^n$, 则有 $A = xx^\mathrm{T} \in \mathcal{S}^n_+$,

$$A \bullet B = \mathrm{tr}(Bxx^\mathrm{T}) = x^\mathrm{T}Bx \geqslant 0,$$

因此, $B \in \mathcal{S}^n_+$, 故 $\mathcal{S}^n_+ \supseteq (\mathcal{S}^n_+)^*$ 且 (iii) 结论成立.

上面的三个例子都是自对偶锥, 下面给出一个不具有自对偶锥的例子. 例 2.7 给出的二次函数锥在一些情况下就不具有自对偶锥的特性.

例 2.10 选取例 2.7 的二次函数锥定义域为 $\mathcal{F} = [0,1]^n$, 则锥

$$\mathcal{D}_\mathcal{F} = \left\{ U \in S^{n+1} \,\middle|\, \begin{pmatrix} 1 \\ x \end{pmatrix}^\mathrm{T} U \begin{pmatrix} 1 \\ x \end{pmatrix} \geqslant 0 \text{ 对任意} x \in [0,1]^n \text{成立} \right\}$$

不是自对偶锥.

解 明显看出 $\mathcal{S}^{n+1}_+ \subseteq \mathcal{D}_\mathcal{F}$. 由定理 2.24 的 (i) 得到 $\mathcal{S}^{n+1}_+ \supseteq \mathcal{D}^*_\mathcal{F}$. 可以看出 $\mathcal{D}_\mathcal{F}$ 包含元素全部为非负数的 $n+1$ 阶对称矩阵, 但这样的矩阵不一定半正定. 例如当 $n = 1$ 时, $\begin{pmatrix} 0 & 1 \\ 1 & 0 \end{pmatrix} \in \mathcal{D}_\mathcal{F}$, 但 $\begin{pmatrix} 0 & 1 \\ 1 & 0 \end{pmatrix} \notin \mathcal{D}^*_\mathcal{F}$. 因此, $\mathcal{D}_\mathcal{F}$ 不是一个自对偶锥.

2.4 函　　数

设 $\mathcal{X}$ 是空间 $\mathbb{R}^n$ 中的一个集合, 映射 $f : x \in \mathcal{X} \to y = f(x) \in \mathbb{R}$, 则 $f(x)$ 称为定义域 $\mathcal{X}$ 上的一个实函数, 也称为一个实映射. 本书习惯上将 $\mathcal{X}$ 上的实函数简记成 $f : \mathcal{X}$. 由于本书只讨论实函数, 在不发生混淆的情况下, 实函数简称函数. 在 $\mathbb{R}^n$ 中可以讨论连续与微分等概念.

线性函数具有下列形式:

$$f(x) = a^\mathrm{T}x + b,$$

其中 $x \in \mathbb{R}^n$ 为变量, $a \in \mathbb{R}^n$ 和 $b \in \mathbb{R}$ 为给定常数.

连续与微分

函数 $f : \mathcal{X}$ 在一点 x^0 连续的定义为: $f(x^0)$ 有定义且

$$\lim_{x \in \mathcal{X} \to x^0} f(x) = f(x^0)$$

成立. 若函数 $f(x)$ 在集合 $\mathcal{X}$ 上的每一点连续, 则称函数 $f(x)$ 是集合 $\mathcal{X}$ 上的连续函数 (continuous function). 设 $f(x)$ 在 x_0 的一个邻域内定义, 对 x_0 邻域中的任何一点 x, 记 $\Delta x = x - x_0$, 当

$$\lim_{\Delta x \to 0} \frac{f(x_0 + \Delta x) - f(x_0)}{\Delta x}$$

存在, 则称 $f(x)$ 在 x_0 可微. 若 $f(x)$ 在 x 可微, 这一点的梯度 (gradient)定义为一个 $n \times 1$ 列向量:

$$\nabla f(x) = \left(\frac{\partial f(x)}{\partial x_1}, \cdots, \frac{\partial f(x)}{\partial x_n} \right)^{\mathrm{T}},$$

当 $f(x)$ 在 x 点二次可微时, Hessian 阵定义为

$$\nabla^2 f(x) = F(x) = \left(\frac{\partial^2 f(x)}{\partial x_i \partial x_j} \right)_{n \times n}.$$

用符号 $f(x) \in C^p(\mathcal{X})$ 表示 $f(x)$ 在集合 $\mathcal{X}$ 上 p 次连续可微 (continuously differentiable). 对于 $p \geqslant 3$, 可以仿效一元函数微分的情形, 逐一写出更高阶的微分张量矩阵, 但限于 3 维以上矩阵的难于表达性, 通常利用微分来研究多元函数的方法多限于二次微分形式.

符号 "O" 和 "o" 主要用于两个函数的控制关系. 本书中 $p(x) = o(q(x))$ 的含义为

$$\frac{|p(x)|}{|q(x)|} \to 0, \quad \text{当 } x \to x^0,$$

表示变量 $x \to x^0$ 时, 函数 $p(x)$ 是 $q(x)$ 的高阶无穷小量, 即 $p(x)$ 趋于 0 的速度较 $q(x)$ 为快.

$p(x) = O(q(x))$ 表示存在一个与 $p(x), q(x)$ 无关的常数 $c \geqslant 0$, 使得

$$\frac{|p(x)|}{|q(x)|} \leqslant c, \quad \text{当 } x \to x^0 \text{ 且 } q(x) \to 0(\text{ 或 } +\infty),$$

表示变量 $x \to x^0$ 造成 $q(x)$ 趋于 0 或无穷的时候, 函数 $p(x)$ 随之被 $q(x)$ 控制的情况. 一般情况下, 上面的 "O" 主要针对 0 和 $+\infty$ 两种情形之一来讨论函数间控制关系, 如当 $x \to x^0$ 造成 $q(x) \to +\infty$ 时, $p(x) = O(q(x))$ 表示 $p(x)$ 趋于无穷大的速度不超过 $q(x)$.

在算法复杂性理论方面, "O" 符号有更为广泛的两个函数控制含义. 如 $p(x) = O(q(x))$ 表示存在一个与两个函数无关的常数 $c \geqslant 0$, 使得

$$|p(x)| \leqslant c |q(x)|, \quad \forall x \in \mathcal{X},$$

即在整个定义域 $\mathcal{X}$, $p(x)$ 被 $q(x)$ 控制.

限于二阶微分形式的 Taylor 公式 (Taylor formula)及定理如下.

定理 2.28(Taylor 公式)　设 $\mathcal{X}$ 为一个开集, 当 $x^1, x^2 \in \mathcal{X}$ 且 $x^1 \neq x^2$ 时, 若 $f \in C(\mathcal{X})$, 则有

$$f(x^2) = f(x^1) + \nabla f(x^1)^{\mathrm{T}}(x^2 - x^1) + o(\|x^2 - x^1\|);$$

若 $f \in C^2(\mathcal{X})$, 则有

$$f(x^2) = f(x^1) + \nabla f(x^1)^{\mathrm{T}}(x^2 - x^1) + \frac{1}{2}(x^2 - x^1)^{\mathrm{T}}\nabla^2 f(x^1)(x^2 - x^1) + o(\|x^2 - x^1\|^2).$$

当 x^1 和 x^2 非常接近时, Taylor 公式提供了由 $f(x^1)$ 及其微分给出的 $f(x^2)$ 估计值. 这是一个非常重要的观念, 以后这样的估计会重复出现.

凸函数及性质

对任给集合 $\mathcal{X} \subseteq \mathbb{R}^n$, 实函数 $f : \mathcal{X}$ 的上方图 (epigraph)定义为

$$\mathrm{epi}(f) = \left\{ \begin{pmatrix} x \\ \lambda \end{pmatrix} \in \mathbb{R}^{n+1} \mid f(x) \leqslant \lambda, x \in \mathcal{X} \right\}. \tag{2.8}$$

若上方图是闭集, 则称 $f(x)$ 是 $\mathcal{X}$ 上的一个闭函数 (closed function); 若上方图是凸集, 则称 $f(x)$ 是 $\mathcal{X}$ 上的一个凸函数 (convex function). $f(x)$ 是 $\mathcal{X}$ 上的一个凹函数 (concave function)当且仅当 $-f(x)$ 是 $\mathcal{X}$ 上的一个凸函数. $f(x)$ 在 $\mathcal{X}$ 上的凸包函数 (convex hull function), 记为 $\mathrm{conv}(f)(x)$, 定义为满足条件:

$$\mathrm{epi}(\mathrm{conv}(f)) = \mathrm{conv}(\mathrm{epi}(f))$$

的函数, 即凸包函数以原函数的上方图之凸包集合为其上方图.

一个凸函数如果满足下面条件: 对任意 $x \in \mathcal{X}$, $f(x) > -\infty$ 成立, 且至少存在一个 $x \in \mathcal{X}$ 使得 $f(x) < +\infty$, 则称其为真凸函数 (proper convex function).

可以给上方图是闭集的函数一个几何直观. 当一个函数在一个闭区域上是连续函数时, 那么, 它的上方图是一个闭函数. 图 2.5 第一张图给出了上方图的几何直观, 它是以 $\mathcal{X}$ 的定义域及曲线 $f(x)$ 上半部分所围的区域. 第二张图中虚线及与实线吻合的曲线为 $\mathrm{conv}(f)(x)$.

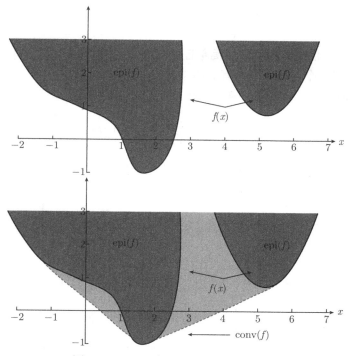

图 2.5　epi(f) 和 conv(f) 的几何直观

定理 2.29　函数 $f : \mathcal{X}$ 是凸函数的充分必要条件为: $\mathcal{X}$ 是一个凸集且 $f(x)$ 在 $\mathcal{X}$ 上满足: 任给 $x^1,\, x^2 \in \mathcal{X}$ 且 $0 \leqslant \alpha, \beta \leqslant 1, \alpha + \beta = 1$, 有

$$f(\alpha x^1 + \beta x^2) \leqslant \alpha f(x^1) + \beta f(x^2).$$

证明　"充分性". 对任意 $\begin{pmatrix} x^1 \\ \lambda_1 \end{pmatrix}, \begin{pmatrix} x^2 \\ \lambda_2 \end{pmatrix} \in \mathrm{epi}(f), 0 \leqslant \alpha, \beta \leqslant 1$ 且 $\alpha + \beta = 1$, 有 $f(x^1) \leqslant \lambda_1, f(x^2) \leqslant \lambda_2$. 由定理的条件, 有 $f(\alpha x^1 + \beta x^2) \leqslant \alpha f(x^1) + \beta f(x^2) \leqslant \alpha \lambda_1 + \beta \lambda_2$, 所以 $\alpha \begin{pmatrix} x^1 \\ \lambda_1 \end{pmatrix} + \beta \begin{pmatrix} x^2 \\ \lambda_2 \end{pmatrix} \in \mathrm{epi}(f)$. 因此, $\mathrm{epi}(f)$ 为凸集.

"必要性". 当 $\mathrm{epi}(f)$ 为凸集时, 对 $x^1, x^2 \in \mathcal{X}$, 有 $\begin{pmatrix} x^1 \\ f(x^1) \end{pmatrix} \in \mathrm{epi}(f), \begin{pmatrix} x^2 \\ f(x^2) \end{pmatrix} \in \mathrm{epi}(f)$. 由此得到 $\alpha \begin{pmatrix} x^1 \\ f(x^1) \end{pmatrix} + \beta \begin{pmatrix} x^2 \\ f(x^2) \end{pmatrix} \in \mathrm{epi}(f)$. 也就有 $f(\alpha x^1 + \beta x^2) \leqslant \alpha f(x^1) + \beta f(x^2)$. ∎

凸函数不一定具有可微分的性质, 如 $f(x) = |x|, x \in \mathbb{R}$, 在 0 点不可微. 以后将引进替代的次梯度来研究非光滑凸函数.

定理 2.30 $f_1 : \mathcal{X}$ 和 $f_2 : \mathcal{X}$ 是两个凸函数, 则 $f_1 + f_2 : \mathcal{X}$, $\max\{f_1, f_2\} : \mathcal{X}$ 是凸函数.

按定理 2.29 的等价形式可以简单证明.

在此, 给出一个与相对内点有关的结论.

定理 2.31 设 $f : \mathcal{X}$ 为凸函数, 则

$$\mathrm{ri}(\mathrm{epi}(f)) = \left\{ \begin{pmatrix} x \\ \lambda \end{pmatrix} \,\middle|\, x \in \mathrm{ri}(\mathcal{X}) \text{且} f(x) < \lambda \right\}.$$

证明 通过仿射空间位移办法, 在最小仿射空间上, 考虑内点的结论, 只需证明

$$\mathrm{int}(\mathrm{epi}(f)) = \left\{ \begin{pmatrix} x \\ \lambda \end{pmatrix} \,\middle|\, x \in \mathrm{int}(\mathcal{X}) \text{且} f(x) < \lambda \right\}$$

成立.

明显可知 $\mathrm{int}(\mathrm{epi}(f)) \subseteq \left\{ \begin{pmatrix} x \\ \lambda \end{pmatrix} \,\middle|\, x \in \mathrm{int}(\mathcal{X}) \text{且} f(x) < \lambda \right\}$.

对任意 $\begin{pmatrix} \bar{x} \\ \bar{\lambda} \end{pmatrix} \in \left\{ \begin{pmatrix} x \\ \lambda \end{pmatrix} \,\middle|\, x \in \mathrm{int}(\mathcal{X}) \text{且} f(x) < \lambda \right\}$, 由 $\bar{x} \in \mathrm{int}(\mathcal{X})$, 内点可以表示为一些点 $\{x^1, x^2, \cdots, x^p\} \subset \mathcal{X}, p \geqslant 2$, 的严格凸组合, 即

$$\bar{x} = \sum_{1 \leqslant i \leqslant p} \alpha_i x^i \in \mathrm{int}(\mathrm{conv}(x^1, x^2, \cdots, x^p)),$$

其中 $\alpha_i > 0, i = 1, 2, \cdots, p$ 且 $\sum_{i=1}^{p} \alpha_i = 1$. 记 $v = \max_{1 \leqslant i \leqslant p} f(x^i)$, 有

$$f(\bar{x}) \leqslant \sum_{i=1}^{p} \alpha_i f(x^i) \leqslant v.$$

于是得到开集

$$\left\{ \begin{pmatrix} x \\ \lambda \end{pmatrix} \,\middle|\, x \in \mathrm{int}(\mathrm{conv}(x^1, x^2, \cdots, x^p)), \lambda > v \right\}$$

包含于 $\mathrm{epi}(f)$, 该开集还包括 $\left\{ \begin{pmatrix} \bar{x} \\ \lambda \end{pmatrix} \,\middle|\, \lambda > v \right\}$ 这一射线.

当 $\bar{\lambda} > v$ 时, 由开集包括 $\left\{ \begin{pmatrix} \bar{x} \\ \lambda \end{pmatrix} \,\middle|\, \lambda > v \right\}$ 这一射线的结论, 得到 $\begin{pmatrix} \bar{x} \\ \bar{\lambda} \end{pmatrix} \in$

$\mathrm{int}(\mathrm{epi}(f))$. 由此推出 $\mathrm{int}(\mathrm{epi}(f)) \supseteq \left\{ \begin{pmatrix} x \\ \lambda \end{pmatrix} \,\middle|\, x \in \mathrm{int}(\mathcal{X}) \text{且} f(x) < \lambda \right\}$.

当 $\bar{\lambda} \leqslant v$ 时, 则任取 $\left\{ \left(\begin{array}{c} \bar{x} \\ \lambda \end{array} \right) \middle| \lambda > v \right\}$ 中一点 $\left(\begin{array}{c} \bar{x} \\ \lambda^* \end{array} \right)$ 具有 $\lambda^* > v$, 此时存在 $0 < \alpha < 1$ 使得 $\bar{\lambda} = \alpha \lambda^* + (1 - \alpha) f(\bar{x})$, 也就有

$$\left(\begin{array}{c} \bar{x} \\ \bar{\lambda} \end{array} \right) = \alpha \left(\begin{array}{c} \bar{x} \\ \lambda^* \end{array} \right) + (1 - \alpha) \left(\begin{array}{c} \bar{x} \\ f(\bar{x}) \end{array} \right).$$

根据定理 2.17, 当 $\left(\begin{array}{c} \bar{x} \\ \lambda^* \end{array} \right)$ 为 epi(f) 一个内点时, $\left(\begin{array}{c} \bar{x} \\ f(\bar{x}) \end{array} \right)$ 为 epi(f) 中任意一点, 则有 $\left(\begin{array}{c} \bar{x} \\ \bar{\lambda} \end{array} \right) \in \text{int}(\text{epi}(f))$. 由此推出

$$\text{int}(\text{epi}(f)) \supseteq \left\{ \left(\begin{array}{c} x \\ \lambda \end{array} \right) \middle| x \in \text{int}(\mathcal{X}) \text{且} f(x) < \lambda \right\}.$$

综合得到

$$\text{int}(\text{epi}(f)) = \left\{ \left(\begin{array}{c} x \\ \lambda \end{array} \right) \middle| x \in \text{int}(\mathcal{X}) \text{且} f(x) < \lambda \right\}.$$

结论得证. ■

定理 2.32　对于非空凸集 $\mathcal{X} \subseteq \mathbb{R}^n$, 若 $f : \mathcal{X}$ 是真凸函数, 则对任一点 $\bar{x} \in \text{ri}(\mathcal{X})$ 都存在 $d \in \mathbb{R}^n$ 使得

$$f(x) \geqslant f(\bar{x}) + d^{\text{T}}(x - \bar{x})$$

对任意 $x \in \mathcal{X}$ 成立.

证明　当 $f(x)$ 为真凸函数, 则 epi(f) 为非空凸集. 因 $\mathcal{X}$ 为非空凸集, 由引理 2.15 可知 $\text{ri}(\mathcal{X}) \neq \varnothing$. 对任意点 $\bar{x} \in \text{ri}(\mathcal{X})$, $f(\bar{x})$ 为有限值, 否则破坏函数 $f(x)$ 的定义. 按上方图的定义可知 $\left\{ \left(\begin{array}{c} \bar{x} \\ \lambda \end{array} \right) \middle| f(\bar{x}) \leqslant \lambda \right\} \subseteq \text{epi}(f)$. 对任意 $\lambda > f(\bar{x})$, 由定理 2.31 知 $\left(\begin{array}{c} \bar{x} \\ \lambda \end{array} \right) \in \text{ri}(\text{epi}(f))$, 而 $\left(\begin{array}{c} \bar{x} \\ f(\bar{x}) \end{array} \right) \notin \text{ri}(\text{epi}(f))$. 于是由定理 2.21 可知, 存在一个法方向为 $\left(\begin{array}{c} a \\ b \end{array} \right) \in \mathbb{R}^{n+1}$ 且通过 $\left(\begin{array}{c} \bar{x} \\ f(\bar{x}) \end{array} \right)$ 的非平凡支撑超平面 $\left\{ \left(\begin{array}{c} x \\ \lambda \end{array} \right) \middle| a^{\text{T}}x + b\lambda = a^{\text{T}}\bar{x} + bf(\bar{x}) \right\}$, 使得

$$a^{\text{T}}x + b\lambda \geqslant a^{\text{T}}\bar{x} + bf(\bar{x}), \quad \forall \left(\begin{array}{c} x \\ \lambda \end{array} \right) \in \text{epi}(f),$$

$$a^{\mathrm{T}}x + b\lambda > a^{\mathrm{T}}\bar{x} + bf(\bar{x}), \quad \forall \begin{pmatrix} x \\ \lambda \end{pmatrix} \in \mathrm{ri}(\mathrm{epi}(f)).$$

由 $\begin{pmatrix} \bar{x} \\ \lambda \end{pmatrix} \in \mathrm{ri}(\mathrm{epi}(f))$ 可推出 $b \neq 0$.

令 $d = -a/b$, 得到 $\mathrm{epi}(f)$ 的支撑超平面

$$\left\{ \begin{pmatrix} x \\ y \end{pmatrix} \in \mathbb{R}^{n+1} \middle| y - d^{\mathrm{T}}x = f(\bar{x}) - d^{\mathrm{T}}\bar{x} \right\}.$$

对于任何一点 $x \in \mathcal{X}$, 函数值 $f(x)$ 永远在此超平面的值的上方, 即满足 $f(x) \geqslant y$, 也就是说 $f(x) \geqslant f(\bar{x}) + d^{\mathrm{T}}(x - \bar{x})$ 对任意 $x \in \mathcal{X}$ 成立. ∎

因此, 对一般函数 $f : \mathcal{X} \subseteq \mathbb{R}^n$ 在 $\bar{x}$ 点的次梯度 (subgradient)定义为满足下面条件的 $d \in \mathbb{R}^n$:

$$f(x) \geqslant f(\bar{x}) + d^{\mathrm{T}}(x - \bar{x}) \text{ 对任意} x \in \mathcal{X} \text{ 成立}. \tag{2.9}$$

$f(x)$ 在 $\bar{x}$ 点的所有次梯度的集合记成:

$$\partial f(\bar{x}) = \{d \in \mathbb{R}^n \mid d \text{ 是} f(x) \text{ 在} \bar{x} \text{ 点的次梯度}\}.$$

由上述定理, 这样的次梯度定义对真凸函数在相对内点是有意义的.

定理 2.33 $\mathcal{X}$ 为非空凸集, 若凸函数 $f : \mathcal{X}$ 在 $\bar{x}$ 点的次梯度集合非空, 则该次梯度集合为一个闭凸集.

证明 设 $\bar{x} \in \mathcal{X}$ 且该点的次梯度集合非空. 先证明凸性, 即次梯度集合中任意两个方向的凸组合还是一个次梯度. 设 $d^1, d^2 \in \partial f(\bar{x})$, $0 \leqslant \alpha \leqslant 1$, 则有

$$f(x) \geqslant f(\bar{x}) + (d^1)^{\mathrm{T}}(x - \bar{x}), \quad f(x) \geqslant f(\bar{x}) + (d^2)^{\mathrm{T}}(x - \bar{x})$$

对任意 $x \in \mathcal{X}$ 成立. 就推出

$$f(x) \geqslant f(\bar{x}) + [\alpha d^1 + (1 - \alpha)d^2]^{\mathrm{T}}(x - \bar{x})$$

对任意 $x \in \mathcal{X}$ 成立. 所以, $\alpha d^1 + (1 - \alpha)d^2 \in \partial f(\bar{x})$.

若 $d^k \in \partial f(\bar{x})$, $k = 1, 2, \cdots$, $d^k \to d^*$, $k \to +\infty$, 且对任意 $x \in \mathcal{X}$ 有下列不等式成立

$$f(x) \geqslant f(\bar{x}) + (d^k)^{\mathrm{T}}(x - \bar{x}), \quad k = 1, 2, \cdots.$$

取极限得到

$$f(x) \geqslant f(\bar{x}) + (d^*)^{\mathrm{T}}(x - \bar{x})$$

对任意 $x \in \mathcal{X}$ 成立, 即 $d^* \in \partial f(\bar{x})$. 因此, 次梯度集合为一个闭凸集. ∎

次梯度的几何直观可以解释为: 当 $f(x)$ 为凸函数时, 由次梯度形成的一个超平面

$$\left\{ \begin{pmatrix} x \\ y \end{pmatrix} \in \mathbb{R}^{n+1} \middle| y - d^{\mathrm{T}} x = f(\bar{x}) - d^{\mathrm{T}} \bar{x} \right\}, \tag{2.10}$$

是以 $\begin{pmatrix} \bar{x} \\ f(\bar{x}) \end{pmatrix}$ 为支撑点的 $\mathrm{epi}(f)$ 的一个支撑超平面. 当 $f(x)$ 在 $\bar{x}$ 处可微时, $\partial f(\bar{x}) = \{\nabla f(\bar{x})\}$, 包含唯一的一个向量. 从定理 2.32 可以看出, 当 $f(x): \mathcal{X} \subseteq \mathbb{R}^n$ 是凸函数时, $\mathcal{X}$ 中每一相对内点都存在次梯度. 当凸函数 $f(x)$ 在边界点或 $f(x)$ 不是凸函数时, 在某些点上的次梯度集合可能为空集.

例 2.11

$$f(x) = \begin{cases} \mathrm{e}^x, & -1 \leqslant x < 0, \\ 2, & x = 0 \end{cases}$$

是一个 $[-1, 0]$ 上的真凸函数, 但在 $x = 0$ 点的次梯度集合为空集.

为了更加直观地了解次梯度形成的超平面与原函数之间的关系, 对 (2.10) 的超平面方程按如下顺序重新更换符号 $b = f(\bar{x}) - d^{\mathrm{T}} \bar{x}$, 则超平面方程重新写成 $y = d^{\mathrm{T}} x + b$, 可以与原有的函数 $f(x)$ 画在一个坐标系中. 请参考下面的示例.

例 2.12 $f(x) = \dfrac{x^2}{4}$ 及次梯度形成的支撑超平面图形见图 2.6. 实线为 $f(x)$ 的图形, 虚线为形成的超平面方程的图形. 令 $g(x) = dx - f(x)$, 称 $\max\limits_{x \in \mathbb{R}} g(x)$ 为 dx

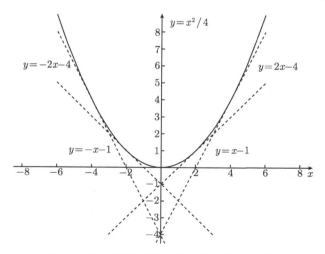

图 2.6　次梯度超平面与原函数的关系示意图

与函数 $f(x)$ 的最大差值. 可以看出, 切线与 y 轴的交点长度正好是 dx 与 $\dfrac{x^2}{4}$ 的最大差值. 如 $d = 2$ 时, 切线与 y 轴交与 $(0, -4)^{\mathrm{T}}$, 即 dx 与 $\dfrac{x^2}{4}$ 之差的最大差值为 4.

2.5 共 轭 函 数

给定 $\mathcal{X} \subseteq \mathbb{R}^n$ 时, 对函数 $f : \mathcal{X}$ 及每一点 $y \in \mathbb{R}^n$ 定义:

$$h(y) = \sup_{x \in \mathcal{X}} \{y^{\mathrm{T}} x - f(x)\}, \tag{2.11}$$

记

$$\mathcal{Y} = \{y \in \mathbb{R}^n \mid h(y) < +\infty\}.$$

特别当 $\mathcal{Y} \neq \varnothing$, 称 $h : \mathcal{Y}$ 存在, 此时 $h : \mathcal{Y}$ 称为 $f : \mathcal{X}$ 的共轭函数 (conjugate function).

如 $f(x) = x^3, x \in \mathbb{R}$, 则 $h(y) = \sup\limits_{x \in \mathbb{R}} \{yx - x^3\} = +\infty$ 对任意 $y \in \mathbb{R}$ 成立, 因此 $h : \mathcal{Y} \subseteq \mathbb{R}^n$ 不存在.

共轭函数的存在等价于其定义域 $\mathcal{Y} \neq \varnothing$. 在以后的章节, 常会用到共轭函数来建立对偶模型. 对于真凸函数, 特别有如下结论.

引理 2.34 若 $f : \mathcal{X}$ 是真凸函数, 则 $h : \mathcal{Y}$ 存在.

证明 由 $\mathcal{X}$ 为非空凸集, 可知 $\mathrm{ri}(\mathcal{X}) \neq \varnothing$. 由真凸函数的定义, 对任给 $x \in \mathrm{ri}(\mathcal{X})$, 有 $f(x) < +\infty$. 于是由定理 2.32 得知 $f(x)$ 在 x 点的次梯度存在, 记成 y. 因为

$$f(\hat{x}) \geqslant f(x) + y^{\mathrm{T}}(\hat{x} - x), \quad \forall \hat{x} \in \mathcal{X},$$

所以

$$y^{\mathrm{T}} x - f(x) \geqslant y^{\mathrm{T}} \hat{x} - f(\hat{x}), \quad \forall \hat{x} \in \mathcal{X},$$

即 $h(y) = y^{\mathrm{T}} x - f(x)$ 存在. ∎

特别情况是当 $\mathcal{X}$ 只有一个点 x 时, 任取一个 $y \in \mathbb{R}^n$, 都有

$$h(y) = \sup_x \{y^{\mathrm{T}} x - f(x)\} = y^{\mathrm{T}} x - f(x),$$

故 $\mathcal{Y} = \mathbb{R}^n$, 而 $h(y)$ 是一个线性函数.

非常直观, 对任意的 $y \in \mathcal{Y}$, 都有

$$h(y) \geqslant y^{\mathrm{T}} x - f(x), \quad \forall x \in \mathcal{X}.$$

我们将例 2.12 的几何直观进一步推广, $z = y^{\mathrm{T}} x$ 是一个过原点的平面, 假设

y 是 $f(x)$ 在 x 点的梯度, 即 $y = \nabla f(x)$, 则 $z = y^{\mathrm{T}}x$ 平行于过 $\begin{pmatrix} x \\ f(x) \end{pmatrix}$ 点以

$\begin{pmatrix} y \\ -1 \end{pmatrix}$ 为法方向所决定 epi(f) 的支撑超平面, 而它们间的最大差距为 $-h(y)$. 再

特别注意上一部分由次梯度形成的在 $\begin{pmatrix} x \\ f(x) \end{pmatrix}$ 点的支撑超平面 $\left\{ \begin{pmatrix} z \\ \lambda \end{pmatrix} \in \mathbb{R}^{n+1} \right.$

$\left. \mid \lambda - d^{\mathrm{T}}z = f(x) - d^{\mathrm{T}}x \right\}$, 假设在 x 点 $\nabla f(x)$ 存在, 取 $y = d = \nabla f(x)$, 这个支撑超

平面在 $z = 0$ 点的截距 $b = f(x) - d^{\mathrm{T}}x$ 正好就是 $-h(y)$.

下面给出 Fenchel(或称共轭) 不等式 (Fenchel's inequality/conjugate inequality).

引理 2.35 在给定 $f : \mathcal{X}$ 及其共轭 $h : \mathcal{Y}$ 存在的条件下, 有

$$x^{\mathrm{T}}y \leqslant f(x) + h(y), \quad \forall\, x \in \mathcal{X}\ \text{及}\ y \in \mathcal{Y}.$$

并且

$$x^{\mathrm{T}}y = f(x) + h(y) \iff y \in \partial f(x).$$

证明 由共轭函数的定义 (2.11), 对任意给定 $y \in \mathcal{Y}$ 可知

$$h(y) \geqslant y^{\mathrm{T}}x - f(x)$$

对任意 $x \in \mathcal{X}$ 成立. 也就得到

$$x^{\mathrm{T}}y \leqslant f(x) + h(y), \quad \forall\, x \in \mathcal{X}\ \text{及}\ y \in \mathcal{Y}.$$

若存在 $x \in \mathcal{X}, y \in \mathcal{Y}$ 满足 $x^{\mathrm{T}}y = f(x) + h(y)$, 则由共轭函数的定义, 对任意 $\hat{x} \in \mathcal{X}$, 都有

$$y^{\mathrm{T}}\hat{x} - f(\hat{x}) \leqslant h(y) = y^{\mathrm{T}}x - f(x).$$

变形为 $f(\hat{x}) \geqslant y^{\mathrm{T}}(\hat{x} - x) + f(x)$. 再根据次梯度的定义 (2.9) 可得 $y \in \partial f(x)$.

反之, 对给定的 $x \in \mathcal{X}, y \in \partial f(x)$ 表明 $f(\hat{x}) \geqslant y^{\mathrm{T}}(\hat{x} - x) + f(x)$ 对任意 $\hat{x} \in \mathcal{X}$ 成立, 变形得到

$$y^{\mathrm{T}}\hat{x} - f(\hat{x}) \leqslant y^{\mathrm{T}}x - f(x), \quad \forall \hat{x} \in \mathcal{X}.$$

因此

$$h(y) = \sup_{\hat{x} \in \mathcal{X}} \{y^{\mathrm{T}}\hat{x} - f(\hat{x})\} \leqslant y^{\mathrm{T}}x - f(x).$$

由共轭函数的定义 (2.11), 得到 $h(y) \geqslant y^{\mathrm{T}}x - f(x)$. 综合可得 $h(y) = y^{\mathrm{T}}x - f(x)$. 充分性得证. ∎

引理 2.36　给定 $f: \mathcal{X}$, 若共轭函数 $h: \mathcal{Y}$ 存在, 则 $\mathcal{Y}$ 为凸集且 $h(y)$ 是 $\mathcal{Y}$ 上的凸函数.

证明　考虑集合

$$\text{epi}(h) = \left\{ \begin{pmatrix} y \\ \lambda \end{pmatrix} \in \mathbb{R}^{n+1} \middle| h(y) \leqslant \lambda \right\}.$$

任选 $\text{epi}(h)$ 中两点 $\begin{pmatrix} y^1 \\ \lambda_1 \end{pmatrix}$, $\begin{pmatrix} y^2 \\ \lambda_2 \end{pmatrix}$ 及 $0 \leqslant \alpha \leqslant 1$, 则有

$$
\begin{aligned}
h(\alpha y^1 + (1-\alpha)y^2) &= \sup_{x \in \mathcal{X}} \{[\alpha y^1 + (1-\alpha)y^2]^{\mathrm{T}} x - f(x)\} \\
&\leqslant \alpha \sup_{x \in \mathcal{X}} \{(y^1)^{\mathrm{T}} x - f(x)\} + (1-\alpha) \sup_{x \in \mathcal{X}} \{(y^2)^{\mathrm{T}} x - f(x)\} \\
&= \alpha h(y^1) + (1-\alpha)h(y^2) \\
&\leqslant \alpha \lambda_1 + (1-\alpha)\lambda_2.
\end{aligned}
$$

故 $\text{epi}(h)$ 为凸集. 由定理 2.29 得到 $\mathcal{Y}$ 为凸集且 $h(y)$ 为 $\mathcal{Y}$ 上的凸函数. ∎

基于共轭函数 $h: \mathcal{Y}$ 在定义域 $\mathcal{Y}$ 上满足 $h(y) < +\infty$ 的特殊要求, 上述定理中无法保证 $\mathcal{Y}$ 为闭凸集, 详见下例.

例 2.13　对

$$f(x) = -2\sqrt{-x}, \quad \mathcal{X} = \{x \in \mathbb{R} \mid x \leqslant 0\},$$

其共轭函数在开集 $\mathcal{Y} = \mathbb{R}_{++}$ 有定义, 且

$$h(y) = \frac{1}{y}, \quad y > 0.$$

解　不难验证, 共轭函数

$$h(y) = \sup_{x \leqslant 0} \{xy + 2\sqrt{-x}\} = \begin{cases} \dfrac{1}{y}, & y > 0, \\ +\infty, & \text{其他.} \end{cases}$$

于是 $h(y)$ 有定义的区域是 $\mathcal{Y} = \mathbb{R}_{++}$, 为开集.

在函数 $f: \mathcal{X} \subseteq \mathbb{R}^n \to \mathbb{R}$ 的共轭函数 $h: \mathcal{Y}$ 存在的条件下, 一些结果罗列如下:

(i) 若 $\alpha \in \mathbb{R}$, 则 $f + \alpha: \mathcal{X}$ 的共轭函数为 $h - \alpha: \mathcal{Y}$.

(ii) 对 $a \in \mathbb{R}^n$, 在定义域上 $\mathcal{X}$ 上的函数 $\tilde{f}(x) = f(x) + x^{\mathrm{T}} a$ 的共轭函数为 $\tilde{h}(y) = h(y - a), \forall\, y \in \mathcal{Y} + a$.

(iii) 对 $a \in \mathbb{R}^n$, 在定义域 $\mathcal{X} + a$ 上函数 $\bar{f}(x) = f(x - a)$ 的共轭函数为 $\bar{h}(y) = h(y) + y^{\mathrm{T}} a, \forall\, y \in \mathcal{Y}$.

(iv) 对 $\lambda > 0$, $\mathcal{X}$ 上函数 $f_1(x) = \lambda f(x)$ 的共轭函数为 $h_1(y) = \lambda h\left(\dfrac{y}{\lambda}\right), \forall\, y \in \lambda\mathcal{Y}$.

(v) 对 $\lambda > 0$, $\lambda\mathcal{X}$ 上函数 $f_2(x) = f\left(\dfrac{x}{\lambda}\right)$ 的共轭函数为 $h_2(y) = h(\lambda y), \forall\, y \in \mathcal{Y}/\lambda$.

定理 2.37 设 $\mathcal{X} \neq \varnothing$ 且 $f : \mathcal{X}$ 的共轭函数 $h : \mathcal{Y}$ 存在, 则 $h : \mathcal{Y}$ 的共轭函数

$$h^*(x) = \sup_{y \in \mathcal{Y}}\{x^{\mathrm{T}}y - h(y)\},$$

对任意 $x \in \mathrm{conv}(\mathcal{X})$ 满足 $h^*(x) = \mathrm{cl}(\mathrm{conv}(f))(x)$, 且对任意 $x \notin \mathrm{cl}(\mathrm{conv}(\mathcal{X}))$ 满足 $h^*(x) = +\infty$, 其中函数 $\mathrm{cl}(\mathrm{conv}(f))$ 由满足 $\mathrm{epi}(\mathrm{cl}(\mathrm{conv}(f))) = \mathrm{cl}(\mathrm{epi}(\mathrm{conv}(f))) = \mathrm{cl}(\mathrm{conv}(\mathrm{epi}(f)))$ 的上方图定义. 当 $f : \mathcal{X}$ 为真凸函数时, 则有 $f(x) = h^*(x), \forall x \in \mathcal{X}$.

证明 对任意 $x \in \mathcal{X}$, 有

$$h^*(x) \geqslant x^{\mathrm{T}}y - h(y), \quad \forall y \in \mathcal{Y}.$$

另外, 由 $h(y) = \sup\limits_{x \in \mathcal{X}}\{x^{\mathrm{T}}y - f(x)\}$ 的定义, 有

$$f(x) \geqslant x^{\mathrm{T}}y - h(y), \quad \forall y \in \mathcal{Y}, x \in \mathcal{X}.$$

对任意 $x^1, x^2 \in \mathcal{X}$ 及 $0 \leqslant \alpha \leqslant 1$, 则有 $x = \alpha x^1 + (1-\alpha)x^2 \in \mathrm{conv}(\mathcal{X})$ 且

$$\alpha f(x^1) + (1-\alpha)f(x^2) \geqslant (\alpha x^1 + (1-\alpha)x^2)^{\mathrm{T}}y - h(y), \quad \forall y \in \mathcal{Y}.$$

进一步对任意 $x \in \mathrm{conv}(\mathcal{X})$, 得到

$$\mathrm{cl}(\mathrm{conv}(f))(x) \geqslant x^{\mathrm{T}}y - h(y), \quad \forall y \in \mathcal{Y}.$$

也就得到 $\mathrm{conv}(f)(x) \geqslant h^*(x), \forall x \in \mathrm{conv}(\mathcal{X})$.

用反证法证明另一个方向的不等式. 假设存在 $x \in \mathrm{conv}(\mathcal{X})$ 使得 $\begin{pmatrix} x \\ h^*(x) \end{pmatrix}$ 不属于 $\mathrm{cl}(\mathrm{conv}(\mathrm{epi}(f)))$. 因为 $\mathrm{cl}(\mathrm{conv}(\mathcal{X}))$ 上的 $\mathrm{cl}(\mathrm{conv}(\mathrm{epi}(f)))$ 为闭凸集, 则有 $\mathrm{cl}(\mathrm{conv}(f))(x) > h^*(x)$. 由引理 2.10, 存在一个超平面 $\left\{ \begin{pmatrix} z \\ \lambda \end{pmatrix} \middle| a^{\mathrm{T}}z + b\lambda = c \right\}$ 分离 $\begin{pmatrix} x \\ h^*(x) \end{pmatrix}$ 和 $\mathrm{cl}(\mathrm{conv}(\mathrm{epi}(f)))$, 即

$$a^{\mathrm{T}}z + b\lambda \geqslant c > a^{\mathrm{T}}x + bh^*(x), \quad \forall \begin{pmatrix} z \\ \lambda \end{pmatrix} \in \mathrm{cl}(\mathrm{conv}(\mathrm{epi}(f))).$$

由 $\begin{pmatrix} x \\ \mathrm{cl}(\mathrm{conv}(f))(x) \end{pmatrix} \in \mathrm{cl}(\mathrm{conv}(\mathrm{epi}(f)))$ 及 $h^*(x) < \mathrm{cl}(\mathrm{conv}(f))(x)$, 可得到 $b > 0$ 和

$$y^{\mathrm{T}}z - f(z) \leqslant -\frac{c}{b} < y^{\mathrm{T}}x - h^*(x), \quad \forall z \in \mathrm{cl}(\mathrm{conv}(\mathcal{X})),$$

其中 $y = -\dfrac{a}{b}$. 因此得到

$$h(y) \leqslant -\frac{c}{b} < y^{\mathrm{T}}x - h^*(x),$$

即 $h^*(x) < y^{\mathrm{T}}x - h(y) \leqslant h^*(x)$. 此矛盾说明反证法假设错误. 故

$$h^*(x) = \mathrm{conv}(f)(x), \quad \forall x \in \mathrm{conv}(\mathcal{X}).$$

下面证明 $\forall x \notin \mathrm{cl}(\mathrm{conv}(\mathcal{X}))$ 有 $h^*(x) = +\infty$. 继续采用反证法. 假设存在 $x^* \notin \mathrm{cl}(\mathrm{conv}(\mathcal{X}))$, 使得 $h^*(x^*) = M_1 < +\infty$. 由引理 2.9, 存在 $\bar{x} \in \mathrm{cl}(\mathrm{conv}(\mathcal{X}))$ 满足

$$(x^* - \bar{x})^{\mathrm{T}}(x^* - \bar{x}) > 0; \quad (x^* - \bar{x})^{\mathrm{T}}(x - \bar{x}) \leqslant 0, \quad \forall x \in \mathrm{cl}(\mathrm{conv}(\mathcal{X})).$$

由定理的假设 $h : \mathcal{Y}$ 存在, 说明存在 $\bar{y}$ 和 M_2 使得 $\sup_{x \in \mathcal{X}}\{x^{\mathrm{T}}\bar{y} - f(x)\} \leqslant M_2$, 也就有 $f(x) \geqslant x^{\mathrm{T}}\bar{y} - M_2, \forall x \in \mathcal{X}$. 定义

$$y^* = \bar{y} + \delta(x^* - \bar{x}), \quad \delta = \frac{\mid (x^*)^{\mathrm{T}}\bar{y} - M_1 - M_2 \mid}{(x^* - \bar{x})^{\mathrm{T}}(x^* - \bar{x})} + 1,$$

有

$$\begin{aligned}
h(y^*) &= \sup_{\mathcal{X}}\{x^{\mathrm{T}}y^* - f(x)\} \leqslant \sup_{\mathcal{X}}\{x^{\mathrm{T}}y^* - x^{\mathrm{T}}\bar{y} + M_2\} \\
&= \sup_{\mathcal{X}}\{\delta x^{\mathrm{T}}(x^* - \bar{x}) + M_2\} \leqslant \delta \bar{x}^{\mathrm{T}}(x^* - \bar{x}) + M_2 < +\infty.
\end{aligned}$$

因此 $y^* \in \mathcal{Y}$.

另一方面, 由于 $M_1 = h^*(x^*) \geqslant (x^*)^{\mathrm{T}}y^* - h(y^*)$, 可得到

$$\begin{aligned}
h(y^*) &\geqslant (x^*)^{\mathrm{T}}y^* - M_1 = \delta(x^*)^{\mathrm{T}}(x^* - \bar{x}) + (x^*)^{\mathrm{T}}\bar{y} - M_1 \\
&= [\delta(x^* - \bar{x})^{\mathrm{T}}(x^* - \bar{x}) + (x^*)^{\mathrm{T}}\bar{y} - M_1 - M_2] + [\delta\bar{x}^{\mathrm{T}}(x^* - \bar{x}) + M_2] \\
&> \delta\bar{x}^{\mathrm{T}}(x^* - \bar{x}) + M_2 \geqslant h(y^*).
\end{aligned}$$

由此矛盾说明假设错误, 故知 $h^*(x) = +\infty, \forall x \notin \mathrm{cl}(\mathrm{conv}(\mathcal{X}))$.

当 $f : \mathcal{X}$ 为闭真凸函数时, $f = h^* : \mathcal{X}$ 为上述证明结果的直接推论. ∎

定理 2.38　假设 $f : \mathcal{X} \subseteq \mathbb{R}^n \to \mathbb{R}$ 是一个真凸函数, 则对应的共轭函数 $h : \mathcal{Y}$ 存在, 且 $h : \mathcal{Y}$ 的共轭函数限定在定义域 $\mathcal{X}$ 上为 $f : \mathcal{X}$. 对 $x \in \mathcal{X}$ 和 $y \in \mathcal{Y}$, $y \in \partial f(x)$ 当且仅当 $x \in \partial h(y)$, 此时有

$$x^{\mathrm{T}}y = f(x) + h(y) \Longleftrightarrow y \in \partial f(x) \text{ 或 } x \in \partial h(y).$$

证明　因为 $f : \mathcal{X} \subseteq \mathbb{R}^n \to \mathbb{R}$ 是一个真凸函数, 由引理 2.34, 共轭函数 $h(y)$ 存在.

定理 2.37 已经证明函数 $h : \mathcal{Y}$ 的共轭函数 (记成 $h^*(x)$) 在凸集 $\mathcal{X}$ 上与 $f : \mathcal{X}$ 相同.

当存在 $y \in \partial f(x)$ 时, 由次梯度定义 (2.9) 得知

$$f(\hat{x}) \geqslant y^{\mathrm{T}}(\hat{x} - x) + f(x), \quad \forall \hat{x} \in \mathcal{X}.$$

进一步

$$y^{\mathrm{T}}\hat{x} - f(\hat{x}) \leqslant y^{\mathrm{T}}x - f(x), \quad \forall \hat{x} \in \mathcal{X},$$

得到

$$h(y) = y^{\mathrm{T}}x - f(x) = y^{\mathrm{T}}x - h^*(x).$$

故可以推导出以下关系:

$$h^*(x) = y^{\mathrm{T}}x - h(y) \geqslant \hat{y}^{\mathrm{T}}x - h(\hat{y}), \quad \forall \hat{y} \in \mathcal{Y},$$

进一步由

$$h(\hat{y}) \geqslant x^{\mathrm{T}}(\hat{y} - y) + h(y), \quad \forall \hat{y} \in \mathcal{Y},$$

得到 $x \in \partial h(y)$.

同理可证明另一个方向成立. 总结上面的证明, 则有

$$x^{\mathrm{T}}y = f(x) + h(y) \Longleftrightarrow y \in \partial f(x) \text{ 或 } x \in \partial h(y).$$

证明完毕. ■

定理 2.39 假设 $f_1 : \mathcal{X}$ 和 $f_2 : \mathcal{X}$ 有相同的凸包函数且共轭函数 $h_1 : \mathcal{Y}_1$ 和 $h_2 : \mathcal{Y}_2$ 存在, 则 $\mathcal{Y}_1 = \mathcal{Y}_2 = \mathcal{Y}$ 且 $h_1 = h_2 : \mathcal{Y}$.

证明 $f_1(x)$ 的共轭函数为

$$h_1(y) = \sup_{x \in \mathcal{X}} \{x^{\mathrm{T}}y - f_1(x)\},$$

在 $y \in \mathcal{Y}_1$ 存在. $f_2(x)$ 的共轭函数为

$$h_2(y) = \sup_{x \in \mathcal{X}} \{x^{\mathrm{T}}y - f_2(x)\},$$

在 $y \in \mathcal{Y}_2$ 存在.

根据定理 2.37, $h_1 : \mathcal{Y}_1$ 和 $h_2 : \mathcal{Y}_2$ 的共轭函数在 $x \in \operatorname{conv}(\mathcal{X})$ 分别具有下列形式: $\operatorname{cl}(\operatorname{conv}(f_1))(x)$ 和 $\operatorname{cl}(\operatorname{conv}(f_2))(x)$; 而在 $\operatorname{cl}(\operatorname{conv}(x))$ 之外的区域为 $+\infty$. 由假设 $f_1 : \mathcal{X}$ 和 $f_2 : \mathcal{X}$ 具有相同的凸包函数, 则 $\operatorname{conv}(f_1)(x) = \operatorname{conv}(f_2)(x), \forall x \in \operatorname{conv}(\mathcal{X})$. 于是得知 $h_1 : \mathcal{Y}_1$ 和 $h_2 : \mathcal{Y}_2$ 的共轭函数相同.

由引理 2.36, 得知共轭函数 $h_1 : \mathcal{Y}_1$ 和 $h_2 : \mathcal{Y}_2$ 是真凸函数. 对这两个函数再做两次共轭, 因这两个函数的共轭函数相同, 再使用一次定理 2.37, 得到 $h_1 = h_2 : \mathcal{Y}$, 其中 $\mathcal{Y} = \mathcal{Y}_1 = \mathcal{Y}_2$. ■

定理 2.39 给出了一个非常深刻的理论结果, 无论函数 $f_1(x)$ 和 $f_2(x)$ 是否相同, 只要它们的凸包函数相同, 它们的共轭函数就是相同的. 这一结果和思想将在后续章节中经常使用.

2.6 可计算性问题

可计算性问题 (computable problem) 涉及离散优化和连续优化两个领域, 其概念不尽相同, 有些地方可能还有一定的不兼容性. 本节意在从两个不同领域介绍各自的理解, 以便在后续章节针对不同领域的问题能够理解 "可计算" 这个概念.

算法设计总离不开复杂性的概念. 对于离散的组合优化问题, 自 20 世纪 70 年代图灵机 (Turing machine) 理论的出现, 已形成了非常系统化的计算复杂性理论, 详细的内容可以参考文献 [22]. 人们已经熟悉了 NP-完全和 NP-难这些概念, 并对 NP-完全和 NP-难问题的难解性予以广泛接受. 内点算法首先成功地解决了线性规划的复杂性分类, 将其归为多项式时间可解问题, 是基于图灵机的理论体系的归类. 随内点算法在更为广泛问题中使用, 它对解决连续优化问题的优势就越发显得突出, 但针对离散问题的图灵机复杂性理论却无法完全适应连续优化问题, 于是产生了针对连续问题的复杂性概念 [4, 47, 62].

连续问题的复杂性概念或多或少地模仿了离散问题的复杂性定义方法, 由此引发了组合优化问题研究学者和连续优化问题研究学者各自的理解和描述. 本节从离散和连续两个系统分别介绍本书所要涉及的一些复杂性的概念, 最后给出一些评论.

离散模型

一般优化问题可写为

$$
\begin{aligned}
v_{\text{opt}} = \min \quad & f(x) \\
\text{s.t.} \quad & g(x) \leqslant 0, \\
& x \in \mathcal{D} \subseteq \mathbb{R}^n,
\end{aligned} \tag{2.12}
$$

其中 $\mathcal{D}$ 称为定义域, $f : \mathcal{D} \to \mathbb{R}$ 为目标函数, $g : \mathcal{D} \to \mathbb{R}^m$ 为约束函数. 当 $\mathcal{D}$ 为离散点集时, 优化问题 (2.12) 称为离散优化问题或组合优化问题, 当 $\mathcal{D}$ 为连续点集时, 该问题称为连续优化问题. $\mathcal{F} = \{x \in \mathcal{D} \mid g(x) \leqslant 0\}$ 称为问题的可行解集合.

针对离散问题, 计算复杂性的理论都基于图灵机模型, 或称为 2 进制模型 (bit model). 对于给定的问题, 当问题中的变量个数和系数等给定后, 称为问题的一个实例 (instance). 问题是实例的统称, 实例是问题的一个具体表现. 图灵机模型要求实例中的所有系数是整数或有理数, 目前的计算机就是这样限定和设置的. 给定一个实例后, 计算机以 2 进制的方式存贮实例的系数, 它们在计算机中占据的空间大小称为实例的字长 (size). 算法针对问题而设计, 但以每一个实例为实现对象. 算法对计算机中存储的系数进行加、减、乘、除、比较、读、写等基本运算, 最后得到问题实例的解答. 这些基本运算次数的总和称为算法对实例的计算量.

记问题为 Q, 实例为 I, 字长为 $s(I)$, 一个算法 A 的计算量为 $C_A(I)$. 若存在一个多项式函数 $p(\cdot)$ 满足:

$$C_A(I) = O(p(s(I))), \quad \forall I \in Q,$$

则称 A 是求解问题 Q 的一个多项式时间算法 (polynomial time algorithm), 其中 "O" 在 2.4 节有过介绍, 表示控制的含义. 这是复杂性分析的第一功能, 对算法的计算复杂性进行分类. 目前普遍接受的一个结论是: 多项式时间的算法是一类好的算法. 复杂性分析的第二个功能是对问题的分类. 若 Q 存在多项式时间算法, 则称为多项式时间问题. NP-完全和 NP-难问题的定义还需要更多的概念, 不在此赘述, 所具有的一个共同点是: 到目前为止, 还没有找到多项式时间的算法求解这类问题.

对于那些困难的 NP-完全和 NP-难问题, 实际应用或计算需求是希望在短时间内算出实例的一个可行解或给出优化问题 (2.12) 的下界. 于是, 人们在设计算法时需要顾及两个因素: 计算时间和解的效果. 由此出现了启发式算法 (heuristic algorithms), 它们在限定的计算时间内, 给出问题实例的一个解, 这个解不一定是问题的最优解, 甚至连可行解也不是.

对于给定的一个算法 A, 记该算法得到的目标值为 $v_A(I)$. 近似算法分析中采用的近似比 (approximation ratio)(也称性能比) 指标为

$$r(A) = \sup_{I \in Q} \frac{v_A(I)}{v_{\text{opt}}(I)}. \tag{2.13}$$

若 $r(A)$ 有限, 则称 A 为问题 Q 的 $r(A)$ 近似算法. 从 (2.13) 可以看出, $r(A)$ 取自 $\left\{ \dfrac{v_A(I)}{v_{\text{opt}}(I)} \mid I \in Q \right\}$ 中最大的比值, 因此, $r(A)$ 也被称为最坏近似比. 当算法 A 可以得到问题 Q 每一个实例的可行解时, 明显有 $r(A) \geqslant 1$.

无论对算法的设计和使用人员, 都期望启发式算法得到优化问题的一个可行解, 并且存在一个 $\epsilon > 0$, 使得与优化问题 (2.12) 的理论最优值 $v_{\text{opt}}(I)$ 与启发式算法的目标值为 $v_A(I)$ 的近似比 $r(A) = 1 + \epsilon$.

如果上述要求满足, 我们得知算法 A 计算出的可行解在最坏的情况下也可以保证

$$\frac{v_A(I) - v_{\text{opt}}}{v_{\text{opt}}(I)} \leqslant \epsilon.$$

ϵ 越小, 算法的计算效果越好.

在组合优化问题 Q 中, 对任意给定的 $\epsilon > 0$, 如果有一个 $1 + \epsilon$ 近似算法 A 和一个二元多项式函数 $g(\cdot, \cdot)$, 使得算法 A 的计算复杂性

$$C_A(I) = O(g(s(I), y)), \quad \forall I \in Q,$$

其中 $s(I)$ 是实例 I 的输入字长, $y = r\left(\dfrac{1}{\epsilon}\right)$, $r(\cdot)$ 为一个实函数, 则称 A 是一个 PTAS(polynomial time approximation scheme). 特别当 $r(x) = x$ 时, 称 A 是一个 FPTAS(fully polynomial time approximation scheme).

从问题分类的角度来看, 多项式时间问题最简单, 可以设计出多项式时间的算法求出问题每一个实例的最优解. 相对难度高一点的问题就是存在 FPTAS 或 PTAS 的问题. 首先它们是 NP- 完全或 NP- 难问题, 到目前为止还没有找到多项式时间的算法得到最优解, 但只要给出一个计算精度 $\epsilon > 0$, 都可以计算出与最优值之差在精度范围内的解, 其计算量对给定的 $\epsilon > 0$ 是多项式时间的.

离散的复杂性理论来源于对离散优化问题的研究, 但不仅限于此, 同样可以应用在连续优化模型中. 如线性规划是一个连续的优化模型, 它的定义域为连续空间, 它的系数在假定为有理数的前提下, 可以通过 2 进制字符表示, 线性规划的问题分类及内点算法的复杂性分析就是基于离散的复杂性理论. 同样的原理, 二次规划, 多项式优化问题等也适用离散模型进行复杂性分析.

连续模型

连续优化问题的模型可以写成

$$
\begin{aligned}
v_{\mathrm{opt}} = \min \quad & f(x) \\
\text{s.t.} \quad & g(x) \leqslant 0, \\
& x \in \mathbb{R}^n,
\end{aligned}
\tag{2.14}
$$

连续优化问题有其特殊性, 其定义域为 $\mathbb{R}^n$, 可行解可以为定义域中任何一个实数, 故不再限定模型 (2.14) 中的系数一定为有理数或整数. 无理数在目前的有限位计算机中只能近似存储, 而还有一大类的计算问题无法通过离散系统的基本运算计量计算复杂性, 如 $\mathbb{R}$ 上的 $\cos(x)$, $\sqrt{x}$ 和 $\dfrac{\mathrm{d}f(x)}{\mathrm{d}x}$ 等. 连续系统的复杂性理论应运而生.

在连续模型中, 我们将一些运算看成一个黑箱, 不关心其核心的具体算法, 如计算 $\mathbb{R}$ 上的 $\cos(x)$, $\sqrt{x}$ 和 $\dfrac{\mathrm{d}f(x)}{\mathrm{d}x}$ 等看成一次运算, 两个实数的加法看成一次运算, 不再像离散的 2 进制模型中还要计算储存的位数与对应位数之间的加法运算. 因此实例的输入需要考虑: 变量的个数、系数的个数和给定的计算精度 ϵ. 如对二次

约束二次规划问题 (quadratically constrained quadratic programming, QCQP)

$$\min \quad \frac{1}{2}x^{\mathrm{T}}Q_0 x + q_0^{\mathrm{T}} x + c_0$$

$$\text{s.t.} \quad \frac{1}{2}x^{\mathrm{T}}Q_i x + q_i^{\mathrm{T}} x + c_i \leqslant 0, \quad i = 1, 2, \cdots, m,$$

$$x \in \mathbb{R}^n,$$

其中 $Q_i \in \mathcal{S}^n, q_i \in \mathbb{R}^n, c_i \in \mathbb{R}, i = 0, 1, \cdots, m$. 它的输入为: n 个变量, $(n^2 + n + 1)(m+1)$ 个系数和一个给定的计算精度 ϵ. 它的实例的规模为: $O(n^2m)$. 同样的问题, 当以离散模型讨论时, 输入的字长需要考虑系数 $Q_i, q_i, c_i, i = 0, 1, \cdots, m$ 的二进制字符所占长度、变量个数.

在连续模型复杂性理论中, 实例的输入包含两部分: 一是输入计算精度 $\epsilon > 0$; 一个是输入问题实例的维数, 包括变量的个数和系数的个数.

连续模型的基本运算的计量方法为: 两个实数间的加、减、乘、除、比较、读或写分别看成一次运算; 一些特殊函数的运算以黑箱的形式看成一次运算, 如 $\cos(x)$, $\sqrt{x}$ 和 $\dfrac{\mathrm{d}f(x)}{\mathrm{d}x}$ 等看成一次运算.

对问题解的理解也发生变化. 不能按离散模型区分到一个精确的离散问题的解, 而只能按给定的精度求出精度范围内的一个解. 同离散优化问题的想法一样, 我们可以按 (2.13) 给出算法性能的评价. 连续优化问题算法设计中, 首先关心多项式时间可计算 (polynomially computable)问题, 简称可计算 (computable)问题. 所谓连续优化问题 Q 可计算是指: 存在一个算法 A 和一个二元多项式函数 $g(\cdot, \cdot)$, 对任意给定的 $\epsilon > 0$, 算法 A 计算求解到 $x_A(I)$ 并记目标值为 $v_A(I)$, 满足

$$| v_A(I) - v_{\mathrm{opt}}(I) | \leqslant \epsilon, \quad \forall I \in Q, \tag{2.15}$$

且计算求解到 $x_A(I)$ 和验证 $x_A(I)$ 落在可行解区域或距可行解区域边沿距离不超过 ϵ 的区域内的计算量为

$$C_A(I) = O(g(d(I), y)), \quad \forall I \in Q,$$

其中 $d(I)$ 是实例 I 的维数, $y = r\left(\dfrac{1}{\epsilon}\right)$, $r(\cdot)$ 为一个多项式函数可控的实函数, 如 $r(x) = \ln(x), r(x) = x$ 等.

有 PTAS 的离散优化问题和可计算的连续优化问题

表面上看, 有关离散模型的存在 PTAS 的问题和连续模型的可计算性问题都相对比较简单, 都可以在给定的精度下求解到与最优值之差满足精度的解, 但在理论上有较大区别.

　　需要注意性能评价指标的区别. 对任意给定的 $\epsilon > 0$, 离散优化问题的 $1 + \epsilon$ 近似比 (2.13) 为对 $v_{opt}(I)$ 的相对比, 而可计算连续优化问题的评价公式 (2.15) 的误差是绝对的. 因此, PTAS 算法的概念不能与可计算的概念混淆.

　　随之而来的一个问题是: 当在连续优化问题中给予那些假设时, 可计算问题就是离散优化模型中的多项式时间问题? 一个典型问题是线性规划问题. 在连续模型中, 它因存在内点算法 [34, 35] 而成为一个可计算问题, 但从离散模型的角度来研究, 大家承认它是一个多项式时间问题. 仔细研究会发现, 在离散模型假设所有系数为有理数时, 目标线性函数和约束线性函数的乘积、加法和不等式 (或等式) 判别等运算量是决策变量个数的一个多项式函数关系. 在给定的精度 ϵ 充分小时, 保证了近似求解的区域内只有最优解. 对于一般的连续优化问题, 由于有黑箱计算的假设, 无法给出黑箱的计算量与实例输入规模的关系, 因此, 不能简单地将连续优化问题的可计算问题与离散的多项式时间问题等同. 本书后续章节所提及连续优化问题的可计算性是基于连续模型定义的理解.

2.7　　小结及相关工作

　　这一章主要给出了有关集合、函数和对偶集合的一些基本概念和结论, 对本书后续的阅读非常重要. 实际上, 不少著作中也介绍这些内容, 如 R. T. Rockafellar 的著作[53] 有关凸分析的理论介绍非常详尽. 本章突出凸集、相对内点、对偶集合和共轭函数的概念和结论. 这些内容对线性锥优化的了解必不可少.

　　离散型组合最优化问题的复杂性理论较为完备 (参考文献 [22]), 连续优化问题中借用了离散优化问题的诸如 NP- 难等复杂性概念, 也同样采用公式 (2.13) 的近似比, 但诸如离散优化问题的 PTAS 等复杂性概念在此是否有推广的价值还值得探讨.

第 3 章 最优性条件与对偶

本章主要介绍非线性规划问题中一个可行解为局部或全局最优解的充分或必要条件, 优化问题的 Lagrange 对偶 (Lagrangian dual) 和共轭对偶 (conjugate dual) 理论. 3.1 节介绍最优性条件, 以一阶条件为主, 简单给出二阶最优性条件, 辅以几何直观循序引出这些条件. 基于最优性条件, 3.2 节讨论典型的约束规范并给出不同约束规范的关系. 3.3 节以传统的 Lagrange 对偶方法开始, 拓展到广义的 Lagrange 对偶. 基于读者对 Lagrange 对偶方法的熟知, 3.4 节通过 Lagrange 对偶方法的形式, 引出本书理论基础的重点: 共轭对偶. 3.5 节将共轭对偶应用到线性锥优化问题, 得到线性锥优化问题的对偶模型、强对偶条件和最优性条件.

3.1 最优性条件

优化问题的基本模型可以写成

$$\begin{aligned} \min \quad & f(x) \\ \text{s.t.} \quad & x \in \mathcal{F} = \mathcal{C} \cap \mathcal{D}, \end{aligned} \tag{3.1}$$

其中 x 称为决策变量, $\mathcal{C}$ 为约束条件集合, $\mathcal{D}$ 是决策变量的定义域, $\mathcal{F}$ 称为可行解区域, $x \in \mathcal{F}$ 称为可行解, $f : \mathcal{D}$ 为实函数, 称为目标函数. 为了讨论方便, 一般假设 (3.1) 中 $f(x)$ 的变量 x 都是在 $\mathbb{R}^n$ 中定义. 这样假定的一个方便之处是任何一点 x 为 $\mathbb{R}^n$ 中内点, 避免了相对内点或边界点的讨论.

观察第 1 章介绍的问题, 线性规划问题 (1.1) 中, $\mathcal{C} = \left\{ x \, \middle| \, \sum_{j=1}^{n} a_{ij} x_j = b_i, i = 1, 2, \cdots, m \right\}$, $\mathcal{D} = \mathbb{R}_+^n$; Torricelli 问题中 $\mathcal{C}$ 是 (1.3) 中满足 4 个等式约束的点集, $\mathcal{D} = \mathcal{L}^3 \times \mathcal{L}^3 \times \mathcal{L}^3$. 从上面的两个例子可以发现, 定义域或约束条件集合中的点不一定都是可行解, 定义域只是我们研究时关心的点集.

$\mathcal{C}$ 和 $\mathcal{D}$ 的表示不具有唯一性, 但最终的可行解集合 $\mathcal{F}$ 是等价的. 如 1.3 节介绍的相关阵满足性问题, 在模型 (1.4) 中, $\mathcal{D} = \mathcal{S}_+^3$; 而在模型 (1.5) 中, $\mathcal{D} = \mathcal{S}_+^7$. 它们都表示同一个问题, 其可行解区域是等价的.

1.4 节最大割的锥表示模型 (1.10) 中, $\mathcal{D} = \mathcal{D}_{\{1,-1\}^n} \times \mathbb{R}^n \times \mathbb{R}$, 略微复杂.

实际上模型 (3.1) 的表示更为广泛, 如对背包问题

$$\max \quad \sum_{i=1}^{n} c_i x_i$$
$$\text{s.t.} \quad \sum_{i=1}^{n} a_i x_i \leqslant b,$$
$$x_i \in \{0,1\}, \quad i = 1, 2, \cdots, n,$$

$\mathcal{C} = \left\{ x \in \mathbb{R}^n \;\middle|\; \sum_{i=1}^{n} a_i x_i \leqslant b \right\}, \mathcal{D} = \{0,1\}^n.$

模型 (3.1) 写法的优点将在后续章节中体现.

通常研究的非线性规划问题中, 一般模型为

$$\min \quad f(x)$$
$$\text{s.t.} \quad g(x) \leqslant 0, \tag{3.2}$$
$$x \in \mathbb{R}^n,$$

其中, $f(x)$ 为定义在 $\mathbb{R}^n$ 上的实函数, $g(x) = (g_1(x), g_2(x), \cdots, g_m(x))^{\mathrm{T}}$ 为 $\mathbb{R}^n$ 定义域上的 m 维实函数向量, $g_i(x) \leqslant 0$ 称为第 i 个约束条件. 这时, $\mathcal{C} = \{x \in \mathbb{R}^n \mid g(x) \leqslant 0\}$, $\mathcal{D} = \mathbb{R}^n$.

对于优化问题 (3.1), 当 $\mathcal{F} = \mathbb{R}^n$ 时, 称该问题为无约束优化问题 (unconstrained optimization problem); 当 $\mathcal{F} \neq \varnothing$ 时, 称该问题为可行问题 (feasible problem); 当问题不可行或目标值有下界时, 称该问题下有界 (bounded below); 当存在 $x^* \in \mathcal{F}$ 使得 $f(x^*)$ 达到最优值时, 称该问题最优解可达 (attainable) 或简称可达; 当同时满足可行、下有界和可达, 则称该问题为可解问题 (solvable problem).

给定 $x^* \in \mathcal{F}$, 若存在 $\delta > 0$ 使得

$$f(x^*) \leqslant f(x), \quad \forall x \in N(x^*, \delta) \cap \mathcal{F},$$

则称 x^* 为优化问题 (3.1) 的局部极小解 (local minimizer) 或局部最优解 (local optimizer). 当

$$f(x^*) \leqslant f(x), \quad \forall x \in \mathcal{F},$$

则称 x^* 为优化问题 (3.1) 的全局最小解 (global minimizer) 或全局最优解 (global optimizer). 如果最优解使上面公式中不等号对 $x \neq x^*$ 严格成立, 则称为严格局部 (全局) 最优解 (strictly local/global optimizer).

例 3.1　两个变量的优化问题

$$\min \quad x_1^2$$
$$\text{s.t.} \quad x_1 x_2 = 1, \tag{3.3}$$
$$x_1, x_2 \in \mathbb{R},$$

它的最优值明显为 0, 但是不可达的.

上面例子表明目标函数中使用 min 的含义较通常数学的定义更为广范. min 是 minimum 或 minimize 的缩写, 一般情况下表示在可行解区域内求使目标函数达到最小的点. 在不可达的情况下, 一般使用 inf 数学符号, 为 infimum 的缩写, 表示求目标函数在可行解区域的下确界. 为了简洁和不过多引入数学符号, 除非特别说明, 本书后续部分一律使用 min(或 max) 符号.

依据数学分析的理论, 连续函数在有界闭集上一定可以取到最大和最小值, 则优化问题 (3.1) 的一类特殊情形是 $\mathcal{F}$ 为非空有界闭集, 当 $f(x)$ 在其上连续时, 该问题可解.

另外, 鉴于本书所研究的问题及涉及的数学基础, 在不特别声明的情况下, 假设目标函数和约束函数是光滑函数, 即可任意次微分且微分后的函数是连续的.

定理 3.1 若优化问题 (3.1) 中, $\mathcal{F}$ 为凸集且 $f(x)$ 为 $\mathcal{F}$ 上的凸函数, 则此优化问题的任何一个局部最优解均为全局最优解.

证明 设 $\bar{x} \in \mathcal{F}$ 为一个局部最优解, 但不是全局最优解, 则存在 $\hat{x} \in \mathcal{F}$ 满足: $f(\hat{x}) < f(\bar{x})$. 凸集的特性保证对任意 $0 \leqslant \alpha \leqslant 1$, 有 $x = \alpha\bar{x} + (1-\alpha)\hat{x} \in \mathcal{F}$. 凸函数的特性保证

$$f(\alpha\bar{x} + (1-\alpha)\hat{x}) \leqslant \alpha f(\bar{x}) + (1-\alpha)f(\hat{x}) < f(\bar{x}),$$

对任意 $0 \leqslant \alpha < 1$ 成立. 当 α 接近 1 时, x 接近 $\bar{x}$, 但目标值却小于 $f(\bar{x})$, 与局部最优解矛盾. 故结论成立. ∎

当目标函数非凸或 $\mathcal{F}$ 非凸集时, 局部最优解不一定为全局最优解, 更为甚之, 判断一个可行解是否为局部最优解都不容易. 以下将给出一些是局部最优解的必要条件或充分条件.

最优性条件

对于无约束优化问题, 当 $f(x)$ 在 $\bar{x}$ 点一阶连续可微的情况下, 由定理 2.28, 可以展开

$$f(x) = f(\bar{x}) + \nabla f(\bar{x})^{\mathrm{T}}(x - \bar{x}) + o(\|x - \bar{x}\|).$$

直观看出, 当 $\bar{x}$ 为局部极小解时, 其必要条件为存在 $\delta > 0$, 使得

$$\nabla f(\bar{x})^{\mathrm{T}}(x - \bar{x}) \geqslant 0, \quad \forall x \in N(\bar{x}, \delta).$$

为什么该条件不是充分条件呢? 仔细观察可以发现, 当存在 $\bar{x}$ 使得 $\nabla f(\bar{x})^{\mathrm{T}}(x - \bar{x}) = 0$ 时, 就无法推断 $\bar{x}$ 是否为局部最优, 一个简单的例子为 $\mathbb{R}$ 上的 $f(x) = x^3$ 在

$\bar{x} = 0$ 的情况, 当 $x > 0$ 时 $f(x) > f(0)$, 而当 $x < 0$ 时 $f(x) < f(0)$. 因此充分性无法简单给出.

上面的讨论给出一个非常直观的几何解释: 对给定的可行解 $\bar{x}$, 考虑周边可行的延伸方向, 若所有的可行延伸方向都无法使目标函数下降, 则这一点就是局部最优解. 我们将这个直观移植到约束优化问题中, 对于给定的 $\bar{x} \in \mathcal{F}$, 给定 $\delta > 0$, 展开

$$f(x) = f(\bar{x}) + \nabla f(\bar{x})^{\mathrm{T}}(x - \bar{x}) + o(\|x - \bar{x}\|), \quad \forall\, x \in N(\bar{x}, \delta) \cap \mathcal{F}.$$

直观看出, 当存在 $\delta_0 > 0$ 和方向 d, 使对 $\forall\, 0 < \delta \leqslant \delta_0$ 和 $x = \bar{x} + \delta d \in \mathcal{F}$, 若有

$$\nabla f(\bar{x})^{\mathrm{T}} d < 0$$

时, 则知 $\bar{x}$ 不是局部极小解, 以及 d 是一个可行的下降方向.

因此在点 $x \in \mathcal{F}$ 定义其可行方向 (feasible direction) 集为

$$\mathcal{D}(x) = \left\{ d \in \mathbb{R}^n \mid 存在\delta_0 > 0, 使得x + \delta d \in \mathcal{F}对所有0 < \delta \leqslant \delta_0成立 \right\}.$$

定理 3.2 $\bar{x} \in \mathcal{F}$ 是优化问题 (3.1) 局部最优解的必要条件是

$$\nabla f(\bar{x})^{\mathrm{T}} d \geqslant 0, \quad \forall\, d \in \mathcal{D}(\bar{x}).$$

反证法即得到.

注意上面定理的充分性结论不正确, 用下例予以说明.

例 3.2   对优化问题

$$\min \quad -x^4$$
$$\text{s.t.} \quad -1 \leqslant x \leqslant 1,$$

当 $\bar{x} = 0$ 时, $\dfrac{\mathrm{d}f(\bar{x})}{\mathrm{d}x} = -4\bar{x}^3 = 0$, 故满足定理 3.2 的条件, 但 $\bar{x} = 0$ 不是局部最优解.

需要注意, $\mathcal{D}(x)$ 是一个锥, 但不一定为闭锥; 也不一定为凸锥, 除非 $\mathcal{F}$ 为凸集; 参考下例.

例 3.3   设定义域

$$\mathcal{F}_1 = \left\{ (x_1, x_2)^{\mathrm{T}} \in \mathbb{R}^2 \mid (x_1 - 1)^2 + x_2^2 \leqslant 1 \right\},$$

$\bar{x} = (0, 0)^{\mathrm{T}}$. $\mathcal{D}(\bar{x})$ 包含沿以原点为起点角度从 $-\dfrac{\pi}{2}$ 逆时针变化到 $\dfrac{\pi}{2}$, 但不包含纵轴的所有方向. 明显这不是一个闭集.

另设定义域

$$\mathcal{F}_2 = \left\{ (x_1, x_2)^{\mathrm{T}} \in \mathbb{R}^2 \mid 2x_1 - x_2 \leqslant 0, x_1 \geqslant 0, x_2 \geqslant 0 \right\}$$
$$\cup \left\{ (x_1, x_2)^{\mathrm{T}} \in \mathbb{R}^2 \mid x_1 - 2x_2 \geqslant 0, x_1 \geqslant 0, x_2 \geqslant 0 \right\}.$$

在 $\bar{x} = (0, 0)^{\mathrm{T}}$ 点, 可行方向还是 $\mathcal{F}_2$, 但不是凸锥.

定理 3.3 设 $\mathcal{F}$ 为非空凸集, $f : \mathbb{R}^n$ 是凸函数, 则 $\bar{x} \in \mathcal{F}$ 是优化问题 (3.1) 全局最优解的充分必要条件是

$$\nabla f(\bar{x})^{\mathrm{T}} d \geqslant 0, \quad \forall d \in \mathcal{D}(\bar{x}).$$

证明 必要性已由定理 3.2 证明. 对任给 $x \in \mathcal{F}$, $\mathcal{F}$ 的凸集性表明 $d = x - \bar{x} \in \mathcal{D}(\bar{x})$. 由于 $\bar{x}$ 是 $\mathbb{R}^n$ 的内点, 故由凸函数与次梯度关系的定理 2.32, 得到

$$f(x) \geqslant f(\bar{x}) + \nabla f(\bar{x})^{\mathrm{T}}(x - \bar{x}) = f(\bar{x}) + \nabla f(\bar{x})^{\mathrm{T}} d \geqslant f(\bar{x}).$$

$\bar{x}$ 为局部最优解. 由定理 3.1 知此情况下局部最优解为全局最优解, 故结论得证. ∎

聚焦到优化问题 (3.2) 的可行解集合 $\mathcal{F}$, 对 $\bar{x} \in \mathcal{F}$, 若 $g_i(\bar{x})$ 为二阶连续可微, 由定理 2.28, 存在 $\delta > 0$ 并可以展开

$$g_i(x) = g_i(\bar{x}) + \nabla g_i(\bar{x})^{\mathrm{T}}(x - \bar{x}) + o(\|x - \bar{x}\|), \quad \forall x \in N(\bar{x}, \delta) \cap \mathcal{F}.$$

当 $g_i(\bar{x}) < 0$ 时, 可以选择 δ 充分小, 使得 $\nabla g_i(\bar{x})^{\mathrm{T}}(x - \bar{x})$ 充分小而保证 $g_i(x) \leqslant 0$ 对所有 $x \in N(\bar{x}, \delta) \cap \mathcal{F}$ 成立, 也就是在 $\bar{x}$ 点沿任何方向变化, 继续保证可行约束.

因此, 制约可行性方向选择的关键需要研究 $g_i(\bar{x}) = 0$ 的约束. 定义 $x \in \mathcal{F}$ 的积极约束集 (active constraint set) 为

$$\mathcal{I}(x) = \{ i \mid g_i(x) = 0 \}. \tag{3.4}$$

设问题 (3.2) 可行且所有约束函数在 $\mathbb{R}^n$ 上连续可微, 定义 $x \in \mathcal{F}$ 点积极约束的局部约束方向集 (set of locally constrained directions) 为

$$\mathcal{L}(x) = \left\{ d \in \mathbb{R}^n \mid \nabla g_i(x)^{\mathrm{T}} d \leqslant 0, \forall i \in \mathcal{I}(x) \right\}.$$

需要注意的是: $\mathcal{L}(x)$ 中的方向 d 不都是约束集合的可行变化方向. 如约束函数 $g(x) = x^2 \leqslant 0$ 在 $x = 0$ 点为积极约束, $\mathcal{L}(0) = \mathbb{R}$, 但任何一个非 0 方向都不是可行方向.

引理 3.4 若问题 (3.2) 可行且所有约束函数在 $\mathbb{R}^n$ 上连续可微, 则对任意 $x \in \mathcal{F}$ 都保证 $\mathcal{L}(x)$ 为非空闭凸锥, 且

$$\mathcal{D}(x) \subseteq \mathcal{L}(x).$$

证明 $0 \in \mathcal{L}(x)$ 且 $\mathcal{L}(x)$ 明显具有锥的性质. 对向量点列 $d^k \to d^*$ 满足 $\nabla g_i(x)^{\mathrm{T}} d^k \leqslant 0$, $i \in \mathcal{I}(x)$, 由极限的性质, 有 $\nabla g_i(x)^{\mathrm{T}} d^* \leqslant 0$, $i \in \mathcal{I}(x)$, 所以闭性满足.

任给 $d^1, d^2 \in \mathcal{G}(x)$, 有 $\nabla g_i(x)^{\mathrm{T}} d^1 \leqslant 0$, $i \in \mathcal{I}(x)$ 和 $\nabla g_i(x)^{\mathrm{T}} d^2 \leqslant 0$, $i \in \mathcal{I}(x)$, 得到 $\nabla g_i(x)^{\mathrm{T}} [\alpha d^1 + (1-\alpha) d^2] \leqslant 0$, $i \in \mathcal{I}(x)$, 其中 $0 \leqslant \alpha \leqslant 1$. 凸性得证.

对任意 $d \in \mathcal{D}(x)$, 存在 $\delta_0 > 0$, 使得 $g_i(\hat{x}) \leqslant 0$, $i = 1, 2, \cdots, m$, 对 $\hat{x} = x + \delta d$, $0 < \delta \leqslant \delta_0$ 恒成立. 于是

$$g_i(\hat{x}) = g_i(x) + \delta \nabla g_i(x)^{\mathrm{T}} d + \delta o(\|d\|) = \delta \nabla g_i(x)^{\mathrm{T}} d + \delta o(\|d\|) \leqslant 0, \quad \forall i \in \mathcal{I}(x).$$

进而得到 $d \in \mathcal{L}(x)$, 所以 $\mathcal{D}(x) \subseteq \mathcal{L}(x)$. ∎

定理 3.5　设问题 (3.2) 的目标及所有约束函数在 $\mathbb{R}^n$ 上连续可微和 $\bar{x} \in \mathcal{F}$ 为局部最优解, 若 $\mathcal{L}(\bar{x}) \subseteq \mathrm{cl}(\mathrm{conv}(\mathcal{D}(\bar{x})))$, 则存在 $\bar{\lambda} \in \mathbb{R}_+^m$ 使得

$$\nabla f(\bar{x}) + \sum_{i=1}^m \bar{\lambda}_i \nabla g_i(\bar{x}) = 0,$$
$$\bar{\lambda}_i g_i(\bar{x}) = 0, \quad i = 1, 2, \cdots, m.$$

证明　定义 $\mathcal{L}^*(\bar{x})$ 为点 $\bar{x}$ 积极约束可行方向集的对偶锥, $\mathcal{C}_g(\bar{x})$ 为 $\{-\nabla g_i(\bar{x}), i \in \mathcal{I}(\bar{x})\}$ 组成的锥包, 即

$$\mathcal{C}_g(\bar{x}) = \mathrm{cone}\{-\nabla g_i(\bar{x}), i \in \mathcal{I}(\bar{x})\}.$$

首先证明 $\mathcal{L}^*(\bar{x}) = \mathcal{C}_g(\bar{x})$.

对任意给定 $d \in \mathcal{L}(\bar{x})$, 有

$$\nabla g_i(\bar{x})^{\mathrm{T}} d \leqslant 0, \quad \forall i \in \mathcal{I}(\bar{x}).$$

进一步得到

$$-\sum_{i \in \mathcal{I}(\bar{x})} \lambda_i \nabla g_i(\bar{x})^{\mathrm{T}} d \geqslant 0, \quad \forall \lambda_i \geqslant 0.$$

所以, $\mathcal{L}(\bar{x}) \subseteq \mathcal{C}_g^*(\bar{x})$, 其中 $\mathcal{C}_g^*(\bar{x})$ 为 $\mathcal{C}_g(\bar{x})$ 的对偶集合.

反之, 对任意给定 $d \in \mathcal{C}_g^*(\bar{x})$, 首先得到 $-\sum_{i \in \mathcal{I}(\bar{x})} \lambda_i \nabla g_i(\bar{x})^{\mathrm{T}} d \geqslant 0$ 对任意 $\lambda_i \geqslant 0$ 成立. 取 $\lambda_1 = 1, \lambda_i = 0, i \neq 1$, 得到 $\nabla g_1(\bar{x})^{\mathrm{T}} d \leqslant 0$. 同理可得到 $\nabla g_i(\bar{x})^{\mathrm{T}} d \leqslant 0, \forall i \in \mathcal{I}(\bar{x})$, 即 $d \in \mathcal{L}(\bar{x})$. 所以 $\mathcal{C}_g^*(\bar{x}) \subseteq \mathcal{L}(\bar{x})$.

综合得知 $\mathcal{L}(\bar{x}) = \mathcal{C}_g^*(\bar{x})$. 由引理 3.4 知 $\mathcal{L}(\bar{x})$ 为非空闭凸集, 而 $\mathcal{C}_g(\bar{x})$ 为有限个向量的锥包, 因此为闭凸集. 所以由定理 2.27(iii) 得到

$$\mathcal{L}^*(\bar{x}) = \mathrm{cone}\{-\nabla g_i(\bar{x}), i \in \mathcal{I}(\bar{x})\} = \mathcal{C}_g(\bar{x}).$$

其次证明 $\nabla f(\bar{x}) \in (\mathrm{cl}(\mathrm{conv}(\mathcal{D}(\bar{x}))))^*$. 因 $\bar{x} \in \mathcal{F}$ 为局部最优解及定理 3.2, 有

$$\nabla f(\bar{x})^{\mathrm{T}} d \geqslant 0, \quad \forall d \in \mathcal{D}(\bar{x}).$$

进一步有

$$\nabla f(\bar{x})^{\mathrm{T}} d \geqslant 0, \quad \forall d \in \mathrm{conv}(\mathcal{D}(\bar{x})).$$

由点列的收敛性及不等式的保持性, 有

$$\nabla f(\bar{x})^{\mathrm{T}} d \geqslant 0, \quad \forall d \in \mathrm{cl}(\mathrm{conv}(\mathcal{D}(\bar{x}))).$$

由此得到 $\nabla f(\bar{x}) \in (\mathrm{cl}(\mathrm{conv}(\mathcal{D}(\bar{x}))))^*$.

依据定理 2.24 的第 (i) 条及本定理的假设条件, 得到

$$\nabla f(\bar{x}) \in (\mathrm{cl}(\mathrm{conv}(\mathcal{D}(\bar{x}))))^* \subseteq \mathcal{L}^*(\bar{x}).$$

因此存在 $\bar{\lambda}_i \geqslant 0, i \in \mathcal{I}(\bar{x})$, 使得

$$\nabla f(\bar{x}) + \sum_{i \in \mathcal{I}(\bar{x})} \bar{\lambda}_i \nabla g_i(\bar{x}) = 0.$$

对 $i \notin \mathcal{I}(\bar{x})$, 取 $\bar{\lambda}_i = 0$, 因此定理结论成立. ■

由引理 3.4 可推导出定理 3.5 中的 $\mathcal{L}(x) \subseteq \mathrm{cl}(\mathrm{conv}(\mathcal{D}(x)))$ 条件等价于 $\mathcal{L}(x) = \mathrm{cl}(\mathrm{conv}(\mathcal{D}(x)))$. 再将定理 3.5 的必要条件方程写成

$$\nabla f(x) + \sum_{i=1}^{m} \lambda_i \nabla g_i(x) = 0, \tag{3.5}$$
$$\lambda_i \geqslant 0, \quad g_i(x) \leqslant 0, \quad \lambda_i g_i(x) = 0, \quad i = 1, 2, \cdots, m.$$

这就是著名的 Karush-Kuhn-Tucker 条件 (Karush-Kuhn-Tucker condition), 简称 KKT 条件. 满足 KKT 条件的点对 (x, λ) 称为 KKT 点对, 而将 x 称为 KKT 点. $\lambda_i g_i(x) = 0$ 称为互补松弛条件 (complementary slackness condition), 表明 λ_i 或 $g_i(x)$ 至少有一个为 0.

KKT 条件是一个可行点为局部最优解的必要条件, 为寻求局部最优解提供了搜索范围, 也提供了一种求解局部最优解的手段. 实际操作时, 第一个遇到的问题就是如何判断 $\mathcal{L}(x) \subseteq \mathrm{cl}(\mathrm{conv}(\mathcal{D}(x)))$ 条件满足. 如果不满足, 就无法进行后续的 KKT 条件的求解和判断. 这个前提条件就称为约束规范 (constraint qualification). 由于判断 $\mathcal{L}(x) \subseteq \mathrm{cl}(\mathrm{conv}(\mathcal{D}(x)))$ 有时不是非常直观, 故一些简单实用的约束规范得以提出, 这些内容将在 3.2 节专门介绍.

几何的解释更便于对 KKT 条件的理解. 对给定优化问题的一个可行解 x 满足 $g(x) \leqslant 0$ 且 $g_i(x) = 0, i \in \mathcal{I}(x)$, 因为 $\nabla g_i(x)$ 表示在 x 点 $g_i(\cdot)$ 的切平面的法向方向, 除非 $\nabla g_i(x) = 0$, 决策变量沿这个方向变化使得约束函数 $g_i(\cdot)$ 的值会增加而

变成不可行方向. $\nabla f(x)$ 是目标函数 $f(\cdot)$ 的非降方向, $-\nabla f(x)$ 就是可能使目标函数值变好的方向. KKT 条件中的

$$-\nabla f(x) = \sum_{i=1}^{m} \lambda_i \nabla g_i(x); \lambda_i \geqslant 0, \quad \forall 1 \leqslant i \leqslant m,$$

表明可使目标值下降的方向都是由那些无法留在可行域的方向组成. 上式中的 λ_i 为 $-\nabla f(x)$ 在 $\nabla g_i(x)$ 的投影系数, 被称为 Lagrange 乘子 (Lagrangian multiplier).

观察 KKT 条件可以发现, 主要是用一阶微分结果判断一点是否为局部最优, 所得到的最优性结果习惯被称为一阶最优性条件 (first order optimality condition). 可以进一步利用二阶微分的结果来研究一点为局部最优解的条件, 这些研究结果一般被称为二阶最优性条件 (second order optimality condition). 我们通过下面两个结果来理解这个概念.

在有些情况下, KKT 条件是局部最优解的充分条件. 下面讨论无约束优化问题的充分条件. 对于无约束优化问题, KKT 条件中简化为一个方程 $\nabla f(x) = 0$.

定理 3.6　对于无约束优化问题, 设 $\bar{x} \in \mathbb{R}^n$ 为 KKT 点且 $f(x)$ 在该点二阶可微, 则其为局部最优解的必要条件为 $\nabla^2 f(\bar{x}) \in \mathcal{S}_+^n$; 进一步地 $\nabla^2 f(\bar{x}) \in \mathcal{S}_{++}^n$ 是 $\bar{x}$ 为严格局部最优解的充分条件.

证明　依据定理 2.28, $f(x)$ 在 $\bar{x}$ 的二阶 Taylor 展开式为

$$f(x) = f(\bar{x}) + \nabla f(\bar{x})^{\mathrm{T}}(x - \bar{x}) + \frac{1}{2}(x - \bar{x})^{\mathrm{T}} \nabla^2 f(\bar{x})(x - \bar{x}) + o(\|x - \bar{x}\|^2)$$

$$= f(\bar{x}) + \frac{1}{2}(x - \bar{x})^{\mathrm{T}} \nabla^2 f(\bar{x})(x - \bar{x}) + o(\|x - \bar{x}\|^2).$$

当 $\bar{x}$ 为局部最优解时, 若 $\nabla^2 f(\bar{x}) \notin \mathcal{S}_+^n$, 则存在一个方向 d 使得 $d^{\mathrm{T}} \nabla^2 f(\bar{x})d < 0$, 于是存在充分小的正数 δ 形成一点 $\hat{x} = \bar{x} + \delta d$, 满足 $f(\hat{x}) < f(\bar{x})$, 这与 $f(\bar{x})$ 局部最优解矛盾, 故必要性得证.

对 $\nabla^2 f(\bar{x}) \in \mathcal{S}_{++}^n$, 由定理 2.2 有

$$f(x) = f(\bar{x}) + \frac{1}{2}(x - \bar{x})^{\mathrm{T}} \nabla^2 f(\bar{x})(x - \bar{x}) + o(\|x - \bar{x}\|^2)$$

$$\geqslant f(\bar{x}) + \frac{1}{2}\lambda_{\min}(x - \bar{x})^{\mathrm{T}}(x - \bar{x}) + o(\|x - \bar{x}\|^2),$$

其中 $\lambda_{\min}$ 为 $\nabla^2 f(\bar{x})$ 的最小特征值. 故存在 $\delta > 0$, 使得对任意 $x \in N(\bar{x}, \delta) \setminus \{\bar{x}\}$ 有 $\frac{1}{2}\lambda_{\min}(x - \bar{x})^{\mathrm{T}}(x - \bar{x}) + o(\|x - \bar{x}\|^2) > 0$. 所以 $\bar{x}$ 为严格局部最优解, 充分性得证. ■

无约束优化的结果推广到约束优化时, 需要考虑可行解集合 $\mathcal{F} = \{x \in \mathbb{R}^n \mid g(x) \leqslant 0\}$, 积极集 $\mathcal{I}(x)$ 及局部约束方向集 $\mathcal{L}(x)$, 再将 KKT 条件也考虑在内时, 局

部约束方向集变得复杂. 下面分析在 KKT 条件满足的情况下的局部约束方向集的构造过程.

设 $(\bar{x}, \bar{\lambda})$ 为一个满足 KKT 条件的点对, 由 (3.5) 的互补松弛条件 $\bar{\lambda}_i g_i(\bar{x}) = 0$, 当 $\bar{\lambda}_i > 0$ 时, $g_i(\bar{x}) = 0$. 固定 $\bar{\lambda}$, 考虑 x 在 $\bar{x}$ 邻域变化的可行方向时, 因 $\bar{\lambda}_i > 0$ 而迫使 $g_i(x) = 0$. 此时定义

$$\overline{\mathcal{I}}(\bar{x}) = \{i \mid i \in \mathcal{I}(\bar{x}), \bar{\lambda}_i > 0\},$$

则 x 在 $\bar{x}$ 邻域变化的可行解集为

$$\mathcal{F} \cap \{x \in \mathbb{R}^n \mid g_i(x) = 0, \forall i \in \overline{\mathcal{I}}(\bar{x})\}.$$

与一阶最优性条件研究相同的思路, 将局部约束方向集定义为

$$\overline{\mathcal{L}}(\bar{x}) = \left\{d \in \mathbb{R}^n \mid \nabla g_i(\bar{x})^{\mathrm{T}} d = 0, i \in \overline{\mathcal{I}}(\bar{x}); \nabla g_i(\bar{x})^{\mathrm{T}} d \leqslant 0, i \in \mathcal{I}(\bar{x}) \setminus \overline{\mathcal{I}}(\bar{x})\right\}.$$

定理 3.7 设 $f(x)$ 和 $g(x)$ 都是二阶可微函数, $(\bar{x}, \bar{\lambda})$ 满足 KKT 条件 (3.5) 且

$$L(x, \lambda) = f(x) + \sum_{i=1}^{m} \lambda_i g_i(x), \tag{3.6}$$

若关于 x 变量的 Hessian 阵满足

$$d^{\mathrm{T}} \nabla_x^2 L(\bar{x}, \bar{\lambda}) d > 0, \quad \forall d \in \overline{\mathcal{L}}(\bar{x}), \quad d \neq 0,$$

则 $\bar{x}$ 为优化问题 (3.2) 的严格局部最优解.

证明 反证法. 假设 $\bar{x}$ 不是严格局部最优解, 则存在一个序列 $\{x^k\}_{k=1}^{+\infty} \subseteq \mathcal{F}$ 满足: $x^k \neq \bar{x}$, $x^k \to \bar{x}$ 且 $f(x^k) \leqslant f(\bar{x})$. 记

$$d^k = \frac{x^k - \bar{x}}{\|x^k - \bar{x}\|}, \quad \delta_k = \|x^k - \bar{x}\|,$$

则由有界点列必有一个收敛子列的结论, 存在 $\{d^k\}$ 的一个子列收敛, 不妨设为 $\{d^k\}$ 自身收敛到 d. 由 $\{d^k\}$ 的定义得知 $d \neq 0$. 对任给 $i \in \mathcal{I}(\bar{x})$, $x^k \in \mathcal{F}$ 推导出

$$g_i(x^k) = g_i(\bar{x} + \delta_k d^k) = g_i(\bar{x}) + \delta_k (d^k)^{\mathrm{T}} \nabla g_i(\bar{x}) + o(\delta_k) \leqslant 0.$$

由此得到 $\nabla g_i(\bar{x})^{\mathrm{T}} d \leqslant 0, i \in \mathcal{I}(\bar{x})$. 同理得到 $\nabla f(\bar{x})^{\mathrm{T}} d \leqslant 0$.

进一步证明 $\nabla g_i(\bar{x})^{\mathrm{T}} d = 0, i \in \overline{\mathcal{I}}(\bar{x})$. 不然, 存在 $i \in \overline{\mathcal{I}}(\bar{x})$ 使得 $\nabla g_i(\bar{x})^{\mathrm{T}} d < 0$, 于是 KKT 条件迫使

$$\nabla f(\bar{x})^{\mathrm{T}} d = -\sum_{i=1}^{m} \bar{\lambda}_i \nabla g_i(\bar{x})^{\mathrm{T}} d > 0.$$

此与条件 $\nabla f(\bar{x})^{\mathrm{T}}d \leqslant 0$ 矛盾, 故有 $\nabla g_i(\bar{x})^{\mathrm{T}}d = 0, i \in \bar{\mathcal{I}}(\bar{x})$, 即 $d \in \overline{\mathcal{L}}(\bar{x})$.

其次, 对点列中任何一点 x^k,

$$L(\bar{x}, \bar{\lambda}) = f(\bar{x}) \geqslant f(x^k) \geqslant L(x^k, \bar{\lambda})$$
$$= L(\bar{x}, \bar{\lambda}) + \frac{1}{2}\delta_k^2 (d^k)^{\mathrm{T}} \nabla_x^2 L(\bar{x}, \bar{\lambda}) d^k + o(\delta_k^2).$$

由此得到

$$\frac{1}{2}(d^k)^{\mathrm{T}} \nabla_x^2 L(\bar{x}, \bar{\lambda}) d^k + o(1) \leqslant 0, \quad \forall k = 1, 2, \cdots,$$

可见 $d^{\mathrm{T}} \nabla_x^2 L(\bar{x}, \bar{\lambda}) d \leqslant 0$, 与定理假设矛盾. 因此推出 $\bar{x}$ 不是严格局部最优解的假设错误而得到结论. ∎

需要注意在上述定理的证明过程中, 当反证假设 $\bar{x}$ 不是严格局部最优解时, 我们选取的是一个序列 $\{x^k\}_{k=1}^{+\infty} \subseteq \mathcal{F}$ 生成的极限方向 d, 而不能直接选取 $d \in \mathcal{D}(\bar{x})$ 满足 $f(\bar{x} + \delta d) < f(\bar{x})$ 对任意 $0 < \delta \leqslant \delta_0$ 成立. 通过下面的例子将给予解释.

例 3.4 $\mathbb{R}^2$ 上的二元函数

$$f(x_1, x_2) = (x_1 - x_2^2)(x_1 - 3x_2^2)$$

在 $x = 0$ 点不是严格局部极小. 但不存在 $d \neq 0$ 和 $\delta_0 > 0$ 使得 $f(\delta d) < f(0)$ 对任意 $0 < \delta \leqslant \delta_0$ 成立.

解   明显 $f(0) = 0$.

若沿方向 $d = \pm(0, 1)^{\mathrm{T}}$, 则 $f(\delta d) = 3\delta^4 > 0$. 若沿方向 $d = \pm(1, k)^{\mathrm{T}}, k \in \mathbb{R}$, 则当 $0 < \delta < \frac{1}{3k^2}$ 时, 有 $f(\delta d) = (\delta - k^2\delta^2)(\delta - 3k^2\delta^2) > 0$. 因此, 不存在 $d \neq 0$ 和 $\delta_0 > 0$ 使得 $f(\delta d) < f(0)$ 对任意 $0 < \delta \leqslant \delta_0$ 成立.

当沿 $x_1 = 2x_2^2$ 这条抛物线取任意一个非零点, 则有 $f(x_1, x_2) = -x_2^4 < 0$, 也就说明存在点 $x \in \mathbb{R}^2$, 使得 $f(x) < f(0)$.

通过上述例子说明, 仅用可行方向集 $\mathcal{D}(x)$ 还无法对局部最优解全面描述, 因此可扩大定义切方向集. 设 $x \in \mathcal{F}$, 若存在一个向量序列 $\{d^k\}_{k=1}^{+\infty} \subseteq \mathbb{R}^n$ 和正数序列 $\{\theta_k\}_{k=1}^{+\infty} \subseteq \mathbb{R}_+$ 满足: $x^k = x + \theta_k d^k \in \mathcal{F}$, 当 $k \to +\infty$ 时, $d^k \to d$ 和 $\theta_k \to 0$, 则称 d 为 x 点的一个切方向. x 点的切方向集 (set of tangent directions)定义为

$$\mathcal{T}(x) = \{d \in \mathbb{R}^n \mid d \text{是 } x \text{ 点的一个切方向}\}.$$

切方向集有下列性质:

引理 3.8 $\mathcal{T}(x)$ 是一个闭锥.

证明   不难看出, $\mathcal{T}(x)$ 为一个锥. 下仅证闭性. 对任何一个非零 $d \in \mathbb{R}^n$, 若 $\{d^j\}_{j=1}^{+\infty} \subseteq \mathcal{T}(x)$ 以 d 为极限点, 下面证明 $d \in \mathcal{T}(x)$.

对每一个 d^j, 由切方向的定义, 存在 $\{d^{jk}\}_{k=1}^{+\infty} \subseteq \mathbb{R}^n$ 和正数序列 $\{\theta_{jk}\}_{k=1}^{+\infty} \subseteq \mathbb{R}_+$ 满足: $x^{jk} = x + \theta_{jk}d^{jk} \in \mathcal{F}$, 且当 $k \to +\infty$ 时, 有 $d^{jk} \to d^j$ 和 $\theta_{jk} \to 0$. 由此选取 $k(j)$ 满足 $\|d^{jk(j)} - d^j\| < \dfrac{1}{j}$ 和 $\theta_{jk(j)} < \dfrac{1}{j}$.

于是, 得到 $\{d^{jk(j)}\}_{j=1}^{+\infty} \subseteq \mathbb{R}^n$ 和正数序列 $\{\theta_{jk(j)}\}_{j=1}^{+\infty} \subseteq \mathbb{R}_+$ 满足

$$\|d^{jk(j)} - d\| \leqslant \|d^{jk(j)} - d^j\| + \|d^j - d\| < \|d^j - d\| + \frac{1}{j} \to 0, \quad j \to +\infty,$$

$$\theta_{jk(j)} < \frac{1}{j} \to 0, \quad j \to +\infty$$

和

$$x^{jk(j)} = x + \theta_{jk(j)}d^{jk(j)} \in \mathcal{F}.$$

所以由切方向的定义得到 $d \in \mathcal{T}(x)$, 闭性因此而得证. ■

进一步将定理 3.2 有关可行方向集的结论扩展到切方向集上.

定理 3.9 设 $\bar{x} \in \mathcal{F}$ 是优化问题 (3.2) 局部最优解, $f(x), g_i(x), i = 1, 2, \cdots, m$ 在 $\bar{x}$ 点一阶连续可微, 则有

$$\nabla f(\bar{x})^{\mathrm{T}}d \geqslant 0, \quad \forall d \in \mathcal{T}(\bar{x}),$$

即 $\nabla f(\bar{x}) \in \mathcal{T}^*(\bar{x})$, 此处 $\mathcal{T}^*(\bar{x})$ 表示 $\mathcal{T}(\bar{x})$ 的对偶集合.

证明 对任意给定一个 $d \in \mathcal{T}(\bar{x})$, 不妨设 $d \neq 0$, 根据切方向的定义有向量序列 $\{d^k\}_{k=1}^{+\infty} \subseteq \mathbb{R}^n$ 和正数序列 $\{\theta_k\}_{k=1}^{+\infty} \subseteq \mathbb{R}_+$ 满足: $x^k = \bar{x} + \theta_k d^k \in \mathcal{F}$, 当 $k \to +\infty$ 时, $d^k \to d$ 和 $\theta_k \to 0$.

当 $\bar{x} \in \mathcal{F}$ 为优化问题 (3.2) 的局部最优解和 k 充分大时, 有

$$f(\bar{x} + \theta_k d^k) - f(\bar{x}) = \theta_k \nabla f(\bar{x})^{\mathrm{T}}d^k + o(\|\theta_k d^k\|) \geqslant 0,$$

因此推出 $\nabla f(\bar{x})^{\mathrm{T}}d^k + o(\|d^k\|) \geqslant 0$. 当 $k \to +\infty$ 时, 得到 $\nabla f(\bar{x})^{\mathrm{T}}d \geqslant 0$. 根据对偶集合的定义, 对优化问题 (3.2) 的局部最优解 $\bar{x}$, 有 $\nabla f(\bar{x}) \in \mathcal{T}^*(\bar{x})$. 结论得证. ■

3.2 约束规范

KKT 条件限定了求解局部最优解的范围, 提供了一种可能的求解方法. 在得到 KKT 形式的定理 3.5 中, 需要判定满足约束规范条件

$$\mathcal{L}(x) \subseteq \mathrm{cl}(\mathrm{conv}(\mathcal{D}(x))).$$

目前所知的不同类型约束规范, 使得非本领域的读者和工程人员难以了解它们产生的背景及之间的关系. 有些约束规范简单而实用, 而有些则不易应用. 在此, 对不等式约束优化问题 (3.2) 的一些代表性约束规范进行系统的梳理[64].

建立约束规范的目的是保证问题 (3.2) 的局部最优解 x 满足 KKT 条件 (3.5). 核心就是保证

$$-\nabla f(x) = \sum_{i=1}^{m} \lambda_i \nabla g_i(x), \quad \lambda_i \geqslant 0, \quad \forall i \in \mathcal{I}(x),$$

即

$$\nabla f(x) \in \mathcal{C}_g(x) = \text{cone}\left\{-\nabla g_i(x), i \in \mathcal{I}(x)\right\}.$$

在定理 3.5 的证明中已经得到结论 $\mathcal{C}_g(x) = \mathcal{L}^*(x)$, 因此, 建立约束规范的目标就是保证 $\nabla f(x) \in \mathcal{L}^*(x)$. 定理 3.9 又得到 $\nabla f(x) \in \mathcal{T}^*(x)$. 但 $\mathcal{L}^*(x)$ 与 $\mathcal{T}^*(x)$ 究竟有怎样的关系? 由此产生了约束规范的分类.

为了便于约束规范的讨论, 增加定义以下方向集合.

优化问题 (3.2) 在可行解 x 点的内点方向集 (set of interior directions) 定义为

$$\mathcal{L}^0(x) = \left\{d \in \mathbb{R}^n \mid \nabla g_i(x)^{\mathrm{T}} d < 0, \forall i \in \mathcal{I}(x)\right\}.$$

在可行解 x 点的可达方向 $d \in \mathbb{R}^n$ 定义为: 存在 $0 < \delta_0$ 和一条 $\mathbb{R}^n$ 中连续的参数曲线 $r(\delta)$, 满足 $r(0) = x$ 和 $r(\delta) \in \mathcal{F}, \forall 0 \leqslant \delta \leqslant \delta_0$, 并使得 $d = \lim\limits_{\delta \to 0} \dfrac{r(\delta) - r(0)}{\delta}$. 在 x 点的可达方向集 (set of attainable directions) 定义为

$$\mathcal{A}(x) = \{d \in \mathbb{R}^n \mid d \text{为 } x \text{ 点的可达方向}\}.$$

上述的方向集合满足以下关系.

定理 3.10　对优化问题 (3.2) 的任何一个可行解 x, 下列关系满足:

$$\mathcal{L}^0(x) \subseteq \mathcal{D}(x) \subseteq \mathcal{A}(x) \subseteq \mathcal{T}(x) \subseteq \mathcal{L}(x).$$

证明　对任意 $d \in \mathcal{L}^0(x)$, 存在 $\delta_0 > 0$, 由 Taylor 展开式

$$g_i(x + \delta d) = g_i(x) + \delta \nabla g_i(x)^{\mathrm{T}} d + o(\delta) \|d\|$$

得到

$$g_i(x + \delta d) \leqslant 0, \quad \forall 0 < \delta \leqslant \delta_0 \text{ 和 } \forall i \in \mathcal{I}(x);$$

由连续函数的特性得到

$$g_i(x + \delta d) \leqslant 0, \quad \forall 0 < \delta \leqslant \delta_0 \text{ 和 } \forall i \notin \mathcal{I}(x).$$

由此推出 $d \in \mathcal{D}(x)$, 即 $\mathcal{L}^0(x) \subseteq \mathcal{D}(x)$.

按定义不难得到 $\mathcal{D}(x) \subseteq \mathcal{A}(x) \subseteq \mathcal{T}(x)$.

反证假设 $d \in \mathcal{T}(x)$ 且存在某个 $i \in \mathcal{I}(x)$ 使得 $\nabla g_i(x)^{\mathrm{T}} d > 0$, 则有 $d \neq 0$. 不妨假设 $\|d\| = 1$, 由切方向的定义, 存在 $x^k \in \mathcal{F}$ 满足 $d = \lim\limits_{k \to +\infty} \dfrac{x^k - x}{\|x^k - x\|}$. 于是存在 k_0, 当 $k > k_0$ 时, 有 $\nabla g_i(x)^{\mathrm{T}} \dfrac{x^k - x}{\|x^k - x\|} > 0$. 此时,

$$g_i(x^k) = g_i(x) + \|x^k - x\| \nabla g_i(x)^{\mathrm{T}} \frac{x^k - x}{\|x^k - x\|} + o(\|x^k - x\|) > 0,$$

与 $x^k \in \mathcal{F}$ 时 $g_i(x^k) \leqslant 0$ 矛盾, 所以 $\nabla g_i(x)^{\mathrm{T}} d \leqslant 0, \forall i \in \mathcal{I}(x)$, 即 $d \in \mathcal{L}(x)$. 因此得到 $\mathcal{T}(x) \subseteq \mathcal{L}(x)$. ■

$\mathcal{A}(x)$ 与 $\mathcal{T}(x)$ 非常相像, 对比定义可以发现, $\mathcal{T}(x)$ 中的点由 $\mathcal{F}$ 中一些离散点的极限定义, $\mathcal{F}$ 就可以减弱到是一个离散点集; 而 $\mathcal{A}(x)$ 中的点由 $\mathcal{F}$ 的连续曲线定义, 可行解集 $\mathcal{F}$ 至少由一些连续线段组成. 因此, $\mathcal{T}(x)$ 的定义更一般化.

由于 $\mathcal{L}(x)$ 为一个多面体和引理 3.4 的结果, 不难验证其与 $\mathcal{L}^0(x)$ 有如下关系.

引理 3.11 (i) 当 $\mathcal{L}^0(x) \neq \varnothing$ 时, 其为一个开凸锥;

(ii) 当 $\mathcal{L}^0(x) \neq \varnothing$ 时, $\mathcal{L}^0(x) = \mathrm{int}(\mathcal{L}(x))$;

(iii) $\mathrm{cl}(\mathcal{L}^0(x)) = \mathcal{L}(x)$ 当且仅当 $\mathcal{L}^0(x) \neq \varnothing$;

(iv) $\mathcal{L}(x)$ 是一个闭凸锥.

分别记 $\mathcal{L}^{0*}(x), \mathcal{D}^*(x), \mathcal{A}^*(x), \mathcal{T}^*(x), \mathcal{L}^*(x)$ 为 $\mathcal{L}^0(x), \mathcal{D}(x), \mathcal{A}(x), \mathcal{T}(x), \mathcal{L}(x)$ 的对偶集合.

建立约束规范的目标就是保证 $\nabla f(x) \in \mathcal{L}^*(x)$, 结合定理 3.9 的 $\nabla f(x) \in \mathcal{T}^*(x)$ 和定理 3.10 的

$$\mathcal{L}^0(x) \subseteq \mathcal{D}(x) \subseteq \mathcal{A}(x) \subseteq \mathcal{T}(x) \subseteq \mathcal{L}(x),$$

可将约束规范分成下面四种情况来讨论:

第一类: $\mathcal{L}^*(x) \supseteq \mathcal{T}^*(x)$,

第二类: $\mathcal{L}^*(x) \supseteq \mathcal{A}^*(x)$,

第三类: $\mathcal{L}^*(x) \supseteq \mathcal{D}^*(x)$,

第四类: $\mathcal{L}^*(x) \supseteq \mathcal{L}^{0*}(x)$.

由定理 3.10 的集合关系式可知上述四类关系式中的 "$\supseteq$" 全部可用 "$=$" 替代. 目前常见如下的约束规范:

• 线性独立约束规范 (linearly independent constraint qualification, LICQ): $\{\nabla g_i(x), i \in \mathcal{I}(x)\}$ 线性无关.

• Slater 约束规范[58](Slater's constraint qualification): $\{g_i(x), i \in \mathcal{I}(x)\}$ 都是 $\mathbb{R}^n$ 上的凸函数且存在一点 x^0 为严格内点, 即 $g_i(x^0) < 0$, $i = 1, 2, \cdots, m$.

- Cottle 约束规范[9](Cottle's constraint qualification): 存在一个方向 d 使得 $\nabla g_i(x)^{\mathrm{T}}d < 0, \forall i \in \mathcal{I}(x)$.
- Zangwill 约束规范[75](Zangwill's constraint qualification): $\mathcal{L}(x) \subseteq \mathrm{cl}(\mathcal{D}(x))$.
- 可行方向约束规范 (feasible direction constraint qualification):
$$\mathcal{L}(x) \subseteq \mathrm{cl}(\mathrm{conv}(D(x))).$$
- Kuhn-Tucker 约束规范[37](Kuhn-Tucker's constraint qualification):
$$\mathcal{L}(x) \subseteq \mathrm{cl}(A(x)).$$
- 可达方向约束规范 (attainable direction constraint qualification):
$$\mathcal{L}(x) \subseteq \mathrm{cl}(\mathrm{conv}(A(x))).$$
- Abadie 约束规范[1](Abadie's constraint qualification):
$$\mathcal{L}(x) \subseteq \mathcal{T}(x).$$
- Guignard 约束规范[25](Guignard's constraint qualification):
$$\mathcal{L}(x) \subseteq \mathrm{cl}(\mathrm{conv}(\mathcal{T}(x))).$$

对约束规范进行分类将用到以下引理.

引理 3.12　若集合 $\mathcal{X} \neq \varnothing$, 则 $(\mathrm{cl}(\mathcal{X}))^* = (\mathrm{conv}(\mathcal{X}))^* = \mathcal{X}^*$.

证明　对 $\mathcal{X} \neq \varnothing$, 由定理 2.27(i) 知 $(\mathcal{X}^*)^*$ 为闭凸集. 由定理 2.27(ii) 得到 $\mathcal{X} \subseteq (\mathcal{X}^*)^*$. 由此得到 $\mathrm{cl}(\mathcal{X}) \subseteq (\mathcal{X}^*)^*$ 和 $\mathrm{conv}(\mathcal{X}) \subseteq (\mathcal{X}^*)^*$. 继而得到 $(\mathrm{cl}(\mathcal{X}))^* \supseteq \mathcal{X}^*$ 和 $(\mathrm{conv}(\mathcal{X}))^* \supseteq \mathcal{X}^*$.

又有 $\mathrm{cl}(\mathcal{X}) \supseteq \mathcal{X}$ 和 $\mathrm{conv}(\mathcal{X}) \supseteq \mathcal{X}$, 由定理 2.24(i) 得到 $(\mathrm{cl}(\mathcal{X}))^* \subseteq \mathcal{X}^*$ 和 $(\mathrm{conv}(\mathcal{X}))^* \subseteq \mathcal{X}^*$.

综合得到 $(\mathrm{cl}(\mathcal{X}))^* = \mathcal{X}^*$ 和 $(\mathrm{conv}(\mathcal{X}))^* = \mathcal{X}^*$. ∎

当 $\mathcal{L}^0(x) = \varnothing$ 时, 有 $\mathrm{cl}(\mathrm{conv}(\mathcal{L}^0(x))) = \varnothing$.

对 $\mathcal{L}^0(x) \neq \varnothing$, 由引理 3.12 和引理 3.11(iii), 得到 $\mathcal{L}^{0*}(x) = (\mathrm{cl}(\mathcal{L}^0(x)))^* = \mathcal{L}^*(x)$. 因此, 当且仅当 $\mathcal{L}^0(x) \neq \varnothing$ 时, $\mathcal{L}^*(x) = \mathcal{L}^{0*}(x)$, 正是第四类约束规范的条件.

于是, $\mathcal{L}^0(x) \neq \varnothing$ 可作为第四类约束规范的判定条件. 不难验证, 线性独立约束规范、Slater 约束规范和 Cottle 约束规范都保证 $\mathcal{L}^0(x) \neq \varnothing$, 因此都为第四类约束规范.

对于 Zangwill 约束规范 $\mathcal{L}(x) \subseteq \mathrm{cl}(\mathcal{D}(x))$ 和可行方向约束规范 $\mathcal{L}(x) \subseteq \mathrm{cl}(\mathrm{conv}(\mathcal{D}(x)))$, 由引理 3.12, 得到 $(\mathrm{cl}(\mathcal{D}(x)))^* = (\mathrm{cl}(\mathrm{conv}(\mathcal{D}(x))))^* = \mathcal{D}^*(x)$, 保证了 $\mathcal{L}^*(x) \supseteq \mathcal{D}^*(x)$, 因而这两类约束规范归为第三类.

对于 Kuhn-Tucker 约束规范 $\mathcal{L}(x) \subseteq \mathrm{cl}(\mathcal{A}(x))$ 和可达方向约束规范 $\mathcal{L}(x) \subseteq \mathrm{cl}(\mathrm{conv}(\mathcal{A}(x)))$, 由引理 3.12, 得到 $(\mathrm{cl}(\mathcal{A}(x)))^* = (\mathrm{cl}(\mathrm{conv}(\mathcal{A}(x))))^* = \mathcal{A}^*(x)$, 保证了 $\mathcal{L}^*(x) \supseteq \mathcal{A}^*(x)$, 故属于第二类约束规范.

对于 Abadie 约束规范 $\mathcal{L}(x) \subseteq \mathcal{T}(x)$ 和 Guignard 约束规范 $\mathcal{L}(x) \subseteq \mathrm{cl}(\mathrm{conv}(\mathcal{T}(x)))$, 由引理 3.12, 得到 $(\mathcal{T}(x))^* = (\mathrm{cl}(\mathrm{conv}(\mathcal{T}(x))))^*$, 保证 $\mathcal{L}^*(x) \supseteq \mathcal{T}^*(x)$, 因此属于第一类约束规范.

线性独立约束规范的判断比较简单, 解线性方程组

$$\sum_{i \in \mathcal{I}(x)} \lambda_i \nabla g_i(x) = 0. \tag{3.7}$$

当解变量 $\{\lambda_i, i \in \mathcal{I}(x)\}$ 只有零解时, 则有 $\{\nabla g_i(x), i \in \mathcal{I}(x)\}$ 线性无关. Slater 约束规范是线性锥优化理论的一个基础假设, 在后续的章节中还会被提及. Cottle 约束规范与 Slater 约束规范具有类似之处, 要求约束的梯度在积极集上存在一个严格的内点方向.

以上三类约束规范在实际应用中较容易实现, 实际计算中采用较多, 其余的约束规范多用于理论, 实际应用中较难操作. 对于它们之间的难易关系, 采用定理的形式在下面给出.

引理 3.13   Cottle 约束规范成立的充分必要条件是在线性独立约束规范 (3.7) 中限定 $\lambda_i \geqslant 0, \forall i \in \mathcal{I}(x)$ 时只有 $\lambda_i = 0, \forall i \in \mathcal{I}(x)$ 成立.

证明   "必要性". 设 $x \in \mathcal{F}$ 且 Cottle 约束规范成立, 若存在 $\lambda_i \geqslant 0, \forall i \in \mathcal{I}(x)$ 使得 (3.7) 成立, 由 Cottle 约束规范的条件, (3.7) 等式两端同时与 d 内积, 得到 $\lambda_i = 0, \forall i \in \mathcal{I}(x)$.

"充分性". 考虑 $\{\nabla g_i(x), i \in \mathcal{I}(x)\}$ 的锥包, 记

$$\mathcal{K} = \left\{ \alpha \middle| \alpha = \sum_{i \in \mathcal{I}(x)} \lambda_i \nabla g_i(x), \lambda_i \geqslant 0, \forall i \in \mathcal{I}(x) \right\}.$$

对任意 $\alpha \in \mathcal{K} \cap -\mathcal{K}$ 的元素, 当 $\alpha \in \mathcal{K}$ 有

$$\alpha = \sum_{i \in \mathcal{I}(x)} \lambda_i \nabla g_i(x) \in \mathcal{K}, \quad \lambda_i \geqslant 0, i \in \mathcal{I}(x)$$

和当 $\alpha \in -\mathcal{K}$ 有

$$-\alpha = \sum_{i \in \mathcal{I}(x)} \gamma_i \nabla g_i(x) \in \mathcal{K}, \quad \gamma_i \geqslant 0, \quad i \in \mathcal{I}(x).$$

因此得到

$$0 = \sum_{i \in \mathcal{I}(x)} (\lambda_i + \gamma_i) \nabla g_i(x).$$

根据充分条件假设, 就有 $\lambda_i + \gamma_i = 0, i \in \mathcal{I}(x)$, 即 $\lambda_i = \gamma_i = 0, i \in \mathcal{I}(x)$, 即 $\alpha = \sum_{i \in \mathcal{I}(x)} \lambda_i \nabla g_i(x) = 0$, 故知 $\mathcal{K}$ 是尖锥.

由于 $\mathcal{K}$ 是 $\{\nabla g_i(x), i \in \mathcal{I}(x)\}$ 的锥包, 它的凸性和闭性不难证明. 依据闭尖凸锥的定理 2.27 得到 $\mathrm{int}(\mathcal{K}^*) \neq \varnothing$. 再根据定理 2.25, 任取 $d \in \mathrm{int}(\mathcal{K}^*)$, 则 $-d$ 满足 Cottle 约束规范. ∎

需要注意上述引理的叙述, 线性独立约束规范是 Cottle 约束规范的充分条件, 而非必要条件.

定理 3.14　若 Slater 约束规范成立, 则 Cottle 约束规范成立. 若 Cottle 约束规范成立, 则 Zangwill 约束规范成立.

证明　考虑约束规范在点 $x \in \mathcal{F}$ 的情形. 考虑 Slater 约束规范的 $g_i(x), i \in \mathcal{I}(x)$, 都为 $\mathbb{R}^n$ 中凸函数的假设且 x 为 $\mathbb{R}^n$ 的内点, 设 x^0 为满足约束规范的内点, 由定理 2.32 得到

$$0 > g_i(x^0) - g_i(x) \geqslant \nabla g_i(x)^{\mathrm{T}}(x^0 - x), \quad \forall i \in \mathcal{I}(x),$$

故知 Cottle 约束规范成立.

当 Cottle 约束规范成立时, 则存在一个方向 d 使得 $\nabla g_i(x)^{\mathrm{T}} d < 0, \forall i \in \mathcal{I}(x)$. 故 $\mathcal{L}(x)$ 的内点集合

$$\mathrm{int}(\mathcal{L}(x)) = \left\{ d \in \mathbb{R}^n \mid \nabla g_i(x)^{\mathrm{T}} d < 0, i \in \mathcal{I}(x) \right\}$$

非空. 对任意 $d \in \mathrm{int}(\mathcal{L}(x))$ 和 $\delta > 0$, 由定理 2.28, 可知

$$g_i(x + \delta d) = g_i(x) + \delta \nabla g_i(x)^{\mathrm{T}} d + o(\delta \|d\|), \quad i = 1, 2, \cdots, m.$$

由函数的连续性, $\nabla g_i(x)^{\mathrm{T}} d < 0, i \in \mathcal{I}(x)$ 和 $g_i(x) < 0, i \notin \mathcal{I}(x)$, 故存在充分小的 $\delta_0 > 0$ 使得对任意 $0 < \delta \leqslant \delta_0$,

$$g_i(x + \delta d) \leqslant 0, \quad \forall i = 1, 2, \cdots, m$$

成立. 所以, $d \in \mathcal{D}(x)$. 由此得到 $\mathrm{int}(\mathcal{L}(x)) \subseteq \mathcal{D}(x) \subseteq \mathrm{cl}(\mathcal{D}(x))$.

进一步, 因为 $\mathrm{cl}(\mathcal{D}(x))$ 为闭集, 得到 $\mathcal{L}(x) \subseteq \mathrm{cl}(\mathcal{D}(x))$, 所以 Zangwill 约束规范成立. ∎

总结定理 3.10、引理 3.13 和定理 3.14 的结论, 以图示 (图 3.1) 的形式给出这些约束规范之间的关系.

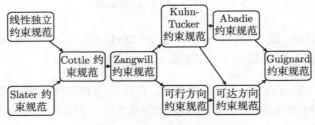

图 3.1　约束规范关系图

对给定的一个判定点 x, 上面列举的约束规范之一满足时, 可以尝试求解 (3.5). 如果存在 λ 满足 (3.5), 则 (x, λ) 满足一阶必要条件, x 有可能是一个局部最优解. 特别当线性独立约束规范成立时, 如果存在 λ 使 (3.5) 成立, 则 λ 唯一确定.

有时, 我们会遇到优化问题 (3.2) 的变形, 具有等式约束的优化问题

$$
\begin{aligned}
\min \quad & f(x) \\
\text{s.t.} \quad & g_i(x) \leqslant 0, \quad i = 1, 2, \cdots, m, \\
& h_j(x) = 0, \quad j = 1, 2, \cdots, p,
\end{aligned}
\tag{3.8}
$$

其中, $p \geqslant 0$ 为整数, $h_j(x), j = 1, 2 \cdots, p$, 为 $\mathbb{R}^n$ 上的实函数.

可以认为, 变形问题 (3.8) 是优化问题 (3.2) 的推广, 此时可将任何一个 $h_j(x) = 0$ 写成两个不等式方程

$$
h_j(x) \leqslant 0, \quad -h_j(x) \leqslant 0,
$$

采用上面的讨论的方法, 可以得到类似的结果, 但对等式约束有关梯度相关性的要求就需要特殊处理, 特别在此处定义:

$$
\hat{\mathcal{L}}(x) = \{d \in \mathbb{R}^n \mid \nabla h_j(x)^{\mathrm{T}} d = 0, j = 1, 2, \cdots, p; \nabla g_i(x)^{\mathrm{T}} d \leqslant 0, \forall i \in \mathcal{I}(x)\},
$$

其中 $\mathcal{I}(x)$ 同以前一样, 表示 $g_i(x) \leqslant 0$ 的积极约束指标集. 由于本书后续章节的模型中有变形形式 (3.8), 在此, 不加证明地给出优化问题 (3.8) 的约束规范.

- 线性独立约束规范: $\{\nabla g_i(x), i \in \mathcal{I}(x); \nabla h_j(x), j = 1, 2, \cdots, p\}$ 线性无关.
- Slater 约束规范: $\{g_i(x), i \in \mathcal{I}(x)\}$ 都是 $\mathbb{R}^n$ 上的凸函数, $\{h_j(x), j = 1, 2, \cdots, p\}$ 为线性函数, 且存在一点 x^0 为相对内点, 即 $g_i(x^0) < 0, i = 1, 2, \cdots, m; h_j(x^0) = 0, j = 1, 2, \cdots, p$.
- Mangasarian-Fromovitz 约束规范 [41] (Mangasarian-Fromovitz's constraint qualification): $\{\nabla h_j(x), j = 1, 2, \cdots, p\}$ 线性无关且存在一个方向 d 使得
$$
\nabla g_i(x)^{\mathrm{T}} d < 0, \forall i \in \mathcal{I}(x); \quad \nabla h_j(x)^{\mathrm{T}} d = 0, j = 1, 2, \cdots, p.
$$
- Abadie 约束规范: $\hat{\mathcal{L}}(x) \subseteq \mathcal{T}(x)$.
- Guignard 约束规范: $\hat{\mathcal{L}}(x) \subseteq \mathrm{cl}(\mathrm{conv}(\mathcal{T}(x)))$.

模型 (3.8) 的约束规范相互之间的关系也有类似定理 3.14 的结论, 可由同法推出, 故不在此赘述.

3.3 Lagrange 对偶

3.2 节的 KKT 条件 (3.5) 给出了判断一点是否为局部最优解的必要条件. 实际上, 在定理 3.7 中已用到一个形如 (3.6) 的函数, 本节称之为 Lagrange 函数 (Lagrangian function), 它还深层次地提供了一种研究优化问题的 Lagrange 对偶方法. 在此系统地介绍这个方法.

Lagrange 对偶

设优化问题 (3.2) 的目标函数和约束函数在 $\mathbb{R}^n$ 上定义, 对 $\lambda \in \mathbb{R}^n_+$, Lagrange 函数定义为

$$L(x,\lambda) = f(x) + \sum_{i=1}^{m} \lambda_i g_i(x), \tag{3.9}$$

其中, λ_i 称为约束 $g_i(x)$ 对应的 Lagrange 乘子.

记 (3.2) 的可行解集 $\mathcal{F} = \{x \in \mathbb{R}^n \mid g_i(x) \leqslant 0, i = 1, 2, \cdots, m\}$. 明显有

$$\max_{\lambda \in \mathbb{R}^m_+} L(x,\lambda) = \begin{cases} f(x), & x \in \mathcal{F} \\ +\infty, & x \notin \mathcal{F}. \end{cases}$$

于是

$$v_p = \min_{x \in \mathcal{F}} f(x) = \min_{x \in \mathbb{R}^n} \max_{\lambda \in \mathbb{R}^m_+} L(x,\lambda).$$

建立 Lagrange 对偶问题的一个基本想法是在原优化问题遇到求解困难或较难求解时, 试图从对偶问题得到一些关于原问题求解的帮助. 记

$$v(\lambda) = \min_{x \in \mathbb{R}^n} L(x,\lambda). \tag{3.10}$$

直观可以看出, 这是一个无约束优化问题, 所有局部极小点都在 $L(x,\lambda)$ 关于 x 的

$$\nabla L(x,\lambda) = \nabla f(x) + \sum_{i=1}^{m} \lambda_i \nabla g_i(x) = 0$$

驻点达到, 这正是 KKT 条件 (3.5) 中的第一个方程.

注意到对任意 $\lambda \in \mathbb{R}^m_+$, 有

$$v(\lambda) \leqslant \min_{x \in \mathcal{F}} L(x,\lambda) \leqslant \min_{x \in \mathcal{F}} f(x).$$

一个非常直接的方法是试图求解

$$v_d = \max_{\lambda \in \mathbb{R}^m_+} \min_{x \in \mathbb{R}^n} L(x,\lambda) = \max_{\lambda \in \mathbb{R}^m_+} v(\lambda). \tag{3.11}$$

此优化问题称为 (3.2) 的 Lagrange 对偶问题 (Lagrangian dual problem). 为了叙述方便, 称优化问题 (3.2) 为原优化问题或原问题 (primal problem).

Lagrange 对偶问题求解分为两个阶段. 第一阶段计算优化子问题 (3.10), 求解一个无约束优化问题, 而 Lagrange 对偶而由此得名. 第二个阶段是计算公式 (3.11) 右端的优化问题.

定理 3.15 对于优化问题 (3.2) 而言, $v_p \geqslant v_d$.

证明 当优化问题 (3.2) 的可行解集为空集时, v_p 定义为无穷大, 结论成立. 当 $\mathcal{F} \neq \varnothing$ 时,

$$L(x, \lambda) = f(x) + \sum_{i=1}^{m} \lambda_i g_i(x) \leqslant f(x), \quad \forall x \in \mathcal{F}, \lambda \geqslant 0,$$

得到

$$v(\lambda) = \min_{x \in \mathbb{R}^n} L(x, \lambda) \leqslant f(x), \quad \forall x \in \mathcal{F}, \lambda \geqslant 0,$$

进一步

$$v_d \leqslant f(x), \quad \forall x \in \mathcal{F},$$

故知

$$v_d \leqslant v_p. \quad \blacksquare$$

由定理 3.15 得知: Lagrange 对偶问题永远提供原问题的一个下界, 这个结论称为弱对偶 (weak duality) 原理.

对偶问题 (3.11) 的求解过程中, 一旦在第一阶段计算过程中得到满足下面定理条件的解, 则得到最优解.

定理 3.16 对给定的 $\bar{\lambda} \geqslant 0$, 设 $\bar{x}$ 为问题 (3.10) 的最优解且 $(\bar{x}, \bar{\lambda})$ 满足互补松弛条件 $\bar{\lambda}_i g_i(\bar{x}) = 0, i = 1, 2, \cdots, m$. 当 $\bar{x} \in \mathcal{F}$ 时, 则 $\bar{x}$ 为优化问题 (3.2) 的最优解.

证明 当 $\bar{x}$ 为问题 (3.10) 的最优解时,

$$v_d \geqslant v(\bar{\lambda}) = L(\bar{x}, \bar{\lambda}) = f(\bar{x}) + \sum_{i=1}^{m} \bar{\lambda}_i g_i(\bar{x}).$$

当满足互补松弛条件和 $\bar{x} \in \mathcal{F}$ 时,

$$v_d \geqslant L(\bar{x}, \bar{\lambda}) = f(\bar{x}) \geqslant v_p.$$

再由定理 3.15 的结论 $v_p \geqslant v_d$, 得到 $v_p = v_d$. 故 $\bar{x}$ 为优化问题 (3.2) 的最优解. ∎

如果原问题与 Lagrange 对偶问题的最优目标值相等, 称原问题与对偶问题具有强对偶 (strong duality) 性.

定理 3.17 设 $f(x), g_i(x), i = 1, 2, \cdots, m$ 为 $\mathbb{R}^n$ 上的凸函数, $(\bar{x}, \bar{\lambda})$ 满足 KKT 条件 (3.5), 则 $\bar{x}$ 为优化问题 (3.2) 的全局最优解.

证明　设 $(\bar{x}, \bar{\lambda})$ 满足 KKT 条件, 则有 $\bar{x} \in \mathcal{F}$ 且 $\nabla_x L(\bar{x}, \bar{\lambda}) = \nabla f(\bar{x}) + \sum_{i=1}^{m} \bar{\lambda}_i \nabla g_i(\bar{x}) = 0.$ 由假设 $L(x, \bar{\lambda}) = f(x) + \sum_{i=1}^{m} \bar{\lambda}_i g_i(x)$ 关于 x 为凸函数的和, 因此为关于 x 为凸函数 (参考定理 2.30). 再由定理 3.3, 得知 $\bar{x}$ 为 $L(x, \bar{\lambda})$ 的局部最优解. 凸函数的性质定理 3.1 更确定 $\bar{x}$ 为 $L(x, \bar{\lambda})$ 的全局最优解.

于是, 由定理 3.16 得到结论.　■

下面通过两个例子介绍 Lagrange 对偶的应用.

例 3.5　线性规划问题

$$\min \quad c^{\mathrm{T}} x$$
$$\text{s.t.} \quad Ax \geqslant b,$$
$$x \in \mathbb{R}_+^n$$

的 Lagrange 对偶问题为

$$\max \quad b^{\mathrm{T}} \lambda$$
$$\text{s.t.} \quad A^{\mathrm{T}} \lambda \leqslant c,$$
$$\lambda \in \mathbb{R}_+^m.$$

解　线性规划的 Lagrange 函数为

$$L(x, \lambda) = \begin{cases} (c - A^{\mathrm{T}} \lambda)^{\mathrm{T}} x + \lambda^{\mathrm{T}} b, & x \in \mathbb{R}_+^n, \\ +\infty, & x \notin \mathbb{R}_+^n. \end{cases}$$

于是推出

$$\max_{\lambda \in \mathbb{R}_+^m} v(\lambda)$$
$$= \max_{\lambda \in \mathbb{R}_+^m} \min_{x \in \mathbb{R}_+^n} \{(c - A^{\mathrm{T}} \lambda)^{\mathrm{T}} x + \lambda^{\mathrm{T}} b\}$$
$$= \max_{\lambda \in \mathbb{R}_+^m} \begin{cases} \lambda^{\mathrm{T}} b, & c - A^{\mathrm{T}} \lambda \geqslant 0 \\ -\infty, & \text{其他} \end{cases}$$
$$= \max_{\{\lambda \in \mathbb{R}_+^m | A^{\mathrm{T}} \lambda \leqslant c\}} b^{\mathrm{T}} \lambda.$$

最后一个等式正好就是我们需要得到的结果.

例 3.6　对于一个椭球约束的齐次二次规划问题

$$\min \quad \frac{1}{2} x^{\mathrm{T}} Ax$$
$$\text{s.t.} \quad \frac{1}{2} x^{\mathrm{T}} Bx \leqslant 1,$$
$$x \in \mathbb{R}^n,$$

其中, $A \in \mathcal{S}^n$ 且 $B \in \mathcal{S}^n_{++}$. 它的 Lagrange 对偶问题为

$$
\begin{aligned}
\max \quad & -\sigma \\
\text{s.t.} \quad & A + \sigma B \in \mathcal{S}^n_+, \\
& \sigma \geqslant 0.
\end{aligned}
$$

解 对 $\sigma \in \mathbb{R}_+$, Lagrange 函数为

$$
L(x, \sigma) = \frac{1}{2} x^{\mathrm{T}} (A + \sigma B) x - \sigma.
$$

Lagrange 对偶问题由下列推导得到

$$
\begin{aligned}
& \max_{\sigma \geqslant 0} \min_{x \in \mathbb{R}^n} L(x, \sigma) \\
=\; & \max_{\sigma \geqslant 0} \begin{cases} -\sigma, & A + \sigma B \in \mathcal{S}^n_+, \\ -\infty, & A + \sigma B \notin \mathcal{S}^n_+ \end{cases} \\
=\; & \max_{\{\sigma \geqslant 0 \mid A + \sigma B \in \mathcal{S}^n_+\}} -\sigma.
\end{aligned}
$$

从最后一行中得到预期的对偶模型.

上述得到的有关原问题和对偶问题的模型就是经典 S- 引理 [73] 的结论.

广义 Lagrange 对偶

传统 Lagrange 对偶的基本思想是将约束优化问题化成一个无约束优化问题, 借助无约束优化的一些便利的计算方法, 得到原问题的下界或最优值. 近期的研究表明, 存在一些比较特殊的区域, 如多面体、半正定锥等, 在这些区域上求解一些优化问题也比较容易计算. 由此考虑限定区域的广义 Lagrange 对偶 (extended Lagrangian dual).

我们以传统的优化问题 (3.2) 为研究对象. 设 $\mathcal{G}$ 为优化问题可行解区域可以扩大的区域, 即 $\mathcal{F} \subseteq \mathcal{G}$. 传统的 Lagrange 对偶考虑的区域 $\mathcal{G} = \mathbb{R}^n$. 对 $\lambda \in \mathbb{R}^m_+$, 广义 Lagrange 函数为

$$
L(x, \lambda) = f(x) + \sum_{i=1}^m \lambda_i g_i(x), \quad x \in \mathcal{G}, \tag{3.12}
$$

其与传统的 Lagrange 函数 (3.9) 只有定义域限定的区别. Lagrange 对偶的结果是给出原问题的一个下界, 提供下界是我们建立广义 Lagrange 对偶的目标.

当 $\mathcal{F} \neq \varnothing$ 时, 观察广义 Lagrange 函数, 可以发现

$$
L(x, \lambda) \leqslant f(x), \quad \forall x \in \mathcal{F},
$$

于是

$$\min_{x\in\mathcal{G}} L(x,\lambda) \leqslant f(x), \quad \forall x \in \mathcal{F}, \forall \lambda \in \mathbb{R}_+^m,$$

$$\max_{\lambda\in\mathbb{R}_+^m} \min_{x\in\mathcal{G}} L(x,\lambda) \leqslant f(x), \quad \forall x \in \mathcal{F},$$

$$\max_{\lambda\in\mathbb{R}_+^m} \min_{x\in\mathcal{G}} L(x,\lambda) \leqslant \min_{x\in\mathcal{F}} f(x).$$

由此定义问题 (3.2) 的广义 Lagrange 对偶问题为: 对给定 $\lambda \in \mathbb{R}_+^m$ 先求解

$$v(\lambda,\mathcal{G}) = \min_{x\in\mathcal{G}} L(x,\lambda), \tag{3.13}$$

再计算

$$v_d(\mathcal{G}) = \max_{\lambda\in\mathbb{R}_+^m} v(\lambda,\mathcal{G}). \tag{3.14}$$

定理 3.18　对问题 (3.2) 而言, 广义 Lagrange 对偶具有下列性质:

(i) 对偶性质: $v_p \geqslant v_d(\mathcal{G}), \forall \mathcal{F} \subseteq \mathcal{G}$.

(ii) 逼近性质: 设 $\mathcal{F} \subseteq \mathcal{G}_1 \subseteq \mathcal{G}_2$, 则 $v_p \geqslant v_d(\mathcal{G}_1) \geqslant v_d(\mathcal{G}_2)$.

(iii) 强对偶性: 设 $\mathcal{F} = \mathcal{G}$, 则 $v_p = v_d(\mathcal{G})$.

证明　(i) 的证明同定理 3.15 的证明类似. (ii) 的 $v_p \geqslant v_d(\mathcal{G}_1)$ 可同法证明. 对 $\mathcal{F} \subseteq \mathcal{G}_1 \subseteq \mathcal{G}_2$, 有

$$\min_{x\in\mathcal{G}_1} L(x,\lambda) \geqslant \min_{x\in\mathcal{G}_2} L(x,\lambda), \quad \forall \lambda \in \mathbb{R}_+^m.$$

因此, 得到

$$v_d(\mathcal{G}_1) \geqslant v_d(\mathcal{G}_2).$$

设 $\mathcal{G} = \mathcal{F}$, 证明 (iii) 成立. 当 $\mathcal{F} = \varnothing$, 定义空集上的极小值为 $+\infty$, 结论成立. 假设 $\mathcal{F} \neq \varnothing$, 对 $\lambda \in \mathbb{R}_+^m$, 有

$$L(x,0) = f(x) + \sum_{i=1}^m \lambda_i g_i(x) = f(x), \quad \forall x \in \mathcal{G} = \mathcal{F},$$

接着有

$$\min_{x\in\mathcal{G}} L(x,0) = \min_{x\in\mathcal{G}} f(x) = v_p,$$

故知

$$v_d(\mathcal{G}) = \max_{\lambda\in\mathbb{R}_+^m} \min_{x\in\mathcal{G}} L(x,\lambda) \geqslant \min_{x\in\mathcal{F}} f(x) = v_p.$$

再加上 (i) 的结论, 可得到 (iii). ∎

定理 3.18 的 (i) 表明, 广义 Lagrange 对偶是一个系统求解下界的方法, (ii) 说明调整包含 $\mathcal{F}$ 的区域 $\mathcal{G}$ 的大小是得到好下界的一个重要因素. 当 $\mathcal{G} = \mathbb{R}^n$ 时, 为传

统的 Lagrange 对偶方法, 而随 $\mathcal{G}$ 的变小, 所提供的下界可能会有所提高. 如何确定 $\mathcal{G}$ 则为一个值得研究的问题.

广义 Lagrange 对偶有与定理 3.16 几乎相同的结论, 陈述如下:

定理 3.19 对给定的 $\bar{\lambda} \geqslant 0$, 设 $\bar{x}$ 为问题 (3.13) 的最优解且 $(\bar{x}, \bar{\lambda})$ 满足互补松弛条件 $\bar{\lambda}_i g_i(\bar{x}) = 0, i = 1, 2, \cdots, m$, 当 $\bar{x} \in \mathcal{F}$ 时, 则 $\bar{x}$ 为优化问题 (3.2) 的最优解.

定理 3.19 的证明与定理 3.16 的证明无异, 但其重要性非常显著. 在求解 (3.13) 过程中, 一旦得到满足互补松弛条件的 $(\bar{x}, \bar{\lambda})$, 我们没有必要再去完成对偶过程的第二个阶段 (3.14) 的计算, 而就同时得到了原问题和对偶问题的最优解. 这对下一节共轭对偶的理解非常有帮助.

广义 Lagrange 对偶问题 (3.14) 可用以下的等价优化问题表示.

$$
\begin{aligned}
\max \quad & \sigma \\
\text{s.t.} \quad & L(x, \lambda) \geqslant \sigma, \quad \forall x \in \mathcal{G}, \\
& \lambda \in \mathbb{R}_+^m, \quad \sigma \in \mathbb{R}.
\end{aligned}
\tag{3.15}
$$

从第一个不等式约束可以看出, 当 $\mathcal{G}$ 包含无穷多元素时, 这是一个半无限规划 (semi-infinite programming) 问题.

对于有等式约束的优化问题 (3.8), 将等式约束 $h_i(x) = 0$ 写成

$$
h_i(x) \leqslant 0 \text{ 和} - h_i(x) \leqslant 0
$$

后, 则可完全按 Lagrange 对偶的过程写出 Lagrange 函数, 求解对偶问题. 推导后发现, 等式约束对应的 Lagrange 乘子不再有符号约束.

3.4 共 轭 对 偶

基于 3.1 节 (3.1) 的建模想法, 可将问题以定义域和约束集合的形式表示为

$$
\begin{aligned}
v_p = \min \quad & f(x) \\
\text{s.t.} \quad & x \in \mathcal{F} = \mathcal{C} \cap \mathcal{D}.
\end{aligned}
$$

针对非线性规划问题 (3.2), 此时

$$
\mathcal{C} = \{x \in \mathbb{R}^n \mid g_i(x) \leqslant 0, i = 1, 2, \cdots, m\}
$$

为约束集合, $\mathcal{D} = \mathbb{R}^n$ 为定义域. 考虑如下的映射:

$$
\varphi : x \in \mathcal{D} \mapsto (-g_1(x), \cdots, -g_m(x), f(x))^{\mathrm{T}} \in \mathbb{R}^{m+1}.
\tag{3.16}
$$

记

$$\mathcal{X} = \left\{ u \in \mathbb{R}^{m+1} \mid u = \varphi(x), x \in \mathcal{D} \right\}.$$

问题 (3.2) 原有约束集合 $\mathcal{C}$ 在新定义的集合 $\mathcal{X}$ 上以

$$\mathcal{K} = \left\{ u \in \mathbb{R}^{m+1} \mid u_i \geqslant 0, i = 1, 2, \cdots, m \right\}$$

来替代, 则建立一个优化问题

$$\begin{aligned} v_p' = \min \quad & u_{m+1} \\ \text{s.t.} \quad & u \in \mathcal{X} \cap \mathcal{K}, \end{aligned} \tag{3.17}$$

其中, $u \in \mathbb{R}^{m+1}$ 为决策变量.

易验证 $\mathcal{K}$ 是一个锥, 而且

$$\mathcal{K}^* = \left\{ \lambda \in \mathbb{R}^{m+1} \mid \lambda_i \geqslant 0, i = 1, 2, \cdots, m; \lambda_{m+1} = 0 \right\}.$$

特别注意 $\lambda_{m+1} = 0$.

假设问题 (3.2) 可解, 则存在 $x^* \in \mathcal{F} = \mathcal{C} \cap \mathcal{D}$, 使得 $f(x) \geqslant f(x^*) = v_p, \forall x \in \mathcal{F}.$ 按映射 (3.16) 得到 $u_i(x^*) \geqslant 0, i = 1, 2, \cdots, m$ 和 $u_{m+1}(x) \geqslant v_p, \forall x \in \mathcal{F},$ 所以, $v_p' \geqslant v_p.$ 而 $(u_1(x^*), \cdots, u_m(x^*), v_p)^T \in \mathcal{X} \cap \mathcal{K},$ 所以, $v_p' \leqslant v_p.$ 综合得到 $v_p' = v_p.$

以目标值作为衡量标准, 优化问题 (3.2) 和 (3.17) 等价. 仔细观察, 模型 (3.17) 的目标为决策变量 u 的线性函数 (只与 u_{m+1} 有关), 约束只与 $u_i, i = 1, 2, \cdots, m$ 有关, 但模型 (3.1) 中那些复杂的目标和约束函数全被定义域 $\mathcal{X}$ 和一个锥 $\mathcal{K}$ 掩盖.

使用模型 (3.17) 带来的好处是第 2 章的对偶集合和共轭函数的性质可直接应用于该优化问题, 从而得到更深刻的结果. 带来的不便之处则是集合 $\mathcal{X}$ 和 $\mathcal{K}$ 与原变量 $x \in \mathcal{F}$ 的关系可能非常复杂. 这也正是第 2 章中有较大篇幅研究抽象的凸集和相对内点的原因. 本节的主要内容是利用共轭函数的性质研究优化问题 (3.17), 至于与原优化问题 (3.2) 的关系, 将通过对 $\mathcal{X}$ 的研究, 间接地研究与最初决策变量 $x \in \mathcal{F}$ 的关系.

对给定的 $\lambda = (\lambda_1, \cdots, \lambda_m, \lambda_{m+1})^T \geqslant 0$ 且 $\lambda_{m+1} = 0,$ 3.3 节广义 Lagrange 松弛对偶第一阶段问题 (3.13) 限定在 $\mathcal{X}$ 等价有

$$\begin{aligned} & v(\lambda_1, \cdots, \lambda_m, \mathcal{X}) \\ = & \min_{u \in \mathcal{X}} \left\{ (\lambda_1, \cdots, \lambda_m, 0)(-u_1, \cdots, -u_m, u_{m+1})^T + u_{m+1} \right\} \\ = & -\max_{u \in \mathcal{X}} \left\{ (\lambda_1, \cdots, \lambda_m, 0)(u_1, \cdots, u_m, u_{m+1})^T - u_{m+1} \right\}. \end{aligned} \tag{3.18}$$

令

$$\mathcal{Y} = \left\{ \lambda \in \mathbb{R}^{m+1} \mid \lambda = (\lambda_1, \cdots, \lambda_m, \lambda_{m+1})^T, -v(\lambda_1, \cdots, \lambda_m, \mathcal{X}) < +\infty \right\}.$$

从 (3.18) 明显看出: 对任意给定 $\lambda = (\lambda_1, \cdots, \lambda_m, \lambda_{m+1})^{\mathrm{T}} \in \mathbb{R}^{m+1}$, $\lambda_1, \lambda_2, \cdots,$ $\lambda_m \geqslant 0$ 且 $\lambda_{m+1} = 0$, 有

$$-v(\lambda_1, \cdots, \lambda_m, \mathcal{X}) = \max_{u \in \mathcal{X}} \{\lambda^{\mathrm{T}} u - u_{m+1}\},$$

正是 2.5 节的共轭函数形式.

我们期望知道

$$\max_{\lambda \in \mathcal{Y}} \{\lambda^{\mathrm{T}} u + v(\lambda_1, \cdots, \lambda_m, \mathcal{X})\}$$

能带来什么样的信息. 完全对称地反向理解, 将 u 看成 Lagrange 乘子, λ 是某些函数表达式, $v(\lambda_1, \cdots, \lambda_m, \mathcal{X})$ 是关于 λ 的函数, 可看成 Lagrange 对偶第一阶段问题, 上式对应优化问题则为

$$\begin{aligned} \min \quad & -v(\lambda_1, \cdots, \lambda_m, \mathcal{X}) \\ \text{s.t.} \quad & \lambda \in \mathcal{Y} \cap \mathcal{K}^*. \end{aligned} \tag{3.19}$$

了解上述模型之间的关系涉及 2.5 节共轭函数所讨论的内容, 因此下面给出优化问题的共轭对偶模型和性质.

共轭对偶研究的优化问题模型为

$$\begin{aligned} v_p = \min \quad & f(x) \\ \text{s.t.} \quad & x \in \mathcal{X} \cap \mathcal{K}, \end{aligned} \tag{3.20}$$

其中, $\mathcal{X}$ 表示我们研究优化问题所关心区域, 还称其为问题的定义域, $\mathcal{K}$ 是一个锥.

按 2.5 节的符号, $f : \mathcal{X}$ 的共轭函数记为 $h : \mathcal{Y}$ 且满足

$$h(y) = \max_{x \in \mathcal{X}} \{y \bullet x - f(x)\},$$

$\mathcal{Y} = \{y \mid h(y) < +\infty\}$. 设 $\mathcal{K}^*$ 为 $\mathcal{K}$ 的对偶集, 则优化问题 (3.20) 的共轭对偶问题定义为

$$\begin{aligned} v_d = \min \quad & h(y) \\ \text{s.t.} \quad & y \in \mathcal{Y} \cap \mathcal{K}^*. \end{aligned} \tag{3.21}$$

我们还是习惯将 (3.20) 称为原问题而 (3.21) 称为共轭对偶问题.

定理 3.20 设原问题 (3.20) 和共轭对偶问题 (3.21) 都是可行的. 当 $x \in \mathcal{X} \cap \mathcal{K}$ 和 $y \in \mathcal{Y} \cap \mathcal{K}^*$, 则有

$$0 \leqslant x \bullet y \leqslant f(x) + h(y)$$

且 $f(x) + h(y) = 0$ 的充分必要条件是

$$x \bullet y = 0 \text{ 且 } y \in \partial f(x).$$

当上等式成立时, x 和 y 分别为原问题和共轭对偶问题的最优解.

证明　由引理 2.35 得知: 当 $x \in \mathcal{X} \cap \mathcal{K}$ 和 $y \in \mathcal{Y} \cap \mathcal{K}^*$, 有 $x \bullet y \leqslant f(x) + h(y)$ 且等号成立的充分必要条件是 $y \in \partial f(x)$.

由于 $x \in \mathcal{K}$ 和 $y \in \mathcal{K}^*$, 所以 $x \bullet y \geqslant 0$.

当 $f(x) + h(y) = 0$ 时, 由 $x \bullet y \leqslant f(x) + h(y) = 0$ 得到 $x \bullet y = 0$. 反之, 当 $x \bullet y = 0$ 且 $y \in \partial f(x)$ 时, 则由引理 2.35 可知 $f(x) + h(y) = 0$.

当等式成立时, 对 $y \in \mathcal{Y} \cap \mathcal{K}^*$ 和 $x \in \mathcal{X} \cap \mathcal{K}$, 有

$$f(x) = -h(y) = -\max_{\hat{x} \in \mathcal{X} \cap \mathcal{K}} \{y \bullet \hat{x} - f(\hat{x})\} \leqslant f(\hat{x}) - y \bullet \hat{x}, \quad \forall \hat{x} \in \mathcal{X} \cap \mathcal{K}.$$

因为 $\hat{x} \in \mathcal{X} \cap \mathcal{K}, y \in \mathcal{Y} \cap \mathcal{K}^*$, 所以 $y \bullet \hat{x} \geqslant 0$. 综合得到 $f(x) \leqslant f(\hat{x}), \forall \hat{x} \in \mathcal{X} \cap \mathcal{K}$. 所以 x 为原问题最优解.

由上面已证明的结论 $x \bullet y \leqslant f(x) + h(y)$ 知 $-h(y) \leqslant f(x)$, 所以 y 为共轭对偶问题的最优解. ∎

基于以上定理, 不难得到下面结论.

定理 3.21　设原问题 (3.20) 和共轭对偶问题 (3.21) 都是可行的. 若 v_p 下有界, 则

$$v_p \geqslant -h(y), \quad \forall y \in \mathcal{Y} \cap \mathcal{K}^*.$$

进一步若 v_d 下有界, 则

$$v_p \geqslant -v_d.$$

证明　据定理 3.20, 有

$$f(x) + h(y) \geqslant x \bullet y \geqslant 0, \quad \forall x \in \mathcal{X} \cap \mathcal{K} \text{ 且 } \forall y \in \mathcal{Y} \cap \mathcal{K}^*.$$

于是得到

$$\min_{x \in \mathcal{X} \cap \mathcal{K}} (f(x) + h(y)) = v_p + h(y) \geqslant 0, \quad \forall y \in \mathcal{Y} \cap \mathcal{K}^*.$$

同理得到结论 $v_p \geqslant -v_d$. ∎

以上两个定理表明, 优化问题 (3.21) 提供给问题 (3.20) 一个下界, 因此称它们为对偶是合理的. 同时定理 3.20 给出了判断优化问题 (3.20) 和 (3.21) 具有强对偶 $v_p + v_d = 0$ 的充分必要条件.

上面两个定理都在得到原问题和共轭对偶问题可行解的假设下, 判定是否具有强对偶条件. 我们同样关注, 在没有对优化问题 (3.20) 求得任何解之前, 如何根据问题的定义域集合 $\mathcal{X}$ 和约束集合 $\mathcal{K}$ 所具有的特性, 得到具有强对偶的结论? 它的结论为本节开始时提到的被掩盖的有关原问题解提供信息.

定理 3.22 (Fenchel 定理/强对偶定理)　在优化问题 (3.20) 和 (3.21) 中, 设 $\mathcal{X}$ 和 $\mathcal{K}$ 为非空凸集且 $f : \mathcal{X}$ 为真凸函数, $h : \mathcal{Y}$ 为其共轭函数. 当 v_d 是有限值且 $\mathrm{ri}(\mathcal{K}^*) \cap \mathrm{ri}(\mathcal{Y}) \neq \varnothing$, 则 $v_p + v_d = 0$ 且优化问题 (3.20) 的最优解可达.

对称地有相似的结论, 当 v_p 是有限值且 $\mathrm{ri}(\mathcal{K}) \cap \mathrm{ri}(\mathcal{X}) \neq \varnothing$, 则 $v_p + v_d = 0$ 且优化问题 (3.21) 的最优解可达.

证明　在 $f : \mathcal{X}$ 为真凸函数时, 根据引理 2.34 和引理 2.36, 知 $h : \mathcal{Y}$ 也为真凸函数, 于是两组结论中只需证明一组即可. 仅以后面的情形证明.

首先由引理 2.34 知 $h : \mathcal{Y}$ 存在. 由定理 3.20, 有

$$f(x) + h(y) \geqslant x \bullet y \geqslant 0, \quad \forall x \in \mathcal{X} \cap \mathcal{K}, \quad \forall y \in \mathcal{Y} \cap \mathcal{K}^*,$$

$$f(x) \geqslant -h(y), \quad \forall x \in \mathcal{X} \cap \mathcal{K}, \quad \forall y \in \mathcal{Y} \cap \mathcal{K}^*.$$

当 v_p 有限, 则 $f(x)$ 在 $\mathcal{X} \cap \mathcal{K}$ 上有下界, 其精确下界就是 v_p, 有

$$h(y) \geqslant -v_p, \quad \forall y \in \mathcal{Y} \cap \mathcal{K}^*. \tag{3.22}$$

记

$$\mathcal{C} = \left\{ \begin{pmatrix} x \\ \mu \end{pmatrix} \middle| x \in \mathcal{X}, \mu \in \mathbb{R}, f(x) \leqslant \mu \right\},$$

$$\mathcal{D} = \left\{ \begin{pmatrix} x \\ \mu \end{pmatrix} \middle| x \in \mathcal{K}, \mu \in \mathbb{R}, v_p \geqslant \mu \right\}.$$

由假设条件得到 $\mathcal{C}$ 和 $\mathcal{D}$ 为非空凸集. 由定理 2.31,

$$\mathrm{ri}(\mathcal{C}) = \left\{ \begin{pmatrix} x \\ \mu \end{pmatrix} \middle| x \in \mathrm{ri}(\mathcal{X}), \mu \in \mathbb{R}, f(x) < \mu \right\},$$

$$\mathrm{ri}(\mathcal{D}) = \left\{ \begin{pmatrix} x \\ \mu \end{pmatrix} \middle| x \in \mathrm{ri}(\mathcal{K}), \mu \in \mathbb{R}, v_p > \mu \right\}.$$

明显可以看出, $\mathrm{ri}(\mathcal{C}) \cap \mathrm{ri}(\mathcal{D}) = \varnothing$. 由定理 2.20, 存在一个 $\mathbb{R}^{n+1}$ 中的超平面

$$a_0 z + a \bullet x = b$$

真分离 $\mathcal{C}$ 和 $\mathcal{D}$, 但由于 $\mathrm{ri}(\mathcal{X}) \cap \mathrm{ri}(\mathcal{K}) \neq \varnothing$, 故无法真分离 $\mathcal{X}$ 和 $\mathcal{K}$. 此时, 可用反证法推出 $a_0 \neq 0$, 我们将超平面方程重新写成

$$z = \bar{y} \bullet x - y_0.$$

由分离性质知道

$$\mu \geqslant \bar{y} \bullet x - y_0, \quad \forall \begin{pmatrix} x \\ \mu \end{pmatrix} \in \mathcal{C}.$$

先推出

$$f(x) \geqslant z = \bar{y} \bullet x - y_0, \quad \forall x \in \mathcal{X}, \tag{3.23}$$

$$\mu \leqslant \bar{y} \bullet x - y_0, \quad \forall \begin{pmatrix} x \\ \mu \end{pmatrix} \in \mathcal{D},$$

再推出

$$v_p \leqslant z = \bar{y} \bullet x - y_0, \quad \forall x \in \mathcal{K}. \tag{3.24}$$

若存在 $x \in \mathcal{K}$ 使得 $\bar{y} \bullet x < 0$, 则有 $kx \in \mathcal{K}$ 对任意 $k \in \mathbb{R}_+$ 成立和

$$v_p \leqslant \bar{y} \bullet (kx) - y_0 \to -\infty, \quad k \to +\infty.$$

此与原问题的目标值有限矛盾, 所以 $\bar{y} \bullet x \geqslant 0, \forall x \in \mathcal{K}$, 故得到 $\bar{y} \in \mathcal{K}^*$.

根据上面 (3.23) 的不等式方程得到

$$y_0 \geqslant \max_{x \in \mathcal{X}} \{\bar{y} \bullet x - f(x)\} = h(\bar{y}),$$

因此, 由 $h(\bar{y})$ 有定义而得到 $\bar{y} \in \mathcal{Y}$.

由定理 3.21, 对偶问题 (3.21) 的任何一个可行解的目标值永远为原问题目标值的下界, 即 $h(\bar{y}) \geqslant -v_p$.

(3.24) 及 $\mathcal{K}$ 锥中一定包含 0 点, 所以

$$y_0 + v_p \leqslant \min_{x \in \mathcal{K}} \{\bar{y} \bullet x\} \leqslant 0,$$

故而

$$h(\bar{y}) \leqslant y_0 \leqslant -v_p.$$

进一步得到 $h(\bar{y}) = -v_p$. 由此可说明共轭对偶问题最优解在 $\bar{y}$ 可达. ■

作为定理 3.22 的一种特殊情况, 当 $\mathcal{K}$ 和 $\mathcal{X}$ 都是多面体时, 有相同的结论, 但证明则直观许多.

定理 3.23 (Fenchel 定理/强对偶定理: 多面体情形)　在优化问题 (3.20) 和 (3.21) 中, 若 $f : \mathcal{X}$ 及共轭函数 $h : \mathcal{Y}$ 为线性函数. 当 v_d 是有限值且 $\mathcal{K}^*$ 和 $\mathcal{Y}$ 都是非空多面体时, 则 $v_p + v_d = 0$ 且优化问题 (3.20) 的最优解可达.

对称地有相似的结论, 当 v_p 是有限值且 $\mathcal{K}$ 和 $\mathcal{X}$ 都是非空多面体时, 则 $v_p + v_d = 0$ 且优化问题 (3.21) 的最优解可达.

当 $\mathcal{K}$、$\mathcal{X}$、$\mathcal{K}^*$ 和 $\mathcal{Y}$ 都是非空多面体时, 只要 v_p 或 v_d 其中一个有限时, 则两者都可达且 $v_p + v_d = 0$.

证明 同上定理证明中相同的缘由, 考虑后一种情形. 当 v_p 是有限值时, 则 $\mathcal{K}$ 和 $\mathcal{X}$ 都是非空多面体. 同样记

$$\mathcal{C} = \left\{ \begin{pmatrix} x \\ \mu \end{pmatrix} \middle| x \in \mathcal{X}, \mu \in \mathbb{R}, f(x) \leqslant \mu \right\},$$

$$\mathcal{D} = \left\{ \begin{pmatrix} x \\ \mu \end{pmatrix} \middle| x \in \mathcal{K}, \mu \in \mathbb{R}, v_p \geqslant \mu \right\}.$$

$\mathcal{C}$ 和 $\mathcal{D}$ 为凸集和多面体, $\mathcal{C} - \mathcal{D}$ 为凸集和多面体 (参见定理 2.22), $(0,0)^{\mathrm{T}}$ 是 $\mathrm{cl}(\mathcal{C} - \mathcal{D})$ 的边界点且 $\{(0, -\mu)^{\mathrm{T}} \mid \mu > 0\}$ 不属于 $\mathcal{C} - \mathcal{D}$.

因为 $\mathcal{C} - \mathcal{D}$ 为多面体, 则可以表示成 $\mathbb{R}^{n+1}$ 空间中有限个超平面的半空间的交集, 考虑过 $(0,0)^{\mathrm{T}}$ 的那些超平面, 必然存在一个与 $\{(0, -\mu)^{\mathrm{T}} \mid \mu > 0\}$ 相交为空集的超平面 $\left\{ \begin{pmatrix} x \\ z \end{pmatrix} \mid a_0 z + a \bullet x = 0 \right\}$ 支撑 $\mathcal{C} - \mathcal{D}$. 由于 $\{(0, \mu)^{\mathrm{T}} \mid \mu > 0\}$ 与 $\{(0, -\mu)^{\mathrm{T}} \mid \mu > 0\}$ 被真分离, 所以 $a_0 \neq 0$. 重新将该超平面记成

$$z = \bar{y} \bullet x,$$

就有

$$\mu - \bar{y} \bullet x \geqslant 0, \quad \forall \begin{pmatrix} x \\ \mu \end{pmatrix} \in \mathcal{C} - \mathcal{D},$$

故

$$\mu_1 - \mu_2 \geqslant \bar{y} \bullet (x^1 - x^2), \quad \forall \begin{pmatrix} x^1 \\ \mu_1 \end{pmatrix} \in \mathcal{C}, \quad \forall \begin{pmatrix} x^2 \\ \mu_2 \end{pmatrix} \in \mathcal{D}.$$

继续推出

$$\bar{y} \bullet x^2 - \mu_2 \geqslant \bar{y} \bullet x^1 - \mu_1, \quad \forall \begin{pmatrix} x^1 \\ \mu_1 \end{pmatrix} \in \mathcal{C}, \quad \forall \begin{pmatrix} x^2 \\ \mu_2 \end{pmatrix} \in \mathcal{D}.$$

再根据 $\mathcal{C}$ 和 $\mathcal{D}$ 中 μ 的取值, 得到

$$\bar{y} \bullet x^2 - v_p \geqslant \bar{y} \bullet x^1 - f(x^1), \quad \forall x^1 \in \mathcal{X}, \quad \forall x^2 \in \mathcal{K}.$$

于是有

$$h(\bar{y}) \leqslant \bar{y} \bullet x^2 - v_p, \quad \forall x^2 \in \mathcal{K}. \tag{3.25}$$

由 $\mathcal{K}$ 的非空假设, 得知 $h(\bar{y}) < +\infty$, 即 $\bar{y} \in \mathcal{Y}$. 同定理 3.22 的证明相同的逻辑可推出 $\bar{y} \in \mathcal{K}^*$.

由 (3.25) 推导出

$$h(\bar{y}) + v_p \leqslant \min_{x^2 \in \mathcal{K}} \{\bar{y} \bullet x^2\} = 0,$$

即 $h(\bar{y}) \leqslant -v_p$. 再由 (3.22) 得到 $h(\bar{y}) = -v_p$. $\bar{y}$ 为最优解.

当 $\mathcal{K}$、$\mathcal{X}$、$\mathcal{K}^*$ 和 $\mathcal{Y}$ 都是多面体且 v_p 或 v_d 之一有限时, 可得到另外一个可达且有限, 由于可行解集所特有的多面体性质, 再用一次上面的结论, 即可证明结果. ■

共轭对偶在线性规划的应用

对于线性规划的标准形式

$$\begin{aligned}\min \quad & c^{\mathrm{T}}x \\ \mathrm{s.t.} \quad & Ax = b, \\ & x \in \mathbb{R}_+^n,\end{aligned}$$

其中, $A \in \mathbb{R}^{m \times n}$, $b \in \mathbb{R}^m$, $c \in \mathbb{R}^n$. 它的约束已经具有使用共轭对偶方法的基本特征,

$$\mathcal{X} = \{x \in \mathbb{R}^n \mid Ax = b\}, \quad \mathcal{K} = \mathbb{R}_+^n.$$

采用共轭对偶, 求目标函数的共轭函数

$$h(y) = \max_{x \in \mathcal{X}} \{y^{\mathrm{T}}x - c^{\mathrm{T}}x\} = \max_{\{x \mid Ax = b\}} \{(y - c)^{\mathrm{T}}x\}.$$

按线性规划假设 A 为行满秩, 则 $Ax = b$ 等价写成

$$Ax = [B \ N]\begin{pmatrix} x_B \\ x_N \end{pmatrix} = Bx_B + Nx_N = b,$$

其中 B 可逆. 于是 $x_B = B^{-1}b - B^{-1}Nx_N$, 及

$$\begin{aligned}(y - c)^{\mathrm{T}}x &= (y - c)_B^{\mathrm{T}}x_B + (y - c)_N^{\mathrm{T}}x_N \\ &= (y - c)_B^{\mathrm{T}}(B^{-1}b - B^{-1}Nx_N) + (y - c)_N^{\mathrm{T}}x_N \\ &= (y - c)_B^{\mathrm{T}}B^{-1}b + [(y - c)_N^{\mathrm{T}} - (y - c)_B^{\mathrm{T}}B^{-1}N]x_N.\end{aligned}$$

在 $h(y) < +\infty$ 的要求下, 得到

$$(y - c)_N^{\mathrm{T}} - (y - c)_B^{\mathrm{T}}B^{-1}N = 0, \quad h(y) = (y - c)_B^{\mathrm{T}}B^{-1}b.$$

令 $\lambda = -[(y - c)_B^{\mathrm{T}}B^{-1}]^{\mathrm{T}}$, 则有

$$(y - c)_B^{\mathrm{T}} = -\lambda^{\mathrm{T}}B, \quad (y - c)_N^{\mathrm{T}} + \lambda^{\mathrm{T}}N = 0.$$

整合上式

$$y - c = \left(\begin{array}{c} (y-c)_B \\ (y-c)_N \end{array} \right) = - \left(\begin{array}{c} B^{\mathrm{T}}\lambda \\ N^{\mathrm{T}}\lambda \end{array} \right) = -A^{\mathrm{T}}\lambda.$$

由此可知共轭对偶问题为

$$
\begin{aligned}
\min \quad & -\lambda^{\mathrm{T}}b \\
\text{s.t.} \quad & A^{\mathrm{T}}\lambda + y = c, \\
& y \in \mathbb{R}_+^n, \\
& \lambda = -[(y-c)_B^{\mathrm{T}}B^{-1}]^{\mathrm{T}}.
\end{aligned}
$$

观察上式约束中的两个方程, 发现最后一个方程为冗余的, 因此简写为

$$
\begin{aligned}
\min \quad & -\lambda^{\mathrm{T}}b \\
\text{s.t.} \quad & A^{\mathrm{T}}\lambda + y = c, \\
& y \in \mathbb{R}_+^n, \quad \lambda \in \mathbb{R}^m,
\end{aligned}
$$

或写成常见的线性规划对偶问题

$$
\begin{aligned}
- \max \quad & b^{\mathrm{T}}w \\
\text{s.t.} \quad & A^{\mathrm{T}}w + s = c, \\
& s \in \mathbb{R}_+^n, \quad w \in \mathbb{R}^m.
\end{aligned}
$$

此时, 根据定理 3.23, 在原问题目标值有界的条件下, 原问题的约束集合 $\mathcal{X}$ 和锥集合 $\mathcal{K}$ 都是非空多面体, 因此, 共轭对偶问题最优解可达. 同理, 共轭对偶问题的约束也具有同样好的特性, 所以, 原问题最优解可达. 这些结果说明了共轭对偶有很强的理论广适性.

进一步应用定理 3.20, 原问题与对偶问题具有强对偶性的充分必要条件是: 若 $x \in \mathcal{X} \cap \mathcal{K}$ 和 $y \in \mathcal{Y} \cap \mathcal{K}^*$, 则有

$$y^{\mathrm{T}}x = 0 \Leftrightarrow x^{\mathrm{T}}(A^{\mathrm{T}}\lambda - c) = 0.$$

上式的右端是大家已经熟悉的互补松弛条件.

共轭对偶与 Lagrange 对偶

对于非线性优化问题 (3.2), 按本节开始的想法, 建立映射 (3.16), 得到

$$\mathcal{X} = \left\{ u \in \mathbb{R}^{m+1} \mid u = \varphi(x), x \in \mathcal{D} \right\}$$

和

$$\mathcal{K} = \left\{ u \in \mathbb{R}^{m+1} \mid u_i \geqslant 0, i = 1, 2, \cdots, m \right\},$$

其中 $\mathcal{D} = \mathbb{R}^n$. 然后建立等价的优化问题 (3.17).

按共轭对偶方法, 对任意 $\lambda \in \mathbb{R}^{m+1}$, 共轭对偶函数

$$h(\lambda) = \max_{u \in \mathcal{X}}\{\lambda^{\mathrm{T}}u - u_{m+1}\} = -\min_{x \in \mathcal{D}}\left\{(1 - \lambda_{m+1})f(x) + \sum_{i=1}^{m}\lambda_i g_i(x)\right\},$$

有定义的区域

$$\mathcal{Y} = \{\lambda \in \mathbb{R}^{m+1} \mid h(\lambda) < +\infty\},$$

容易验证

$$\begin{aligned}
\mathcal{K}^* &= \{\lambda \in \mathbb{R}^{m+1} \mid u^{\mathrm{T}}\lambda \geqslant 0, \forall u \in \mathcal{K}\} \\
&= \{\lambda \in \mathbb{R}^{m+1} \mid \lambda_i \geqslant 0, i = 1, 2, \cdots, m; \lambda_{m+1} = 0\}.
\end{aligned}$$

共轭对偶模型为

$$\begin{aligned}
v_d &= \min_{\lambda \in \mathcal{Y} \cap \mathcal{K}^*} h(\lambda) \\
&= \min_{\lambda_i \geqslant 0, 1 \leqslant i \leqslant m; \lambda_{m+1}=0}[-\min_{x \in \mathcal{D}}\{f(x) + \sum_{i=1}^{m}\lambda_i g_i(x)\}] \\
&= -\max_{\lambda_i \geqslant 0, 1 \leqslant i \leqslant m}\min_{x \in \mathcal{D}}\{f(x) + \sum_{i=1}^{m}\lambda_i g_i(x)\}.
\end{aligned}$$

可以发现, 上面公式中最后一个等号就等同 Lagrange 松弛对偶问题.

再考虑给定一个点对 (λ^*, u^*), 在强对偶的要求下, 共轭对偶方法可以得到什么结果? 按定理 3.20, 假设 $u^* \in \mathcal{X} \cap \mathcal{K}$ 和 $\lambda^* \in \mathcal{Y} \cap \mathcal{K}^*$, 强对偶的充分必要条件为一则满足 $u^{*\mathrm{T}}\lambda^* = \sum_{i=1}^{m+1} u_i^* \lambda_i^* = \sum_{i=1}^{m} u_i^* \lambda_i^* = 0$, 即得到互补松弛条件

$$u_i^* \lambda_i^* = -g_i(x^*)\lambda_i^* = 0, \quad i = 1, 2, \cdots, m,$$

其中 x^* 为 $\mathcal{D}$ 上达到 u^* 的点.

二则还需要满足 $\lambda^* \in \partial u_{m+1}^*$, u_{m+1} 是 $u = (u_1, u_2, \cdots, u_{m+1})^{\mathrm{T}}$ 的函数, 按次梯度的定义 (2.9), 强对偶的点对 (λ^*, u^*) 满足

$$u_{m+1} \geqslant u_{m+1}^* + (\lambda^*)^{\mathrm{T}}(u - u^*), \quad \forall u \in \mathcal{X}.$$

由 $\lambda^* \in \mathcal{K}^*$ 得到 $\lambda_{m+1}^* = 0$, 记 $u^* = \varphi(x^*)$, 于是由上式可等价写出

$$f(x) \geqslant f(x^*) - \sum_{i=1}^{m}\lambda_i^*(g_i(x) - g_i(x^*)), \quad \forall x \in \mathcal{D},$$

变形整理为

$$f(x) + \sum_{i=1}^{m} \lambda_i^* g_i(x) \geqslant f(x^*) + \sum_{i=1}^{m} \lambda_i^* g_i(x^*), \quad \forall x \in \mathcal{D}. \tag{3.26}$$

当 $f(x)$ 和 $g_i(x), i = 1, 2, \cdots, m$ 为 $\mathbb{R}^n$ 上的凸函数时, 若 $x^* \in \mathcal{D}$ 是局部最小解, 则上式明显成立. 将以上讨论整理如下定理.

定理 3.24 给定非线性规划问题 (3.2) 对应变形问题 (3.17) 和共轭对偶问题 (3.19), 若存在点对 (λ^*, x^*) 使得 x^* 是问题 (3.2) 的可行解, λ^* 为 (3.19) 的可行解, 则 x^* 和 λ^* 对应问题最优解的充分必要条件为满足 (3.26) 和互补松弛条件

$$\lambda_i^* g_i(x^*) = 0, \quad i = 1, 2, \cdots, m.$$

从定理 3.24 可以得到, 非线性规划问题 (3.2) 中 $\mathcal{D} = \mathbb{R}^n$, 于是 (3.26) 是一个无约束优化问题, 满足全局最优性的解一定有梯度为 0, 即

$$\nabla f(x^*) + \sum_{i=1}^{m} \lambda_i^* \nabla g_i(x^*) = 0,$$

加上互补松弛, 就成了 KKT 条件 (3.5).

设非线性规划问题 (3.2) 中 $f(x)$ 和 $g_i(x), i = 1, 2, \cdots, m$, 为凸函数, 可以看到, 给定点对 (x^*, λ^*) 时 3.1 节针对凸函数的最优解一、二阶充分条件都是定理 3.24 具有强对偶的充分条件.

在此有这样的结论: 非线性规划问题 (3.2) 的可行解 x^* 与其共轭对偶问题 (3.19) 的可行解 λ^* 有强对偶的充分必要条件是满足互补松弛条件 $\lambda_i^* g_i(x^*) = 0, \; i = 1, 2, \cdots, m$, 和 (3.26) 式成立.

共轭对偶理论在线性规划和 Lagrange 对偶的应用反映出该方法的广适性和对问题的更深层的分析能力, 将在 3.5 节继续应用该方法, 得到线性锥优化问题的对偶模型和相应具有强对偶结论的条件.

3.5 线性锥优化模型及最优性

线性锥优化 (linear conic programming) 问题的标准形式可记为

$$\begin{aligned} v_{\text{LCoP}} = \min \quad & c \bullet x \\ \text{s.t.} \quad & a^i \bullet x = b_i, \quad i = 1, \cdots, m, \qquad \text{(LCoP)} \\ & x \in \mathcal{K}, \end{aligned}$$

其中 $x \in \mathbb{E}$ 为决策变量, $c \in \mathbb{E}$ 和 $a^i \in \mathbb{E}, i = 1, 2, \cdots, m$ 是给定向量, $b_i \in \mathbb{R}, i = 1, 2, \cdots, m, \mathcal{K} \subseteq \mathbb{E}$ 为闭凸锥.

　　首先, 第 1 章中列举的四个优化问题都写成了 (LCoP) 形式, 因此它们都是线性锥优化问题. 1.1 节线性规划对应的欧氏空间 $\mathbb{E} = \mathbb{R}^n$, $\mathcal{K} = \mathbb{R}_+^n$. 1.2 节 Torricelli 点问题的 (1.3) 对应的 $\mathbb{E} = \mathbb{R}^9$, $\mathcal{K} = \mathcal{L}^3 \times \mathcal{L}^3 \times \mathcal{L}^3$. 1.3 节的相关阵满足性问题的 (1.5) 对应的 $\mathbb{E} = \mathcal{M}(7,7) = \mathbb{R}^{7 \times 7}$, $\mathcal{K} = \mathcal{S}_+^7$. 1.4 节最大割的 (1.10) 对应的 $\mathbb{E} = \mathbb{R}^{(n+1) \times (n+1)} \times \mathbb{R}^n \times \mathbb{R}$, $\mathcal{K} = \mathcal{D}_{\{-1,1\}^n} \times \mathbb{R}^n \times \mathbb{R}$.

　　其次, 明显地看出, (LCoP) 中的目标函数和 m 个约束都是有关决策变量 x 的线性函数, 而决策变量取自锥 $x \in \mathcal{K}$, 由此得到线性锥优化的称谓. 实际上, (LCoP) 模型将变量间的复杂关系隐含在锥 $\mathcal{K}$ 内, 而表面却有一个非常好的线性表现. 这也就是线性锥优化值得研究的一点. 对一些简单的锥, 我们可以设计出多项式时间的算法, 而复杂的锥又可以描述困难的问题, 并经由简单的锥规划问题来求近似解.

　　最后, (LCoP) 可化成典型的 (3.20) 模型, 共轭对偶的方法可以直接应用到这类问题. 下面将通过共轭对偶的方法给出 (LCoP) 的对偶模型及具有强对偶的条件. 考虑到线性锥优化所处不同的欧氏空间及内积, 也为了更熟练地掌握共轭对偶的方法, 我们用一个统一的方法, 得到 (LCoP) 的对偶形式及其强对偶的条件.

　　仿效 3.4 节的共轭对偶变量映射 (3.16), 作下面变量替换并得到

$$\mathcal{X} = \{u \in \mathbb{R}^{m+1} \mid u_i = a^i \bullet x - b_i, i = 1, \cdots, m; u_{m+1} = c \bullet x, x \in \mathcal{K}\}, \atop \mathcal{K}_0 = \{u \in \mathbb{R}^{m+1} \mid u_i = 0, i = 1, \cdots, m; u_{m+1} \in \mathbb{R}\}. \tag{3.27}$$

　　容易验证, $\mathcal{K}_0$ 为一个锥, 记 $f(u) = u_{m+1}$. 依据 3.4 节变量替换的相同讨论, (LCoP) 等价下面模型:

$$\min \quad f(u) \atop \text{s.t.} \quad u \in \mathcal{X} \cap \mathcal{K}_0. \tag{3.28}$$

　　根据共轭对偶的理论, $f(u)$ 的共轭函数为

$$h(w) = \max_{u \in \mathcal{X}} \{u^{\mathrm{T}}w - f(u)\} = \max_{x \in \mathcal{K}} \left\{ -\sum_{i=1}^m w_i b_i + \left[\sum_{i=1}^m w_i a^i + (w_{m+1} - 1)c \right] \bullet x \right\}.$$

在 $h(w) < +\infty$ 的要求下, 得到

$$\left[\sum_{i=1}^m w_i a^i + (w_{m+1} - 1)c \right] \bullet x \leqslant 0, \quad \forall x \in \mathcal{K},$$

即有

$$-\sum_{i=1}^m w_i a^i + (1 - w_{m+1})c \in \mathcal{K}^*.$$

于是共轭函数为

$$h(w) = -\sum_{i=1}^{m} w_i b_i,$$

其定义域为

$$\mathcal{Y} = \{w \in \mathbb{R}^{m+1} \mid h(w) < +\infty\} = \left\{ w \in \mathbb{R}^{m+1} \middle| -\sum_{i=1}^{m} w_i a^i + (1 - w_{m+1})c \in \mathcal{K}^* \right\}.$$

明显有

$$\mathcal{K}_0^* = \{w \in \mathbb{R}^{m+1} \mid w_i \in \mathbb{R},\ i = 1, 2, \cdots, m;\ w_{m+1} = 0\},$$

$$\mathcal{Y} \cap \mathcal{K}_0^* = \left\{ w \in \mathbb{R}^{m+1} \middle| -\sum_{i=1}^{m} w_i a^i + c \in \mathcal{K}^*, w_{m+1} = 0 \right\}.$$

注意 $a^i \in \mathbb{E}$, $w_i \in \mathbb{R}$, 则 $w_i a^i = a^i w_i$. 通常习惯将数字写在向量的前面, 以后我们尽量按此习惯书写. 共轭对偶问题为

$$\min_{w \in \mathcal{Y} \cap \mathcal{K}_0^*} h(w) = \min_{\{w \mid -\sum_{i=1}^{m} w_i a^i + c \in \mathcal{K}^*, w_{m+1} = 1\}} -\sum_{i=1}^{m} w_i b_i,$$

即

$$
\begin{aligned}
v_d = \min \quad & h(w) = -b^{\mathrm{T}} w \\
\text{s.t.} \quad & \sum_{i=1}^{m} w_i a^i + s = c, \\
& s \in \mathcal{K}^*, \quad w \in \mathbb{R}^m.
\end{aligned}
\tag{3.29}
$$

令 $y = (w_1, w_2, \cdots, w_m)^{\mathrm{T}}$, 并习惯将 (LCoP) 的对偶写成

$$
\begin{aligned}
v_{\mathrm{LCoD}} = \max \quad & b^{\mathrm{T}} y \\
\text{s.t.} \quad & \sum_{i=1}^{m} y_i a^i + s = c, \\
& s \in \mathcal{K}^*, \quad y \in \mathbb{R}^m.
\end{aligned}
\tag{LCoD}
$$

用共轭对偶方法推导出的对偶规划模型为 (3.29) 形式. 但从学习线性规划开始, 我们更习惯将原问题和对偶问题模型分别写成: 原问题模型求目标函数极小形式而对偶问题模型求极大形式, 或对称地反之形式. 以后将沿用 (LCoD) 的对偶标准形式, 此种情况下需要特别注意 v_{LCoD} 与 v_d 相差一个负号, 即 $v_{\mathrm{LCoD}} = -v_d$.

3.4 节已直接用共轭对偶的方法得到线性规划的 (LCoD) 形式, 以上又通过变量映射的方法再一次得到相同的形式. 比较两种推导方法, 可以发现后一方法的推

导过程更加规范和简洁. 因此, 后一种变量映射的共轭对偶方法可作为一个统一的方法, 在使用的过程中, 原问题的模型变形给问题的推导可能带来便利, 这一点值得注意.

常见线性锥优化的不等式模型

$$
\begin{aligned}
\min \quad & c \bullet x \\
\text{s.t.} \quad & a^i \bullet x \geqslant b_i, \quad i = 1, \cdots, m, \\
& x \in \mathcal{K}.
\end{aligned}
\tag{3.30}
$$

可以通过增加松弛变量 $z_i \geqslant 0, i = 1, \cdots, m$ 将 $a^i \bullet x \geqslant b_i, i = 1, \cdots, m$ 化成等式 $a^i \bullet x - z_i = b_i, i = 1, \cdots, m$, 变量锥约束 $x \in \mathcal{K}$ 化成 $(x, z) \in \mathcal{K} \times \mathbb{R}_+^m$, 目标函数写成 $(c, 0) \bullet (x, z)$ 后, 上述不等式模型就写成 (LCoP) 的标准形式, 也就可以写出其对偶模型.

为了熟悉共轭对偶方法, 读者可以仿效推导 (LCoD) 的过程, 修改

$$
\mathcal{K}_0 = \{ u \in \mathbb{R}^{m+1} \mid u_i \geqslant 0, i = 1, \cdots, m; u_{m+1} \in \mathbb{R} \}
$$

后, 可得到对偶模型

$$
\begin{aligned}
\max \quad & b^{\mathrm{T}} y \\
\text{s.t.} \quad & \sum_{i=1}^m y_i a^i + s = c, \\
& s \in \mathcal{K}^*, \quad y \in \mathbb{R}_+^m.
\end{aligned}
\tag{3.31}
$$

定理 3.25(弱对偶定理)　若线性锥优化标准模型 (LCoP) 和 (LCoD) 都是可行的, 则对 (LCoP) 的任何可行解 x 和 (LCoD) 的任何可行解 (y, s), $c \bullet x \geqslant b^{\mathrm{T}} y$ 恒成立. 线性锥优化的不等式模型 (3.30) 和 (3.31) 也具有相同的结论.

证明　仅以线性锥优化标准模型证明, 不等式模型证明类似. 总结上面的讨论就可以得到证明. 由于 x 为 (LCoP) 的可行解, (y, s) 为 (LCoD) 的可行解, 所以有

$$
\begin{aligned}
c \bullet x - b^{\mathrm{T}} y &= -\sum_{i=1}^m y_i b_i + c \bullet x = -\sum_{i=1}^m y_i a^i \bullet x + c \bullet x \\
&= \left(-\sum_{i=1}^m y_i a^i + c \right) \bullet x = s \bullet x \geqslant 0.
\end{aligned}
$$

类似可得不等式模型的结论, 在此不再赘述. ∎

定理 3.26(互为对偶定理)　(LCoD) 的对偶为 (LCoP). 同样 (3.31) 的对偶为 (3.30).

证明 观察 (LCoP) 和 (LCoD), 我们是通过共轭对偶的办法将 (LCoP) 目标函数的内积形式变成了 (LCoD) 目标函数的自然内积形式, 这种不对称性造成不宜直接套用现有的结果, 因此重复一次共轭对偶的过程来证明结果.

注意 $\mathcal{K}$ 是闭凸锥, 所以 $(\mathcal{K}^*)^* = \mathcal{K}$. 记 $\mathcal{K}^*$ 所在的欧氏空间为 $\mathbb{E}$. 将 (LCoD) 写成

$$
\begin{aligned}
-\min \quad & -b^{\mathrm{T}}y \\
\text{s.t.} \quad & \sum_{i=1}^{m} y_i a^i + s = c, \\
& s \in \mathcal{K}^*, \quad y \in \mathbb{R}^m,
\end{aligned}
$$

其中 $a^i \in \mathbb{E}, i = 1, 2, \cdots, m, s \in \mathbb{E}, b \in \mathbb{R}^m, c \in \mathbb{E}$. 对应的

$$
\begin{aligned}
\mathcal{X} &= \left\{ (u, \alpha) \in \mathbb{E} \times \mathbb{R} \;\middle|\; \begin{array}{l} u = c - \sum_{i=1}^{m} y_i a^i - s, \\ \alpha = -b^{\mathrm{T}}y, s \in \mathcal{K}^*, y \in \mathbb{R}^m \end{array} \right\}, \\
\mathcal{K}_0 &= \left\{ (u, \alpha) \in \mathbb{E} \times \mathbb{R} \mid u = 0, \alpha \in \mathbb{R} \right\}.
\end{aligned}
$$

容易验证, $\mathcal{K}_0$ 为一个锥, 于是依据 3.4 节共轭对偶建立变量映射的相同讨论, (LCoD) 等价下面模型:

$$
\begin{aligned}
-\min \quad & \alpha \\
\text{s.t.} \quad & (u, \alpha) \in \mathcal{X} \cap \mathcal{K}_0.
\end{aligned}
$$

根据共轭对偶的理论, α 在点 (w, β)(其中 $w \in \mathbb{E}, \beta \in \mathbb{R}$) 的共轭函数为

$$
\begin{aligned}
h(w, \beta) &= \max_{(u, \alpha) \in \mathcal{X}} \{ w \bullet u + \alpha\beta - \alpha \} \\
&= \max_{s \in \mathcal{K}^*, y \in \mathbb{R}^m} \left\{ c \bullet w + \sum_{i=1}^{m} [(1 - \beta)b_i - a^i \bullet w] y_i - w \bullet s \right\}.
\end{aligned}
$$

在 $h(w, \beta) < +\infty$ 的要求下, (w, β) 满足

$$
(1 - \beta)b_i - a^i \bullet w = 0, \ i = 1, 2, \cdots, m \text{ 和 } w \bullet s \geqslant 0, \quad \forall s \in \mathcal{K}^*.
$$

即有

$$
a^i \bullet w = (1 - \beta)b_i, \quad i = 1, 2, \cdots, m \text{ 和 } w \in \mathcal{K}.
$$

得到共轭函数

$$
h(w, \beta) = c \bullet w,
$$

其定义域为

$$\mathcal{Y} = \{(w, \beta) \in \mathbb{E} \times \mathbb{R} \mid a^i \bullet w = (1 - \beta)b_i, i = 1, 2, \cdots, m;\ w \in \mathcal{K}\}.$$

明显, $\mathcal{K}_0$ 的对偶锥为

$$\mathcal{K}_0^* = \{(w, \beta) \in \mathbb{E} \times \mathbb{R} \mid \beta = 0\}.$$

于是

$$\mathcal{Y} \cap \mathcal{K}_0^* = \{(w, \beta) \in \mathbb{E} \times \mathbb{R} \mid a^i \bullet w = b_i, i = 1, 2, \cdots, m, w \in \mathcal{K}, \beta = 0\}.$$

故共轭对偶模型为

$$\begin{aligned} -\min \quad & h(w, \beta) = c \bullet w \\ \text{s.t.} \quad & a^i \bullet w = b_i, \quad i = 1, 2, \cdots, m \\ & w \in \mathcal{K}. \end{aligned}$$

令 $x = w$ 及考虑推导 (LCoD) 时的一个负号, 可将对偶的标准形式写为 (LCoP). 类似的推导, 得到 (3.31) 的对偶为 (3.30). ∎

有关强对偶则有下面的结论.

定理 3.27(标准模型的强对偶定理)   当 (LCoP) 的可行解集合与 $\mathrm{ri}(\mathcal{K})$ 的交集非空且 v_{LCoP} 有限, 则存在 (LCoD) 的可行解 (y^*, s^*) 使得 $b^{\mathrm{T}} y^* = v_{\mathrm{LCoP}}$.

同样, 当 (LCoD) 的可行解集合与 $\mathrm{ri}(\mathcal{K}^*) \times \mathbb{R}^m$ 的交集非空且 v_{LCoD} 有限, 则存在 (LCoP) 的可行解 x^* 使得 $c \bullet x^* = v_{\mathrm{LCoD}}$.

证明   由定理 3.22, 要证明该定理成立, 必须证明 (LCoP) 的等价问题 (3.28) 满足 $\mathrm{ri}(\mathcal{X}) \cap \mathrm{ri}(\mathcal{K}_0) \neq \varnothing$. 下面证明这个结论成立.

考虑它的可行解子集合

$$\tilde{\mathcal{F}} = \{x \mid a^i \bullet x = b_i, i = 1, 2, \cdots, m\} \cap \mathrm{ri}(\mathcal{K}).$$

令 $A = (a^1, \cdots, a^m, c)^{\mathrm{T}}$, 作线性变换:

$$x \in \mathcal{K} \mapsto Ax = (a^1 \bullet x, \cdots, a^m \bullet x, c \bullet x)^{\mathrm{T}} \in \mathbb{R}^{m+1},$$

由定理假设条件得到 $\tilde{\mathcal{F}} \neq \varnothing$, 也就有 $x^0 \in \mathrm{ri}(\mathcal{K})$ 使得 $a^i \bullet x^0 = b_i, i = 1, 2, \cdots, m$. 由定理 2.18, 则有 $Ax^0 \in A(\mathrm{ri}(\mathcal{K})) = \mathrm{ri}(A\mathcal{K})$. 令

$$Q^0 = (b_1, b_2, \cdots, b_m, 0)^{\mathrm{T}}, \quad P = Ax^0 - Q^0.$$

由定理 2.19 得到 $P \in \mathrm{ri}(A\mathcal{K}) - \mathrm{ri}(Q^0) = \mathrm{ri}(A\mathcal{K} - Q^0) = \mathrm{ri}(\mathcal{X})$. 明显可知 $\mathcal{K}_0 = \mathrm{ri}(\mathcal{K}_0)$ 且 $P \in \mathrm{ri}(\mathcal{K}_0)$, 故 $P \in \mathrm{ri}(\mathcal{X}) \cap \mathrm{ri}(\mathcal{K}_0)$, 则推出

$$\mathrm{ri}(\mathcal{X}) \cap \mathrm{ri}(\mathcal{K}_0) \neq \varnothing.$$

将定理 3.22 应用在 (LCoP) 的等价问题 (3.28), 即存在 (LCoD) 的可行解 (y^*, s^*) 使得 $b^\mathrm{T} y^* = v_{\mathrm{LCoP}}$.

利用定理 3.26 有关 $\mathcal{X}$ 和 $\mathcal{K}_0$ 的构造, 模仿上述证明可得到定理余下的结果. ∎

定理 3.28(不等式模型的强对偶定理) 当存在 $x^0 \in \mathbb{E}$ 满足: $a^i \bullet x^0 > b_i$, $i = 1, 2, \cdots, m$, $x^0 \in \mathrm{ri}(\mathcal{K})$ 且 (3.30) 目标值有下界, 则存在 (3.31) 的可行解 (y^*, s^*) 使得 $b^\mathrm{T} y^*$ 达到 (3.30) 的最优值.

对称地有, 当存在 $s^0 \in \mathrm{ri}(\mathcal{K}^*)$ 和 $y^0 \in \mathbb{R}^m_{++}$ 满足: $\sum\limits_{i=1}^m y_i^0 a^i + s^0 = c$ 且 (3.31) 的目标值有上界, 则存在 (3.30) 的可行解 x^* 使得 $c \bullet x^*$ 达到 (3.31) 的最优值.

证明 令

$$\mathcal{X} = \{u \in \mathbb{R}^{m+1} \mid u_i = a^i \bullet x - b_i, i = 1, \cdots, m; u_{m+1} = c \bullet x, x \in \mathcal{K}\},$$
$$\mathcal{K}_0 = \{u \in \mathbb{R}^{m+1} \mid u_i \geqslant 0, i = 1, \cdots, m; u_{m+1} \in \mathbb{R}\}.$$

可以仿效定理 3.27 的前半部分证明并采用相同的记号, 先得到 $Ax^0 - Q^0 \in \mathrm{ri}(\mathcal{X}) \cap \mathrm{ri}(\mathcal{K}_0)$, 再得到本定理的前半部分结论.

再证明后半部分的结论. 对于模型 (3.31), 令

$$\mathcal{X} = \left\{ (u, \alpha) \in \mathbb{E} \times \mathbb{R} \,\middle|\, \begin{array}{l} u = c - \sum\limits_{i=1}^m y_i a^i - s, \\ \alpha = -b^\mathrm{T} y, s \in \mathcal{K}^*, y \in \mathbb{R}^m_+ \end{array} \right\},$$
$$\mathcal{K}_0 = \{(u, \alpha) \in \mathbb{E} \times \mathbb{R} \mid u = 0, \alpha \in \mathbb{R}\}.$$

由定理 2.19 得到 $(s^0, y^0) \in \mathrm{ri}(\mathcal{K}^* \times \mathbb{R}^m_+)$. 令 $P = (c - \sum\limits_{i=1}^m y_i^0 a^i - s^0, -b^\mathrm{T} y^0)^\mathrm{T}$. 与定理 3.27 完全相同的逻辑, 得到 $P \in \mathrm{ri}(\mathcal{X}) \cap \mathrm{ri}(\mathcal{K}_0)$, 推出 $\mathrm{ri}(\mathcal{X}) \cap \mathrm{ri}(\mathcal{K}_0) \neq \varnothing$. 因此得到定理后半部分的结论. ∎

依据定理 3.20, 线性锥优化标准模型存在如下的判定结论.

定理 3.29(标准模型的最优性定理) 若 (LCoP) 存在一个可行解 x^*, (LCoD) 存在一个可行解 (y^*, s^*), 且使得 $c \bullet x^* = b^\mathrm{T} y^*$, 则 x^* 为 (LCoP) 的最优解且 (y^*, s^*) 为 (LCoD) 的最优解.

若 (LCoP) 的可行解集与 $\mathrm{ri}(\mathcal{K})$ 交集非空且最优目标值有限, 则 (LCoP) 的任何一个可行解 x^* 为最优解的必要条件为 (LCoD) 存在一个可行解 (y^*, s^*), 使得 $c \bullet x^* = b^\mathrm{T} y^*$ (或等价表示为 $x^* \bullet s^* = c \bullet x^* - b^\mathrm{T} y^* = 0$).

若 (LCoD) 的可行解集与 $\mathrm{ri}(\mathcal{K}^*) \times \mathbb{R}^m$ 交集非空且最优目标值有限, 则 (LCoD) 的任何一个可行解 (y^*, s^*) 为最优解的必要条件为 (LCoP) 存在一个可行解 x^*, 使得 $c \bullet x^* = b^\mathrm{T} y^*$.

证明 第一条的充分性结论只需验证满足定理 3.20 的条件即可得到结果. "必要性" 的两个结论具有对称性, 后一个结论仿效前一个就可以得到. 对于前一个结论, 由定理 3.27, 这样的 (y^*, s^*) 存在且最优目标值无对偶间隙, 于是依据定理 3.20 得到 $c \bullet x^* = b^\mathrm{T} y^*$. ∎

注意上述定理的充分或必要条件, 充分条件中假设 x^* 和 (y^*, s^*) 已存在. 必要条件中要求 (LCoP) 的可行解集与 $\mathrm{ri}(\mathcal{K})$ 交集非空和最优目标值有限的目的是使得对偶问题可达.

不等式模型也有类似的结论, 叙述如下.

定理 3.30(不等式模型的最优性定理) 若 (3.30) 存在一个可行解 x^*, (3.31) 存在一个可行解 (y^*, s^*), 且使得 $c \bullet x^* = b^\mathrm{T} y^*$, 则 x^* 为 (3.30) 的最优解且 (y^*, s^*) 为 (3.31) 的最优解.

若存在 $x^0 \in \mathbb{E}$ 满足: $a^i \bullet x^0 > b_i$, $i = 1, 2, \cdots, m$, $x^0 \in \mathrm{ri}(\mathcal{K})$ 且 (3.30) 的目标值有下界, 则 (3.30) 的一个可行解 x^* 为最优解的必要条件为 (3.31) 存在一个可行解 (y^*, s^*), 使得 $c \bullet x^* = b^\mathrm{T} y^*$ (或等价表示为 $x^* \bullet s^* = c \bullet x^* - b^\mathrm{T} y^* = 0$).

若存在 $s^0 \in \mathrm{ri}(\mathcal{K}^*)$ 和 $y^0 \in \mathbb{R}^m_{++}$ 满足: $\sum_{i=1}^m y_i^0 a^i + s^0 = c$ 且 (3.31) 的目标值有上界, 则 (3.31) 的一个可行解 (y^*, s^*) 为最优解的必要条件为 (3.30) 存在一个可行解 x^*, 使得 $c \bullet x^* = b^\mathrm{T} y^*$.

至此, 我们已给出线性锥优化的标准模型和不等式模型的形式, 它们的对偶模型及强对偶和最优性判别的充分条件. 模型的形式有利于我们对问题的分类, 强对偶的充分条件有利于我们了解最优解的存在性, 而最优性判别的充分条件有利于我们判别一个解是否为最优解.

从应用的角度来看, 有以上理论为基础, 可以讨论各类线性锥优化模型的对偶模型、强对偶条件和给出一些判定最优解的充分条件. 这些内容将在后续的第 4~6 章讨论. 第 4 章将给出一些多项式可计算的线性锥优化模型, 第 5 章将讨论一类非多项式时间可计算的二次函数锥优化模型及其近似算法方法, 第 6 章将继续介绍二次函数锥优化模型的椭球及二阶锥覆盖等系统的近似算法.

3.6 小结及相关工作

本章主要为非线性规划的学习提供最基础性的内容, 有关最优性条件和约束规范的内容是非线性规划研究的基础知识, 而对偶理论在本书中是线性锥优化问题建模和理论分析的重要工具. 本章的重点是对偶模型的建立和其思想. 我们尽量采用了一些简单的例子来说明这些方法的有效性和揭示的一些更深层次的理论结果. 系统地掌握它们对本书后续部分的理解及研究将起非常重要的作用.

3.5 节用共轭对偶的方法写出了线性锥优化的对偶模型, 由此给出了强对偶的充分条件. A.S. Nemirovski[46]、S. Boyd[6] 和 Y. Ye[71] 的著作中对这些结果也分别进行了阐述.

读者将从本书后续的内容中发现, 共轭对偶方法是我们建立线性锥优化对偶模型和给出强对偶条件的主要工具. A.S. Nemirovski[46] 基于构造系统下界的思想, 给出了线性锥优化的对偶模型. 我们采用本章的 Lagrange 对偶方法也给出了线性规划、椭球约束的齐二次规划的对偶模型, 而采用广义的 Lagrange 对偶方法给出了非线性规划 (3.2) 的一般性对偶模型 (3.15). 因此, 新的对偶思想可能带来新的研究结果. 如 D. Gao[18~21] 在 Fenchel 对偶中考虑原问题变量和对偶变量满足特殊对应关系的一类问题, 提出了正则对偶 (canonical duality)方法, 对求解一些非凸非线性优化问题的全局最优解效果甚好 [14, 15, 63, 67, 68].

第4章 可计算线性锥优化

线性锥优化是继线性规划后, 一个被广泛研究和应用的领域. 第 1 章的四类问题都可写成线性锥优化模型, 由此可以看出, 它不仅仅包含线性规划, 同时包含一些非线性的距离问题、半正定问题, 甚至组合最优化中的最大割问题. 问题的可计算性是其能够实际应用的关键点之一, 线性规划、二阶锥规划和半正定规划问题因有内点算法而保证是多项式时间可计算. 但并不是所有的线性锥优化问题都是可计算的, 如 1.4 节中的由最大割问题建立起来的二次函数锥规划问题则不在多项式时间可计算之列.

本章建立在 3.5 节的基础上, 专门介绍一些常见的可计算线性锥优化问题及求解这些问题的内点算法框架. 作为导引, 4.1 节介绍线性规划, 4.2 节介绍二阶锥规划, 4.3 节介绍半正定规划, 4.4 节则介绍内点算法的框架.

本章所讨论内容主要涉及两个欧氏空间 $\mathbb{R}^n$ 和 $\mathcal{M}(m,n)$, 通常用 "$\bullet$" 表示其上的内积. 具体来说, 我们在 $\mathbb{R}^n$ 上采用自然内积, 在 $\mathcal{M}(m,n)$ 上则采用 Frobenius 内积.

4.1 线 性 规 划

从第 1 章开始, 我们引入了线性规划问题, 并在后续的章节中, 以线性规划问题作为应用对象, 探讨了 Lagrange 松弛和共轭对偶等方法的应用. 在此, 用线性锥优化的理论再次分析线性规划, 据此给出线性规划理论的一个小结.

直接应用 3.5 节线性锥优化原始及对偶模型的结论, 线性规划的标准及其对偶模型为

$$
\begin{array}{llll}
v_{\mathrm{LP}} = \min & c^{\mathrm{T}}x & \qquad v_{\mathrm{LD}} = \max & b^{\mathrm{T}}y \\
\text{s.t.} & Ax = b, \quad \text{(LP)} & \text{s.t.} & A^{\mathrm{T}}y + s = c, \qquad \text{(LD)} \\
& x \in \mathbb{R}^n_+, & & s \in \mathbb{R}^n_+, \quad y \in \mathbb{R}^m.
\end{array}
$$

线性规划的不等式模型及其对偶模型为

$$
\begin{array}{llll}
v_{\mathrm{LP}} = \min & c^{\mathrm{T}}x & \qquad v_{\mathrm{LD}} = \max & b^{\mathrm{T}}y \\
\text{s.t.} & Ax \geqslant b, \quad \text{(LP)} & \text{s.t.} & A^{\mathrm{T}}y + s = c, \qquad \text{(LD)} \\
& x \in \mathbb{R}^n_+, & & s \in \mathbb{R}^n_+, \quad y \in \mathbb{R}^m_+.
\end{array}
$$

下面仅给出标准模型的结论, 不等式模型结论类似.

定理 4.1(线性规划对偶定理)

(i) 当 (LP) 无有限下界, 则 (LD) 不可行; 当 (LD) 无有限上界, 则 (LP) 不可行.

(ii) 若 v_{LP} 或 v_{LD} 其中一个有限, 则存在 (LP) 可行解 x^* 和 (LD) 可行解 (s^*, y^*) 使得 $v_{\text{LP}} = c^{\text{T}}x^* = b^{\text{T}}y^* = v_{\text{LD}}$.

(iii) v_{LP} 或 v_{LD} 其中一个有限的充分必要条件为存在 x^* 和 (s^*, y^*) 满足:

(a) $Ax^* = b$, $x^* \in \mathbb{R}^n_+$;

(b) $A^{\text{T}}y^* + s^* = c$ 且 $s \in \mathbb{R}^n_+$;

(c) $(x^*)^{\text{T}}s^* = c^{\text{T}}x^* - b^{\text{T}}y^* = 0$.

证明 (i) 若 (LP) 无有限下界而 (LD) 可行, 由共轭函数的定义及引理 2.35, 得到 (LP) 下有界, 此与无界矛盾, 结论得证. 同理证明另外一个结论. (ii) 由于线性规划的约束为多面体, 因此, 由定理 3.23 得到强对偶的结论及对偶问题最优解可达, 再用一次定理 3.23 得到原问题最优解可达, 于是 (ii) 成立. (iii) 是 (ii) 的一种等价表述. ∎

从线性规划对偶定理可以发现, 没有遵循定理 3.27 提及相对内点的要求, 只要一个问题目标值有限, 则原问题和对偶问题都可达且具有强对偶性. 实际上定理 3.23 已有交代. 线性规划问题的可行解区域是多个半空间形成的多面体, 只要可行解区域非空就满足定理 3.27 的相对内点交集非空的条件.

4.2 二阶锥规划

二阶锥规划 (second-order conic programming, SOCP)问题的标准形式为

$$v_{\text{SOCP}} = \min \quad c^{\text{T}}x$$
$$\text{s.t.} \quad Ax = b, \qquad \text{(SOCP)}$$
$$x \in \mathcal{K},$$

其中, $c \in \mathbb{R}^n$, $A \in \mathcal{M}(m, n)$, $b \in \mathbb{R}^m$ 为常数,

$$\mathcal{K} = \mathcal{L}^{n_1} \times \cdots \times \mathcal{L}^{n_r},$$
$$= \left\{ x \in \mathbb{R}^n \;\middle|\; \begin{array}{l} n_1 + \cdots + n_r = n; (x_1, \cdots, x_{n_1})^{\text{T}} \in \mathcal{L}^{n_1}, \cdots, \\ (x_{n_1 + \cdots + n_{r-1} + 1}, \cdots, x_{n_1 + \cdots + n_r})^{\text{T}} \in \mathcal{L}^{n_r}; \\ n_i \geqslant 1, i = 1, 2, \cdots, r \end{array} \right\}.$$

一般二阶锥都是在二维及以上的欧氏空间中讨论, 对于一维情形, 将二阶锥定义为 $\mathcal{L} = \{x \in \mathbb{R} \mid x \geqslant 0\} = \mathbb{R}_+$. 因此需要特别注意, (SOCP) 中的 $n_i \geqslant 1$, 而线性规划为二阶锥规划的一种特殊情况.

因为二阶锥为尖锥, 因此 $x \in \mathcal{K}$ 也常写成 $x \geqslant_\mathcal{K} 0$. 1.2 节 Torricelli 点问题的 (1.3) 就是一个二阶锥规划的标准模型.

由于二阶锥的对偶锥还是其本身 (参见例 2.9), 按 3.5 节的讨论, 它的对偶问题为

$$
\begin{aligned}
v_{\text{SOCD}} = \max \quad & b^\mathrm{T} y \\
\text{s.t.} \quad & A^\mathrm{T} y + s = c, \qquad\qquad \text{(SOCD)} \\
& s \in \mathcal{K}, \quad y \in \mathbb{R}^m,
\end{aligned}
$$

其中 $\mathcal{K} = \mathcal{L}^{n_1} \times \cdots \times \mathcal{L}^{n_r}$.

直接由定理 3.27 和定理 3.29 得到下列结论.

定理 4.2(二阶锥对偶定理)

(i) 若 (SOCP) 无有限下界, 则 (SOCD) 不可行. 同样, 若 (SOCD) 无有限上界, 则 (SOCP) 不可行.

(ii) 若 (SOCP) 和 (SOCD) 分别存在可行解 x^* 和 (s^*, y^*) 满足 $(x^*)^\mathrm{T} s^* = c^\mathrm{T} x^* - b^\mathrm{T} y^* = 0$, 则 x^* 和 (s^*, y^*) 分别为 (SOCP) 和 (SOCD) 的最优解.

(iii) 当 (SOCP) 存在一个可行解 $\bar{x}$ 满足 $\bar{x} \in \mathrm{int}(\mathcal{K})$ 且 v_{SOCP} 为有限值时, 则 (SOCD) 存在一个最优解 (s^*, y^*) 且满足 $v_{\text{SOCP}} = b^\mathrm{T} y^* = v_{\text{SOCD}}$; 另外, (SOCP) 的一个可行解 x^* 是最优解的必要条件为: (SOCD) 存在一个可行解 $(\bar{s}, \bar{y})$ 使得 $(x^*)^\mathrm{T} \bar{s} = c^\mathrm{T} x^* - b^\mathrm{T} \bar{y} = 0$.

(iv) 当 (SOCD) 存在一个可行解 $(\bar{y}, \bar{s})$ 满足 $\bar{s} \in \mathrm{int}(\mathcal{K})$ 且 v_{SOCD} 为有限值时, 则 (SOCP) 存在一个最优解 x^* 满足 $v_{\text{SOCP}} = c^\mathrm{T} x^* = v_{\text{SOCD}}$; 另外, (SOCD) 的一个可行解 (s^*, y^*) 是最优解的必要条件为: (SOCP) 存在一个可行解 $\bar{x}$ 满足 $(\bar{x})^\mathrm{T} s^* = c^\mathrm{T} \bar{x} - b^\mathrm{T} y^* = 0$.

上述定理是定理 3.27 和定理 3.29 的直接推论. 因二阶锥为实锥, 细节上, 定理 3.27 和定理 3.29 中的 $\mathrm{ri}(\mathcal{K})$ 和 $\mathrm{ri}(\mathcal{K}^*)$ 被上述定理中的 $\mathrm{int}(\mathcal{K})$ 替代.

从对偶定理的叙述来看, 线性规划与二阶锥规划对偶的结论形式上类似, 但需要注意它们之间的差异, 下面通过例子来了解它们的不同点. 造成差异的主要原因在于: 线性规划最优目标值有限时, 总满足定理 3.22 的相对内点非空条件, 而二阶锥规划则不一定. 考察下面三个例子, 分别展示了三种现象: 对偶问题不可行, 原/对偶问题具有间隙, 原/对偶问题无间隙却不都可达.

例 4.1　二阶锥规划问题的原问题为

$$
\begin{aligned}
\min \quad & -x_2 \\
\text{s.t.} \quad & x_1 - x_3 = 0, \\
& x \in \mathcal{L}^3.
\end{aligned}
$$

对偶问题为

$$\max \quad 0 \cdot y$$

$$\text{s.t.} \quad \begin{pmatrix} 0 \\ -1 \\ 0 \end{pmatrix} - y \begin{pmatrix} 1 \\ 0 \\ -1 \end{pmatrix} = \begin{pmatrix} -y \\ -1 \\ y \end{pmatrix} \in \mathcal{L}^3,$$

$$y \in \mathbb{R}.$$

此原问题最优目标值有限, 但其对偶问题无可行解.

解 由二阶锥的定义 $\sqrt{x_1^2 + x_2^2} \leqslant x_3$ 及约束 $x_1 - x_3 = 0$ 得到 $x_2 = 0$, 且 $\sqrt{x_1^2 + x_2^2} = x_3$, 即原问题 (SOCP) 最优目标值有限但没有内点可行解. 观察对偶问题发现 $\sqrt{(-y)^2 + (-1)^2} \leqslant y$ 永远不成立, 即对偶问题无可行解. 直观图解可参考图 4.1, 可行解为超平面 $x_2 = 0$ 中的射线 $x_1 = x_3$, 故没有可行内点解.

线性规划中, 只要一个问题最优目标值有限, 原问题和对偶问题都可达且对偶间隙为 0, 对二阶锥规划, 这个结论不再成立.

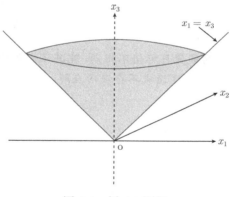

图 4.1 例 4.1 图解

例 4.2 二阶锥规划问题对偶间隙不为 0 的情形. 原问题

$$\min \quad -x_2$$
$$\text{s.t.} \quad x_1 + x_3 - x_4 + x_5 = 0,$$
$$x_2 + x_4 = 1,$$
$$x \in \mathcal{L}^3 \times \mathcal{L}^2$$

和对偶问题

$$\max \quad y_2$$
$$y_1 + s_1 = 0,$$
$$y_2 + s_2 = -1$$

$$\text{s.t.}\quad y_1 + s_3 = 0,$$
$$-y_1 + y_2 + s_4 = 0,$$
$$y_1 + s_5 = 0,$$
$$s \in \mathcal{L}^3 \times \mathcal{L}^2, \quad y \in \mathbb{R}^2,$$

则它们的最优目标值有限但不相等.

解　由于 $(x_4, x_5)^{\mathrm{T}} \in \mathcal{L}^2$, 所以有 $|x_4| \leqslant x_5$. 根据约束 $x_1 + x_3 - x_4 + x_5 = 0$ 得到 $x_3 \leqslant -x_1$. 再由 $(x_1, x_2, x_3)^{\mathrm{T}} \in \mathcal{L}^3$ 得到 $x_2 = 0$ 和 $x_1 + x_3 = 0$. 综合以上结果得到 $x_2 = 0, x_1 + x_3 = 0$ 和 $x_4 = x_5$, 因此原问题最优目标值为 0 且没有内点可行解.

由对偶的三个约束 $y_1 + s_1 = 0, y_1 + s_3 = 0, y_1 + s_5 = 0$ 得到 $s_1 = s_3 = s_5$. 再由 $(s_1, s_2, s_3)^{\mathrm{T}} \in \mathcal{L}^3$ 得到 $s_2 = 0$, 所以 $y_2 = -1$ 及目标值为 -1. 对应以上原问题、对偶问题最优值的一个最优解组为

$$x^* = \begin{pmatrix} -1 \\ 0 \\ 1 \end{pmatrix} \times \begin{pmatrix} 1 \\ 1 \end{pmatrix}, \quad y^* = \begin{pmatrix} -1 \\ -1 \end{pmatrix}, \quad s^* = \begin{pmatrix} 1 \\ 0 \\ 1 \end{pmatrix} \times \begin{pmatrix} 0 \\ 1 \end{pmatrix}.$$

这时, 原问题与对偶问题的最优目标值不相同. 究其不满足强对偶的原因还是因为原问题的 $x_2 = 0$ 和 $x_1 + x_3 = 0$ 造成不存在内点解.

例 4.3　对于如下的原问题

$$\min \quad x_1$$
$$\text{s.t.}\quad -x_2 - x_3 = 0,$$
$$x_2 = -1,$$
$$x \in \mathcal{L}^3,$$

及对偶问题

$$\max \quad -y_2$$
$$\text{s.t.}\quad s_1 = 1,$$
$$-y_1 + y_2 + s_2 = 0,$$
$$-y_1 + s_3 = 0,$$
$$s \in \mathcal{L}^3.$$

它们具有强对偶性但对偶问题不可达.

解　很明显, $x^* = (0, -1, 1)^{\mathrm{T}}$ 是满足原问题的唯一解, 也就是原问题的最优解, 最优目标值为 0. 观察对偶问题, 取 $y_1 \to +\infty$, 则 $(y_1, y_2)^{\mathrm{T}} = \left(y_1, \dfrac{1}{y_1}\right)^{\mathrm{T}}$ 和 $(s_1, s_2, s_3)^{\mathrm{T}} = (1, y_1 - y_2, y_1)^{\mathrm{T}}$ 为对偶问题的一个可行解, 所以对偶问题的最优值为

0, 但却不可达. 否则, $y_2 = 0$ 推出 $(s_1, s_2, s_3)^{\mathrm{T}} = (1, y_1, y_1)^{\mathrm{T}}$, 不属于 $\mathcal{L}^3$ 而造成矛盾. 所以对偶问题不可达.

二阶锥规划问题是多项式时间可计算的, 目前已有高效的内点算法软件 (参考文献 [24, 78]), 因此, 如何建立二阶锥规划模型成为关键技术问题. 以下将分类介绍可以等价表示的问题, 更为详尽的分类可参考文献 [46].

4.2.1 一般形式

与二阶锥规划问题的标准形式非常类似的一般形式模型为

$$
\begin{aligned}
\min \quad & c^{\mathrm{T}}x \\
\text{s.t.} \quad & Ax = b, \\
& x \in \mathcal{K},
\end{aligned}
\tag{4.1}
$$

其中, $c \in \mathbb{R}^n$, A 为 $m \times n$ 矩阵, $b \in \mathbb{R}^m$ 为常数,

$$
\mathcal{K} = \mathcal{L}^{n_1} \times \cdots \times \mathcal{L}^{n_r} \times \mathbb{R}^{n - n_1 - \cdots - n_r},
$$

$n_i \geqslant 1$, $i = 1, 2, \cdots, r$ 且 $\displaystyle\sum_{i=1}^{r} n_i \leqslant n$.

与标准形式 (SOCP) 的差异是有 $n - n_1 - \cdots - n_r$ 个变量没有在二阶锥的限定范围内, 而取值实数. 这样的模型更一般化, 建模时相对也比较直接. 对定义在 $\mathbb{R}^{n - n_1 - \cdots - n_r}$ 的变量 x_i 作如下变换: $x_i = x_{i1} - x_{i2}$, $x_{i1} \geqslant 0, x_{i2} \geqslant 0$, 则上述模型就化成 (SOCP) 的标准形.

按 4.1 节的讨论, 它的对偶问题为

$$
\begin{aligned}
\max \quad & b^{\mathrm{T}}y \\
\text{s.t.} \quad & A^{\mathrm{T}}y + s = c, \\
& s \in \mathcal{K}^*, \quad y \in \mathbb{R}^m,
\end{aligned}
\tag{4.2}
$$

其中 $\mathcal{K}^* = \mathcal{L}^{n_1} \times \cdots \times \mathcal{L}^{n_r} \times (0, 0, \ldots, 0)^{\mathrm{T}}$, 0 的个数为 $n - n_1 - \cdots - n_r$ 个. 从上面的对偶问题中可以看到如下的结果, 对应 $\mathcal{L}^{n_i}, 1 \leqslant i \leqslant r$ 中的决策变量, 其松弛变量 s 的对应部分在 $A^{\mathrm{T}}y + s = c$ 中属于 $\mathcal{L}^{n_i}$, 即那一部分为不等式形式. 对 $x_i \in \mathbb{R}^{n - n_1 - \cdots - n_r}$ 的分量, 其对应的松弛变量 s_i 在 $(A^{\mathrm{T}}y)_i + s_i = c_i$ 中为 0, 即 $(A^{\mathrm{T}}y)_i = c_i$ 为等式约束, 其中 $(A^{\mathrm{T}}y)_i$ 表示 $A^{\mathrm{T}}y$ 的第 i 个分量. 这些结果与线性规划问题与其对偶的关系相同.

具体到定理 4.2 有关内点的要求, 一般模型 (4.1) 中要求 $\mathcal{K}$ 具有内点, 而对偶模型 (4.2) 中 $\mathcal{K}^*$ 则要求相对内点. 一般形式的对偶定理如下.

定理 4.3 (i) 若 (4.1) 和 (4.2) 其中一个最优目标值无限, 则另一个不可行.

(ii) 若 (4.1) 和 (4.2) 分别存在可行解 x^* 和 (s^*, y^*) 满足 $(x^*)^\mathrm{T} s^* = c^\mathrm{T} x^* - b^\mathrm{T} y^* = 0$, 则 x^* 和 (s^*, y^*) 分别为 (4.1) 和 (4.2) 的最优解.

(iii) 当 (4.1) 存在一个可行解 $\bar{x} = (\bar{x}_1, \cdots, \bar{x}_{\sum_{i=1}^r n_i}, \bar{x}_{\sum_{i=1}^r n_i + 1}, \cdots, x_n)^\mathrm{T}$ 满足 $(\bar{x}_1, \cdots, \bar{x}_{\sum_{i=1}^r n_i})^\mathrm{T} \in \mathrm{int}(\mathcal{L}^{n_1} \times \cdots \times \mathcal{L}^{n_r})$ 且 (4.1) 下有界时, 则原始与对偶问题具有强对偶性, 且 (4.2) 存在一个可行解达到最优目标值; 另外, (4.1) 的一个可行解 x^* 是最优解的必要条件为: (4.2) 存在一个可行解 $(\bar{s}, \bar{y})$ 使得 $(x^*)^\mathrm{T} \bar{s} = c^\mathrm{T} x^* - b^\mathrm{T} \bar{y} = 0$.

(iv) 当 (4.2) 存在一个可行解 $(\bar{s}, \bar{y})$ 满足 $\bar{s}_j = 0, \sum_{i=1}^r n_i + 1 \leqslant j \leqslant n$, $(\bar{s}_1, \cdots, \bar{s}_{\sum_{i=1}^r n_i})^\mathrm{T} \in \mathrm{int}(\mathcal{L}^{n_1} \times \mathcal{L}^{n_2} \times \cdots \times \mathcal{L}^{n_r})$ 且 (4.2) 上有界时, 则原始与对偶问题具有强对偶性, 且 (4.1) 存在一个可行解达到最优值; 另外, (4.2) 的一个可行解 (s^*, y^*) 是最优解的必要条件为: (4.1) 存在一个可行解 $\bar{x}$ 满足 $(\bar{x})^\mathrm{T} s^* = c^\mathrm{T} \bar{x} - b^\mathrm{T} y^* = 0$.

文献和应用问题中还常见以下的不等式约束模型

$$
\begin{aligned}
\min \quad & c^\mathrm{T} x \\
\text{s.t.} \quad & Ax \geqslant_\mathcal{K} b, \\
& x \in \mathbb{R}^n,
\end{aligned}
\tag{4.3}
$$

其中, A 是一个 $m \times n$ 常数矩阵, $b \in \mathbb{R}^m$ 为常数, $\mathcal{K} = \mathcal{L}^{n_1} \times \mathcal{L}^{n_2} \times \cdots \times \mathcal{L}^{n_r}$ 且 $\sum_{s=1}^r n_s = m$.

利用定理 3.26, 得到其对偶模型为

$$
\begin{aligned}
\max \quad & b^\mathrm{T} y \\
\text{s.t.} \quad & A^\mathrm{T} y = c, \\
& y \in \mathcal{K}.
\end{aligned}
\tag{4.4}
$$

二阶锥规划问题 (4.3) 和对偶问题 (4.4) 相对模型 (SOCP) 和 (SOCD) 更为简洁, 不少研究者习惯采用这种写法. 对于形式 (4.3) 和 (4.4) 问题, 具有下列对偶结论.

定理 4.4 (i) 若 (4.3) 和 (4.4) 其中一个最优目标值无限, 则另一个不可行.

(ii) 若 (4.3) 和 (4.4) 分别存在可行解 x^* 和 y^* 满足 $(Ax^* - b)^\mathrm{T} y^* = c^\mathrm{T} x^* - b^\mathrm{T} y^* = 0$, 则 x^* 和 y^* 分别为 (4.3) 和 (4.4) 的最优解.

(iii) 当存在 (4.3) 的一个可行解 $\bar{x}$ 满足 $A\bar{x} >_\mathcal{K} b$ 且 (4.3) 下有界时, 则原始与对偶问题具有强对偶性, 且 (4.4) 存在一个可行解达到最优目标值; 另外, (4.3) 的一个可行解 x^* 是最优解的必要条件为: (4.4) 存在一个可行解 $\bar{y}$ 使得 $(Ax^* - b)^\mathrm{T} \bar{y} = c^\mathrm{T} x^* - b^\mathrm{T} \bar{y} = 0$.

(iv) 当 (4.4) 存在一个可行解 $\bar{y}$ 满足 $\bar{y} \in \mathrm{int}(\mathcal{K})$ 且 (4.4) 上有界时, 则原始与对偶问题具有强对偶性, 且 (4.3) 存在一个可行解达到最优值; 另外, (4.4) 的一个

可行解 y^* 是最优解的必要条件为: (4.3) 存在一个可行解 $\bar{x}$ 满足 $(A\bar{x} - b)^{\mathrm{T}} y^* = c^{\mathrm{T}}\bar{x} - b^{\mathrm{T}}y^* = 0$.

在 (4.3) 中, 记

$$A = \begin{pmatrix} a^1 \\ a^2 \\ \vdots \\ a^m \end{pmatrix},$$

并增加变量 $u \in \mathcal{K}$, 则 (4.3) 化成

$$\min \quad 0^{\mathrm{T}}u + c^{\mathrm{T}}x$$
$$\text{s.t.} \quad [-I_m \ \ A]\begin{pmatrix} u \\ x \end{pmatrix} = b,$$
$$\begin{pmatrix} u \\ x \end{pmatrix} \in \mathcal{K}_1,$$

其中

$$\mathcal{K}_1 = \left\{ \begin{pmatrix} u \\ x \end{pmatrix} \middle| u \in \mathcal{K}, x \in \mathbb{R}^n \right\}.$$

这就是 (SOCP) 的一般模型形式, 因此可以套用它的对偶模型, 得到 (4.4) 模型. 在此情况下, 上述定理可以认为是定理 4.2 的直接推论.

我们也可直接用共轭对偶方法从 (4.3) 推导出其对偶模型.

(SOCP) 中 A 和 b 可根据不同的需要写成以下两种形式

$$A = \begin{pmatrix} a^1 \\ a^2 \\ \vdots \\ a^m \end{pmatrix}, \quad b = \begin{pmatrix} b_1 \\ b_2 \\ \vdots \\ b_m \end{pmatrix},$$

或

$$A = \begin{pmatrix} A^1 \\ A^2 \\ \vdots \\ A^r \end{pmatrix}, \quad b = \begin{pmatrix} b^1 \\ b^2 \\ \vdots \\ b^r \end{pmatrix},$$

其中 a^i 表示一个 $1 \times n$ 的行向量, A^i 表示一个 $n_i \times n$ 的矩阵, $b_i \in \mathbb{R}$ 和 $b^i \in \mathbb{R}^{n_i}$.

$Ax \geqslant_{\mathcal{K}} b$ 等同于

$$A^s x \geqslant_{\mathcal{L}^{n_s}} b^s, s = 1, 2, \cdots, r$$

$$\Leftrightarrow \sqrt{\sum_{i=n_1+\cdots+n_{s-1}+1}^{n_1+\cdots+n_s-1} (a^i x - b_i)^2} \leqslant a^{n_1+\cdots+n_s} x - b_{n_1+\cdots+n_s}, s = 1, 2, \cdots, r.$$

下面以 1.2 节的 Torricelli 点问题为例, 来熟悉二阶锥规划 (4.3) 的模型. 首先建立的模型为

$$
\begin{aligned}
\min \quad & t_1 + t_2 + t_3 \\
\text{s.t.} \quad & [(x_1 - a_1)^2 + (x_2 - a_2)^2]^{1/2} \leqslant t_1, \\
& [(x_1 - b_1)^2 + (x_2 - b_2)^2]^{1/2} \leqslant t_2, \\
& [(x_1 - c_1)^2 + (x_2 - c_2)^2]^{1/2} \leqslant t_3, \\
& x_1, x_2, t_1, t_2, t_3 \in \mathbb{R}.
\end{aligned}
$$

写成二阶锥规划 (4.3) 的模型为

$$
\begin{aligned}
\min \quad & t_1 + t_2 + t_3 \\
\text{s.t.} \quad & (x_1, x_2, t_1)^{\mathrm{T}} \geqslant_{\mathcal{L}^3} (a_1, a_2, 0)^{\mathrm{T}}, \\
& (x_1, x_2, t_2)^{\mathrm{T}} \geqslant_{\mathcal{L}^3} (b_1, b_2, 0)^{\mathrm{T}}, \\
& (x_1, x_2, t_3)^{\mathrm{T}} \geqslant_{\mathcal{L}^3} (c_1, c_2, 0)^{\mathrm{T}}, \\
& x_1, x_2, t_1, t_2, t_3 \in \mathbb{R}.
\end{aligned}
$$

4.2.2　二阶锥可表示函数/集合

在已知二阶锥规划模型及其性质的基础上, 下一步关键技术是如何知道一个问题可表示为二阶锥规划问题, 以便求解. 一般的非线性规划问题模型如 (3.2) 所示, 而二阶锥规划模型的目标函数为线性函数. 如果借鉴二阶锥规划模型, 必须保证目标函数为线性. 线性化处理的方法之一为: 建立如下等价的优化问题

$$
\begin{aligned}
\min \quad & t \\
\text{s.t.} \quad & f(x) \leqslant t, \\
& g(x) \leqslant 0, \\
& x \in \mathbb{R}^n, \quad t \in \mathbb{R}.
\end{aligned}
$$

优化问题都可以通过这样的方式使目标函数线性化. 需要解决的下一步工作是讨论约束是否可以表示成二阶锥规划的形式. 考虑一般形式的优化问题

$$\min_{x \in \mathcal{X}} c^{\mathrm{T}} x.$$

对给定集合 $\mathcal{X}$, 若存在 $A_i, \mathcal{L}^{n_i}, b_i, i = 1, 2, \cdots, r$ 和常数 $u \in \mathbb{R}^p$, 满足

$$\mathcal{X} = \left\{ x \in \mathbb{R}^n \left| A_i \begin{pmatrix} x \\ u \end{pmatrix} \geqslant_{\mathcal{L}^{n_i}} b_i, i = 1, 2, \cdots, r \right. \right\},$$

则称 $\mathcal{X}$ 是二阶锥可表示集合 (second-order cone representable set), 其中 A_i 为 $n_i \times (n+p)$ 矩阵, $b_i \in \mathbb{R}^{n_i}$.

从二阶锥规划模型 (4.3) 直接得知: 一个二阶锥可表示集合上的线性优化问题就是一个二阶锥规划.

对于优化问题的可行解集合, 更常见的是多个约束函数的表示形式, 如非线性优化问题 (3.2) 中将目标函数线性化的 $f(x) \leqslant t$ 和约束 $g(x) \leqslant 0$. 若一个函数 $f(x)$ 的上方图:

$$\text{epi } f = \left\{ \begin{pmatrix} x \\ t \end{pmatrix} \in \mathbb{R}^{n+1} \middle| f(x) \leqslant t \right\}$$

是二阶锥可表示集合, 则称 $f(x)$ 为一个二阶锥可表示函数 (second-order cone representable function). 对任意给定的 $d \in \mathbb{R}$, 函数 $f(x)$ 的下水平集 (lower level set) 定义为 $\{ x \in \mathbb{R}^n \mid f(x) \leqslant d \}$.

定理 4.5 若函数 $f(x)$ 为一个二阶锥可表示函数, 则对任意给定 $d \in \mathbb{R}$, 它的下水平集是二阶锥可表示集合.

证明 因为

$$\text{epi } f = \left\{ \begin{pmatrix} x \\ t \end{pmatrix} \in \mathbb{R}^{n+1} \middle| f(x) \leqslant t \right\},$$

由 $f(x)$ 是二阶锥可表示函数的定义, 存在 u, 矩阵 A_i 和向量 b_i, 使得

$$\text{epi } f = \left\{ \begin{pmatrix} x \\ t \end{pmatrix} \middle| A_i \begin{pmatrix} x \\ t \\ u \end{pmatrix} \geqslant_{\mathcal{L}^{n_i}} b_i, i = 1, 2, \cdots, r \right\}.$$

对于下水平集给定的 d, 只需取 $t = d$, 根据二阶锥可表示集合的定义, 则下水平集是二阶锥可表示集合. ■

上述定理说明对每一个给定的 i, 单个二阶锥可表示函数 $g_i(x)$ 形成的约束集合 $\{ x \mid g_i(x) \leqslant 0 \}$ 是二阶锥可表示的. 更进一步, 有下列结论.

定理 4.6 若 $\mathcal{X}_1, \mathcal{X}_2, \cdots, \mathcal{X}_k$ 是二阶锥可表示集合, 则

(i) $\mathcal{X}_1 \cap \mathcal{X}_2 \cap \cdots \cap \mathcal{X}_k$ 是二阶锥可表示;

(ii) $\mathcal{X}_1 \times \mathcal{X}_2 \times \cdots \times \mathcal{X}_k$ 是二阶锥可表示.

证明　(i) 对每一个 $\mathcal{X}_i, 1 \leqslant i \leqslant k$, 存在二阶锥可表示的不等式 A_i^j, b_i^j, u^i, 使得

$$\mathcal{X}_i = \left\{ x \,\middle|\, A_i^j \begin{pmatrix} x \\ u^i \end{pmatrix} \geqslant_{\mathcal{L}^{n_i^j}} b_i^j, j = 1, 2, \cdots, r_i \right\}.$$

构造一个新的变量 $\left(x^{\mathrm{T}}, (u^1)^{\mathrm{T}}, \cdots, (u^k)^{\mathrm{T}}\right)^{\mathrm{T}}$ 并将矩阵 A_i^j 进行列扩充到 $\bar{A}_i^j$, 使得对应新出现 u^l 的列为 0. 这样

$$\mathcal{X}_1 \cap \mathcal{X}_2 \cap \cdots \cap \mathcal{X}_k = \left\{ x \,\middle|\, \bar{A}_i^j \begin{pmatrix} x \\ u^1 \\ \vdots \\ u^k \end{pmatrix} \geqslant_{\mathcal{L}^{n_i^j}} b_i^j, j = 1, 2, \cdots, r_i, i = 1, 2, \cdots, k \right\}.$$

(ii) 沿袭上面证明 (i) 的符号, 更改对应 $\mathcal{X}_i$ 的变量为 $((x^i)^{\mathrm{T}}, (u^i)^{\mathrm{T}})^{\mathrm{T}}$, 所有变量记成 $\left((x^1)^{\mathrm{T}}, (u^1)^{\mathrm{T}}, \cdots, (x^k)^{\mathrm{T}}, (u^k)^{\mathrm{T}}\right)^{\mathrm{T}}$. 于是只需将全为 0 的列扩充到 A_i^j 中, 使得对应变量 $((x^i)^{\mathrm{T}}, (u^i)^{\mathrm{T}})^{\mathrm{T}}$ 以外的列全部为 0, 则 $\mathcal{X}_1 \times \mathcal{X}_2 \times \cdots \times \mathcal{X}_k$ 还可由 $r_1 + r_2 + \cdots + r_k$ 个二阶锥不等式形式表出. ■

定理 4.5 和定理 4.6 给出非线性规划 (3.2) 是二阶锥规划的一个充分条件: 目标函数 $f(x)$ 和约束中所有函数 $g_i(x), i = 1, 2, \cdots, m$ 都是二阶锥可表示函数时, 非线性规划 (3.2) 是二阶锥规划.

4.2.3　常见的二阶锥可表示函数/集合

下面罗列一些简单的可二阶锥表示函数或集合, 以便快速识别二阶锥规划问题.

1. 常数函数 $g(x) \equiv c$.

考虑函数 $g(x) \equiv c$ 的上方图集 $\left\{ \begin{pmatrix} x \\ t \end{pmatrix} \,\middle|\, c \leqslant t \right\}$, 取 $A = (0)_{m \times n}$, 永远可以表示成 $\|Ax\| \leqslant t - c$, 即 $\begin{pmatrix} Ax \\ t - c \end{pmatrix} \in \mathcal{L}^{m+1}$. 当 $g(x) \equiv c$ 为向量的形式时, 即 $g_i(x) \equiv c_i, i = 1, 2, \cdots, n$, 其中 c_i 为常数, 由定理 4.6(i) 知其为二阶锥可表示函数.

2. 线性函数 $g(x) = Ax + b, A \in \mathbb{R}^{m \times n}, b \in \mathbb{R}^m$.

先考虑函数形式 $g(x) = a^{\mathrm{T}}x + b, a \in \mathbb{R}^n, b \in \mathbb{R}$, 存在 $C = (0)_{p \times n}$ 使得上方图集

$$\left\{ \begin{pmatrix} x \\ t \end{pmatrix} \,\middle|\, a^{\mathrm{T}}x + b \leqslant t \right\}$$

可以被 $\|Cx\| \leqslant t - a^{\mathrm{T}}x - b$ 表示. 对向量形式, 由定理 4.6(i) 知其为二阶锥可表示函数.

多面体是有限个半空间的相交, 由上面的讨论, 多面体是二阶锥可表示集合. 当然, $\mathbb{R}_+^n$ 也是二阶锥可表示集合. 也就是说线性规划是二阶锥规划问题的特殊情形. 这也是在二阶锥规划标准形中定义二阶锥 $\mathcal{L} = \mathbb{R}_+$ 的原因.

3. 齐次凸二次函数的平方根 $g(x) = \sqrt{x^{\mathrm{T}} A x}, A \in \mathcal{S}_+^n$.

上方图为

$$\left\{ \begin{pmatrix} x \\ t \end{pmatrix} \,\middle|\, \sqrt{x^{\mathrm{T}} A x} \leqslant t \right\}.$$

因为 $A \in \mathcal{S}_+^n$, 由定理 2.2 可得 $A = B^{\mathrm{T}} B$. 作线性替换 $y = Bx$, 则有 $\sqrt{y^{\mathrm{T}} y} \leqslant t$. 再由二阶锥可表示集合的定义可得到结论.

4. 二次凸函数 $g(x) = x^{\mathrm{T}} A x + b^{\mathrm{T}} x + c, A \in \mathcal{S}_+^n$.

上方图为

$$\left\{ \begin{pmatrix} x \\ t \end{pmatrix} \,\middle|\, x^{\mathrm{T}} A x + b^{\mathrm{T}} x + c \leqslant t \right\}.$$

利用上面的符号 $A = B^{\mathrm{T}} B$, 有

$$x^{\mathrm{T}} A x + b^{\mathrm{T}} x + c \leqslant t \Leftrightarrow x^{\mathrm{T}} A x \leqslant t - b^{\mathrm{T}} x - c$$

$$\Leftrightarrow$$

$$\sqrt{(Bx)^{\mathrm{T}} Bx + \frac{(t - b^{\mathrm{T}} x - c - 1)^2}{4}} \leqslant \frac{t - b^{\mathrm{T}} x - c + 1}{2}.$$

作线性替换 $y = Bx, z_1 = \dfrac{t - b^{\mathrm{T}} x - c - 1}{2}, z_2 = \dfrac{t - b^{\mathrm{T}} x - c + 1}{2}$, 则有 $\sqrt{y^{\mathrm{T}} y + z_1^2} \leqslant z_2$. 由二阶锥可表示集合的定义得到结论.

5. 分式函数 $g(x, s) = \begin{cases} \dfrac{x^{\mathrm{T}} A x}{s}, & s > 0, \\ 0, & x^{\mathrm{T}} A x = 0, s = 0 , \\ +\infty, & \text{其他}. \end{cases}$ 其中 $A \in \mathcal{S}_+^n$,

上方图为

$$\left\{ \begin{pmatrix} x \\ s \\ t \end{pmatrix} \,\middle|\, g(x, s) \leqslant t \right\}.$$

有

$$g(x, s) \leqslant t \Leftrightarrow x^{\mathrm{T}} A x \leqslant st, s \geqslant 0, t \geqslant 0$$

$$\Leftrightarrow x^{\mathrm{T}} A x + \frac{(t - s)^2}{4} \leqslant \frac{(t + s)^2}{4}, s \geqslant 0, t \geqslant 0$$

$$\Leftrightarrow \sqrt{(Bx)^{\mathrm{T}} Bx + \frac{(t - s)^2}{4}} \leqslant \frac{t + s}{2}.$$

作线性替换 $y = Bx, z_1 = \dfrac{t-s}{2}, z_2 = \dfrac{t+s}{2}$, 则有 $\sqrt{y^{\mathrm{T}}y + z_1^2} \leqslant z_2$. 再由二阶锥可表示集合的定义可得到结论.

6. 双曲线 (hyperbola) 的一支 $g(x) = \dfrac{1}{x}, x > 0$. 上方图为

$$\left\{ \begin{pmatrix} x \\ t \end{pmatrix} \middle| g(x) \leqslant t, x > 0 \right\}.$$

于是有

$$g(x) \leqslant t, x > 0 \Leftrightarrow xt \geqslant 1, x \geqslant 0 \Leftrightarrow \frac{(x+t)^2}{4} \geqslant \frac{(x-t)^2}{4} + 1, x \geqslant 0$$
$$\Leftrightarrow \sqrt{\frac{(x-t)^2}{4} + 1} \leqslant \frac{x+t}{2}.$$

作线性替换 $y = \dfrac{x-t}{2}, z_1 = 1, z_2 = \dfrac{x+t}{2}$, 则有 $\sqrt{y^{\mathrm{T}}y + z_1^2} \leqslant z_2$. 再由二阶锥可表示集合的定义可得到结论.

4.2.4　凸二次约束二次规划

凸二次约束二次规划 (convex quadratically constrained quadratic programming) 问题为

$$\begin{aligned}
\min \quad & \frac{1}{2}x^{\mathrm{T}}Q_0 x + q_0^{\mathrm{T}}x \\
\text{s.t.} \quad & \frac{1}{2}x^{\mathrm{T}}Q_i x + q_i^{\mathrm{T}}x \leqslant c_i, \quad i = 1, 2, \cdots, m, \\
& x \in \mathbb{R}^n,
\end{aligned}$$

其中 $Q_i \in \mathcal{S}_+^n, i = 0, 1, \cdots, m$. 以下讨论基于可行解集非空的假设.

由上面讨论的目标函数线性化的方法, 模型等价于

$$\begin{aligned}
\min \quad & t \\
\text{s.t.} \quad & \frac{1}{2}x^{\mathrm{T}}Q_0 x \leqslant t - q_0^{\mathrm{T}}x, \\
& \frac{1}{2}x^{\mathrm{T}}Q_i x \leqslant c_i - q_i^{\mathrm{T}}x, \quad i = 1, 2, \cdots, m, \\
& x \in \mathbb{R}^n.
\end{aligned}$$

采用定理 2.5 的矩阵分解得到 $Q_i = P_i^{\mathrm{T}}P_i$, 其中 P_i 是一个 $n \times n$ 矩阵. 参见 4.2.3 节第 4 个二次凸函数的可二阶锥表示的推导. 令

$$\begin{cases}
u^0 = P_0 x, & v_0 = \dfrac{1 - t + q_0^{\mathrm{T}}x}{\sqrt{2}}, & w_0 = \dfrac{1 + t - q_0^{\mathrm{T}}x}{\sqrt{2}}, \\
u^i = P_i x, & v_i = \dfrac{1 - c_i + q_i^{\mathrm{T}}x}{\sqrt{2}}, & w_i = \dfrac{1 + c_i - q_i^{\mathrm{T}}x}{\sqrt{2}}, \quad i = 1, 2, \cdots, m.
\end{cases}$$

则得到一个一般性模型 (4.1) 的二阶锥规划问题

$$
\begin{aligned}
\min \quad & t \\
\text{s.t.} \quad & u^0 = P_0 x, \\
& v_0 = \frac{1 - t + q_0^{\mathrm{T}} x}{\sqrt{2}}, \\
& w_0 = \frac{1 + t - q_0^{\mathrm{T}} x}{\sqrt{2}}, \\
& u^i = P_i x, \quad i = 1, 2, \cdots, m, \\
& v_i = \frac{1 - c_i + q_i^{\mathrm{T}} x}{\sqrt{2}}, \quad i = 1, 2, \cdots, m, \\
& w_i = \frac{1 + c_i - q_i^{\mathrm{T}} x}{\sqrt{2}}, \quad i = 1, 2, \cdots, m, \\
& \begin{pmatrix} u^0 \\ v_0 \\ w_0 \end{pmatrix} \in \mathcal{L}^{n+2}; \quad \begin{pmatrix} u^i \\ v_i \\ w_i \end{pmatrix} \in \mathcal{L}^{n+2}, \quad i = 1, 2, \cdots, m; x \in \mathbb{R}^n; t \in \mathbb{R}.
\end{aligned}
$$

4.2.5 鲁棒线性规划

我们以鲁棒线性规划 (robust linear programming) 问题及对应的二阶锥模型介绍作为这一节的结束. 选择这个问题的主要缘由其一是大家对线性规划比较熟悉, 本书中也在很多地方提及这个问题和相关结果; 其二, 这是学术界相当关注的一个问题.

对于线性规划问题

$$
\begin{aligned}
\min \quad & c^{\mathrm{T}} x \\
\text{s.t.} \quad & Ax \geqslant b, \\
& x \in \mathbb{R}^n_+,
\end{aligned}
$$

一种不确定环境是其中的系数 c, A, b 因某些原因无法准确的获得, 但在某一个区域内变化还是可以预估的. 如何考虑不确定系数的影响, 建立一个合理的优化问题并易于求解?

对于系数作如下模型的假设. 记 $A^{\mathrm{T}} = (A_1, A_2, \cdots, A_m)$, $b = (b_1, b_2, \cdots, b_m)^{\mathrm{T}}$, 其中 $A_i \in \mathbb{R}^n$, 为 A 的第 i 行元素. 假设

$$
\mathcal{U} = \left\{ A, b, c \,\middle|\, c = c^* + P_0 u_0, \begin{pmatrix} A_i \\ b_i \end{pmatrix} = \begin{pmatrix} A_i^* \\ b_i^* \end{pmatrix} + P_i u_i, i = 1, 2, \cdots, m \right\},
$$

其中 c^*, A_i^*, b_i^* 为理想数据且 $P_i u_i, i = 0, 1, \cdots, m$ 表示数据的扰动情况, u_i 是 $s \times 1$ 向量, 在一个球内变化; P_0 是一个已知的 $n \times s$ 矩阵且 u_0 是一个 $s \times 1$ 向量, $P_i (i = 1, 2, \cdots, m)$ 是已知的 $(n + 1) \times s$ 矩阵. 以上数据产生遵循如下的假设: 对

各类数据先规范化处理, 使得 $u_i^{\mathrm{T}} u_i \leqslant 1, i = 0, 1, 2, \cdots, m$ 成为规范的变化参数, 而 P_i 为各项数据的变化尺度, s 表示产生数据扰动的变化因素个数.

假设所有 c^*, A_i^*, b_i^* 和 P_i $(i = 0, 1, 2, \cdots, m)$ 给定. 这时, 我们知道线性规划中系数 c, A, b 虽不确定但在范围 $\mathcal{U}$ 内变化. 一种相对保守的策略是: 在所有可能的环境系数下, 选择适应所有环境系数的最佳方案. 这就是鲁棒优化的基本思想. 针对线性规划, 依据鲁棒优化的思想建立的模型为

$$
\begin{aligned}
\min_{(c,A,b)\in\mathcal{U}} \quad & t \\
\text{s.t.} \quad & c^{\mathrm{T}} x \leqslant t, \\
& Ax \geqslant b, \\
& x \in \mathbb{R}_+^n.
\end{aligned}
\tag{4.5}
$$

鲁棒优化要求 $Ax \geqslant b$ 对所有 $(c, A, b) \in \mathcal{U}$ 成立, 对 $1 \leqslant i \leqslant m$, 每一个约束等同于

$$
\begin{aligned}
0 \leqslant \min_{u_i^{\mathrm{T}} u_i \leqslant 1} & \left\{ A_i^{\mathrm{T}}(u) x - b_i(u) \,\middle|\, \begin{pmatrix} A_i \\ b_i \end{pmatrix} = \begin{pmatrix} A_i^* \\ b_i^* \end{pmatrix} + P_i u_i \right\} \\
&= (A_i^*)^{\mathrm{T}} x - b_i^* + \min_{u_i^{\mathrm{T}} u_i \leqslant 1} u_i^{\mathrm{T}} P_i^{\mathrm{T}} \begin{pmatrix} x \\ -1 \end{pmatrix} \\
&= (A_i^*)^{\mathrm{T}} x - b_i^* - \left\| P_i^{\mathrm{T}} \begin{pmatrix} x \\ -1 \end{pmatrix} \right\|.
\end{aligned}
$$

同理可以得到 $c^{\mathrm{T}} x \leqslant t$ 的约束形式, 于是鲁棒线性规划变成一个二阶锥规划问题

$$
\begin{aligned}
\min \quad & t \\
\text{s.t.} \quad & \left\| P_0^{\mathrm{T}} x \right\| + c^{*\mathrm{T}} x \leqslant t, \\
& \left\| P_i^{\mathrm{T}} \begin{pmatrix} x \\ -1 \end{pmatrix} \right\| - (A_i^*)^{\mathrm{T}} x \leqslant -b_i^*, \quad i = 1, 2, \cdots m, \\
& x \in \mathbb{R}_+^n, \quad t \in \mathbb{R}.
\end{aligned}
\tag{4.6}
$$

4.3 半 定 规 划

半定规划 (semi-definite programming, SDP)的标准模型为

$$
\begin{aligned}
\min \quad & C \bullet X \\
\text{s.t.} \quad & \mathcal{A} \bullet X = b, \\
& X \in \mathcal{S}_+^n,
\end{aligned}
\tag{SDP}
$$

其中, C 是一个 n 阶实对称方阵, $\mathcal{A} = \begin{pmatrix} A_1 \\ A_2 \\ \vdots \\ A_m \end{pmatrix}$ 且其中每一个 A_i 为 n 阶实对称

方阵, $b \in \mathbb{R}^m$, $\mathcal{A} \bullet X$ 定义为

$$\mathcal{A} \bullet X = \begin{pmatrix} A_1 \bullet X \\ A_2 \bullet X \\ \vdots \\ A_m \bullet X \end{pmatrix}.$$

实际上, 以上的模型是在半正定锥 $\mathcal{S}_+^n$ 上讨论的, 准确的称呼应该为半正定规划. 当以上模型在半负定锥 $-\mathcal{S}_+^n$ 上讨论时, 理论分析方法与半正定规划相同, 因此按习惯将以上模型称为半定规划. 由于限定在锥 $\mathcal{S}_+^n$ 考虑, 故变量 X 为实对称的. 从模型的建立来看, 对 C 和 A_i 不一定要求实对称矩阵, 但根据 $\frac{1}{2}(C^T + C) \bullet X = C \bullet X$, 则等价写成实对称形式. 实对称也给模型的建立和研究带来方便, 因此假设 C 和 A_i 为实对称矩阵.

完全引用 3.5 节的结论, 可根据 (LCoD) 写出它的对偶模型为

$$\begin{aligned} \max \quad & b^T y \\ \text{s.t.} \quad & \mathcal{A}^* y + S = C, \\ & S \in \mathcal{S}_+^n, \quad y \in \mathbb{R}^m, \end{aligned} \qquad \text{(SDD)}$$

其中记 $\mathcal{A}^* = (A_1, A_2, \cdots, A_m)$, $\mathcal{A}^* y = \sum_{i=1}^{m} y_i A_i$.

1.3 节的相关阵满足问题就是一个半定规划问题.

直接移植定理 3.27, 得到半定规划具有强对偶的一些性质.

定理 4.7 (i) 当 (SDP) 或 (SDD) 其中之一的最优目标值无限时, 另外一个不可行.

(ii) 若 (SDP) 和 (SDD) 分别存在可行解 X^* 和 (S^*, y^*) 满足 $X^* \bullet S^* = C \bullet X^* - b^T y^* = 0$, 则 X^* 和 (S^*, y^*) 分别为 (SDP) 和 (SDD) 的最优解.

(iii) 当 (SDP) 存在一个可行解 $\bar{X} \in \mathcal{S}_{++}^n$ 且最优目标值有限时, 则原始和对偶问题具有强对偶性且 (SDD) 最优解可达; 另外, (SDP) 的一个可行解 X^* 为最优解的必要条件为: (SDD) 存在一个可行解 $(\bar{S}, \bar{y})$ 满足 $X^* \bullet \bar{S} = C \bullet X^* - b^T \bar{y} = 0$.

(iv) 当 (SDD) 存在可行解 $(\bar{S}, \bar{y})$ 且最优目标值有限时, 其中 $\bar{S} \in \mathcal{S}_{++}^n$, 则原始和对偶问题具有强对偶性且 (SDP) 的最优解可达; 另外, (SDD) 的一个可行解 (S^*, y^*) 是最优解的必要条件为: (SDP) 存在一个可行解 $\bar{X}$ 满足 $\bar{X} \bullet S^* = C \bullet \bar{X} - b^T y^* = 0$.

上述定理中一些细节需要关注. 特别需要关注 (iii) 中存在一个可行解 $\bar{X} \in \mathcal{S}_{++}^n$ 的条件, 即存在 $\mathcal{S}_+^n$ 一个内点可行解的要求, 参考下面例子.

例 4.4 对偶问题不可行的情形.

在 (SDP) 中, 当

$$A = \begin{pmatrix} 0 & 0 \\ 0 & 1 \end{pmatrix}, \quad C = \begin{pmatrix} 0 & 1 \\ 1 & 0 \end{pmatrix}, \quad b = 0$$

时, 则对偶问题不可行.

解   容易验证,

$$X^* = \begin{pmatrix} 0 & 0 \\ 0 & 0 \end{pmatrix}$$

是 (SDP) 的最优解且目标值为 0, 但其对偶问题的约束为

$$Ay + S = C \Leftrightarrow S = \begin{pmatrix} 0 & 1 \\ 1 & -y \end{pmatrix},$$

而 $S \notin \mathcal{S}_+^n$, 故对偶问题不可行. 究其原因可以发现, $A \bullet X = b$ 迫使 $x_{22} = 0$, 即原问题可行解中不存在一个严格正定的解.

例 4.5 原问题不可达的情形.

在 (SDP) 中, 当

$$A = \begin{pmatrix} 0 & 1 \\ 1 & 0 \end{pmatrix}, \quad C = \begin{pmatrix} 1 & 0 \\ 0 & 0 \end{pmatrix}, \quad b = 1,$$

则有最优目标值为 0 但不可达.

解   对偶问题中的约束要求:

$$S = \begin{pmatrix} 1 & 0 \\ 0 & 0 \end{pmatrix} - y \begin{pmatrix} 0 & 1 \\ 1 & 0 \end{pmatrix} = \begin{pmatrix} 1 & -y \\ -y & 0 \end{pmatrix}$$

半正定, 故得到唯一解 $y^* = 0$ 和 $S^* = \begin{pmatrix} 1 & 0 \\ 0 & 0 \end{pmatrix}$. 注意对偶问题最优目标值为 0, 但对偶问题中没有内点可行解. 此时, 原问题约束 $A \bullet X = b$ 得到 $X = \begin{pmatrix} x_{11} & \frac{1}{2} \\ \frac{1}{2} & x_{22} \end{pmatrix}$,

目标函数为 x_{11}. 要保证 $X \in \mathcal{S}_+^2$, 必须有 $x_{11} > 0$, 可取 $x_{11} = \dfrac{1}{k}, x_{22} = k, k \geqslant 1$, 即可推导出原问题最优目标值为 0, 但 x_{11} 永远不能为 0, 故不可达.

例 4.6 对偶间隙有限但不为 0 的情形.

在 (SDP) 中, 当

$$A_1 = \begin{pmatrix} 0 & 0 & 0 \\ 0 & 1 & 0 \\ 0 & 0 & 0 \end{pmatrix}, \quad A_2 = \begin{pmatrix} 1 & 0 & 0 \\ 0 & 0 & -1 \\ 0 & -1 & 0 \end{pmatrix},$$

$$C = \begin{pmatrix} 0 & 0 & 0 \\ 0 & 0 & 1 \\ 0 & 1 & 0 \end{pmatrix}, \quad b = \begin{pmatrix} 0 \\ 1 \end{pmatrix}$$

时, 对偶间隙有限但不为 0.

解 解 (SDP) 原问题, 由 $A_1 \bullet X = x_{22} = 0$ 及 $X \in \mathcal{S}_+^3$ 得到 $x_{12} = x_{21} = x_{23} = x_{32} = 0$; 由 $C \bullet X = 2x_{23} = 0$ 和 $A_2 \bullet X = x_{11} - 2x_{23} = x_{11} = 1$ 得到 (SDP) 的最优

目标值为 0 和一个最优解 $X^* = \begin{pmatrix} 1 & 0 & 0 \\ 0 & 0 & 0 \\ 0 & 0 & 0 \end{pmatrix}$.

解 (SDD) 对偶问题, 由约束

$$S = C - A_1 y_1 - A_2 y_2 = \begin{pmatrix} -y_2 & 0 & 0 \\ 0 & -y_1 & 1+y_2 \\ 0 & 1+y_2 & 0 \end{pmatrix}$$

得到 $1 + y_2 = 0$. 所以 (SDD) 的最优目标值为 -1, 并有一个最优解 $y^* = \begin{pmatrix} 0 \\ -1 \end{pmatrix}$

和 $S^* = \begin{pmatrix} 1 & 0 & 0 \\ 0 & 0 & 0 \\ 0 & 0 & 0 \end{pmatrix}$.

明显的 $0 \neq -1$. 此间隙产生的原因是原问题没有内点可行解 $(x_{22} = 0)$.

可一般化地建立半定规划的一般模型, 形式如下:

$$\begin{aligned} \min \quad & C \bullet X + d^{\mathrm{T}} x \\ \text{s.t.} \quad & \mathcal{A} \bullet X + Bx = b, \\ & X \in \mathcal{S}_+^n, \quad x \in \mathbb{R}_+^p, \end{aligned} \tag{4.7}$$

其中, $C \in \mathcal{S}^n$, $\mathcal{A} = \begin{pmatrix} A_1 \\ A_2 \\ \vdots \\ A_m \end{pmatrix}$ 且其中每一个 $A_i \in \mathcal{S}^n$, $b \in \mathbb{R}^m$, $d \in \mathbb{R}^p$, B 为 $m \times p$

矩阵.

令 $\mathcal{K} = \mathcal{S}_+^n \times \mathbb{R}_+^p$ 并在 $\mathcal{S}^n \times \mathbb{R}^p$ 上定义内积

$$(A, a) \bullet (X, x) = A \bullet X + a^{\mathrm{T}} x, \quad (A, a), (X, x) \in \mathcal{S}^n \times \mathbb{R}^p.$$

上述模型就是线性锥优化的标准模型 (LCoP), 由 3.5 节的结论, 可得到对偶模型为

$$
\begin{aligned}
\max \quad & b^{\mathrm{T}} y \\
\text{s.t.} \quad & \sum_{i=1}^{m} y_i A_i + S = C, \\
& B^{\mathrm{T}} y \leqslant d, \\
& S \in \mathcal{S}_+^n, \quad y \in \mathbb{R}^m.
\end{aligned}
\tag{4.8}
$$

变量 $x \in \mathbb{R}_+^p$ 对应的对偶约束为 $B^{\mathrm{T}} y \leqslant d$, 当某一个变量没有非负限制时, 对应于对偶约束 $B^{\mathrm{T}} y \leqslant d$ 中的那一项则取等号.

定理 4.8   (i) 若 (4.7) 和 (4.8) 其中一个最优目标值无限, 则另一个不可行.

(ii) 若 (4.7) 和 (4.8) 分别存在可行解 (X^*, x^*) 和 (S^*, y^*) 满足 $X^* \bullet S^* + (x^*)^{\mathrm{T}} (d - B^{\mathrm{T}} y^*) = C \bullet X^* + d^{\mathrm{T}} x^* - b^{\mathrm{T}} y^* = 0$, 则 (X^*, x^*) 和 (S^*, y^*) 分别为 (4.7) 和 (4.8) 的最优解.

(iii) 当 (4.7) 存在一个可行解 $(\bar{X}, \bar{x})$ 满足 $\bar{X} \in \mathcal{S}_{++}^n$ 和 $\bar{x} \in \mathbb{R}_{++}^p$ 且 (4.7) 目标函数下有界时, 则原问题与对偶问题具有强对偶性且 (4.8) 最优解可达; 另外, (4.7) 的一个可行解 (X^*, x^*) 是最优解的必要条件为: (4.8) 存在一个可行解 $(\bar{S}, \bar{y})$ 使得 $X^* \bullet \bar{S} + (x^*)^{\mathrm{T}} (d - B^{\mathrm{T}} \bar{y}) = C \bullet X^* + d^{\mathrm{T}} x^* - b^{\mathrm{T}} \bar{y} = 0$.

(iv) 当 (4.8) 存在一个可行解 $(\bar{S}, \bar{y})$ 满足 $B^{\mathrm{T}} \bar{y} < d$ 和 $\bar{S} \in \mathcal{S}_{++}^n$ 且 (4.8) 的目标函数上有界时, 则原问题和对偶问题具有强对偶性且 (4.7) 最优解可达; 另外, (4.8) 的一个可行解 (S^*, y^*) 是最优解的必要条件为: (4.7) 存在一个可行解 $(\bar{X}, \bar{x})$ 满足 $\bar{X} \bullet S^* + \bar{x}^{\mathrm{T}} (d - B^{\mathrm{T}} y^*) = C \bullet \bar{X} + d^{\mathrm{T}} \bar{x} - b^{\mathrm{T}} y^* = 0$.

利用定理 3.29 可以简单地证明上述结论.

实际中, 在大量文献和应用问题中还可见到半定规划的不等式模型

$$
\begin{aligned}
\min \quad & c^{\mathrm{T}} x \\
\text{s.t.} \quad & \sum_{i=1}^{m} x_i A_i \geqslant_{\mathcal{S}_+^n} D, \\
& x \in \mathbb{R}_+^m,
\end{aligned}
\tag{4.9}
$$

其中, $c \in \mathbb{R}^m$, $A_i \in \mathcal{S}^n$, $i = 1, 2, \cdots, m$, $D \in \mathcal{S}^n$.

等价变形为

$$-\max \quad -c^{\mathrm{T}}x,$$
$$\mathrm{s.t.} \quad -\sum_{i=1}^{m} x_i A_i + S = -D,$$
$$S \in \mathcal{S}_+^n, \quad x \in \mathbb{R}_+^m,$$

其为 (3.31) 模型. 再利用定理 3.26 及 (3.30) 与 (3.31) 的互为对偶关系, 得到 (4.9) 的对偶模型为

$$\max \quad D \bullet Y$$
$$\mathrm{s.t.} \quad A_i \bullet Y \leqslant c_i, \quad i = 1, 2, \cdots, m, \tag{4.10}$$
$$Y \in \mathcal{S}_+^n.$$

实际上, 不直接用共轭对偶方法而采用将其转换成等价的一般形式模型的方法也可以给出对偶模型. 令 (4.9) 中 $U = \sum_{i=1}^{m} x_i A_i - D$, 记 E_{ij} 为 $n \times n$ 矩阵且 (i,j) 位置元素为 1, 其他元素全为 0. $U = \sum_{i=1}^{m} x_i A_i - D$ 可等价地表示为

$$-E_{ij} \bullet U + \sum_{l=1}^{m} (E_{ij} \bullet A_l) x_l = d_{ij}, \quad 1 \leqslant i, j \leqslant n.$$

可以将 (4.9) 写成 (SDP) 的一般形式

$$\min \quad 0 \bullet U + c^{\mathrm{T}} x$$
$$\mathrm{s.t.} \quad -E_{ij} \bullet U + \sum_{l=1}^{m} (E_{ij} \bullet A_l) x_l = d_{ij}, \quad 1 \leqslant i, j \leqslant n,$$
$$U \in \mathcal{S}_+^n, \quad x = x^+ - x^- \in \mathbb{R}^m.$$

再直接套用 (4.8) 也可以得到上述对偶模型, 请读者练习.

从定理 3.30 可以得到

定理 4.9 (i) 若 (4.9) 和 (4.10) 其中一个最优目标值无限, 则另一个不可行.

(ii) 若 (4.9) 和 (4.10) 分别存在可行解 x^* 和 Y^* 满足 $\left(\sum_{i=1}^{m} x_i^* A_i - D\right) \bullet Y^* + \sum_{i=1}^{m} (c_i - A_i \bullet Y) x_i^* = c^{\mathrm{T}} x^* - D \bullet Y^* = 0$, 则 x^* 和 Y^* 分别为 (4.9) 和 (4.10) 的最优解.

(iii) 当 (4.9) 存在一个满足 $\bar{x} \in \mathbb{R}_{++}^m$ 和 $\sum_{i=1}^{m} \bar{x}_i A_i >_{\mathcal{S}_+^n} D$ 的可行解且 (4.9) 目标函数下有界时, 则原问题与对偶问题具有强对偶性且 (4.10) 最优解可达; 另外,

(4.9) 的一个可行解 x^* 是最优解的必要条件为: (4.10) 存在一个可行解 $\bar{Y} \in \mathcal{S}_+^n$ 使得 $c^{\mathrm{T}}x^* - D \bullet \bar{Y} = 0$.

(iv) 当 (4.10) 存在一个满足 $\bar{Y} \in \mathcal{S}_{++}^n$ 和 $A_i \bullet \bar{Y} < c_i, i = 1, 2, \cdots, m$ 的可行解且 (4.10) 目标函数上有界时, 则原问题与对偶问题具有强对偶性且 (4.9) 最优解可达; 另外, (4.10) 的一个可行解 Y^* 是最优解的必要条件为: (4.9) 存在一个可行解 $\bar{x}$ 满足 $c^{\mathrm{T}}\bar{x} - D \bullet Y^* = 0$.

半定规划问题是目前可内点算法求解的问题之一. 当一些问题可以直接写成半定规划模型时, 如 1.3 节的相关阵满足问题, 可以利用上述定理得到最优解是否可达的理论结果; 同时在可达的情况下利用内点算法求出最优解.

不难验证一个二阶锥可以写成如下的半正定矩阵形式:

$$x \in \mathcal{L}^n \Leftrightarrow \begin{pmatrix} x_n I_{n-1} & x_{1:n-1} \\ x_{1:n-1}^{\mathrm{T}} & x_n \end{pmatrix} \in \mathcal{S}_+^n,$$

其中 $x_{1:n-1} = (x_1, x_2, \cdots, x_{n-1})^{\mathrm{T}}$.

半定规划的约束为变量矩阵取自半正定矩阵锥的线性不等式或等式形式, 就如 (SDP) 和 (SDD) 约束的形式, 这样的矩阵线性不等式或等式称为线性矩阵不等式 (linear matrix inequality, LMI). 由二阶锥可表示集合的定义, 知任何一个二阶锥可表示集合等价于一系列半定锥上的线性不等式的约束集合. 依据半定规划的不等式模型 (4.9) 形式, 任何一个二阶锥规划问题等价一个半定规划问题. 由此可知, 半定规划涵盖二阶锥规划, 是一类更广泛的线性锥优化问题. 类似二阶锥可表示函数/集合, 我们同样希望知道哪些函数/集合可写成半正定锥上的线性矩阵不等式 (即 LMI) 约束? 这些问题将在第 5 章讨论.

下面再给出一个半定规划应用的例子.

不确定线性动力系统的稳定性问题

考虑一个不确定的线性动力系统 (uncertain dynamical linear system, ULS):

$$\frac{\mathrm{d}}{\mathrm{d}t}x(t) = A(t)x(t), \quad x(0) = x^0,$$

其中 $A(t)$ 是一个 $n \times n$ 带有不确定性的矩阵, $x(t)$ 为 $n \times 1$ 表示轨迹曲线的向量, x^0 为动力系统的初始状态, 同样假设初始状态具有一定的不确定性. 如果当 $t \to +\infty$ 时, 有 $x(t) \to 0$, 则称 (ULS) 为稳定的.

我们希望得到动力系统的稳定性条件, 即 $A(t)$ 和 x^0 在满足什么条件下, (ULS) 是稳定的?

讨论一般性的非线性动力系统

$$\frac{\mathrm{d}}{\mathrm{d}t}x(t) = f(t, x(t)), \quad x(0) = x^0,$$

其中非线性函数满足 $f(t,0) = 0$. 设 $f(x,t)$ 为光滑函数, 则

$$f(t, x(t)) = f(t,0) + \int_0^1 \frac{\partial}{\partial s} f(t, sx)x\mathrm{d}s,$$

等同于一个不确定的线性动力系统

$$\frac{\mathrm{d}}{\mathrm{d}t} x(t) = A(x,t)x(t), \quad x(0) = x^0,$$

其中将 $A(x,t) = \int_0^1 \frac{\partial}{\partial s} f(t, sx)\mathrm{d}s$ 看成不确定项.

(ULS) 具有稳定性的充分性条件之一是: 寻求具有正定矩阵 X 的函数 $L(x) = x^{\mathrm{T}}Xx$, 使得存在有一个 $\alpha > 0$ 满足

$$\frac{\mathrm{d}}{\mathrm{d}t} L(x(t)) \leqslant -\alpha L(x(t)).$$

这个函数 $L(x) = x^{\mathrm{T}}Xx$ 称为 Lyapunov 二次函数 (Lyapunov's quadratic function), 而这种方法称为 Lyapunov 第二方法. 一个 (ULS) 如果有满足上述条件的 Lyapunov 二次函数, 则该系统是稳定的. 从优化的角度来看, 这个 Lyapunov 二次函数被看成动力系统的能量函数, 系统达到稳定时, 对应的能量系统到达局部最优解. 这里的系数 α 为系统的自耗散速度. 这样的思想在 Hopfield 神经网络算法的理论中得到充分的应用 (参考文献 [69]). 此处不妨将以上的结论以定理的形式给出.

定理 4.10　*若 (ULS) 存在一个具有 $\alpha > 0$ 的 Lyapunov 二次函数 $L(x)$, 则系统是稳定的.*

证明　对存在满足条件 Lyapunov 函数 $L(x)$ 的动力系统, 有

$$L(x(t)) \leqslant c_0 \exp\{-\alpha t\} \to 0 \ 当 \ t \to +\infty,$$

其中 c_0 是与 t 无关的常数. 因为 $L(x) = x^{\mathrm{T}}Xx$ 且 X 正定, 由 $L(x(t)) \to 0$ 可推出 $x(t) \to 0$. ∎

定理 4.11　*设 $\mathcal{U}$ 是 (ULS) 的不确定集合, 动力系统存在耗散系数 $\alpha > 0$ 的 Lyapunov 二次函数的充分必要条件为下列半定规划问题的最优目标值为负数:*

$$\begin{aligned}
\min \quad & s \\
\text{s.t.} \quad & sI_n - A^{\mathrm{T}}X - XA \succeq 0, \quad \forall A \in \mathcal{U}, \\
& X \succeq I_n, \\
& X \in \mathcal{S}_+^n, \quad s \in \mathbb{R}.
\end{aligned} \tag{4.11}$$

在此结果满足时, 每一个目标值为负数的解都对应一个 Lyapunov 二次函数.

证明   对 $L(x(t)) = x^{\mathrm{T}}(t)Xx(t)$, 有

$$\frac{\mathrm{d}}{\mathrm{d}t}L(x(t)) = \left[\frac{\mathrm{d}}{\mathrm{d}t}x(t)\right]^{\mathrm{T}} Xx(t) + x^{\mathrm{T}}(t)X\left[\frac{\mathrm{d}}{\mathrm{d}t}x(t)\right] = x^{\mathrm{T}}(t)[A^{\mathrm{T}}(t)X + XA(t)]x(t).$$

"**必要性**".   假设 $L(x(t)) = x^{\mathrm{T}}(t)Xx(t)$ 是一个 Lyapunov 二次函数, 则由 $\frac{\mathrm{d}}{\mathrm{d}t}L(x(t)) \leqslant -\alpha L(x(t))$ 导出

$$x^{\mathrm{T}}(t)[-\alpha X - A^{\mathrm{T}}(t)X - XA(t)]x(t) \geqslant 0$$

对所有 $A(t) \in \mathcal{U}$ 和 $x(t)$ 成立. 也就得到

$$-\alpha X - A^{\mathrm{T}}(t)X - XA(t) \succeq 0, \quad \forall A \in \mathcal{U}.$$

因为 X 是正定, $\tilde{X} = \dfrac{1}{\lambda_{\min}(X)}X \succeq I_n$, 其中 $\lambda_{\min}(X)$ 是 X 的最小特征值. 以上方程等价为

$$-\alpha \tilde{X} - A^{\mathrm{T}}(t)\tilde{X} - \tilde{X}A(t) \succeq 0, \quad \forall A \in \mathcal{U}.$$

由 $\tilde{X} \succeq I_n$ 可推出

$$-\alpha I_n - A^{\mathrm{T}}(t)\tilde{X} - \tilde{X}A(t) \succeq -\alpha \tilde{X} - A^{\mathrm{T}}(t)\tilde{X} - \tilde{X}A(t) \succeq 0, \quad \forall A \in \mathcal{U}.$$

由此得证 (4.11) 有一个解 $s = -\alpha$ 和 $\tilde{X}$.

逆推以上所有论证可得到充分性.   ∎

半定规划模型 (4.11) 中, $\mathcal{U}$ 是一个一般化的集合, 因此无法实现对其计算求解. 一个简单的情形是

$$\mathcal{U} = \operatorname{conv}\{A_1, A_2, \cdots, A_K\},$$

其中 A_i 表示一个给定的 $n \times n$ 矩阵, 此时 (4.11) 的半定规划模型转化为

$$\begin{aligned}
\min \quad & s \\
\text{s.t.} \quad & sI_n - A_i^{\mathrm{T}}X - XA_i \succeq 0, \quad i = 1, 2, \cdots, K, \\
& X \succeq I_n, \\
& X \in \mathcal{S}_+^n, \quad s \in \mathbb{R},
\end{aligned}$$

就成了一个可计算的半定规划模型.

4.3.1   半定规划松弛

半定规划的一个应用是提供一些难解的问题上下界, 常用的手段为半定规划松弛 (SDP relaxation). 半定规划松弛的基本思想是将 $\mathbb{R}^n$ 空间的优化问题提升到

$\mathcal{M}(n,n)$ 空间上的半正定锥 $\mathcal{S}_+^n$ 规划来求解. 通过空间维数的提升来达到问题求解变易的效果. 下面通过一个例子来理解这个方法.

前面多次提到二次约束二次规划问题, 这里再次将模型表出

$$
\begin{aligned}
v_{\mathrm{QP}} = \min \quad & f(x) = \frac{1}{2}x^{\mathrm{T}}Q_0 x + q_0^{\mathrm{T}}x + c_0 \\
\mathrm{s.t.} \quad & g_i(x) = \frac{1}{2}x^{\mathrm{T}}Q_i x + q_i^{\mathrm{T}}x + c_i \leqslant 0, \quad i = 1,2,\cdots,m, \\
& x \in \mathbb{R}^n.
\end{aligned} \tag{4.12}
$$

等价地写成矩阵形式

$$
\begin{aligned}
\min \quad & \frac{1}{2}\begin{pmatrix} 1 \\ x \end{pmatrix}^{\mathrm{T}} \begin{pmatrix} 2c_0 & q_0^{\mathrm{T}} \\ q_0 & Q_0 \end{pmatrix} \begin{pmatrix} 1 \\ x \end{pmatrix} \\
\mathrm{s.t.} \quad & \frac{1}{2}\begin{pmatrix} 1 \\ x \end{pmatrix}^{\mathrm{T}} \begin{pmatrix} 2c_i & q_i^{\mathrm{T}} \\ q_i & Q_i \end{pmatrix} \begin{pmatrix} 1 \\ x \end{pmatrix} \leqslant 0, \quad i = 1,2,\cdots,m, \\
& x \in \mathbb{R}^n.
\end{aligned}
$$

利用定理 2.1 有关矩阵内积的性质, 得到一个等价问题

$$
\begin{aligned}
\min \quad & \frac{1}{2}\begin{pmatrix} 2c_0 & q_0^{\mathrm{T}} \\ q_0 & Q_0 \end{pmatrix} \bullet X \\
\mathrm{s.t.} \quad & \frac{1}{2}\begin{pmatrix} 2c_i & q_i^{\mathrm{T}} \\ q_i & Q_i \end{pmatrix} \bullet X \leqslant 0, \quad i = 1,2,\cdots,m, \\
& x_{11} = 1, \\
& \mathrm{rank}(X) = 1, \\
& X \in \mathcal{S}_+^{n+1},
\end{aligned}
$$

其中 $X = (x_{ij})_{(n+1)\times(n+1)}$.

可以看到: 一个有 n 个变量的二次约束二次规划问题, 表示为一个有 $\dfrac{n(n+1)}{2}$ 个变量的等价问题.

由于上模型中 $\mathrm{rank}(X) = 1$ 不是线性约束而保持了问题求解难度, 它的松弛可得到一个半定规划问题:

$$
\begin{aligned}
v_{\mathrm{RP}} = \min \quad & \frac{1}{2}\begin{pmatrix} 2c_0 & q_0^{\mathrm{T}} \\ q_0 & Q_0 \end{pmatrix} \bullet X \\
\mathrm{s.t.} \quad & \frac{1}{2}\begin{pmatrix} 2c_i & q_i^{\mathrm{T}} \\ q_i & Q_i \end{pmatrix} \bullet X \leqslant 0, \quad i = 1,2,\cdots,m, \\
& x_{11} = 1, \\
& X \in \mathcal{S}_+^{n+1}.
\end{aligned} \tag{4.13}
$$

明显可看出 $v_{\mathrm{RP}} \leqslant v_{\mathrm{QP}}$, 所以半定规划提供了原问题的一个下界.

4.3.2　秩一分解

我们不仅期望半定松弛能提供一个好的下界, 同时, 还希望利用半定规划得到的解还原出原问题的解. 秩一分解 (rank-one decomposition)就是这样一种的方法, 常在二次规划问题求解中使用.

以二次约束二次规划的半正定松弛 (4.13) 为背景来讨论秩一分解方法. 记 $C = \dfrac{1}{2} \begin{pmatrix} 2c_0 & q_0^{\mathrm{T}} \\ q_0 & Q_0 \end{pmatrix}$. 当得到 (4.13) 的一个最优解 X^* 后, 有 $C \bullet X^* = v_{\mathrm{RP}} \leqslant v_{\mathrm{QP}}$. 因为 X^* 是一个半正定矩阵, 由定理 2.5, 一定存在秩一分解 $X^* = \sum\limits_{i=1}^{r} p^i (p^i)^{\mathrm{T}}$, 其中 $r = \mathrm{rank}(X^*)$. 记 p_1^i 和 $p_{2:n+1}^i$ 分别表示 p^i 向量的第一个元素和后 n 个元素. 当对所有的 $1 \leqslant i \leqslant r$ 都有 $p_1^i \neq 0$ 时, 记

$$x^i = \frac{p_{2:n+1}^i}{p_1^i},$$

则有

$$X^* = \sum_{i=1}^{r} (p_1^i)^2 \begin{pmatrix} 1 \\ x^i \end{pmatrix} \begin{pmatrix} 1 \\ x^i \end{pmatrix}^{\mathrm{T}}.$$

由定理 2.1, 有

$$
\begin{aligned}
C \bullet X^* &= C \bullet \left(\sum_{i=1}^{r} p^i (p^i)^{\mathrm{T}} \right) \\
&= \sum_{i=1}^{r} (p_1^i)^2 \begin{pmatrix} 1 \\ x^i \end{pmatrix}^{\mathrm{T}} C \begin{pmatrix} 1 \\ x^i \end{pmatrix} \\
&= \sum_{i=1}^{r} (p_1^i)^2 \left[\frac{1}{2} (x^i)^{\mathrm{T}} Q_0 x^i + q_0^{\mathrm{T}} x^i + c_0 \right] \\
&\geqslant \frac{1}{2} (x^i)^{\mathrm{T}} Q_0 x^i + q_0^{\mathrm{T}} x^i + c_0, \quad i \in \mathcal{T},
\end{aligned}
\tag{4.14}
$$

其中定义 $\mathcal{T} = \left\{ i \,\middle|\, \dfrac{1}{(p_1^i)^2} (p^i)^{\mathrm{T}} C p^i \leqslant v_{\mathrm{RP}} \right\}$ 且 $\mathcal{T} \neq \varnothing$.

一旦存在 $i \in \mathcal{T}$ 满足 x^i 为二次约束二次规划问题 (4.12) 的一个可行解, 我们就幸运地得到了 (4.12) 的全局最优解, 即

$$v_{\mathrm{QP}} \leqslant \frac{1}{2} (x^i)^{\mathrm{T}} Q_0 x^i + q_0^{\mathrm{T}} x^i + c_0 \leqslant v_{\mathrm{RP}} \leqslant v_{\mathrm{QP}}.$$

从 (4.13) 的求解过程来看, 得到最优解 X^* 是由算法决定的. 而求解满足 (4.14) 的指标集 $\mathcal{T}$ 和对应的向量, 则依赖秩一分解的方法.

定理 4.12 考虑 (4.12) 中 $m = 1$ 的二次约束二次规划问题, 当其可行解集非空且 $Q_1 \in \mathcal{S}_{++}^n$ 时, 半定规划松弛 (4.13) 最优值与 (4.12) 最优值相等, 且存在 (4.13) 最优解的一个秩一分解向量为 (4.12) 的全局最优解.

证明 利用定理 4.7 的结论首先证明半定规划松弛 (4.13) 可达, 此时必须证明其对偶问题严格可行和最优目标值有限. 因此, 需要先写出 (4.13) 的对偶. 直接套用共轭对偶方法, 步骤如下.

记

$$\mathcal{K} = \left\{ u \in \mathbb{R}^3 \middle| \begin{array}{l} u_1 = \dfrac{1}{2} \begin{pmatrix} 2c_1 & q_1^{\mathrm{T}} \\ q_1 & Q_1 \end{pmatrix} \bullet X, \quad u_2 = \begin{pmatrix} 1 & 0 \\ 0 & 0 \end{pmatrix} \bullet X, \\[3mm] u_3 = \dfrac{1}{2} \begin{pmatrix} 2c_0 & q_0^{\mathrm{T}} \\ q_0 & Q_0 \end{pmatrix} \bullet X, \quad X \in \mathcal{S}_+^{n+1} \end{array} \right\},$$

$$\mathcal{X} = \left\{ u \in \mathbb{R}^3 \mid u_1 \leqslant 0, u_2 = 1, u_3 \in \mathbb{R} \right\}.$$

易验证 $\mathcal{K}$ 为一个闭锥.

由共轭函数

$$h(v) = \max_{u \in \mathcal{X}} \left\{ u^{\mathrm{T}} v - u_3 \right\} = \max_{u_1 \leqslant 0, u_2 = 1, u_3 \in \mathbb{R}} \left\{ u_1 v_1 + v_2 + u_3 (v_3 - 1) \right\} < +\infty,$$

得到其定义域

$$\mathcal{Y} = \left\{ v \in \mathbb{R}^3 \mid v_1 \geqslant 0, v_2 \in \mathbb{R}, v_3 = 1 \right\}$$

和 $h(v) = v_2$.

对任给 $X \in \mathcal{S}_+^{n+1}$, $\mathcal{K}$ 的对偶锥中元素满足

$$v^{\mathrm{T}} u = \left[\frac{v_1}{2} \begin{pmatrix} 2c_1 & q_1^{\mathrm{T}} \\ q_1 & Q_1 \end{pmatrix} + v_2 \begin{pmatrix} 1 & 0 \\ 0 & 0 \end{pmatrix} + \frac{v_3}{2} \begin{pmatrix} 2c_0 & q_0^{\mathrm{T}} \\ q_0 & Q_0 \end{pmatrix} \right] \bullet X \geqslant 0,$$

得到

$$\mathcal{K}^* = \left\{ v \in \mathbb{R}^3 \middle| \frac{v_1}{2} \begin{pmatrix} 2c_1 & q_1^{\mathrm{T}} \\ q_1 & Q_1 \end{pmatrix} + v_2 \begin{pmatrix} 1 & 0 \\ 0 & 0 \end{pmatrix} + \frac{v_3}{2} \begin{pmatrix} 2c_0 & q_0^{\mathrm{T}} \\ q_0 & Q_0 \end{pmatrix} \in \mathcal{S}_+^{n+1} \right\},$$

$$\mathcal{Y} \cap \mathcal{K}^* = \left\{ v \in \mathbb{R}^3 \middle| \begin{array}{l} \dfrac{1}{2} \begin{pmatrix} 2(c_0 + v_1 c_1 + v_2) & (q_0 + v_1 q_1)^{\mathrm{T}} \\ q_0 + v_1 q_1 & Q_0 + v_1 Q_1 \end{pmatrix} \in \mathcal{S}_+^{n+1}, \\[3mm] v_1 \geqslant 0, v_2 \in \mathbb{R}, v_3 = 1 \end{array} \right\}.$$

令 $\sigma = -v_2$, $\lambda = v_1$, 再按常规推导去掉目标值前的负号, 得到对偶问题为

$$v_{\mathrm{DR}} = \max \quad \sigma$$
$$\text{s.t.} \quad \begin{pmatrix} 2(c_0 + \lambda c_1 - \sigma) & (q_0 + \lambda q_1)^{\mathrm{T}} \\ q_0 + \lambda q_1 & Q_0 + \lambda Q_1 \end{pmatrix} \in \mathcal{S}_+^{n+1}, \tag{4.15}$$
$$\lambda \geqslant 0, \quad \sigma \in \mathbb{R}.$$

由定理给定的假设条件 $Q_1 \in \mathcal{S}_{++}^n$, 则存在 $\lambda > 0$ 使得 $Q_0 + \lambda Q_1 \in \mathcal{S}_{++}^n$, 只要取 σ 充分小的数, 就可以保证

$$\begin{pmatrix} 2(c_0 + \lambda c_1 - \sigma) & (q_0 + \lambda q_1)^{\mathrm{T}} \\ q_0 + \lambda q_1 & Q_0 + \lambda Q_1 \end{pmatrix} \in \mathcal{S}_{++}^{n+1}.$$

故对偶问题内点非空. 再加上原问题可行解集非空和弱对偶定理 3.25, 得到对偶的最优目标值有限. 所以, 半定规划松弛 (4.13) 最优解可达.

记半定规划松弛 (4.13) 最优解为 X^*, 对给定的矩阵

$$G = -\frac{1}{2}\begin{pmatrix} 2c_1 & q_1^{\mathrm{T}} \\ q_1 & Q_1 \end{pmatrix},$$

由定理 2.6, 存在秩一分解的 r 个向量 $p^i, i = 1, 2, \cdots, r$ 使得 $(p^i)^{\mathrm{T}} G p^i \geqslant 0$, 即满足 (4.13) 中第一个约束.

记 $p^i = (p_1^i, p_2^i, \cdots, p_{n+1}^i)^{\mathrm{T}}$. 若 $p_1^i = 0$, 得到

$$(p^i)^{\mathrm{T}} G p^i = -\frac{1}{2}(p_2^i, \cdots, p_{n+1}^i) Q_1 (p_2^i, \cdots, p_{n+1}^i)^{\mathrm{T}} \geqslant 0.$$

由 $Q_1 \in \mathcal{S}_{++}^n$, 得到 $p_2^i = \cdots = p_{n+1}^i = 0$, 即 $p^i = 0$, 此与秩为一的假设矛盾. 因此, $p_1^i \neq 0, i = 1, 2, \cdots, r$.

令 $y^i = \frac{1}{p_1^i} p_{2:n+1}^i$, 则 y^i 为 (4.12) 的可行解且 $\sum_{i=1}^{r}(p_1^i)^2 = 1$. 再由

$$v_{\mathrm{RP}} = C \bullet X^* = \sum_{i=1}^{r} \frac{1}{2}(p^i)^{\mathrm{T}} \begin{pmatrix} 2c_0 & q_0^{\mathrm{T}} \\ q_0 & Q_0 \end{pmatrix} p^i$$
$$= \sum_{i=1}^{r} \frac{1}{2}(p_1^i)^2 \begin{pmatrix} 1 \\ y^i \end{pmatrix}^{\mathrm{T}} C \begin{pmatrix} 1 \\ y^i \end{pmatrix} \leqslant v_{\mathrm{QP}}$$

和

$$\frac{1}{2}\begin{pmatrix} 1 \\ y^k \end{pmatrix}^{\mathrm{T}} C \begin{pmatrix} 1 \\ y^k \end{pmatrix} = \min_{1 \leqslant i \leqslant r} \frac{1}{2}\begin{pmatrix} 1 \\ y^i \end{pmatrix}^{\mathrm{T}} C \begin{pmatrix} 1 \\ y^i \end{pmatrix} \leqslant v_{\mathrm{RP}} \leqslant v_{\mathrm{QP}},$$

得到 $v_{\mathrm{RP}} = v_{\mathrm{QP}}$ 且 y^k 为全局最优解. ■

秩一分解是处理 $(n+1) \times (n+1)$ 空间的半定矩阵解降到 $\mathbb{R}^n$ 空间一个向量解的一种有效方法. 对具有一个二次凸函数不等式约束和一个线性不等式约束的二次约束二次规划问题, Sturm 和 Zhang[59] 采用这一思想也得到秩一分解的结果.

4.3.3 随机近似方法

将半定规划松弛后的最优解降回到 $\mathbb{R}^n$ 空间原问题解的另一个方法是随机近似方法 (randomized approximation approach). 我们得到半定规划松弛问题的最优解一定是半正定矩阵, 若是 $x_{ii} = 1, i = 1, 2, \cdots, n$, 则最优解可以看成一组随机数的相关阵. 再根据相关阵产生其随机数. 依此建立这些随机数同原问题解的关系, 并设计随机近似算法, 求得原问题的近似解. 以 1.4 节的最大割为例来说明此方法 (可参见文献 [23]).

最大割模型为

$$
\begin{aligned}
v_{\text{MC}} = \max \quad & \frac{1}{4} \sum_{i,j=1}^{n} w_{ij}(1 - x_i x_j) \\
\text{s.t.} \quad & x_i^2 = 1, \quad i = 1, 2, \cdots, n, \\
& x \in \mathbb{R}^n.
\end{aligned}
$$

半定规划松弛后的模型为

$$
\begin{aligned}
v_{\text{RM}} = \max \quad & \frac{1}{4} \sum_{i,j=1}^{n} w_{ij}(1 - x_{ij}) = \frac{1}{4} \sum_{i,j=1}^{n} w_{ij} - \min \frac{1}{4} \sum_{i,j=1}^{n} w_{ij} x_{ij} \\
\text{s.t.} \quad & x_{ii} = 1, \quad i = 1, 2, \cdots, n, \\
& X = (x_{ij})_{n \times n} \in \mathcal{S}_+^n.
\end{aligned}
$$

于是有 $v_{\text{MC}} \leqslant v_{\text{RM}}$.

按 (SDD) 写出其对偶模型为

$$
\begin{aligned}
v_{\text{DR}} = \quad & \frac{1}{4} \sum_{i,j=1}^{n} w_{ij} - \max \frac{1}{4} \sum_{i=1}^{n} \lambda_i \\
\text{s.t.} \quad & \Lambda + S = W, \\
& S \in \mathcal{S}_+^n, \quad \lambda \in \mathbb{R}^n,
\end{aligned}
$$

其中 $W = (w_{ij})_{n \times n}, w_{ii} = 0, i = 1, 2, \cdots, n, \Lambda = \text{Diag}(\lambda)$.

只要 Λ 中每一个对角元素充分小, 就可以保证 $S \in \mathcal{S}_{++}^n$. 而对任何一个 $x \in \{-1, 1\}^n$, 都可以构造 $X = (x_{ij}) = x x^{\mathrm{T}}$, 是半定松弛问题的一个可行解. 由弱对偶定理 3.25 可知, 对偶问题有上界, 即最优目标值有限. 再由定理 4.7(iii) 得到半定规划松弛问题最优解可达.

计算上面半定松弛问题得到一个最优解 $X \in \mathcal{S}_+^n$. 依据定理 2.6 证明部分后面的说明, 存在一个 $O(n^3)$ 的算法得到一个满行秩 $B \in \mathcal{M}(m, n)$ 使得 $X = B^{\mathrm{T}} B$. 记 $B = (v^1, v^2, \cdots, v^n)$, 则有 $X = B^{\mathrm{T}} B = ((v^i)^{\mathrm{T}} v^j)$, 就有 $(v^i)^{\mathrm{T}} v^j = x_{ij}$ 和 $(v^i)^{\mathrm{T}} v^i = x_{ii} = 1$, 即 v^i 为单位向量. 此时设计随机近似算法如下:

步骤 0　求解出最大割半定规划松弛模型的最优解 X 并给出上述分解 $(v^1, v^2, \cdots, v^n), v^i \in \mathbb{R}^m, i = 1, 2 \cdots, n, m = \operatorname{rank}(X);$

步骤 1　在 $\mathbb{R}^m$ 的单位球面 $\{x \in \mathbb{R}^m \mid \|x\| = 1\}$ 随机产生一点 $a;$

步骤 2　对 $i = 1, 2, \cdots, n$, 当 $a^{\mathrm{T}} v^i \geqslant 0$ 时, 则令 $\eta_i = 1$. 否则 $\eta_i = -1$.

上述算法输出一个值为 $\{-1, 1\}$ 的向量 $(\eta_1, \eta_2, \cdots, \eta_n)^{\mathrm{T}}$, 其为最大割问题的一个可行解. 由于步骤 1 中的 a 系随机产生, 可以随机产生 a 而重复上述算法. 则随机算法的平均目标值为

$$E\left[\frac{1}{4}\sum_{i,j=1}^{n} w_{ij}(1 - \eta_i \eta_j)\right] = \frac{1}{2}\sum_{i,j=1}^{n} w_{ij}\operatorname{Pr}(\operatorname{sign}(a^{\mathrm{T}} v^i) \neq \operatorname{sign}(a^{\mathrm{T}} v^j)),$$

并记成 v_{RA}, 其中 $\operatorname{Pr}(\cdot)$ 表示概率. 而 $\operatorname{Pr}(\operatorname{sign}(a^{\mathrm{T}} v^i) \neq \operatorname{sign}(a^{\mathrm{T}} v^j))$ 等价如下的数值: 在 v^i 和 v^j 所在的平面内, 依据 a, v^i, v^j 都是单位向量, 在以原点为中心单位圆周上投入一个单位向量 a, 取其与 v^i 和 v^j 中一个向量夹角的绝对值不超过 $\frac{\pi}{2}$ 且与另一个向量夹角的绝对值不低于 $\frac{\pi}{2}$ 的那部分圆周周长占全周长 2π 的比例. 此对应部分的圆周长度为 $2\arccos(v^i, v^j)$, 其中 (v^i, v^j) 为 v^i 与 v^j 的夹角, 满足 $\cos(v^i, v^j) = (v^i)^{\mathrm{T}} v^j$. 故有

$$\operatorname{Pr}(\operatorname{sign}(a^{\mathrm{T}} v^i) \neq \operatorname{sign}(a^{\mathrm{T}} v^j)) = \frac{\arccos(v^i, v^j)}{\pi}.$$

令 $\theta = \arccos(v^i, v^j)$, 再利用导数的方法求如下最小值问题

$$\alpha = \min_{0 \leqslant \theta \leqslant \pi} \frac{2}{\pi} \frac{\theta}{1 - \cos\theta},$$

得到 $\alpha \approx 0.87856$.

进一步可得到

$$\begin{aligned}
v_{\mathrm{RA}} &= E\left[\frac{1}{4}\sum_{i,j=1}^{n} w_{ij}(1 - \eta_i \eta_j)\right] = \frac{1}{2}\sum_{i,j=1}^{n} w_{ij}\frac{\arccos(v^i, v^j)}{\pi} \\
&\geqslant \frac{\alpha}{4}\sum_{i,j=1}^{n} w_{ij}(1 - (v^i)^{\mathrm{T}} v^j) = \frac{\alpha}{4}\sum_{i,j=1}^{n} w_{ij}(1 - x_{ij}) \\
&= \alpha\, v_{\mathrm{RM}}.
\end{aligned}$$

因此,

$$v_{\mathrm{RA}} = \alpha\, v_{\mathrm{RM}} \geqslant \alpha\, v_{\mathrm{MC}},$$

其中 $\alpha = 0.87856 \cdots$. 由此表明, 如果采用上述的随机近似算法进行若干次计算, 得到的可行解的目标值虽无法超过 v_{MC}, 但其平均值不低于 v_{MC} 的 87.856%.

4.4 内点算法简介

可计算线性锥优化受重视的原因之一在于其存在有效算法. 尤其是当问题所涉及的锥是第一卦限、二阶锥或是半正定锥时, 可构造多项式时间内求解的内点算法 (interior-point method). 在这一节中, 将简单地介绍适用于线性锥优化的内点算法. 由于篇幅所限, 在此仅提供算法框架, 而省略实现细节及理论性定理的证明.

为了便于理解, 由线性规划的内点算法说起, 据此导出半定规划的多项式时间内点算法. 由于二阶锥可等同于一个半正定锥, 就不单独列出二阶锥规划的内点算法. 特别要提醒的是将二阶锥视为半正定锥会增加维度而降低算法效率.

线性规划的内点算法概念可追溯到 John von Neumann[11], 而 N. Karmarkar[34] 于 1984 年首创了多项式时间的内点算法, 其后经由多位学者的改进拓展, 逐渐成为理论完备、计算高效的算法. 它的基本原理非常简单, 分三部分完成. 第一步是找到一个内点并由此出发. 第二步是检验现有内点的最优条件, 若条件满足, 则输出最优解并停止运行, 否则进入第三步. 第三步是寻找一个改善方向和决定一个适当步长. 再由现有内点移动到一个更优的内点, 并回到第二步作进一步的处理. 如此循环往复, 终可求得最优解. 若将上述三步骤作用在原问题上, 则称为原始内点算法 (primal interior-point method). 若作用在对偶问题上, 则称为对偶内点算法 (dual interior-point method). 若将此三步骤同时作用在原问题和对偶问题上, 则称为原–对偶内点算法 (primal-dual interior-point method).

要了解线性锥优化内点算法, 以下几个重要概念是必备的: (i) 内点, (ii) 障碍函数 (barrier function), (iii) 最优性条件 (system of optimality conditions), (iv) 中心路径 (central path), (v) 牛顿法 (Newton method), 以及 (vi) 路径追踪 (path following). 我们在此逐项介绍. 为了突出内点算法的特性和易于了解, 以下仅以线性锥优化的标准模型来讨论.

内点

对 3.5 节的线性锥优化标准问题 (LCoP) 而言, 由于其线性约束为等式形式, 此处所谓的内点其实是所在锥上的内点, x 是 (LCoP) 的一个内点, 当且仅当 $a^i \bullet x = b_i, i = 1, 2, \cdots, m,$ 而且 $x \in \text{int}(\mathcal{K})$. 对其对偶问题 (LCoD), (y, s) 是 (LCoD) 的一个内点, 当且仅当 $\sum_{i=1}^{m} y_i a^i + s = c,$ 而且 $s \in \text{int}(\mathcal{K}^*), y \in \mathbb{R}^m$. 比对第 2 章相对内点的定义, 会发现这里的内点实际上就是可行解集的相对内点. 在不产生混淆的情况下, 本节沿用 "内点" 的名称, 但可行解集 $\mathcal{F}$ 的内点符号则采用相对内点符号 $\text{ri}(\mathcal{F})$.

例 4.7 在线性规划标准模型中, x 是一个内点, 当且仅当 $Ax = b$ 且 $x_j > 0, j = 1, 2, \cdots, n$. 在其对偶模型中, (y, s) 是一个内点, 当且仅当 $A^{\mathrm{T}} y + s = c$ 且 $s_j >$

$0, j = 1, 2, \cdots, n.$

记线性规划标准模型、对偶模型和原–对偶模型的内点集合分别为

$$\text{feas}^+(\text{LP}) = \{x \in \mathbb{R}^n \mid Ax = b, x \in \mathbb{R}^n_{++}\},$$

$$\text{feas}^+(\text{LD}) = \{(y, s) \in \mathbb{R}^m \times \mathbb{R}^n \mid A^{\mathrm{T}}y + s = c, s \in \mathbb{R}^n_{++}\},$$

以及

$$\text{feas}^+(\text{LPD}) = \text{feas}^+(\text{LP}) \times \text{feas}^+(\text{LD}).$$

例 4.8   在半定规划标准模型中, X 是一个内点, 当且仅当 $\mathcal{A} \bullet X = b$ 且 $X \in \mathcal{S}^n_{++}$. 在其对偶模型中, (y, S) 是一个内点, 当且仅当 $\mathcal{A}^* y + S = C$ 且 $S \in \mathcal{S}^n_{++}$, $y \in \mathbb{R}^m$.

令半定规划标准模型、对偶模型及原–对偶模型的内点集合分别为

$$\text{feas}^+(\text{SDP}) = \{X \in \mathcal{S}^n \mid \mathcal{A} \bullet X = b, X \in \mathcal{S}^n_{++}\},$$

$$\text{feas}^+(\text{SDD}) = \{(y, S) \in \mathbb{R}^m \times \mathcal{S}^n \mid \mathcal{A}^* y + S = C, S \in \mathcal{S}^n_{++}, y \in \mathbb{R}^m\},$$

以及

$$\text{feas}^+(\text{SDPD}) = \text{feas}^+(\text{SDP}) \times \text{feas}^+(\text{SDD}).$$

为使内点算法运行无误, 通常作如下假设:

(i) 对线性规划问题, $\text{feas}^+(\text{LP}) \neq \varnothing$, $\text{feas}^+(\text{LD}) \neq \varnothing$, 而且矩阵 A 的各个行向量为线性无关.

(ii) 对半定规划问题, $\text{feas}^+(\text{SDP}) \neq \varnothing$, $\text{feas}^+(\text{SDD}) \neq \varnothing$, 而且 $\mathcal{A}$ 的各个 A_i 为线性无关.

同样的道理, 也定义 (LCoP)、(LCoD) 和原–对偶模型的内点集分别为

$$\text{feas}^+(\text{LCoP}) = \{x \in \text{int}(\mathcal{K}) \mid a^i \bullet x = b_i, i = 1, \cdots, m\},$$

$$\text{feas}^+(\text{LCoD}) = \left\{ (y, s) \in \mathbb{R}^m \times \text{int}(\mathcal{K}^*) \,\middle|\, \sum_{i=1}^m y_i a^i + s = c \right\}$$

和

$$\text{feas}^+(\text{LCoPD}) = \text{feas}^+(\text{LCoP}) \times \text{feas}^+(\text{LCoD}).$$

障碍函数

障碍函数的作用是在一个可行域的边界上产生壁障, 迫使一个可行解留在可行解集的内部. 一般来说, 对于一个求极小值的优化问题, 其障碍函数为定义于可行域 $\mathcal{F}$ 内点上的一个连续函数 $B(\cdot)$, 使得 (i) $B(x) \geqslant 0, \forall x \in \mathrm{ri}(\mathcal{F})$; (ii) 当 x 由 $\mathcal{F}$ 内部趋近其边界点, $B(x) \to +\infty$.

例 4.9 在线性规划标准模型中, 对其内点 $x \in \mathbb{R}_{++}^n$, 可定义障碍函数

$$B(x) = -\sum_{j=1}^{n} \log x_j.$$

在其对偶模型中, 对其内点 $(y, s) \in \mathbb{R}^m \times \mathbb{R}_{++}^n$, 可定义障碍函数

$$B(s) = \sum_{j=1}^{n} \log s_j.$$

在同时考虑原始对偶模型时, 对其内点 $x \in \mathbb{R}_{++}^n, (y, s) \in \mathbb{R}^m \times \mathbb{R}_{++}^n$, 可定义障碍函数

$$B(x, s) = -\sum_{j=1}^{n} \log(x_j s_j).$$

例 4.10 在半定规划标准模型中, 对其内点 $X \in \mathcal{S}_{++}^n$, 可定义障碍函数

$$B(X) = -\log \det(X).$$

在其对偶模型中, 对其内点 $(y, S) \in \mathbb{R}^m \times \mathcal{S}_{++}^n$, 可定义障碍函数

$$B(S) = \log \det(S).$$

在同时考虑原始对偶模型时, 对其内点 $X \in \mathcal{S}_{++}^n, (y, S) \in \mathbb{R}^m \times \mathcal{S}_{++}^n$, 可定义障碍函数

$$B(X, S) = -\log \det(XS).$$

引进障碍函数后, 线性锥优化标准模型 (LCoP) 就变成了

$$\begin{aligned} \min \quad & c \bullet x + B(x) \\ \text{s.t.} \quad & a^i \bullet x = b_i, \quad i = 1, \cdots, m, \\ & x \in \mathrm{int}(\mathcal{K}). \end{aligned}$$

相对地, 还有对偶锥优化问题:

$$\begin{aligned} \max \quad & b^{\mathrm{T}} y + B(s) \\ \text{s.t.} \quad & \sum_{i=1}^{m} y_i a^i + s = c, \\ & s \in \mathrm{int}(\mathcal{K}^*), \quad y \in \mathbb{R}^m, \end{aligned}$$

以及一个附带的双边优化问题

$$
\begin{aligned}
\min \quad & s \bullet x + B(x,s) \\
\text{s.t.} \quad & a^i \bullet x = b_i, \quad i = 1, \cdots, m, \\
& \sum_{i=1}^{m} y_i a^i + s = c, \\
& x \in \text{int}(\mathcal{K}), \quad s \in \text{int}(\mathcal{K}^*), \quad y \in \mathbb{R}^m.
\end{aligned}
$$

例 4.11　对线性规划标准模型而言, 在给定参数 $\mu > 0$ 后, 加入障碍函数的优化问题如下

$$
\begin{aligned}
\min \quad & c^{\mathrm{T}}x - \mu \sum_{j=1}^{n} \log x_j \\
\text{s.t.} \quad & Ax = b, \\
& x_j > 0, \quad j = 1, 2, \cdots, n,
\end{aligned}
$$

$$
\begin{aligned}
\max \quad & b^{\mathrm{T}}y + \mu \sum_{j=1}^{n} \log s_j \\
\text{s.t.} \quad & A^{\mathrm{T}}y + s = c, \\
& s_j > 0, \quad j = 1, 2, \cdots, n
\end{aligned}
$$

和

$$
\begin{aligned}
\min \quad & s^{\mathrm{T}}x - \mu \sum_{j=1}^{n} \log(x_j s_j) \\
\text{s.t.} \quad & Ax = b, \\
& A^{\mathrm{T}}y + s = c, \\
& x_j > 0, \quad s_j > 0, \quad j = 1, 2, \cdots, n.
\end{aligned}
$$

对半定规划的标准模型而言, 对给定参数 $\mu > 0$ 后, 加入障碍函数的优化问题如下

$$
\begin{aligned}
\min \quad & C \bullet X - \mu \log \det(X) \\
\text{s.t.} \quad & \mathcal{A} \bullet X = b, \\
& X \succ 0,
\end{aligned}
$$

$$
\begin{aligned}
\max \quad & b^{\mathrm{T}}y + \mu \log \det(S) \\
\text{s.t.} \quad & \mathcal{A}^* y + S = C, \\
& S \succ 0
\end{aligned}
$$

和

$$\min \quad S \bullet X - \mu \log \det(XS)$$
$$\text{s.t.} \quad \mathcal{A} \bullet X = b,$$
$$\mathcal{A}^* y + S = C,$$
$$X \succ 0, S \succ 0.$$

最优性条件

根据定理 3.29 的最优性结论, 我们知道线性锥优化问题 (LCoP) 或 (LCoD) 的一个最优性条件是

$$\begin{cases} a^i \bullet x = b_i, & i = 1, 2, \cdots, m, \\ \sum_{i=1}^{m} y_i a^i + s = c, \\ x \in \mathcal{K}, \quad s \in \mathcal{K}^*, \quad \text{且 } x \bullet s = 0. \end{cases} \tag{4.16}$$

值得注意, 一般可行解满足 $x \in \mathcal{K}, s \in \mathcal{K}^*, x \bullet s \geqslant 0$, 只有在最优解时 $x \bullet s$ 才降为零值. 所以先将 $x \bullet s = 0$ 松弛为 $x \bullet s = n\mu > 0$, 再设法将 μ 降为零值以达到最优性条件.

例 4.12 对线性规划标准模型而言, 其相对的最优性条件则随参数 μ 而变化成为

$$\begin{cases} Ax = b, \\ A^{\mathrm{T}} y + s = c, \\ \Lambda_x s = \mu e, \\ x \in \mathbb{R}_{++}^n, \quad s \in \mathbb{R}_{++}^n, \end{cases}$$

其中 $e = (1, 1, \cdots, 1)^{\mathrm{T}}, \Lambda_x = \begin{pmatrix} x_1 & & & \\ & x_2 & & \\ & & \ddots & \\ & & & x_n \end{pmatrix}$. 注意到

$$\mu = \frac{x^{\mathrm{T}} s}{n} = \frac{c^{\mathrm{T}} x - b^{\mathrm{T}} y}{n},$$

而且当 $\mu \to 0$ 时 $s^{\mathrm{T}} x \to 0$, 则满足了原有的最优化条件.

对半定规划标准模型而言, 注意到当 X 为原问题可行解且 (y, S) 为对偶问题可行解时, $X \bullet S = 0$ 当且仅当 $XS = 0$, 故其相对的最优性条件亦随参数 μ 而变化成为

$$\begin{cases} \mathcal{A} \bullet X = b, \\ \mathcal{A}^* y + S = C, \\ XS = \mu I, \\ X \succ 0, \quad S \succ 0, \end{cases}$$

其中 $I = \begin{pmatrix} 1 & & \\ & \ddots & \\ & & 1 \end{pmatrix}$. 同样地注意到

$$\mu = \frac{S \bullet X}{n} = \frac{C \bullet X - b^{\mathrm{T}} y}{n},$$

而且当 $\mu \to 0$ 时 $S \bullet X \to 0$, 则满足原先的最优性条件.

中心路径

带参数 $\mu > 0$ 松弛的 (LCoP) 或 (LCoD) 最优性条件为

$$\begin{cases} a^i \bullet x = b_i, i = 1, 2, \cdots, m, \\ \sum\limits_{i=1}^{m} y_i a^i + s = c, \\ x \in \mathrm{int}(\mathcal{K}), \quad s \in \mathrm{int}(\mathcal{K}^*), \quad \text{且 } x \bullet s = n\mu. \end{cases} \tag{4.17}$$

若对每一个给定的 $\mu > 0$, 上述系统都有唯一解 $(x(\mu), y(\mu), s(\mu))$ 时, 我们便可定义出一条中心路径

$$C_{\mathrm{LCoP}} = \{(x, y, s) \in \mathrm{feas}^+(\mathrm{LCoPD}) \mid x \bullet s = n\mu, 0 < \mu < +\infty\}.$$

在适当条件下, 比如说知道有一个 $\bar{\mu} > 0$ 使得集合 $\{(x, y, s) \in \mathrm{feas}^+(\mathrm{LCoPD}) \mid x \bullet s = n\mu, 0 < \mu < \bar{\mu}\}$ 为有界集合, 这条中心路径上的点将由解集合的内部随着 μ 值的降低而趋向线性锥规划问题的最优解.

例 4.13　线性规划标准模型的中心路径为

$$C_{\mathrm{LP}} = \{(x, y, s) \in \mathrm{feas}^+(\mathrm{LPD}) \mid \Lambda_x s = \mu e, 0 < \mu < +\infty\},$$

半定规划标准模型的中心路径为

$$C_{\mathrm{SDP}} = \{(X, y, S) \in \mathrm{feas}^+(\mathrm{SDPD}) \mid XS = \mu I, 0 < \mu < +\infty\}.$$

例 4.14　给定如下线性规划问题

$$\begin{aligned} \min \quad & x_1 + x_2 \\ \mathrm{s.t.} \quad & x_1 + x_2 \leqslant 3, \\ & x_1 - x_2 \leqslant 1, \\ & x_2 \leqslant 2, \\ & x_1 \geqslant 0, \quad x_2 \geqslant 0, \end{aligned}$$

其最优解是 $(0, 0)$, 而沿着 $\mu = 100$ 降至 $\mu = 0$ 的中心路径则如图 4.2 所示.

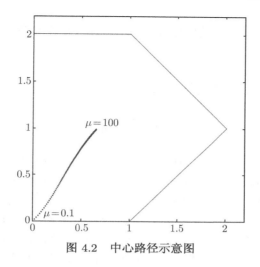

图 4.2 中心路径示意图

牛顿法

为了寻找中心路径, 对于每一个给定的参数 $0 < \mu < +\infty$, 需要求解中心路径相对应的最优性条件方程组 (4.17). 要注意的是该方程组中除了锥的内点要求外, 约束 $a^i \bullet x = b_i, i = 1, 2, \cdots, m$, 以及 $\sum\limits_{i=1}^{m} y_i a^i + s = c$ 是变数 (x, y, s) 的线性方程, 但 $x \bullet s = n\mu$ 为二次函数方程. 为节省计算时间, 一个简易的方法是将这个二次函数方程采用线性方程近似, 然后再求解. 具体步骤如下, 已知 $(x^0, y^0, s^0) \in \mathrm{feas}^+(\mathrm{LCoPD})$, 令 $\mu_0 = \dfrac{s^0 \bullet x^0}{n}$ 和 $0 < \gamma < 1$, 我们希望找到好的移动方向 (d_x, d_y, d_s) 将现有解移到

$$x^1 = x^0 + d_x, \quad y^1 = y^0 + d_y, \quad s^1 = s^0 + d_s,$$

并使得 $(x^1, y^1, s^1) \in \mathrm{feas}^+(\mathrm{LCoPD})$ 且

$$\frac{s^1 \bullet x^1}{n} = \gamma\mu_0 < \mu_0.$$

对二次函数方程 $x \bullet s = n\mu$ 和给定的点 (x^0, y^0, s^0), 在 (x^0, y^0, s^0) 点对 $x \bullet s = n\mu$ 作线性近似并更新最优性条件 (4.17), 这样更新后的 (4.17) 中除约束 $x \in \mathrm{int}(\mathcal{K}), s \in \mathrm{int}(\mathcal{K}^*)$ 外全部为线性方程组. 设法求解这个线性方程组, 得到的新解所产生的变化方向称之为一个牛顿方向 (Newton direction).

由于我们主要目的是介绍可计算锥的多项式时间内点算法, 以下的内容将专注于线性规划及半定规划两类问题.

线性规划的牛顿方向 对线性规划标准模型而言, 给定 $(x^0, y^0, s^0) \in \mathrm{feas}^+(\mathrm{LPD})$,

$\mu_0 = \dfrac{(s^0)^{\mathrm{T}} x^0}{n}$ 且 $0 < \gamma < 1$, 其变化方向 (d_x, d_y, d_s) 由下列条件决定:

$$\begin{cases} A(x^0 + d_x) = b, \\ A^{\mathrm{T}}(y^0 + d_y) + (s^0 + d_s) = c, \\ \Lambda_{x^0 + d_x}(s^0 + d_s) = \gamma\mu_0 e, \\ x^0 + d_x > 0, \quad s^0 + d_s > 0. \end{cases} \tag{4.18}$$

注意到 (x^0, y^0, s^0) 为一个内点, $Ax^0 = b$, $A^{\mathrm{T}}y^0 + s^0 = c$ 以及 $0 < \gamma < 1$ 为一个可控参数的事实, 满足上述条件的解存在. 在不考虑约束 $x^0 + d_x > 0, s^0 + d_s > 0$ 的前提下, 同样可以求解满足余下条件方程组, 一旦得到一个非零解 (d_x, d_y, d_s), 通过缩小处理可保证 $x^0 + d_x > 0, s^0 + d_s > 0$ 并得到一个新的 $0 < \gamma < 1$. 由此, 下面的讨论的目的是寻找一个非零方向 (d_x, d_y, d_s) 而暂且不考虑约束 $x^0 + d_x > 0, s^0 + d_s > 0$.

为了提高计算效率, 将上述第三个条件的第 i 个二次函数方程 $(x^0 + d_x)_i(s^0 + d_s)_i - \gamma\mu_0$ 在 (x^0, y^0, s^0) 用 Taylor 展开的线性部分 $x_i^0 s_i^0 - \gamma\mu_0 + s_i^0 (d_x)_i + x^0 (d_s)_i$ 替代后, 得到

$$\begin{pmatrix} A & 0 & 0 \\ 0 & A^{\mathrm{T}} & I \\ \Lambda_{s^0} & 0 & \Lambda_{x^0} \end{pmatrix} \begin{pmatrix} d_x \\ d_y \\ d_s \end{pmatrix} = \begin{pmatrix} 0 \\ 0 \\ \gamma\mu_0 e - \Lambda_{x^0}\Lambda_{s^0} e \end{pmatrix}.$$

上述系统正是 (4.18) 前三组方程迭代求解的牛顿方程组, 牛顿方向的称谓由此而得. 上述系统不易直接求解, 同时为了方便处理牛顿方向使其保证内点 $x^0 + d_x > 0, s^0 + d_s > 0$ 要求, 常用的一种方法是 "线性尺度变换 (linear scaling)". 先选择一个对角线上元素为正值的 n 维对角矩阵 D, 再考虑如下尺度变换:

$$\bar{A} = AD, \quad \bar{x}^0 = D^{-1}x^0, \quad \bar{s}^0 = Ds^0, \quad \bar{c} = Dc.$$

此时对应的待解系统变成

$$\begin{pmatrix} \bar{A} & 0 & 0 \\ 0 & \bar{A}^{\mathrm{T}} & I \\ \Lambda_{\bar{s}^0} & 0 & \Lambda_{\bar{x}^0} \end{pmatrix} \begin{pmatrix} \bar{d}_x \\ \bar{d}_y \\ \bar{d}_s \end{pmatrix} = \begin{pmatrix} 0 \\ 0 \\ \gamma\mu_0 e - \Lambda_{\bar{x}^0}\Lambda_{\bar{s}^0} e. \end{pmatrix}$$

再进一步考虑这个涉及尺度变换的矩阵 D. 线性尺度变换的目的是将每次考虑的一个内点变换到一个固定的内点, 以便于下一个迭代点的设计, 如利用线性规划原问题设计内点算法时, 已知一个内点 $x^0 \in \mathbb{R}_{++}^n$, 选择变换 $x \in \mathbb{R}^n \to Dx$, 其中 $D = (\Lambda_{x^0})^{-1}$, 则将 x^0 这一点变换到 e. 由此可以看出, 线性尺度变换基于一个点设计, 每一个迭代点由其自身的线性尺度变换. 线性尺度变换进一步要求是一个一

对一的映射, 这也就保证了其逆映射的存在. 更详细的有关线性尺度的设计和性质请参考文献 [16].

(i) 就原问题而言, 当 $D = \Lambda_{x^0}$ 时, $\bar{x}^0 = \Lambda_{x^0}^{-1} x^0 = e$. 所以 $\bar{x}^0 + \bar{d}_x > 0$ 对所有 $\|\bar{d}_x\|_2 < 1$ 均成立.

(ii) 就对偶问题而言, 当 $D = \Lambda_{s^0}^{-1}$ 时, $\bar{s}^0 = \Lambda_{s^0}^{-1} s^0 = e$. 所以 $\bar{s}^0 + \bar{d}_s > 0$ 对所有 $\|\bar{d}_s\|_2 < 1$ 均成立.

(iii) 就原–对偶问题而言, 当 $D = \Lambda_{x^0}^{\frac{1}{2}} \Lambda_{s^0}^{-\frac{1}{2}}$ 时, $\bar{x}^0 = \bar{s}^0 = \Lambda_{x^0}^{\frac{1}{2}} \Lambda_{s^0}^{\frac{1}{2}} e = v^0$.

对考虑原–对偶的最优性条件, 经过尺度变换后, 新对应的系统

$$
\begin{pmatrix} \bar{A} & 0 & 0 \\ 0 & \bar{A}^{\mathrm{T}} & I \\ I & 0 & I \end{pmatrix} \begin{pmatrix} \bar{d}_x \\ \bar{d}_y \\ \bar{d}_s \end{pmatrix} = \begin{pmatrix} 0 \\ 0 \\ \gamma \mu_0 \Lambda_{v^0}^{-1} e - v^0 \end{pmatrix}.
$$

我们便可先由 $\bar{A}\bar{A}^{\mathrm{T}} \bar{d}_y = -\bar{A}(\gamma \mu_0 \Lambda_{v^0}^{-1} e - v^0)$ 求出

$$
\bar{d}_y = -(\bar{A}\bar{A}^{\mathrm{T}})^{-1} \bar{A}(\gamma \mu_0 \Lambda_{v^0}^{-1} e - v^0),
$$

再由 $\bar{d}_s = -\bar{A}^{\mathrm{T}} \bar{d}_y$ 求出 $\bar{d}_s$. 最后由 $\bar{d}_x = -\bar{d}_s + \gamma \mu_0 \Lambda_{v^0}^{-1} e - v^0$ 求出 $\bar{d}_x$. 如何使用计算得到的 $(\bar{d}_x, \bar{d}_y, \bar{d}_s)$ 将在路径追踪部分讨论.

半定规划的牛顿方向 对半定规划标准模型而言, 给定 $(X^0, y^0, S^0) \in \text{feas}^+(\text{SDPD})$, $\mu_0 = \dfrac{S^0 \bullet X^0}{n}$ 且 $0 < \gamma < 1$, 其变化方向 $(\Delta X, d_y, \Delta S)$ 由下列条件决定:

$$
\begin{cases} \mathcal{A}(X^0 + \Delta X) = b, \\ \mathcal{A}^*(y^0 + d_y) + (S^0 + \Delta S) = S, \\ (X^0 + \Delta X)(S^0 + \Delta S) = \gamma \mu_0 I, \\ X^0 + \Delta X \succ 0, \quad S^0 + \Delta S \succ 0. \end{cases}
$$

同线性规划牛顿方向求解相同的思想, 将第三个条件的二次方程线性化替代后, 得到采用牛顿法后的线性方程组

$$
\begin{pmatrix} \mathcal{A} & 0 & 0 \\ 0 & \mathcal{A}^* & I \\ S^0 & 0 & X^0 \end{pmatrix} \begin{pmatrix} \Delta X \\ d_y \\ \Delta S \end{pmatrix} = \begin{pmatrix} 0 \\ 0 \\ \gamma \mu_0 I - X^0 S^0 \end{pmatrix}.
$$

类似处理线性规划的方式, 先选择一个线性变换 $L \in \mathcal{S}_{++}^n$, 再考虑如下尺度变换:

$$
\bar{\mathcal{A}} = (\bar{A}_1, \cdots, \bar{A}_m), \quad \bar{A}_i = L^{\mathrm{T}} A_i L, \quad i = 1, \cdots, m,
$$
$$
\bar{X}^0 = L^{-1} X^0 L^{-\mathrm{T}}, \quad \bar{S}^0 = L^{\mathrm{T}} S^0 L, \quad \bar{C} = L^{\mathrm{T}} C L.
$$

此时对应的待解系统变成

$$
\begin{pmatrix} \bar{A} & 0 & 0 \\ 0 & \bar{A}^* & I \\ \bar{S}^0 & 0 & \bar{X}^0 \end{pmatrix} \begin{pmatrix} \Delta\bar{X} \\ \bar{d}_y \\ \Delta\bar{S} \end{pmatrix} = \begin{pmatrix} 0 \\ 0 \\ \gamma\mu_0 I - \bar{X}^0\bar{S}^0 \end{pmatrix}.
$$

再进一步考虑这个线性变换 L:

(i) 就原问题而言, 当 $L = (X^0)^{\frac{1}{2}}$ 时, $\bar{X}^0 = (X^0)^{-\frac{1}{2}} X^0 (X^0)^{-\frac{1}{2}} = I$. 所以 $\bar{X}^0 + \Delta\bar{X} \succ 0$ 对所有 $\|\Delta\bar{X}\|_F < 1$ 均成立.

(ii) 就对偶问题而言, 当 $L = (S^0)^{-\frac{1}{2}}$ 时, $\bar{S}^0 = (S^0)^{-\frac{1}{2}} S^0 (S^0)^{-\frac{1}{2}} = I$. 所以 $\bar{S}^0 + \Delta\bar{S} \succ 0$ 对所有 $\|\Delta\bar{S}\|_F < 1$ 均成立.

(iii) 就原–对偶问题而言, 当 $L = \{(S^0)^{-\frac{1}{2}} [(S^0)^{\frac{1}{2}} X^0 (S^0)^{\frac{1}{2}}]^{\frac{1}{2}} (S^0)^{-\frac{1}{2}}\}^{\frac{1}{2}}$ 时, $\bar{X}^0 = \bar{S}^0 = (X^0)^{\frac{1}{2}} (S^0)^{\frac{1}{2}} = V^0$.

对于原–对偶问题的考虑, 经过尺度变换后, 对应的最优性条件

$$
\begin{pmatrix} \bar{A} & 0 & 0 \\ 0 & \bar{A}^* & I \\ I & 0 & I \end{pmatrix} \begin{pmatrix} \Delta\bar{X} \\ \bar{d}_y \\ \Delta\bar{S} \end{pmatrix} = \begin{pmatrix} 0 \\ 0 \\ \gamma\mu_0 (V^0)^{-1} - V^0 \end{pmatrix}.
$$

便可先由 $\bar{A}\bar{A}^*\bar{d}_y = -\bar{A}(\gamma\mu_0 (V^0)^{-1} - V^0)$ 求出 $\bar{d}_y$, 再求出 $\Delta\bar{S} = -\bar{A}^*\bar{d}_y$, $\Delta\bar{X} = -\Delta\bar{S} + \gamma\mu_0 (V^0)^{-1} - V^0$. 可以得到牛顿方向.

路径追踪

知道了中心路径和牛顿方向之后, 接着要讨论的便是路径追踪. 就是说我们由现有内点解开始, 沿着牛顿方向, 找到一个适当步长, 使下一个迭代点贴近中心路径而前进到最优解. 在这个过程中, 虽然每一步的内点解并不一定落在中心路径上, 但始终离此路径不远, 而且与此路径的距离可经由控制缩小到零.

先引进两个有关中心路径距离的定义. 对于定义在第一卦限 $\mathbb{R}_+^n$ 的线性规划标准模型, 设 $u \in \mathbb{R}_+^n$, u 与中心路径的距离定义为

$$
\delta(u) = \left\| e - \frac{n}{u^{\mathrm{T}} u} \Lambda_u u \right\|_2.
$$

中心路径的邻域则定义为

$$
\mathcal{N}_2(\beta) = \{u \in \mathbb{R}^n \mid u > 0, \delta(u) \leqslant \beta\},
$$

其中 $\beta > 0$ 是个参数.

注意到 $\mathcal{N}_2(\beta)$ 只是一个由 2- 范数定义的邻域, 也可由不同范数定义的其他邻域, 如

$$
\mathcal{N}_{-\infty}(\beta) = \left\{ u \in \mathbb{R}^n \,\middle|\, u > 0, \Lambda_u u \geqslant \mathbb{R}_+^n (1 - \beta)\frac{u^{\mathrm{T}} u}{n} I \right\}.
$$

对于定义在半正定锥 $\mathcal{S}_+^n$ 的半定规划标准模型, 设 $U \in \mathcal{S}_+^n$, U 与中心路径的距离定义为

$$\delta(U) = \left\| I - \frac{n}{I \bullet U^2} U^2 \right\|_F.$$

中心路径的邻域则定义为

$$\mathcal{N}_2(\beta) = \{ U \in \mathcal{S}_+^n \mid U \succ 0, \delta(U) \leqslant \beta \},$$

其中 $\beta > 0$ 是个参数.

同样地, 由其他范数也可定义其他的邻域, 如

$$\mathcal{N}_{-\infty}(\beta) = \left\{ U \in \mathcal{S}_+^n \,\middle|\, U \succ 0, U^2 \succeq (1-\beta)\frac{I \bullet U^2}{n} I \right\}.$$

线性规划问题路径追踪算法 现在讨论步长的选取. 先考虑线性规划的原–对偶问题. 考虑一个从 (x^0, y^0, s^0) 迭代到 (x^1, y^1, s^1) 的完整过程. 给定一个现有可行内点解 (x^0, y^0, s^0), 其相关参数是 μ_0, 经 (x^0, y^0, s^0) 决定的尺度变换后, 得到牛顿方向 $(\bar{d}_x, \bar{d}_y, \bar{d}_s)$ 且有 $\bar{x}^0 = \bar{s}^0$. 记 $v^0 = \bar{x}^0 = \bar{s}^0$. 若是取定一个步长 $0 < \alpha \leqslant 1$, 我们移动到 $(\bar{x}^0 + \alpha\bar{d}_x, \bar{y}^0 + \alpha\bar{d}_y, \bar{s}^0 + \alpha\bar{d}_s)$. 将这个结果按原有的线性尺度逆映射回原空间就得到 (x^1, y^1, s^1). 接下来, 经 (x^1, y^1, s^1) 决定的尺度变换映射到 $(\bar{x}^1, \bar{y}^1, \bar{s}^1)$, 此时有 $\bar{x}^1 = \bar{s}^1$, 并记其值为 v^1.

由线性规划的牛顿方向中考虑原–对偶问题所得到的 $(\bar{d}_x, \bar{d}_y, \bar{d}_s)$, 将得到的 $\bar{d}_y$ 代入到 $\bar{d}_s$ 和 $\bar{d}_x$, 不难验证 $(\bar{d}_s)^{\mathrm{T}}\bar{d}_x = 0$. 另外, 不难验证 $\mu_0 = \dfrac{(s^0)^{\mathrm{T}}x^0}{n} = \dfrac{\|v^0\|_2^2}{n}$. 同理得到 $\mu_1 = \dfrac{(s^1)^{\mathrm{T}}x^1}{n} = \dfrac{\|v^1\|_2^2}{n}$.

于是, 当 $0 < \alpha \leqslant 1$ 时, 有

$$\begin{aligned}
\mu_1 &= \frac{\|v^1\|_2^2}{n} = \frac{(\bar{x}^0 + \alpha\bar{d}_x)^{\mathrm{T}}(\bar{s}^0 + \alpha\bar{d}_s)}{n} = \frac{(v^0 + \alpha\bar{d}_x)^{\mathrm{T}}(v^0 + \alpha\bar{d}_s)}{n} \\
&= \frac{(v^0)^{\mathrm{T}}v^0}{n} + \frac{\alpha(\bar{d}_x + \bar{d}_s)^{\mathrm{T}}v^0}{n} + \frac{\alpha^2(\bar{d}_s)^{\mathrm{T}}\bar{d}_x}{n} = (1 - \alpha + \gamma\alpha)\mu_0.
\end{aligned} \tag{4.19}$$

因为我们已选过 $0 < \gamma < 1$, 所以 $\mu_1 < \mu_0$, 这表示新的内部可行解可以更贴近中心路径. 事实上, 下列引理成立:

引理 4.13 若有 $\delta(v^0) < 1$ 及 $0 < \alpha \leqslant 1$ 使得 $\bar{x}^0 + \alpha\bar{d}_x > 0$ 和 $\bar{s}^0 + \alpha\bar{d}_s > 0$, 则下列不等式成立:

$$(1 - \alpha + \gamma\alpha)\delta(v^1) \leqslant (1-\alpha)\delta(v^0) + \frac{\alpha^2}{2}\left[\frac{\gamma^2\delta(v^0)^2}{1 - \delta(v^0)} + n(1-\gamma)^2\right].$$

证明　由上面线性规划的牛顿方向部分有关 $\bar{d}_x, \bar{d}_y, \bar{d}_s$ 之间的关系, 可得到

$$
\begin{aligned}
\mu_1 \delta(v^1) &= \mu_1 \| e - \frac{1}{\mu_1} \Lambda_{v^1} v^1 \|_2 \\
&= \| (1 - \alpha + \gamma\alpha)\mu_0 e - \Lambda_{(v^0 + \alpha\bar{d}_x)}(v^0 + \alpha\bar{d}_s) \|_2 \\
&\leqslant \left\| (1 - \alpha)\mu_0 \left(e - \frac{1}{\mu_0} \Lambda_{v^0} v^0 \right) \right\|_2 + \| \alpha^2 \Lambda_{\bar{d}_x} \bar{d}_s \|_2 \\
&\leqslant (1 - \alpha)\mu_0 \delta(v^0) + \frac{\alpha^2}{2} \| \bar{d}_x + \bar{d}_s \|_2^2 \\
&= (1 - \alpha)\mu_0 \delta(v^0) + \frac{\alpha^2}{2} \| \gamma\mu_0 \Lambda_{v^0}^{-1} e - \gamma v^0 + (\gamma - 1)v^0 \|_2^2 \\
&= (1 - \alpha)\mu_0 \delta(v^0) + \frac{\alpha^2}{2} (\gamma^2 \| \mu_0 \Lambda_{v^0}^{-1} e - v^0 \|_2^2 + (1 - \gamma)^2 n\mu_0) \\
&\leqslant (1 - \alpha)\mu_0 \delta(v^0) + \frac{\alpha^2}{2} (\gamma^2 \| \mu_0 \Lambda_{v^0}^{-1} \|_2^2 \delta(v^0)^2 + (1 - \gamma)^2 n\mu_0).
\end{aligned}
$$

上式出现的 $\| \mu_0 \Lambda_{v^0}^{-1} \|_2^2 \delta(v^0)^2$ 用到推论 2.4 有关矩阵范数的性质. 再由推论 2.4, 得知

$$
\delta(v^0) = \left\| e - \frac{1}{\mu_0} \Lambda_{v^0} v^0 \right\|_2 = \left\| I - \frac{1}{\mu_0} \Lambda_{v^0}^2 \right\|_F \geqslant \left\| I - \frac{1}{\mu_0} \Lambda_{v^0}^2 \right\|_2,
$$

由矩阵 2 范数的定义, 得到 $I - \frac{1}{\mu_0} \Lambda_{v^0}^2 \preceq \delta(v^0) I$, 变形得到 $(1 - \delta(v^0))(\mu_0)^2 \Lambda_{v^0}^{-2} \preceq \mu_0 I$.
由 $\delta(v^0) < 1$, 有 $\| \mu_0 \Lambda_{v^0}^{-1} \|_2^2 \leqslant \frac{\mu_0}{1 - \delta(v^0)}$, 代入到上面的推导, 则该引理得证. ∎

以上结果为我们提供一个选择适当步长的方法.

引理 4.14　当 $\beta = \frac{1}{2}, \gamma = \frac{1}{1 + \frac{1}{\sqrt{2n}}}, \alpha = 1$ 时, 若 $v^0 \in \mathcal{N}_2(\beta)$, 则 (i) $v^1 \in \mathcal{N}_2(\beta)$, (ii) $(x^1)^{\mathrm{T}} s^1 = (\bar{x}^1)^{\mathrm{T}} \bar{s}^1 = \| v^1 \|_2^2 = \gamma\mu_0 n$.

据此可构建一个线性规划的原–对偶路径跟踪算法:

步骤 1　(初始化) 令 $\beta = \frac{1}{2}$. 取定 $\epsilon > 0$ 和 (x^0, y^0, s^0) 满足 $v^0 \in \mathcal{N}_2(\beta)$. 令 $k = 0, \gamma = \frac{1}{1 + \frac{1}{\sqrt{2n}}}, \alpha = 1$.

步骤 2　将 (x^k, y^k, s^k) 进行线性尺度变换得到 $(\bar{x}^k, \bar{y}^k, \bar{s}^k)$, 并且在新的尺度空间解得牛顿方向 $(\bar{d}_x, \bar{d}_y, \bar{d}_s)$. 令

$$
\begin{cases}
\tilde{x}^{k+1} = \bar{x}^k + \alpha\bar{d}_x, \\
\tilde{y}^{k+1} = \bar{y}^k + \alpha\bar{d}_y, \\
\tilde{s}^{k+1} = \bar{s}^k + \alpha\bar{d}_s,
\end{cases}
$$

将 $(\tilde{x}^{k+1}, \tilde{y}^{k+1}, \tilde{s}^{k+1})$ 映射回原空间得到 $(x^{k+1}; y^{k+1}, s^{k+1})$. 重设 $k = k + 1$.

步骤 3 如果 $(x^k)^T s^k < \epsilon$, 算法停止. 否则继续执行步骤 2.

有关此路径跟踪算法的计算复杂性可参见下一定理 (参考文献 [17] 的引理 3.13 和定理 3.14). 但由于篇幅所限, 不另外提供证明.

定理 4.15 对上述线性规划的原 - 对偶路径跟踪算法, 有以下结果: (i) $v^k \in \mathcal{N}_2(\beta)$, $k = 0, 1, 2, \cdots$, (ii) 算法在运行 $O\left(\sqrt{n} \log \dfrac{(x^0)^T s^0}{\epsilon}\right)$ 步之后停止, 并输出一对原-对偶解 (x^k, y^k, s^k) 满足 $(x^k)^T s^k < \epsilon$.

例 4.15 同例 4.14, 当 $\beta = \dfrac{1}{2}$ 时, 原-对偶路径跟踪轨迹如图 4.3 所示, 其中 "$*$" 为路径跟踪轨迹.

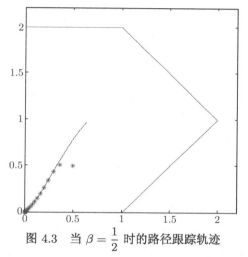

图 4.3 当 $\beta = \dfrac{1}{2}$ 时的路径跟踪轨迹

半定规划路径追踪算法 类似上述线性规划的原-对偶路径跟踪算法的讨论, 现在考虑半定规划的原-对偶问题. 由一个给定的可行内点解 (X^0, y^0, S^0), 经过线性尺度变换后, 计算得到牛顿方向. 再选择一个步长 $0 < \alpha \leqslant 1$ 后, 我们移动到了 $(\bar{X}^0 + \alpha \Delta \bar{X}, \bar{y}^0 + \alpha \bar{d}_y, \bar{S}^0 + \alpha \Delta \bar{S})$, 再映回原空间得到 (X^1, y^1, S^1). 重复线性尺度变换, 我们知道 $\bar{X}^1 = \bar{S}^1 = V^1$. 在上述过程中, 若取步长 $0 < \alpha \leqslant 1$ 而移动, 类似 (4.19) 的推导, 则有

$$\mu_1 = \frac{\|V^1\|_F^2}{n} = \frac{(\bar{X}^0 + \alpha \Delta \bar{X}) \bullet (\bar{S}^0 + \alpha \Delta \bar{S})}{n} = (1 - \alpha + \gamma \alpha) \mu_0.$$

与引理 4.13 有相同的结论, 叙述如下:

引理 4.16 若有 $\delta(V^0) < 1$ 及 $0 < \alpha \leqslant 1$ 使得 $\bar{X}^0 + \alpha \Delta \bar{X} \in \mathcal{S}_+^n$ 且 $\bar{S}^0 + \alpha \Delta \bar{S} \in \mathcal{S}_+^n$, 则下列不等式成立:

$$(1 - \alpha + \gamma \alpha) \delta(V^1) \leqslant (1 - \alpha) \delta(V^0) + \frac{\alpha^2}{2} \left(\frac{\gamma^2 \delta(V^0)^2}{1 - \delta(V^0)} + n(1 - \gamma)^2 \right).$$

证明　同引理 4.13 证明中的推导完全相同, 有关范数的关系用到推论 2.4 的结论, 有

$$
\begin{aligned}
\mu_1 \delta(V^1) &= \|(1-\alpha+\gamma\alpha)\mu_0 I - U^2\|_F \\
&\leqslant (1-\alpha)\mu_0\delta(V^0) + \alpha^2 \left\|\frac{\Delta\bar{X}\Delta\bar{S}+\Delta\bar{S}\Delta\bar{X}}{2}\right\|_F \\
&\leqslant (1-\alpha)\mu_0\delta(V^0) + \frac{\alpha^2}{2}\|\Delta\bar{X}+\Delta\bar{S}\|_F^2 \\
&= (1-\alpha)\mu_0\delta(V^0) + \frac{\alpha^2}{2}(\gamma^2\|\mu^0(V^0)^{-1}-V^0\|_F^2 + (1-\gamma)^2 n\mu_0) \\
&\leqslant (1-\alpha)\mu_0\delta(V^0) + \frac{\alpha^2}{2}(\gamma^2\|\mu^0(V^0)^{-1}\|_2^2\delta(V^0)^2 + (1-\gamma)^2 n\mu_0) \\
&\leqslant (1-\alpha)\mu_0\delta(V^0) + \frac{\mu_0\alpha^2}{2}\left(\frac{\gamma^2\delta(V^0)^2}{1-\delta(V^0)} + n(1-\gamma)^2\right),
\end{aligned}
$$

上式中 $\|\mu^0(V^0)^{-1}\|_2^2 \leqslant \dfrac{\mu_0}{1-\delta(V^0)}$ 的推导与引理 4.13 证明中的推导完全相同. 因此结论成立. ■

以上分析提供一个选择适当步长的方法.

引理 4.17　当选取 $\beta=\dfrac{1}{2}, \gamma=\dfrac{1}{1+\dfrac{1}{\sqrt{2n}}}, \alpha=1$ 时, 若 $V^0\in\mathcal{N}_2(\beta)$, 则 (i) $V^1\in\mathcal{N}_2(\beta)$, (ii) $X^1\bullet S^1=\bar{X}^1\bar{S}^1=\|V^1\|_F^2=\gamma\mu_0 n$.

据此可构建一个半定规划的原-对偶路径跟踪算法:

步骤 1　(初始化) 令 $\beta=\dfrac{1}{2}$. 取定 $\epsilon>0$ 和 (X^0,y^0,S^0) 满足 $V^0\in\mathcal{N}_2(\beta)$. 令 $k=0, \gamma=\dfrac{1}{1+\dfrac{1}{\sqrt{2n}}}, \alpha=1$.

步骤 2　将 (X^k,y^k,S^k) 进行线性尺度变换得到 $(\bar{X}^k,\bar{y}^k,\bar{S}^k)$, 并且在新的尺度空间解得牛顿方向 $(\Delta\bar{X}, \bar{d}_y, \Delta\bar{S})$. 令

$$
\begin{cases}
\tilde{X}^{k+1} = \bar{X}^k + \alpha\Delta\bar{X}, \\
\tilde{y}^{k+1} = \bar{y}^k + \alpha\bar{d}_y, \\
\tilde{S}^{k+1} = \bar{S}^k + \alpha\Delta\bar{S}.
\end{cases}
$$

将 $(\tilde{X}^{k+1}, \tilde{y}^{k+1}, \tilde{S}^{k+1})$ 映射回原空间得到 $(X^{k+1}, y^{k+1}, S^{k+1})$. 重设 $k=k+1$.

步骤 3　如果 $X^k\bullet S^k<\epsilon$, 算法停止. 否则继续执行步骤 2.

此路径跟踪算法的计算复杂性分析可总结为下一定理 (参考文献 [17] 的引理 3.13 和定理 3.14), 由此得知其为多项式时间算法.

定理 4.18 对上述给定的半定规划的原-对偶路径跟踪算法, 得到以下结果:
(i) $V^k \in \mathcal{N}_2(\beta), k = 0, 1, 2, \cdots$, (ii) 算法在运行 $O\left(\sqrt{n}\log\dfrac{X^0 \bullet S^0}{\epsilon}\right)$ 步之后停止, 并输出一对原-对偶解 (X^k, y^k, S^k) 满足 $X^k \bullet S^k < \epsilon$.

本小节仅粗略介绍了有关线性锥优化内点算法的基本观念, 以线性规划及半定规划的标准模型为主线, 给出其原-对偶路径追踪算法的框架. 至于如何找到一个起始内点解, 通常使用的技术包括大 M 方法, 二阶段法及自对偶嵌入 (self-dual embedding)方法. 路径追踪法本身也有不同的变异, 如短步算法 (short-step algorithm), 长步算法 (long-step algorithm)以及预测修正法 (predictor-corrector algorithm). 我们不在此赘述. 有关线性规划的内点算法可参考文献 [16, 55], 有关半定规划的内点算法可参考文献 [17, 65], 有关二阶锥规划的内点算法可参考文献 [2], 至于一般凸优化的内点算法则可参阅文献 [49, 50].

4.5 小结及相关工作

因内点算法可多项式时间内求解到符合精度要求的近似最优解, 线性规划、二阶锥规划和半定规划问题被归为可计算的线性锥优化问题. 目前的公开计算软件 SeDuMi[78] 和 CVX[24] 都可以高效地求解这些问题. 在使用这些软件时, 仅仅建立起模型是不够的, 需要从理论上知道模型最优解是否可达, 否则可能无法解释软件提供的计算结果, 详情可以参见本书附录中的一些计算示例.

仿效 4.2 节和 4.3 节中二阶锥可表示集合和半定规划模型的建立, 一些非线性的优化问题得以写成二阶锥规划和半定规划模型, 因此得以计算求解. A. S. Nemirovski[46] 在他的著作中用了很大篇幅分门别类地讨论那些二阶锥可表示的集合 (函数) 及可半定规划表示的优化问题. 如何有系统地将一个非线性规划问题写成二阶锥规划或半定规划模型是解决问题的关键, 而写成这样的模型需要有扎实的数学基础, 这是线性锥优化的一个重要研究方向.

除可计算的线性规划、二阶锥规划和半定规划问题之外, 哪些线性锥优化问题还是可计算的? 目前, 可计算线性锥优化模型的发现受限于内点算法的可计算范围. 从理论上, Y. E. Nesterov 和 M. J. Todd[50, 51] 证明了具有自尺度 (self-scaled)的线性锥优化问题都可用内点算法高效求解. 线性规划、二阶锥规划和半定规划问题都归于此类且其锥均为自对偶锥. 最近, Y. Matsukawa 和 A. Yoshise[43] 对非自对偶锥 $\mathcal{S}_+^n + \mathcal{N}^n$ 设计了内点算法. 这也显示, 线性锥优化算法上的突破对可计算问题的归类起着至关重要的作用.

第5章 二次函数锥规划

    线性规划、二阶锥规划和半定规划问题都是可计算线性锥优化问题, 本章将介绍一类与其不同且迄今还没有多项式时间算法可计算的线性锥优化问题: 二次函数锥规划 (conic programming over cones of nonnegative quadratic functions)问题. 我们将介绍问题的来源及模型, 给出该问题的理论分析结果, 并介绍一些常见的可计算松弛方法. 5.1 节将通过二次约束二次规划问题的系统整理, 给出二次函数锥的定义和引入二次函数锥规划模型. 为得到与线性规划、二阶锥规划和半定规划问题有关强对偶理论类似的结果, 5.2 节将讨论二次函数锥规划的分类模型和性质. 5.3 节给出二次函数锥规划模型的可计算限定或松弛模型. 基于二次函数锥规划模型, 5.4 节给出一个判定二次约束二次规划问题全局最优解的充分条件, 在线性独立约束规范的假设下, 以 0-1 二次整数规划问题为例, 通过理论的证明和算法框架的提出全过程地介绍可计算松弛模型的建立、二次约束二次规划问题的求解和全局最优解的判定. 在对二次函数锥规划小结的基础上, 5.5 节给出了二次函数锥与协正锥 (copositive cone)的关系.

    二次函数锥规划模型最早由 Sturm 和 Zhang[59] 提出, 他们将对应的锥命名为非负二次函数锥 (cone of nonnegative quadratic functions), 对应的线性锥优化问题命名为非负二次函数锥规划 (conic programming over the cone of nonnegative quadratic functions). 在本书中将这个锥简称为二次函数锥 (cone of quadratic functions), 而其上的线性锥优化问题简称为二次函数锥规划 (quadratic-function cone programming, QFCP)问题.

5.1 二次约束二次规划

    二次约束二次规划 (quadratically constrained quadratic programming)问题的一般形式如下:

$$
\begin{aligned}
v_{\mathrm{QCQP}} = \min \quad & f(x) = \frac{1}{2}x^{\mathrm{T}}Q_0 x + q_0^{\mathrm{T}}x + c_0 \\
\text{s.t.} \quad & g_i(x) = \frac{1}{2}x^{\mathrm{T}}Q_i x + q_i^{\mathrm{T}}x + c_i \leqslant 0, \quad i = 1,2,\cdots,m, \qquad \text{(QCQP)} \\
& x \in \mathbb{R}^n,
\end{aligned}
$$

其中, 对任意 $0 \leqslant i \leqslant m$, Q_i 为 n 阶实对称常数矩阵, q_i 为 n 维常数列向量, c_i 为

实常数. 记可行解区域为

$$\mathcal{F} = \left\{ x \in \mathbb{R}^n \,\middle|\, g_i(x) = \frac{1}{2}x^{\mathrm{T}}Q_i x + q_i^{\mathrm{T}} x + c_i \leqslant 0, i = 1, 2, \cdots, m \right\}.$$

当对任意 $0 \leqslant i \leqslant m$ 有 $Q_i = 0$ 时, 它变成一个线性规划问题, 是可计算问题 [34, 35].

当对任意 $1 \leqslant i \leqslant m$ 有 $Q_i = 0$ 时, 它是一个线性约束二次规划 (linearly constrained quadratic programming)问题, 习惯称为二次规划 (quadratic programming)问题. 当 $Q_0 \in \mathcal{S}_+^n$ 时, 二次规划问题可以通过第 4 章的二阶锥可表示方法化成二阶锥规划问题, 二阶锥规划的对偶理论给出其最优解可达的充分条件. 当 $Q_0 \in \mathcal{S}_+^n$ 且二次规划可行解集合非空时, 求解它的另外一个常用方法为积极约束集迭代法, 该方法可求解到问题的全局最优解 [74]. 当二次规划问题中 Q_0 不是半正定时, 问题难度随之增加为 NP- 难, 即使 Q_0 中只有一个负特征值, 问题也是 NP-难 [52].

二次约束二次规划问题中一类较为简单的问题是只有一个二次约束 ($m = 1$) 且 $Q_1 \in \mathcal{S}_{++}^n$ 的情况, 这一类问题也被称为信赖域子问题, 是可计算的, 笔者也给出更为广泛的广义信赖域子问题的性质和对存在 $\lambda \geqslant 0$ 使得 $Q_0 + \lambda Q_1 \in \mathcal{S}_{++}^n$ 条件下广义信赖域子问题的简单求解方法 (参考文献 [31, 67]).

对于多个二次约束的二次规划问题, 除非上一章二阶锥可表示所讨论的凸二次规划情形, 一般情况下为 NP- 难的. 由其描述问题多样性的优点, 特别是一些组合最优化问题可以被表述出来, 如最大团 (maximum clique) 问题 [44]和第 1 章的最大割问题等, 二次约束二次规划问题的研究为组合最优化问题提供了系统的连续优化手段和求解方法, 进而使我们从另外一个角度来研究组合最优化问题, 这样的研究结果在本章和下一章会作部分介绍.

利用 3.3 节的广义 Lagrange 对偶方法, 对任意 $\mathcal{G} \supseteq \mathcal{F}$, 二次约束二次规划问题的广义 Lagrange 函数是

$$L(x, \lambda) = \frac{1}{2}x^{\mathrm{T}} \left(Q_0 + \sum_{i=1}^{m} \lambda_i Q_i \right) x + \left(q_0 + \sum_{i=1}^{m} \lambda_i q_i \right)^{\mathrm{T}} x + c_0 + \sum_{i=1}^{m} \lambda_i c_i, \quad x \in \mathcal{G}.$$

广义 Lagrange 对偶问题 (3.15) 写成矩阵形式为

$$
\begin{aligned}
\max \quad & \sigma \\
\text{s.t.} \quad & \begin{pmatrix} 1 \\ x \end{pmatrix}^{\mathrm{T}} U \begin{pmatrix} 1 \\ x \end{pmatrix} \geqslant 0, \quad \forall x \in \mathcal{G}, \\
& \sigma \in \mathbb{R}, \quad \lambda \in \mathbb{R}_+^m,
\end{aligned}
$$

其中

$$
U = \begin{pmatrix} -2(\sigma - c_0 - \sum_{i=1}^{m} \lambda_i c_i) & (q_0 + \sum_{i=1}^{m} \lambda_i q_i)^{\mathrm{T}} \\ q_0 + \sum_{i=1}^{m} \lambda_i q_i & Q_0 + \sum_{i=1}^{m} \lambda_i Q_i \end{pmatrix}.
$$

进一步可以写成

$$
\begin{aligned}
v_L(\mathcal{G}) = \max \ & \sigma \\
\text{s.t.} \ & \begin{pmatrix} -2\sigma + 2c_0 + 2\sum_{i=1}^{m} \lambda_i c_i & (q_0 + \sum_{i=1}^{m} \lambda_i q_i)^{\mathrm{T}} \\ q_0 + \sum_{i=1}^{m} \lambda_i q_i & Q_0 + \sum_{i=1}^{m} \lambda_i Q_i \end{pmatrix} \in \mathcal{D}_{\mathcal{G}}, \\
& \sigma \in \mathbb{R}, \quad \lambda \in \mathbb{R}_+^m,
\end{aligned} \tag{5.1}
$$

其中

$$
\mathcal{D}_{\mathcal{G}} = \left\{ U \in \mathcal{S}^{n+1} \ \middle| \ \begin{pmatrix} 1 \\ x \end{pmatrix}^{\mathrm{T}} U \begin{pmatrix} 1 \\ x \end{pmatrix} \geqslant 0, \quad \forall x \in \mathcal{G} \right\}.
$$

由第 2 章的例 2.7 可知: 当 $\mathcal{G} \neq \varnothing$ 时, $\mathcal{D}_{\mathcal{G}}$ 为闭凸锥.

$$
\begin{pmatrix} 1 \\ x \end{pmatrix}^{\mathrm{T}} U \begin{pmatrix} 1 \\ x \end{pmatrix} \geqslant 0, \quad \text{对所有} x \in \mathcal{G} \text{成立}
$$

是定义域 $\mathcal{G}$ 上的非齐次二次型. 二次函数锥 $\mathcal{D}_{\mathcal{G}}$ 由此而得名. 文献 [59] 中将 $\mathcal{D}_{\mathcal{G}}$ 称为非负二次函数锥, 本书简称其二次函数锥. 在以后的讨论中, 默认 $\mathcal{G} \neq \varnothing$. 再由

$$
\begin{aligned}
& \begin{pmatrix} 2\left(c_0 + \sum_{i=1}^{m} \lambda_i c_i - \sigma\right) & \left(q_0 + \sum_{i=1}^{m} \lambda_i q_i\right)^{\mathrm{T}} \\ q_0 + \sum_{i=1}^{m} \lambda_i q_i & Q_0 + \sum_{i=1}^{m} \lambda_i Q_i \end{pmatrix} \\
& = -\sum_{i=1}^{m} \lambda_i \begin{pmatrix} -2c_i & -q_i^{\mathrm{T}} \\ -q_i & -Q_i \end{pmatrix} - \sigma \begin{pmatrix} 2 & 0 \\ 0 & 0 \end{pmatrix} + \begin{pmatrix} 2c_0 & q_0^{\mathrm{T}} \\ q_0 & Q_0 \end{pmatrix},
\end{aligned}
$$

并令 $\sigma = \sigma^+ - \sigma^-, \sigma^+, \sigma^- \in \mathbb{R}_+$, 则 (5.1) 具有线性锥优化不等式模型的对偶模型

(3.31) 的形式

$$\max \quad (\sigma^+ - \sigma^-)$$

$$\text{s.t.} \quad \begin{pmatrix} -2(\sigma^+ - \sigma^-) + 2c_0 + 2\sum_{i=1}^{m}\lambda_i c_i & \left(q_0 + \sum_{i=1}^{m}\lambda_i q_i\right)^{\mathrm{T}} \\ q_0 + \sum_{i=1}^{m}\lambda_i q_i & Q_0 + \sum_{i=1}^{m}\lambda_i Q_i \end{pmatrix} - U = 0,$$

$$U \in \mathcal{D}_{\mathcal{G}}, \quad \sigma^+ \in \mathbb{R}_+, \quad \sigma^- \in \mathbb{R}_+, \quad \lambda \in \mathbb{R}_+^m.$$

因此, (5.1) 为一个线性锥优化问题, 简称为二次函数锥规划问题.

定理 5.1 记 $\mathcal{F}$ 为 (QCQP) 的可行解集.

(i) 当 $\mathcal{G} \supseteq \mathcal{F}$ 时, 则 (5.1) 的最优目标值为 (QCQP) 最优目标值的下界.

(ii) 当 $\mathcal{G} = \mathcal{F}$ 时, 则 (5.1) 的最优目标值与 (QCQP) 最优目标值相等.

由定理 3.18 的 (i) 和 (iii) 得到上述结论. 特别当 $\mathcal{G} = \mathcal{F}$ 时, (5.1) 与原二次约束二次规划问题 (QCQP) 的最优目标值相同. 在最优目标值相同的标准下, 可以认为 (5.1) 为 (QCQP) 问题的一种等价表示方式, 这从线性锥优化的角度重新描述了二次约束二次规划问题. 正因为如此, 二次函数锥规划才引起研究人员的重视.

由线性锥优化不等式模型 (3.30) 和 (3.31) 的对偶关系, 得到 (5.1) 的对偶模型为

$$v_{\mathrm{LD}}(\mathcal{G}) = \min \quad \frac{1}{2} \begin{pmatrix} 2c_0 & q_0^{\mathrm{T}} \\ q_0 & Q_0 \end{pmatrix} \bullet V$$

$$\text{s.t.} \quad \frac{1}{2} \begin{pmatrix} 2c_i & q_i^{\mathrm{T}} \\ q_i & Q_i \end{pmatrix} \bullet V \leqslant 0, \quad i = 1, 2, \cdots, m, \tag{5.2}$$

$$\begin{pmatrix} 1 & 0 \\ 0 & 0 \end{pmatrix} \bullet V = 1,$$

$$V \in \mathcal{D}_{\mathcal{G}}^*.$$

记

$$V = \begin{pmatrix} 1 & x^{\mathrm{T}} \\ x & X \end{pmatrix},$$

则上述模型可写成

$$\min \quad \frac{1}{2} Q_0 \bullet X + q_0^{\mathrm{T}} x + c_0$$

$$\text{s.t.} \quad \frac{1}{2}Q_i \bullet X + q_i^{\mathrm{T}}x + c_i \leqslant 0, \quad i = 1, 2, \cdots, m,$$

$$V = \begin{pmatrix} 1 & x^{\mathrm{T}} \\ x & X \end{pmatrix},$$

$$V \in \mathcal{D}_{\mathcal{G}}^{*}.$$

上述问题与 (QCQP) 问题存在如下关系:

引理 5.2　对 (QCQP) 的可行解 $x \in \mathcal{F}$, 令 $X = xx^{\mathrm{T}}$, 若在 (5.2) 中要求 $\mathcal{G} \supseteq \mathcal{F}$, 则 $V = \begin{pmatrix} 1 & x^{\mathrm{T}} \\ x & X \end{pmatrix}$ 为 (5.2) 的可行解.

证明　若 $x \in \mathcal{F}$ 且 $X = xx^{\mathrm{T}}$, 则容易验证 V 满足 (5.2) 的所有约束条件, 即 V 是 (5.2) 的可行解. ∎

上述引理的结论表明, 模型 (5.2) 是 (QCQP) 的一个松弛, 与二次约束二次规划的半定松弛模型 (4.13) 除变量所在的锥 $\mathcal{D}_{\mathcal{G}}^{*}$ 外无差异.

定理 5.3　若 (QCQP) 问题可行解集非空, 当 $\mathcal{G} = \mathcal{F}$ 时, 则 (QCQP)、(5.1) 和 (5.2) 三个问题具有相等的最优值, 即 $v_{\text{QCQP}} = v_{\text{L}}(\mathcal{F}) = v_{\text{LD}}(\mathcal{F})$.

证明　由引理 5.2, 得知 $v_{\text{LD}}(\mathcal{F}) \leqslant v_{\text{QCQP}}$. 另一方面, 根据线性锥优化的弱对偶原理可以得到 $v_{\text{L}}(\mathcal{F}) \leqslant v_{\text{LD}}(\mathcal{F})$, 因此只需要证明 $v_{\text{L}}(\mathcal{F}) = v_{\text{QCQP}}$ 即可. 而由定理 5.1(ii) 得知, 当 $\mathcal{G} = \mathcal{F}$ 时, $v_{\text{L}}(\mathcal{F}) = v_{\text{QCQP}}$, 因此定理结论成立. ∎

通过定理 5.3 的结论可知, 当 (QCQP) 问题可行、最优目标值有限且 $\mathcal{G} = \mathcal{F}$ 时, (5.1) 问题的最优目标值有限. 另一方面, 若 $v_{\text{QCQP}} = -\infty$, 则 (5.1) 不可行. 因此当且仅当 (QCQP) 最优目标值有限, 问题 (5.1) 可行且最优目标值有限.

此外, 对 (QCQP) 可行、最优目标值有限且 $\mathcal{G} = \mathcal{F}$ 情形, (5.1) 与 (5.2) 最优目标值之间的对偶间隙始终为 0, 但我们无法知道其中任何一个模型的最优解是否可达. 这一点不同于一般的线性锥优化的强对偶结论中对相对内点和目标函数值有限的要求, 请比对定理 3.27. 因此, 需要对二次函数锥规划问题的理论性质进行研究. 详细内容见 5.2 节.

若 $V = \begin{pmatrix} 1 & x^{\mathrm{T}} \\ x & X \end{pmatrix}$ 和 (σ, λ) 分别为 (5.2) 和 (5.1) 的可行解, 当 $\frac{1}{2}Q_0 \bullet X + q_0^{\mathrm{T}}x + c_0 = \sigma$ 成立时, 则称对应解满足零对偶间隙条件, 也称为强对偶条件. 从弱对偶定理 3.20 可以看出, 当 V 和 (σ, λ) 满足零对偶间隙条件时, 它们分别是原问题及对偶问题的最优解, 但反之结论不正确, 也就是在一般条件下不一定有强对偶条件. 对于零对偶间隙的情况, 下述定理成立.

定理 5.4　(5.1) 的可行解 (σ, λ) 和 (5.2) 的可行解 V 满足零对偶间隙当且仅当如下互补条件成立:

$$
\begin{pmatrix}
2\left(-\sigma + c_0 + \displaystyle\sum_{i=1}^{m} \lambda_i c_i\right) & \left(q_0 + \displaystyle\sum_{i=1}^{m} \lambda_i q_i\right)^{\mathrm{T}} \\
q_0 + \displaystyle\sum_{i=1}^{m} \lambda_i q_i & Q_0 + \displaystyle\sum_{i=1}^{m} \lambda_i Q_i
\end{pmatrix} \bullet V = 0,
$$

$$
\lambda_i \begin{pmatrix} 2c_i & q_i^{\mathrm{T}} \\ q_i & Q_i \end{pmatrix} \bullet V = 0, \quad i = 1, 2, \cdots, m.
$$

证明　先证明充分性. 由定理的充分条件, 得到

$$
\begin{pmatrix}
2\left(-\sigma + c_0 + \displaystyle\sum_{i=1}^{m} \lambda_i c_i\right) & \left(q_0 + \displaystyle\sum_{i=1}^{m} \lambda_i q_i\right)^{\mathrm{T}} \\
q_0 + \displaystyle\sum_{i=1}^{m} \lambda_i q_i & Q_0 + \displaystyle\sum_{i=1}^{m} \lambda_i Q_i
\end{pmatrix} \bullet V
$$

$$
= \begin{pmatrix} 2(-\sigma + c_0) & q_0^{\mathrm{T}} \\ q_0 & Q_0 \end{pmatrix} \bullet V + \sum_{i=1}^{m} \lambda_i \begin{pmatrix} 2c_i & q_i^{\mathrm{T}} \\ q_i & Q_i \end{pmatrix} \bullet V
$$

$$
= -2\sigma + \begin{pmatrix} 2c_0 & q_0^{\mathrm{T}} \\ q_0 & Q_0 \end{pmatrix} \bullet V
$$

$$
= -2\sigma + 2c_0 + 2q_0^{\mathrm{T}} x + Q_0 \bullet X
$$

$$
= 0,
$$

故充分性得证.

我们采用共轭对偶的方法证明必要性. (5.1) 与下列优化问题相差一个负号,

$$
\begin{aligned}
\min \quad & -\sigma \\
\text{s.t.} \quad & (U, \sigma) \in \mathcal{X} \cap \mathcal{K},
\end{aligned}
$$

其中

$$
\mathcal{X} = \left\{ (\bar{U}, \sigma) \in \mathcal{S}^{n+1} \times \mathbb{R} \mid \lambda \in \mathbb{R}_+^m \right\},
$$

$$
\bar{U} = \frac{1}{2} \begin{pmatrix}
2\left(c_0 + \displaystyle\sum_{i=1}^{m} \lambda_i c_i - \sigma\right) & \left(q_0 + \displaystyle\sum_{i=1}^{m} \lambda_i q_i\right)^{\mathrm{T}} \\
q_0 + \displaystyle\sum_{i=1}^{m} \lambda_i q_i & Q_0 + \displaystyle\sum_{i=1}^{m} \lambda_i Q_i
\end{pmatrix},
$$

$$
\mathcal{K} = \left\{ (U, \sigma) \in \mathcal{S}^{n+1} \times \mathbb{R} \mid U \in \mathcal{D}_{\mathcal{G}} \right\}.
$$

容易验证, $\mathcal{K}$ 为一个锥. 遵循共轭对偶的方法建立对偶函数

$$
h(V, \tau) = \max_{(\bar{U}, \sigma) \in \mathcal{X}} \left\{ \bar{U} \bullet V + \sigma\tau + \sigma \right\},
$$

求解出 $h(V, \tau) < +\infty$ 的定义域

$$
\mathcal{Y} = \left\{ (V, \tau) \in \mathcal{S}^{n+1} \times \mathbb{R} \,\middle|\,
\begin{array}{l}
\dfrac{1}{2} \begin{pmatrix} 2c_i & q_i^{\mathrm{T}} \\ q_i & Q_i \end{pmatrix} \bullet V \leqslant 0, \quad i = 1, 2, \cdots, m, \\[4mm]
\begin{pmatrix} -1 & 0 \\ 0 & 0 \end{pmatrix} \bullet V + \tau + 1 = 0
\end{array}
\right\}
$$

和对偶函数 $h(V, \tau) = \dfrac{1}{2} \begin{pmatrix} 2c_0 & q_0^{\mathrm{T}} \\ q_0 & Q_0 \end{pmatrix} \bullet V$, 而且 $\mathcal{K}$ 的对偶锥

$$
\mathcal{K}^* = \left\{ (V, \tau) \in \mathcal{S}^{n+1} \times \mathbb{R} \mid V \in \mathcal{D}_{\mathcal{G}}^*, \tau = 0 \right\}.
$$

形式上的共轭对偶问题

$$
\begin{aligned}
\min \quad & h(V, \tau) \\
\text{s.t.} \quad & (V, \tau) \in \mathcal{Y} \cap \mathcal{K}^*,
\end{aligned}
$$

可表示为 (5.2).

　　根据共轭对偶的定理 3.20, 对于原问题和对偶的可行解 (U, σ) 和 (V, τ), 当它们满足对偶间隙为零时, 有

$$
\frac{1}{2} \begin{pmatrix} 2c_0 & q_0^{\mathrm{T}} \\ q_0 & Q_0 \end{pmatrix} \bullet V - \sigma = 0
$$

和

$$
U \bullet V + \sigma\tau = 0 \Leftrightarrow \frac{1}{2} \begin{pmatrix} 2\left(-\sigma + c_0 + \sum\limits_{i=1}^{m} \lambda_i c_i\right) & \left(q_0 + \sum\limits_{i=1}^{m} \lambda_i q_i\right)^{\mathrm{T}} \\ q_0 + \sum\limits_{i=1}^{m} \lambda_i q_i & Q_0 + \sum\limits_{i=1}^{m} \lambda_i Q_i \end{pmatrix} \bullet V = 0.
$$

　　再由

$$
\begin{pmatrix} 1 & 0 \\ 0 & 0 \end{pmatrix} \bullet V = 1,
$$

得到

$$
\frac{1}{2} \begin{pmatrix} 2(-\sigma + c_0) & q_0^{\mathrm{T}} \\ q_0 & Q_0 \end{pmatrix} \bullet V = 0.
$$

于是有

$$
\sum_{i=1}^{m} \frac{\lambda_i}{2} \begin{pmatrix} 2c_i & q_i^{\mathrm{T}} \\ q_i & Q_i \end{pmatrix} \bullet V = 0.
$$

(5.1) 的可行性要求 $\lambda_i \geqslant 0, i = 1, 2, \cdots, m,$ 而 (5.2) 的可行性要求

$$\begin{pmatrix} 2c_i & q_i^{\mathrm{T}} \\ q_i & Q_i \end{pmatrix} \bullet V \leqslant 0, \quad i = 1, 2, \cdots, m,$$

由此推出

$$\lambda_i \begin{pmatrix} 2c_i & q_i^{\mathrm{T}} \\ q_i & Q_i \end{pmatrix} \bullet V = 0, \quad i = 1, 2, \cdots, m.$$

到此必要性得证. ∎

5.2 二次函数锥规划

比 (5.1) 更具一般性, 称

$$\begin{aligned} \max \quad & b^{\mathrm{T}}\theta \\ \text{s.t.} \quad & U + \sum_{i=1}^{m} \theta_i A_i = C, \\ & U \in \mathcal{D}_{\mathcal{G}}, \quad \theta \in \mathbb{R}^m \end{aligned} \qquad \text{(QFCP)}$$

为二次函数锥规划的标准模型, 其中, $C \in \mathcal{S}^{n+1}$, $A_i \in \mathcal{S}^{n+1}$, $1 \leqslant i \leqslant m$, $b \in \mathbb{R}^m$ 为给定常数, $\mathcal{G} \subseteq \mathbb{R}^n$ 且 $\mathcal{G} \neq \varnothing$.

由 3.5 节 (LCoP) 和 (LCoD) 的对偶关系, (QFCP) 为线性锥优化的 (LCoD) 模型形式, 再由定理 3.26 的互为对偶性质, 可以直接得到 (QFCP) 的对偶模型具有 (LCoP) 形式, 记成 (QFCD), 为

$$\begin{aligned} \min \quad & C \bullet V \\ \text{s.t.} \quad & A_i \bullet V = b_i, \quad i = 1, 2, \cdots, m, \\ & V \in \mathcal{D}_{\mathcal{G}}^{*}, \end{aligned} \qquad \text{(QFCD)}$$

其中 $\mathcal{D}_{\mathcal{G}}^{*}$ 是 $\mathcal{D}_{\mathcal{G}}$ 的对偶锥.

由于 $\mathcal{D}_{\mathcal{G}}$ 和 $\mathcal{D}_{\mathcal{G}}^{*}$ 互为对偶集合, 比对二阶锥规划 (SOCP) 和半定规划 (SDP) 标准模型, 二次函数锥规划的标准模型和对偶模型正好是二阶锥规划 (SOCP) 和半定规划 (SDP) 标准模型和对偶模型的反向叙述, 究其原因主要是因为 $\mathcal{D}_{\mathcal{G}}^{*}$ 的结构难以直接表述, 这将通过后面的引理和例子予以解释.

记

$$\mathcal{Z} = \left\{ Y = \begin{pmatrix} 1 \\ x \end{pmatrix} \begin{pmatrix} 1 \\ x \end{pmatrix}^{\mathrm{T}} \middle| x \in \mathcal{G} \right\}$$

和 $\mathcal{Z}$ 的闭锥包为

$$\hat{\mathcal{D}} = \mathrm{cl}(\mathrm{cone}(\mathcal{Z})),$$

则有下面的结论.

引理 5.5　$\mathcal{D}_{\mathcal{G}}$ 与 $\hat{\mathcal{D}}$ 互为对偶锥, 亦即 $\mathcal{D}_{\mathcal{G}}^* = \hat{\mathcal{D}}$.

证明　对任意 $V \in \mathrm{cone}(\mathcal{Z})$, 存在一个正整数 r, $x^1, x^2, \cdots, x^r \in \mathcal{G}$ 和 $\mu_1, \mu_2, \cdots,$ $\mu_r \geqslant 0$ 使得

$$V = \mu_1 \begin{pmatrix} 1 \\ x^1 \end{pmatrix} \begin{pmatrix} 1 \\ x^1 \end{pmatrix}^{\mathrm{T}} + \mu_2 \begin{pmatrix} 1 \\ x^2 \end{pmatrix} \begin{pmatrix} 1 \\ x^2 \end{pmatrix}^{\mathrm{T}} + \cdots + \mu_r \begin{pmatrix} 1 \\ x^r \end{pmatrix} \begin{pmatrix} 1 \\ x^r \end{pmatrix}^{\mathrm{T}}.$$

若 $U \in \mathcal{D}_{\mathcal{G}}$, 则有

$$U \bullet V = \mu_1 \begin{pmatrix} 1 \\ x^1 \end{pmatrix}^{\mathrm{T}} U \begin{pmatrix} 1 \\ x^1 \end{pmatrix} + \mu_2 \begin{pmatrix} 1 \\ x^2 \end{pmatrix}^{\mathrm{T}} U \begin{pmatrix} 1 \\ x^2 \end{pmatrix}$$

$$+ \cdots + \mu_r \begin{pmatrix} 1 \\ x^r \end{pmatrix}^{\mathrm{T}} U \begin{pmatrix} 1 \\ x^r \end{pmatrix} \geqslant 0.$$

对任意 $V_0 \in \hat{\mathcal{D}}$, 若存在 $\mathrm{cone}(\mathcal{Z})$ 中矩阵列 $\{V_k\}_{k=1,2,\cdots}$ 使得 $\lim_{k \to +\infty} V_k = V_0$, 则有 $U \bullet V_0 = \lim_{k \to +\infty} U \bullet V_k \geqslant 0$. 也就表明 $U \in \hat{\mathcal{D}}^*$, 所以 $\mathcal{D}_{\mathcal{G}} \subseteq \hat{\mathcal{D}}^*$.

反之, 对任意 $x \in \mathcal{G}$,

$$Y = \begin{pmatrix} 1 \\ x \end{pmatrix} \begin{pmatrix} 1 \\ x \end{pmatrix}^{\mathrm{T}} \in \mathcal{Z} \subseteq \hat{\mathcal{D}}.$$

若有 $U \in \hat{\mathcal{D}}^*$, 则 $U \bullet Y \geqslant 0$. 因此,

$$\begin{pmatrix} 1 \\ x \end{pmatrix}^{\mathrm{T}} U \begin{pmatrix} 1 \\ x \end{pmatrix} \geqslant 0,$$

由此推导出 $U \in \mathcal{D}_{\mathcal{G}}$, 也就得到 $\mathcal{D}_{\mathcal{G}} \supseteq \hat{\mathcal{D}}^*$. 综合得到 $\mathcal{D}_{\mathcal{G}} = \hat{\mathcal{D}}^*$.

再由 $\hat{\mathcal{D}}$ 为闭凸集可得知 $\mathcal{D}_{\mathcal{G}}^* = (\hat{\mathcal{D}}^*)^* = \hat{\mathcal{D}}$. ∎

上述引理的结论中, $\mathrm{cone}(\mathcal{Z})$ 不一定为闭集, 而定理 2.27(i) 的结论是非空集合的对偶集合一定是一个闭集, 所以需要特别注意取闭包 "cl" 的细节, 下面通过一个例子来提示这个细节问题.

例 5.1　当 $\mathcal{G} = \{x \in \mathbb{R} \mid x \geqslant 0\}$ 时, 记

$$\mathcal{Z} = \left\{ Y = \begin{pmatrix} 1 \\ x \end{pmatrix} \begin{pmatrix} 1 \\ x \end{pmatrix}^{\mathrm{T}} \,\middle|\, x \in \mathcal{G} \right\},$$

则

$$\begin{pmatrix} 1 \\ k \end{pmatrix} \begin{pmatrix} 1 \\ k \end{pmatrix}^{\mathrm{T}} \in \mathscr{Z}, \quad \forall k > 0.$$

得到

$$\frac{1}{k^2} \begin{pmatrix} 1 \\ k \end{pmatrix} \begin{pmatrix} 1 \\ k \end{pmatrix}^{\mathrm{T}} = \begin{pmatrix} \frac{1}{k} \\ 1 \end{pmatrix} \begin{pmatrix} \frac{1}{k} \\ 1 \end{pmatrix}^{\mathrm{T}} \in \mathrm{cone}(\mathscr{Z}), \quad \forall k > 0.$$

但

$$\lim_{k \to +\infty} \begin{pmatrix} \frac{1}{k} \\ 1 \end{pmatrix} \begin{pmatrix} \frac{1}{k} \\ 1 \end{pmatrix}^{\mathrm{T}} = \begin{pmatrix} 0 \\ 1 \end{pmatrix} \begin{pmatrix} 0 \\ 1 \end{pmatrix}^{\mathrm{T}} \notin \mathrm{cone}(\mathscr{Z}).$$

引理 5.5 给出了 (QFCD) 中 $\mathcal{D}_{\mathcal{G}}^*$ 的形式. 比对 (QFCP) 和 (QFCD), 锥 $\mathcal{D}_{\mathcal{G}}$ 和 $\mathcal{D}_{\mathcal{G}}^*$ 都较为复杂, 而 $\mathcal{D}_{\mathcal{G}}^*$ 因需求锥包的闭包就显得更复杂. 因此, 在二次函数锥规划的引入时, 以较为简单的 $\mathcal{D}_{\mathcal{G}}$ 上的线性锥优化 (QFCP) 作为原始模型介绍.

为以后讨论方便, 记

$$f_U(x) = \begin{pmatrix} 1 \\ x \end{pmatrix}^{\mathrm{T}} U \begin{pmatrix} 1 \\ x \end{pmatrix}.$$

定理 5.6 若 $\mathcal{G} \subseteq \mathbb{R}^n$ 存在内点, 则二次函数锥 $\mathcal{D}_{\mathcal{G}}$ 与其对偶锥 $\mathcal{D}_{\mathcal{G}}^*$ 为真锥.

证明 由于 $\mathcal{G}$ 存在内点, 因而存在 $\mathbb{R}^n$ 空间的球体 $\mathcal{B} \subseteq \mathcal{G}$. 对矩阵 $U \in \mathcal{S}^{n+1}$, 若 $f_U(x) = 0$ 对任意 $x \in \mathcal{B}$ 成立, 则可由 $f_U(x)$ 的一阶、二阶偏导数得到 $U = 0$. 否则对任意非零矩阵 $U \in \mathcal{D}_{\mathcal{G}}$, 存在点 $\bar{x} \in \mathcal{G}$ 使得 $f_U(\bar{x}) > 0$. 故 $f_{-U}(\bar{x}) = -f_U(\bar{x}) < 0$, 即 $-U \notin \mathcal{D}_{\mathcal{G}}$, 从而得知锥 $\mathcal{D}_{\mathcal{G}}$ 是尖锥. 此外, 由于 $\mathcal{D}_{\mathcal{G}} \supseteq \mathcal{S}_+^{n+1}$, 且 $\mathcal{S}_+^{n+1}$ 存在内点, 故 $\mathcal{D}_{\mathcal{G}}$ 也存在内点. 最后, 容易验证 $\mathcal{D}_{\mathcal{G}}$ 是闭凸锥. 因此 $\mathcal{D}_{\mathcal{G}}$ 是真锥. 相应地, 由于真锥存在内点, 则由定理 2.27(iii) 得到 $\mathcal{D}_{\mathcal{G}}$ 的对偶锥同样为真锥, 所以对偶锥 $\mathcal{D}_{\mathcal{G}}^*$ 也为真锥. ∎

线性锥优化强对偶定理中用到的一个重要概念是相对内点, 二次函数锥的 (相对) 内点的判定并不简单, 一些直观结论可能不再正确.

例 5.2 判断内点的难度. 设 $\mathcal{G} = \{x \in \mathbb{R} \mid x \geqslant 1\}$, $U = \begin{pmatrix} 0 & 1 \\ 1 & 0 \end{pmatrix}$, 则有 $U \in \mathcal{D}_{\mathcal{G}}$ 且

$$\begin{pmatrix} 1 \\ x \end{pmatrix}^{\mathrm{T}} U \begin{pmatrix} 1 \\ x \end{pmatrix} = 2x > 0, \quad \forall x \in \mathcal{G}.$$

当取 $V = \begin{pmatrix} 0 & 0 \\ 0 & -1 \end{pmatrix}$ 时, 对任意小的 $\delta > 0$, 都有

$$\left(\begin{array}{c}1\\x\end{array}\right)^{\mathrm{T}}(U+\delta V)\left(\begin{array}{c}1\\x\end{array}\right)=2x-\delta x^2\to-\infty,\quad 当 x\to+\infty.$$

所以 U 不是 $\mathcal{D}_{\mathcal{G}}$ 的内点.

上面例子说明: 即使一个矩阵对应的二次函数对定义域内所有的点都严格大于 0, 这个矩阵也不一定是 $\mathcal{D}_{\mathcal{G}}$ 的内点, 这与直观是有差异的. 当定义域 $\mathcal{G}$ 为有界闭集的时候, 这个直观才变为正确.

定理 5.7　设 (QFCP) 中 $\mathcal{G}$ 为非空有界闭集, 若存在 $\bar{U}\in\mathcal{D}_{\mathcal{G}}$ 满足

$$\left(\begin{array}{c}1\\x\end{array}\right)^{\mathrm{T}}\bar{U}\left(\begin{array}{c}1\\x\end{array}\right)>0,\quad\forall x\in\mathcal{G},$$

则 $\bar{U}\in\mathrm{int}(\mathcal{D}_{\mathcal{G}})$. 再若 (QFCP) 最优目标值有限且存在 $\mathrm{int}(\mathcal{D}_{\mathcal{G}})$ 的可行解, 则 (QFCP) 和 (QFCD) 具有强对偶性且 (QFCD) 最优解可达.

证明　记

$$\epsilon=\min_{x\in\mathcal{G}}\left(\begin{array}{c}1\\x\end{array}\right)^{\mathrm{T}}\bar{U}\left(\begin{array}{c}1\\x\end{array}\right),$$

$$M=\max_{x\in\mathcal{G}}\left(\begin{array}{c}1\\x\end{array}\right)^{\mathrm{T}}\left(\begin{array}{c}1\\x\end{array}\right).$$

由 $\mathcal{G}$ 为非空有界闭集, $\left(\begin{array}{c}1\\x\end{array}\right)^{\mathrm{T}}\bar{U}\left(\begin{array}{c}1\\x\end{array}\right)$ 为 $\mathcal{G}$ 上的连续函数, 则知 $\epsilon>0$ 和 $1\leqslant M<+\infty$.

取 $0<\delta<\dfrac{\epsilon}{M}$, 则对任意 $U\in N(\bar{U},\delta)$, 有

$$\left(\begin{array}{c}1\\x\end{array}\right)^{\mathrm{T}}U\left(\begin{array}{c}1\\x\end{array}\right)=\left(\begin{array}{c}1\\x\end{array}\right)^{\mathrm{T}}\bar{U}\left(\begin{array}{c}1\\x\end{array}\right)+\left(\begin{array}{c}1\\x\end{array}\right)^{\mathrm{T}}(U-\bar{U})\left(\begin{array}{c}1\\x\end{array}\right)$$
$$\geqslant\epsilon-\|U-\bar{U}\|\left\|\left(\begin{array}{c}1\\x\end{array}\right)^{\mathrm{T}}\left(\begin{array}{c}1\\x\end{array}\right)\right\|$$
$$>0.$$

所以, $\bar{U}$ 为 $\mathcal{D}_{\mathcal{G}}$ 的内点.

任取 $U\in\mathcal{S}_{++}^{n+1}$, 都有

$$\left(\begin{array}{c}1\\x\end{array}\right)^{\mathrm{T}}U\left(\begin{array}{c}1\\x\end{array}\right)>0,\quad\forall x\in\mathcal{G},$$

故至少存在一个内点.

再由 (QFCP) 最优目标值有限, 根据定理 3.27 可得知 (QFCD) 最优解可达且对偶间隙为 0. ∎

在 $\mathcal{G}$ 为非空有界闭集的假设条件下, 定理 5.7 对 (QFCP) 的内点给予了描述, 容易验证任意 $U \in \mathcal{S}_{++}^{n+1}$ 一定是 $\mathcal{D}_{\mathcal{G}}$ 的内点, 且

$$\text{int}(\mathcal{D}_{\mathcal{G}}) \supseteq \left\{ U \in \mathcal{S}^{n+1} \,\middle|\, \begin{pmatrix} 1 \\ x \end{pmatrix}^{\mathrm{T}} U \begin{pmatrix} 1 \\ x \end{pmatrix} > 0, \ \forall\, x \in \mathcal{G} \right\}.$$

下面将进一步研究 $\mathcal{D}_{\mathcal{G}}$ 的边界点.

定理 5.8 设 $\mathcal{G} \subseteq \mathbb{R}^n$ 为非空有界闭集, 则对任意 $(n+1) \times (n+1)$ 实对称矩阵 $U \in \mathcal{D}_{\mathcal{G}}$, 下面三个命题等价:

(i) U 为 $\mathcal{D}_{\mathcal{G}}$ 的边界点;

(ii) $f_U(x) \geqslant 0$ 对任意 $x \in \mathcal{G}$ 成立, 且至少存在一个 $\bar{x} \in \mathcal{G}$ 使得 $f_U(\bar{x}) = 0$;

(iii) $U \in \mathcal{D}_{\mathcal{G}}$, 且 $U - \sigma \begin{pmatrix} 1 & 0 \\ 0 & 0 \end{pmatrix} \notin \mathcal{D}_{\mathcal{G}}$ 对任意 $\sigma > 0$ 均成立.

证明 利用 $f_U(x)$ 的定义, 容易验证命题 (ii) 和 (iii) 的等价性, (i) 和 (ii) 的等价性由 $\mathcal{D}_{\mathcal{G}}$ 为闭集和定理 5.7 得到. ∎

因此得到

$$\text{int}(\mathcal{D}_{\mathcal{G}}) = \left\{ U \in \mathcal{S}^{n+1} \,\middle|\, \begin{pmatrix} 1 \\ x \end{pmatrix}^{\mathrm{T}} U \begin{pmatrix} 1 \\ x \end{pmatrix} > 0, \ \forall\, x \in \mathcal{G} \right\}.$$

定理 5.9 设 $\mathcal{G}$ 为非空有界闭集, 则 $\mathcal{D}_{\mathcal{G}}^* = \text{cone}(\mathcal{Z})$.

证明 记 $\text{conv}(\mathcal{Z})$ 为 $\mathcal{Z}$ 的凸包, 即满足对任意 $Y \in \text{conv}(\mathcal{Z})$, 都存在整数 $r > 0$, $\mu_i \geqslant 0$, $Z_i \in \mathcal{Z}$ $(1 \leqslant i \leqslant r)$ 且 $\mu_1 + \cdots + \mu_r = 1$, 使得

$$Y = \mu_1 Z_1 + \cdots + \mu_r Z_r.$$

于是 $Y \in \text{cone}(\mathcal{Z})$ 的充分必要条件是存在 $t \geqslant 0$ 和 $Y' \in \text{conv}(\mathcal{Z})$ 满足 $Y = tY'$.

当 $\mathcal{G}$ 为有界闭集时, 不难验证 $\mathcal{Z}$ 是有界闭集, 因此 $\text{conv}(\mathcal{Z})$ 为有界闭集. 对任意 $Y^* \in \text{cl}(\text{cone}(\mathcal{Z}))$, 存在序列 $\{Y_i\}_{i=1}^{+\infty} \subseteq \text{cone}(\mathcal{Z})$ 满足 $\lim_{i\to+\infty} Y_i = Y^*$. 对每一个 Y_i, 对应一个 $Y_i' \in \text{conv}(\mathcal{Z})$ 和 $t_i \geqslant 0$ 使得 $Y_i = t_i Y_i'$. 因为 $\text{conv}(\mathcal{Z})$ 有界, 故存在一个子列 $\{Y_{k_i}'\}_{i=1}^{+\infty}$ 收敛到 $Y' \in \text{conv}(\mathcal{Z})$. 进一步, $\{t_{k_i} Y_{k_i}'\}$ 同样收敛到 Y^*. 注意 $[Y_{k_i}']_{11} = 1$ 对所有 i 成立, 故得知 $\{t_{k_i}\}$ 收敛到 $[Y^*]_{11}$ 且 $Y^* = [Y^*]_{11} Y'$. 继而, $Y^* \in \text{cone}(\mathcal{Z})$. 也就是 $\text{cone}(\mathcal{Z})$ 是闭集且 $\mathcal{D}_{\mathcal{G}}^* = \text{cone}(\mathcal{Z})$. ∎

即使在 $\mathcal{G}$ 为非空有界闭集的假设条件下, 从引理 5.5 来看, 判断 $V \in \mathcal{D}_{\mathcal{G}}^*$ 是否为内点也不容易. 如何处理二次函数锥带来的这些诸多问题, 将在后续章节讨论.

定理 5.10 当 $\mathcal{G} \subseteq \mathbb{R}^n$ 为非空有界闭集, 则对任意 $V = (v_{ij})_{(n+1) \times (n+1)} \in \mathcal{D}_{\mathcal{G}}^*$, $V \neq 0$ 当且仅当 $v_{11} > 0$.

证明 根据定理 5.9, 当 $\mathcal{G} \subseteq \mathbb{R}^n$ 为非空有界闭集时, 对任意 $V \in \mathcal{D}_{\mathcal{G}}^*$ 且 $V \neq 0$, 则存在正整数 $r > 0$, $\mu_i > 0$, 及 $Z_i \in \mathcal{Z}$, $i = 1, 2, \cdots, r$, 使得 $V = \mu_1 Z_1 + \cdots + \mu_r Z_r$. 因此 $v_{11} = \mu_1 [Z_1]_{11} + \cdots + \mu_r [Z_r]_{11} = \mu_1 + \cdots + \mu_r > 0$, 其中 $[Z_i]_{11}$ 表示 Z_i 矩阵的第一行第一列元素. 另一方面, 若 $v_{11} > 0$, 则 $V \neq 0$ 显然成立. ∎

定理 5.11 设 $\mathcal{G}$ 非空, 则有 $\mathcal{D}_{\mathcal{G}}^* \subseteq \mathcal{S}_+^{n+1} \subseteq \mathcal{D}_{\mathcal{G}}$.

证明 由引理 5.5, $\mathcal{D}_{\mathcal{G}}^* = \mathrm{cl}(\mathrm{cone}(\mathcal{Z}))$. 对任意 $V \in \mathcal{Z}$, 存在 $x \in \mathcal{G}$, 使得

$$V = \begin{pmatrix} 1 \\ x \end{pmatrix} \begin{pmatrix} 1 \\ x \end{pmatrix}^{\mathrm{T}},$$

因此 $V \in \mathcal{S}_+^{n+1}$. 而锥包为其中元素的非负系数组合, 自然还是半正定, 其极限保证半正定性, 所以有 $\mathcal{D}_{\mathcal{G}}^* \subseteq \mathcal{S}_+^{n+1}$. 再由对偶集合的理论, $\mathcal{S}_+^{n+1} = (\mathcal{S}_+^{n+1})^*$ 和 $(\mathcal{D}_{\mathcal{G}}^*)^* = \mathcal{D}_{\mathcal{G}}$ 得到 $\mathcal{S}_+^{n+1} \subseteq \mathcal{D}_{\mathcal{G}}$. ∎

由定理 5.11 知 $\mathcal{S}_+^{n+1}$ 是 $\mathcal{D}_{\mathcal{G}}^*$ 的一个松弛集合, 因此, 当 (5.2) 中的锥 $\mathcal{D}_{\mathcal{G}}^*$ 松弛到 $\mathcal{S}_+^{n+1}$ 后, 其成为一个半定规划问题, 是可计算问题.

结合定理 5.7 和上述定理的结论, 可得到以下推论.

推论 5.12 设 (QFCP) 中 $\mathcal{G}$ 为非空有界闭集, 若存在 $\bar{U} \in \mathcal{S}_{++}^{n+1}$ 为 (QFCP) 的可行解且 (QFCP) 最优目标值有限时, 则 (QFCD) 最优解可达且与 (QFCP) 具有强对偶性.

作为推论 5.12 和定理 5.1(ii) 的直接应用, 有这样的结论.

定理 5.13 当 (QCQP) 中的 $\mathcal{F}$ 为非空有界闭集且 $\mathcal{G} = \mathcal{F}$ 时, 若存在 $\bar{\lambda} \in \mathbb{R}_{++}^m$ 和 $\bar{\sigma} \in \mathbb{R}$ 使得

$$\begin{pmatrix} 2\left(c_0 + \sum_{i=1}^{m} \bar{\lambda}_i c_i - \bar{\sigma} \right) & \left(q_0 + \sum_{i=1}^{m} \bar{\lambda}_i q_i \right)^{\mathrm{T}} \\ q_0 + \sum_{i=1}^{m} \bar{\lambda}_i q_i & Q_0 + \sum_{i=1}^{m} \bar{\lambda}_i Q_i \end{pmatrix} \in \mathcal{S}_{++}^{n+1},$$

则 (QCQP)、(5.1) 和 (5.2) 三个问题具有相等的最优目标值且 (5.2) 最优解可达.

上面罗列了二次函数锥规划的一些复杂之处, 也正因为这样的复杂, 才使得该模型能涵盖更多的内容, 也就给我们带来了对一些困难问题研究的新希望. 就二次函数锥规划, 罗列以下结论.

定理 5.14(弱对偶定理) 若 $(U, \theta) \in \mathcal{D}_{\mathcal{G}} \times \mathbb{R}^m$ 为 (QFCP) 的可行解, $V \in \mathcal{D}_{\mathcal{G}}^*$ 为 (QFCD) 的可行解, 则 $b^T \theta \leqslant C \bullet V$. 特别当两个问题的最优目标值都有限时, 则 (QFCD) 的最优目标值永远为 (QFCP) 的下界.

证明　此时将二次函数锥规划原问题看成线性锥优化的对偶问题, 由线性锥优化的弱对偶定理 3.25 直接得到结论. ∎

由于二次函数锥规划为一个线性锥优化问题, 它也有与其他线性锥优化相同的结论.

定理 5.15 (二次函数锥规划对偶定理)

(i) 若 (QFCP) 和 (QFCD) 其中一个最优目标值无界, 则另一个不可行.

(ii) 若 (QFCP) 和 (QFCD) 分别存在可行解 (U^*, θ^*) 和 V^* 满足 $U^* \bullet V^* = C \bullet V^* - b^{\mathrm{T}}\theta^* = 0$, 则 (U^*, θ^*) 和 V^* 分别为 (QFCP) 和 (QFCD) 的最优解.

(iii) 若 (QFCP) 存在一个可行解 $(\bar{U}, \bar{\theta})$ 满足 $\bar{U} \in \mathrm{int}(\mathcal{D}_{\mathcal{G}})$ 且 (QFCP) 最优目标值有限, 则 (QFCP) 和 (QFCD) 有强对偶性且 (QFCD) 最优解可达; 另外, (QFCP) 的一个可行解 (U^*, θ^*) 是最优解的必要条件为: (QFCD) 存在一个可行解 $\bar{V}$ 满足 $(\bar{V}) \bullet U^* = C \bullet \bar{V} - b^{\mathrm{T}}\theta^* = 0$.

(iv) 若 (QFCD) 存在一个可行解 $\bar{V}$ 满足 $\bar{V} \in \mathrm{int}(\mathcal{D}_{\mathcal{G}}^*)$ 且 (QFCD) 最优目标值有限, 则 (QFCP) 和 (QFCD) 有强对偶性且 (QFCP) 最优解可达; 另外, (QFCD) 的一个可行解 V^* 是最优解的必要条件为: (QFCP) 存在一个可行解 $(\bar{U}, \bar{\theta})$ 使得 $V^* \bullet \bar{U} = C \bullet V^* - b^{\mathrm{T}}\bar{\theta} = 0$.

由二次函数锥及其规划模型的定义和对偶集合的性质 (定理 2.24), 不难证明下列结论成立.

引理 5.16　假设三个集合 $\mathcal{F}, \mathcal{G}_1$ 和 $\mathcal{G}_2$ 非空.

(i) 当 $\mathcal{G}_1 \subseteq \mathcal{G}_2$ 时, 则有 $\mathcal{D}_{\mathcal{G}_1} \supseteq \mathcal{D}_{\mathcal{G}_2}$, $\mathcal{D}_{\mathcal{G}_1}^* \subseteq \mathcal{D}_{\mathcal{G}_2}^*$.

(ii) 当 $\mathcal{F} \subseteq \mathcal{G}_1 \subseteq \mathcal{G}_2$ 时, 记 (QFCP) 分别对应的最优目标值为 $v_{\mathrm{QFCP}}(\mathcal{F})$、$v_{\mathrm{QFCP}}(\mathcal{G}_1)$ 和 $v_{\mathrm{QFCP}}(\mathcal{G}_2)$, 则有 $v_{\mathrm{QFCP}}(\mathcal{F}) \geqslant v_{\mathrm{QFCP}}(\mathcal{G}_1) \geqslant v_{\mathrm{QFCP}}(\mathcal{G}_2)$.

此引理揭示了求解原问题下界估计及近似解的方法.

定理 5.17　当 $\mathcal{G} = \mathbb{R}^n$ 时,

$$\mathcal{D}_{\mathcal{G}} = \mathcal{S}_+^{n+1}.$$

证明　$\mathcal{D}_{\mathcal{G}} \supseteq \mathcal{S}_+^{n+1}$ 很明显. 反之, 需要证明 $z^{\mathrm{T}} U z \geqslant 0$ 对给定 $U \in \mathcal{D}_{\mathbb{R}^n}$ 且任意 $z \in \mathbb{R}^{n+1}$ 成立, 这等价于需要证明对任意 $y \in \mathbb{R}$ 和 $x \in \mathbb{R}^n$,

$$\begin{pmatrix} y \\ x \end{pmatrix}^{\mathrm{T}} U \begin{pmatrix} y \\ x \end{pmatrix} \geqslant 0.$$

下面证明上述结论. 若 $y \neq 0$, 则

$$\begin{pmatrix} 1 \\ \dfrac{x}{y} \end{pmatrix}^{\mathrm{T}} U \begin{pmatrix} 1 \\ \dfrac{x}{y} \end{pmatrix} \geqslant 0,$$

所以

$$\begin{pmatrix} y \\ x \end{pmatrix}^{\mathrm{T}} U \begin{pmatrix} y \\ x \end{pmatrix} = y^2 \begin{pmatrix} 1 \\ \frac{x}{y} \end{pmatrix}^{\mathrm{T}} U \begin{pmatrix} 1 \\ \frac{x}{y} \end{pmatrix} \geqslant 0.$$

否则, 若 $y = 0$, 假设存在一个 x^0, 使得

$$\begin{pmatrix} 0 \\ x^0 \end{pmatrix}^{\mathrm{T}} U \begin{pmatrix} 0 \\ x^0 \end{pmatrix} < 0.$$

将 U 记成

$$U = \begin{pmatrix} U_{11} & U_{12} \\ U_{21} & U_{22} \end{pmatrix}.$$

由 $U \in \mathcal{D}_{\mathbb{R}^n}$ 可推出对任意 $x \in \mathbb{R}^n$, 有

$$U_{11} + 2U_{12}x + x^{\mathrm{T}}U_{22}x \geqslant 0.$$

选取 $x = tx^0$, 其中 $t \in \mathbb{R}$ 不为 0, 得到

$$U_{11} + 2U_{12}tx^0 + t^2(x^0)^{\mathrm{T}}U_{22}x^0 \geqslant 0,$$

进一步推出

$$(x^0)^{\mathrm{T}}U_{22}x^0 \geqslant -\frac{U_{11}}{t^2} - \frac{2U_{12}x^0}{t}.$$

当 $t \to \infty$ 时, 现有 $(x^0)^{\mathrm{T}}U_{22}x^0 \geqslant 0$, 此与假设矛盾. 故结论成立. ■

从上述定理可以看出, 当 $\mathcal{G} = \mathbb{R}^n$ 且 (QCQP) 中 $m = 1$ 时, 二次函数锥规划 (5.1) 就是著名的 Shor 的半定松弛形式 [57]. 当 $\mathcal{G} = \mathbb{R}^n$ 且 (QCQP) 中 $m \geqslant 1$ 时, 二次函数锥规划 (5.1) 就是半定规划模型. 因此也可以看出, 半定规划问题是二次函数锥规划问题的特殊情形.

在理论上, 二次函数锥规划问题具有对偶性定理 5.15, 类似二阶锥规划和半定规划, 为了便于应用和分析问题, 分别给出二次函数锥的一般性模型和不等式模型及不加证明地给出它们的对偶模型及对偶性质, 读者可用共轭对偶的方法推导出或利用 3.5 节有关线性锥优化的结论得到所需结果.

一般模型为

$$\begin{aligned}
\max \quad & b^{\mathrm{T}}\theta \\
\text{s.t.} \quad & U + \sum_{i=1}^{m} \theta_i A_i = C, \\
& P\theta \leqslant d, \\
& U \in \mathcal{D}_{\mathcal{G}}, \quad \theta \in \mathbb{R}^m,
\end{aligned} \tag{5.3}$$

其中, $P = (p_{ij})$ 为一个 $q \times m$ 的常系数矩阵, $d \in \mathbb{R}^q$ 为常系数向量. 它的对偶模型为

$$
\begin{aligned}
\min \quad & C \bullet V + d^{\mathrm{T}}\tau \\
\text{s.t.} \quad & A_i \bullet V + \sum_{j=1}^{q} p_{ji}\tau_j = b_i, \quad i = 1, 2, \cdots, m, \\
& V \in \mathcal{D}_{\mathcal{G}}^*, \quad \tau \in \mathbb{R}_+^q.
\end{aligned} \tag{5.4}
$$

定理 5.18(二次函数锥规划一般模型对偶定理)

(i) 若 (5.3) 和 (5.4) 其中一个最优目标值无界, 则另一个不可行.

(ii) 若 (5.3) 和 (5.4) 分别存在可行解 (U^*, θ^*) 和 (V^*, τ^*) 满足 $U^* \bullet V^* + (d - P\theta^*)^{\mathrm{T}}\tau^* = C \bullet V^* + d^{\mathrm{T}}\tau^* - b^{\mathrm{T}}\theta^* = 0$, 则 (U^*, θ^*) 和 (V^*, τ^*) 分别为 (5.3) 和 (5.4) 的最优解.

(iii) 若 (5.3) 存在一个可行解 $(\bar{U}, \bar{\theta})$ 满足 $\bar{U} \in \text{int}(\mathcal{D}_{\mathcal{G}})$、$P\bar{\theta} < d$ 且 (5.3) 的最优目标值有限, 则 (5.4) 最优解可达; 另外, (5.3) 的一个可行解 (U^*, θ^*) 是最优解的必要条件为: (5.4) 存在一个可行解 $(\bar{V}, \bar{\tau})$ 满足 $U^* \bullet \bar{V} + (d - P\theta^*)^{\mathrm{T}}\bar{\tau} = C \bullet \bar{V} + d^{\mathrm{T}}\bar{\tau} - b^{\mathrm{T}}\theta^* = 0$.

(iv) 若 (5.4) 存在一个可行解 $(\bar{V}, \bar{\tau})$ 满足 $\bar{V} \in \text{int}(\mathcal{D}_{\mathcal{G}}^*)$、$\bar{\tau} \in \mathbb{R}_{++}^n$ 且 (5.4) 的最优目标值有限, 则 (5.3) 的最优解可达; 另外, (5.4) 的一个可行解 (V^*, τ^*) 是最优解的必要条件为: (5.3) 存在一个可行解 $(\bar{U}, \bar{\theta})$ 使得 $\bar{U} \bullet V^* + (d - P\bar{\theta})^{\mathrm{T}}\tau^* = C \bullet V^* + d^{\mathrm{T}}\tau^* - b^{\mathrm{T}}\bar{\theta} = 0$.

不等式模型为

$$
\begin{aligned}
\max \quad & b^{\mathrm{T}}\theta \\
\text{s.t.} \quad & -\sum_{i=1}^{m} \theta_i A_i + C \in \mathcal{D}_{\mathcal{G}}, \\
& \theta \in \mathbb{R}_+^m,
\end{aligned} \tag{5.5}
$$

及对偶模型为

$$
\begin{aligned}
\min \quad & C \bullet V \\
\text{s.t.} \quad & A_i \bullet V \geqslant b_i, \quad i = 1, 2, \cdots, m, \\
& V \in \mathcal{D}_{\mathcal{G}}^*.
\end{aligned} \tag{5.6}
$$

定理 5.19(二次函数锥规划不等式模型对偶定理)

(i) 若 (5.5) 和 (5.6) 其中一个最优目标值无界, 则另一个不可行.

(ii) 若 (5.5) 和 (5.6) 分别存在可行解 θ^* 和 V^* 满足 $\left(C - \sum_{i=1}^{m} \theta_i^* A_i\right) \bullet V^* +$

$$\sum_{i=1}^{m} (A_i \bullet V^* - b_i)^{\mathrm{T}} \theta_i^* = C \bullet V^* - b^{\mathrm{T}} \theta^* = 0, \ 则 \ \theta^* \ 和 \ V^* \ 分别为 (5.5) 和 (5.6) 的最$$
优解.

(iii) 若 (5.5) 存在一个可行解 $\bar{\theta}$ 满足 $-\sum_{i=1}^{m} \bar{\theta}_i A_i + C \in \mathrm{int}(\mathcal{D}_\mathcal{G})$, $\bar{\theta} \in \mathbb{R}_{++}^m$ 且 (5.5) 的最优目标值有限, 则 (5.6) 的最优解可达; 另外, (5.5) 的一个可行解 θ^* 是最优解的必要条件为: (5.6) 存在一个可行解 $\bar{V}$ 满足 $C \bullet \bar{V} - b^{\mathrm{T}} \theta^* = 0$.

(iv) 若 (5.6) 存在一个可行解 $\bar{V}$ 满足 $\bar{V} \in \mathrm{int}(\mathcal{D}_\mathcal{G}^*)$, $A_i \bullet \bar{V} > b_i, i = 1, 2, \cdots, m$ 且 (5.6) 的最优目标值有限, 则 (5.5) 的最优解可达; 另外, (5.6) 的一个可行解 V^* 是最优解的必要条件为: (5.5) 存在一个可行解 $\bar{\theta}$ 使得 $C \bullet V^* - b^{\mathrm{T}} \bar{\theta} = 0$.

不等式模型 (5.5) 中, 我们不知 $\mathcal{D}_\mathcal{G}$ 是否一定为尖锥, 也就无法得知是否为真锥, 因此没有使用锥的不等式符号 (参考 2.2 节锥半序关系内容) 而将约束写成 $-\sum_{i=1}^{m} \theta_i A_i + C \in \mathcal{D}_\mathcal{G}$. 当 $\mathcal{D}_\mathcal{G}$ 为真锥时, 这个约束可以写成 $\sum_{i=1}^{m} \theta_i A_i \leqslant_{\mathcal{D}_\mathcal{G}} C$, 而模型 (5.5) 和模型 (5.6) 有非常直观的不等式对称性.

比较二次函数锥规划标准模型 (QFCP) 和不等式模型 (5.5), 形式上 (5.5) 中要求 $\theta \in \mathbb{R}_+^m$, 实际上出现某个 θ_i 无符号限制时, 只需将其写成 $\theta_i = \theta_i^+ - \theta_i^-, \theta_i^+ \geqslant 0, \theta_i^- \geqslant 0$, 则化成不等式模型 (5.5), 此时, 对偶约束 (5.6) 中对应项的不等式约束就变成了等式约束, 即 $A_i \bullet V = b_i$.

5.3　可计算松弛或限定方法

以最优目标值相同的观点来看, 二次函数锥规划模型能够描述诸如最大割这样的 NP- 难问题, 但从计算的角度来看它依然是一个难以计算的问题.

可计算锥 (computable cone) 的概念来源于对可计算线性锥优化问题的分类. 当一个线性锥优化问题可计算时, 称对应的锥是可计算锥. 由于二阶锥规划和半定规划问题的多项式时间可计算结论来源于其内点算法的实现, 因此, 任何一个元素是否属于一个可计算锥是多项式时间可验证的, 亦即可计算锥中的任何一个元素都是多项时间可判别的.

基于目前我们的了解, 二阶锥规划和半定规划问题从理论上有多项式时间可计算的内点算法 [46] 和成型的计算软件 [24, 78], 再加上线性规划的可计算性 [34, 35], 本节限定的已知可计算线性锥优化模型包括: 第一卦限锥 $\mathbb{R}_+^n$ 上的线性规划模型, 二阶锥 $\mathcal{L}^n$ 上的二阶锥规划模型和半正定锥 $\mathcal{S}_+^n$ 的半定规划模型. 线性锥优化问题的可计算性由对应的锥体现, 在理论上, 文献 [50, 51] 将上述三类锥规划问题对应的锥都归为自尺度 (self-scaled) 锥, 因而求解线性规划的内点算法可以自然地推广到二阶锥规划和半定规划问题. 建立在上述可计算锥上的线性锥优化模型都可以采用成型的软件计算, 因此, 能够变形成以上可计算锥上的线性锥优化问题都是可计算的.

一个锥 $\mathcal{C}$ 满足 $\mathcal{C} \subseteq \mathcal{D}_\mathcal{G}$ 称为 $\mathcal{D}_\mathcal{G}$ 的限定锥 (restriction cone). 我们以选取可计算的限定锥作为建模的目标. 将 (QFCP) 中由 $\mathcal{C}$ 替换 $\mathcal{D}_\mathcal{G}$ 后的模型称为 (QFCP) 的限定锥规划 (restriction conic programming)模型:

$$
\begin{aligned}
\max \quad & b^{\mathrm{T}}\theta \\
\text{s.t.} \quad & U + \sum_{i=1}^{m} \theta_i A_i = C, \\
& U \in \mathcal{C}, \quad \theta \in \mathbb{R}^m.
\end{aligned}
\tag{5.7}
$$

同理, 锥 $\mathcal{D}$ 满足 $\mathcal{D} \supseteq \mathcal{D}_\mathcal{G}^*$ 称为 $\mathcal{D}_\mathcal{G}^*$ 的松弛锥 (relaxation cone), 将 (QFCD) 中由 $\mathcal{D}$ 替换 $\mathcal{D}_\mathcal{G}^*$ 后的模型称为 (QFCD) 的松弛锥规划 (relaxation conic programming) 模型:

$$
\begin{aligned}
\min \quad & C \bullet V \\
\text{s.t.} \quad & A_i \bullet V = b_i, \quad i = 1, 2, \cdots, m, \\
& V \in \mathcal{D}.
\end{aligned}
\tag{5.8}
$$

限定或松弛的目的之一是希望模型可计算, 目的之二则希望得到一个较好的下界. 由定理 5.11 的 $\mathcal{D}_\mathcal{G}^* \subseteq \mathcal{S}_+^{n+1} \subseteq \mathcal{D}_\mathcal{G}$ 结论, 在 (5.7) 中取 $\mathcal{C} = \mathcal{S}_+^{n+1}$ 或在 (5.8) 中取 $\mathcal{D} = \mathcal{S}_+^{n+1}$, 两个线性锥优化模型分别是 (QFCP) 和 (QFCD) 的限定和松弛且都是可计算的半定规划模型, 于是达到了第一个目的.

为了达到第二个目的, 在限定模型中希望得到比 $\mathcal{S}_+^{n+1}$ 有所扩大的 $\mathcal{C}$ 满足 $\mathcal{S}_+^{n+1} \subseteq \mathcal{C} \subseteq \mathcal{D}_\mathcal{G}$, 而在松弛模型中希望得到比 $\mathcal{S}_+^{n+1}$ 有所减小的 $\mathcal{D}$ 使得 $\mathcal{S}_+^{n+1} \supseteq \mathcal{D} \supseteq \mathcal{D}_\mathcal{G}^*$.

一般情况下, 验证一个矩阵是否属于 $\mathcal{D}_\mathcal{G}$ 或 $\mathcal{D}_\mathcal{G}^*$ 不是可计算的, 因此, 我们寻求一个可计算的限定锥 $\mathcal{C} \subseteq \mathcal{D}_\mathcal{G}$ 或一个可计算的松弛锥 $\mathcal{D} \supseteq \mathcal{D}_\mathcal{G}^*$, 使得对应的线性锥优化问题变成可计算的. 依此, 罗列常用的可计算锥.

第一卦限锥 $\mathbb{R}_+^n$

第一卦限锥

$$\mathbb{R}_+^n = \{x \in \mathbb{R}^n \mid x_i \geqslant 0, i = 1, 2, \cdots, n\},$$

是一个大家非常熟悉的可计算锥, 可计算性来源于线性规划的可计算结论.

二阶锥 $\mathcal{L}^n$

二阶锥为

$$\mathcal{L}^n = \left\{ x \in \mathbb{R}^n \left| \sqrt{\sum_{i=1}^{n-1} x_i^2} \leqslant x_n \right. \right\},$$

可计算性来源于二阶锥规划的可计算结论.

非负锥 $\mathcal{N}^{n+1}$

非负锥 $\mathcal{N}^{n+1}$ 定义为

$$\mathcal{N}^{n+1} = \left\{ M = (m_{ij}) \in M(n+1, n+1) \mid m_{ij} \geqslant 0, \forall i, j = 1, 2, \cdots, n+1 \right\}.$$

容易验证其对偶锥 $(\mathcal{N}^{n+1})^* = \mathcal{N}^{n+1}$. 容易看出, 在 (QFCP) 或 (QFCD) 模型中用 $\mathcal{N}^{n+1}$ 替代 $\mathcal{D}_{\mathcal{G}}$ 或 $\mathcal{D}_{\mathcal{G}}^*$ 时, 就是线性规划问题, 因此可计算.

当 $\mathcal{G} \subseteq \mathbb{R}_+^{n+1}$ 时, 不难验证 $\mathcal{N}^{n+1} \subseteq \mathcal{D}_{\mathcal{G}}$, 于是 $\mathcal{N}^{n+1}$ 为 $\mathcal{D}_{\mathcal{G}}$ 的一个可计算限定. 根据定理 2.24(i) 得到 $\mathcal{D}_{\mathcal{G}}^* \subseteq \mathcal{N}^{n+1}$, 用 $\mathcal{N}^{n+1}$ 替代 (QFCD) 中的 $\mathcal{D}_{\mathcal{G}}^*$, 则是 (QFCD) 的一个可计算松弛问题.

需要特别注意, 非负锥 $\mathcal{N}^{n+1}$ 适用 $\mathcal{G} \subseteq \mathbb{R}_+^{n+1}$ 一类二次函数锥规划问题.

半正定锥 $\mathcal{S}_+^{n+1}$

半定规划问题可计算, 因此, 半正定锥 $\mathcal{S}_+^{n+1}$ 可计算. 由定理 5.17 得知, 当 $\mathcal{G} = \mathbb{R}^n$ 时,

$$\mathcal{D}_{\mathcal{G}} = \mathcal{D}_{\mathcal{G}}^* = \mathcal{S}_+^{n+1}.$$

因此无论 $\mathcal{G}$ 为 $\mathbb{R}^n$ 中什么样的集合, 当 (QFCP) 中用 $\mathcal{S}_+^{n+1}$ 替代 $\mathcal{D}_{\mathcal{G}}$ 后, 永远是 (QFCP) 的可计算限定问题. 同理, 由于 $(\mathcal{S}_+^{n+1})^* = \mathcal{S}_+^{n+1}$, 当 (QFCD) 中用 $\mathcal{S}_+^{n+1}$ 替代 $\mathcal{D}_{\mathcal{G}}^*$ 后, 恒为 (QFCD) 的可计算松弛问题.

非负锥和半定锥结合 $\mathcal{S}_+^{n+1} + \mathcal{N}^{n+1}$ 和 $\mathcal{S}_+^{n+1} \cap \mathcal{N}^{n+1}$

当 $\mathcal{G} \subseteq \mathbb{R}_+^n$ 时, 令 $\mathcal{C} = \mathcal{S}_+^{n+1} + \mathcal{N}^{n+1}$, 则有 $\mathcal{C} \subseteq \mathcal{D}_{\mathcal{G}}$. 在模型 (5.1) 中, 用 $\mathcal{C}$ 替代 $\mathcal{D}_{\mathcal{G}}$, 记

$$U = \begin{pmatrix} 2 \left(c_0 + \sum_{i=1}^{m} \lambda_i c_i - \sigma \right) & \left(q_0 + \sum_{i=1}^{m} \lambda_i q_i \right)^{\mathrm{T}} \\ q_0 + \sum_{i=1}^{m} \lambda_i q_i & Q_0 + \sum_{i=1}^{m} \lambda_i Q_i \end{pmatrix},$$

则要求 $U \in \mathcal{C}$. 可以表示为 $U = S + N, S \in \mathcal{S}_+^{n+1}, N \in \mathcal{N}^{n+1}$, 则其等价表示为

$$
\begin{pmatrix}
2\left(c_0 + \displaystyle\sum_{i=1}^{m} \lambda_i c_i - \sigma\right) & \left(q_0 + \displaystyle\sum_{i=1}^{m} \lambda_i q_i\right)^{\mathrm{T}} \\
q_0 + \displaystyle\sum_{i=1}^{m} \lambda_i q_i & Q_0 + \displaystyle\sum_{i=1}^{m} \lambda_i Q_i
\end{pmatrix} - N = S \in \mathcal{S}_+^{n+1},
$$

$$N \in \mathcal{N}^{n+1},$$
$$\sigma \in \mathbb{R}, \quad \lambda \in \mathbb{R}_+^m.$$

故模型 (5.1) 变形为

$$
\begin{aligned}
\max \quad & \sigma \\
\text{s.t.} \quad & \begin{pmatrix}
2\left(c_0 + \displaystyle\sum_{i=1}^{m} \lambda_i c_i - \sigma\right) & \left(q_0 + \displaystyle\sum_{i=1}^{m} \lambda_i q_i\right)^{\mathrm{T}} \\
q_0 + \displaystyle\sum_{i=1}^{m} \lambda_i q_i & Q_0 + \displaystyle\sum_{i=1}^{m} \lambda_i Q_i
\end{pmatrix} - N - S = 0, \\
& S \in \mathcal{S}_+^{n+1}, \quad N \in \mathcal{N}^{n+1}, \quad \sigma \in \mathbb{R}, \quad \lambda \in \mathbb{R}_+^m.
\end{aligned}
$$

为 (5.1) 的可计算限定问题.

由定理 2.24(ii), $(\mathcal{S}_+^{n+1} + \mathcal{N}^{n+1})^* = \mathcal{S}_+^{n+1} \cap \mathcal{N}^{n+1}$, 当 $\mathcal{D} = \mathcal{S}_+^{n+1} \cap \mathcal{N}^{n+1}$ 并替代 (5.2) 中的 $\mathcal{D}_{\mathcal{G}}^*$, 则替代后的模型为 (5.2) 的可计算松弛问题, 具有如下模型:

$$
\begin{aligned}
\min \quad & \frac{1}{2}\begin{pmatrix} 2c_0 & q_0^{\mathrm{T}} \\ q_0 & Q_0 \end{pmatrix} \bullet V \\
\text{s.t.} \quad & \frac{1}{2}\begin{pmatrix} 2c_i & q_i^{\mathrm{T}} \\ q_i & Q_i \end{pmatrix} \bullet V \leqslant 0, \quad i = 1, 2, \cdots, m, \\
& \begin{pmatrix} 1 & 0 \\ 0 & 0 \end{pmatrix} \bullet V = 1, \\
& V \in \mathcal{N}^{n+1}, \\
& V \in \mathcal{S}_+^{n+1}.
\end{aligned}
$$

5.4 二次约束二次规划最优解的计算

沿用 (QCQP) 问题的符号, 记 $f(x) = \frac{1}{2}x^{\mathrm{T}}Q_0 x + q_0^{\mathrm{T}}x + c_0$, $g_i(x) = \frac{1}{2}x^{\mathrm{T}}Q_i x + q_i^{\mathrm{T}}x + c_i$. 在传统优化理论中, KKT 条件是一类重要的判定可行解为局部最优性的必要条件. 回顾第 3 章定理 3.5 的条件与结论并应用在二次约束二次规划问题中, 在相应的约束规范的假定下, 当可行解 x^* 为 (QCQP) 问题局部最优解时, 满足如下局部最优性必要条件:

KKT 条件   在一定的约束规范条件下, 若 x^* 为局部最优解, 则存在 $\lambda^* \in \mathbb{R}^m$, 使得如下系统成立.

$$\nabla_x L(x, \lambda^*)\,|_{x=x^*} = \left(Q_0 + \sum_{i=1}^m \lambda_i^* Q_i\right) x^* + \left(q_0 + \sum_{i=1}^m \lambda_i^* q_i\right) = 0,$$

$$\frac{1}{2} x^{*\mathrm{T}} Q_i x^* + q_i^{\mathrm{T}} x^* + c_i \leqslant 0, \quad \lambda_i^* \geqslant 0,$$

$$\lambda_i^* \left(\frac{1}{2} x^{*\mathrm{T}} Q_i x^* + q_i^{\mathrm{T}} x^* + c_i\right) = 0, \quad i = 1, 2, \cdots, m,$$

其中

$$L(x, \lambda) = f(x) + \sum_{i=1}^m \lambda_i g_i(x).$$

由于经典的 KKT 条件仅仅是一个可行解具有局部最优性的必要条件, 故满足 KKT 条件的可行解 x^* 不一定是问题局部最优解. 传统的二阶局部最优性充分条件可以进一步判定一个 KKT 点是否为局部最优解, 但并不判断 KKT 解是否具有全局最优性. 本节将根据二次函数锥规划的理论, 给出全局最优解的充分条件, 其主要结果可参考论文 [39, 40].

5.4.1 全局最优性条件

对 $x \in \mathbb{R}^n$ 和 $\lambda \in \mathbb{R}_+^m$, 记

$$M(x, \lambda) = \begin{pmatrix} 2\left(c_0 + \displaystyle\sum_{i=1}^m \lambda_i c_i - f(x)\right) & \left(q_0 + \displaystyle\sum_{i=1}^m \lambda_i q_i\right)^{\mathrm{T}} \\ q_0 + \displaystyle\sum_{i=1}^m \lambda_i q_i & Q_0 + \displaystyle\sum_{i=1}^m \lambda_i Q_i \end{pmatrix}, \tag{5.9}$$

称 $M(x, \lambda)$ 为 (QCQP) 的最优性矩阵 (optimality matrix).

定理 5.20(全局最优解定理) 设 (QCQP) 目标函数值下有界且记其可行解集合为 $\mathcal{F}$, 当 (QCQP) 存在一个可行解 x^* 和 $\lambda^* \in \mathbb{R}_+^m$ 满足 $M(x^*, \lambda^*) \in \mathcal{D}_{\mathcal{F}}$ 时, 则 x^* 为 (QCQP) 问题的一个全局最优解, 此时 (σ^*, λ^*) 为二次函数锥规划问题 (5.1) 的最优解, 其中 $\sigma^* = f(x^*)$.

证明   由定理条件知 $x^* \in \mathcal{F}$, 令 $X^* = x^* x^{*\mathrm{T}}$, 根据引理 5.2 得到

$$V^* = \begin{pmatrix} 1 & x^{*\mathrm{T}} \\ x^* & X^* \end{pmatrix}$$

为 $\mathcal{G} = \mathcal{F}$ 时 (5.2) 的可行解. 于是有

$$\sigma^* = f(x^*) = \frac{1}{2} \begin{pmatrix} 2c_0 & f_0^{\mathrm{T}} \\ f_0 & Q_0 \end{pmatrix} \bullet V^* \geqslant v_{\mathrm{LD}}(\mathcal{F}).$$

再由定理条件假设 $M(x^*, \lambda^*) \in \mathcal{D}_{\mathcal{F}}$, 则知 (σ^*, λ^*) 为 (5.1) 的一个可行解, 从而得到 $v_L(\mathcal{F}) \geqslant \sigma^*$.

根据定理 5.3, 可知 $v_{\mathrm{LD}}(\mathcal{F}) = v_{\mathrm{L}}(\mathcal{F}) = \sigma^*$, 因此 x^* 为 (QCQP) 的最优解和 (σ^*, λ^*) 为 (5.1) 的一个最优解. ∎

上述定理的一个直接推论是半正定最优性条件, 这样的结果已在一些文献中表述.

推论 5.21 (半正定最优性条件) 设 (QCQP) 目标函数值下有界且存在 x^* 为其一个可行解和 $\lambda^* \in \mathbb{R}_+^m$ 满足 $M(x^*, \lambda^*) \in \mathcal{S}_+^{n+1}$ 时, 则 x^* 为 (QCQP) 问题的一个全局最优解.

证明 依据定理 5.11 推出 $\mathcal{S}_+^{n+1} \subseteq \mathcal{D}_{\mathcal{F}}$, 所以得到 $M(x^*, \lambda^*) \in \mathcal{D}_{\mathcal{F}}$ 而得到推论. ∎

上述定理实际上提供了验证 (QCQP) 问题的一个可行解为全局最优解的判据, 在本节后续部分将反复提到这个条件, 故在此特别作如下假设:

全局最优性条件 (global optimality condition) (QCQP) 问题存在一个可行解 x^* 及其相应的 $\lambda^* \in \mathbb{R}_+^m$, 使得 $M(x^*, \lambda^*) \in \mathcal{D}_{\mathcal{F}}$ 成立.

引理 5.22 当全局最优性条件满足时, 设 $(\bar{\sigma}, \bar{\lambda})$ 为二次函数锥规划 (5.1) 的任一最优解, 则最优目标值 $\bar{\sigma} = f(x^*)$, 即最优目标值唯一.

证明 在假设全局最优性条件下, 我们知道 (QCQP) 问题一定存在一个全局最优解 x^* 且可达. 依据定理 5.20 的证明, 取 $\mathcal{G} = \mathcal{F}$ 时, 有

$$V^* = \begin{pmatrix} 1 & x^{*\mathrm{T}} \\ x^* & x^* x^{*\mathrm{T}} \end{pmatrix}$$

为 (5.2) 的最优解. 当 $\mathcal{G} = \mathcal{F}$ 时, (5.1) 和 (5.2) 互为对偶模型. 由定理 5.3, 得到结论. ∎

下面则考虑如何求解 (QCQP) 全局最优解. 定理 5.20 给出如下的一个求解思路. 假设与其等价的二次函数锥规划 (5.1) 最优解可达, 首先求解该问题, 得到最优解 $(\bar{\sigma}, \bar{\lambda})$ 满足 $\bar{\lambda} \in \mathbb{R}_+^m$ 和

$$\bar{U} = \begin{pmatrix} 2\left(c_0 + \sum_{i=1}^m \bar{\lambda}_i c_i - \bar{\sigma}\right) & \left(q_0 + \sum_{i=1}^m \bar{\lambda}_i q_i\right)^{\mathrm{T}} \\ q_0 + \sum_{i=1}^m \bar{\lambda}_i q_i & Q_0 + \sum_{i=1}^m \bar{\lambda}_i Q_i \end{pmatrix} \in \mathcal{D}_{\mathcal{F}}.$$

欲求 (QCQP) 的最优解 $\bar{x}$, 依据定理 5.20 的结论, 应满足

$$\bar{V} = \begin{pmatrix} 1 & \bar{x}^{\mathrm{T}} \\ \bar{x} & \bar{x}\bar{x}^{\mathrm{T}} \end{pmatrix}$$

为 (5.2) 的最优解. 由 (5.1) 和 (5.2) 在 $\mathcal{G} = \mathcal{F}$ 时互为对偶模型及定理 5.3 的结论, 得到

$$\bar{U} \bullet \bar{V}$$
$$= 2\left(c_0 + \sum_{i=1}^{m} \bar{\lambda}_i c_i - \bar{\sigma}\right) + 2\left(q_0 + \sum_{i=1}^{m} \bar{\lambda}_i q_i\right)^T \bar{x} + \bar{x}^T \left(Q_0 + \sum_{i=1}^{m} \bar{\lambda}_i Q_i\right) \bar{x}$$
$$= 2\left[f(\bar{x}) - \bar{\sigma} + \sum_{i=1}^{m} \bar{\lambda}_i g_i(\bar{x})\right]$$
$$= 0.$$

再由 $\bar{x}$ 为 (QCQP) 的最优解的假设, 由引理 5.22 得到 $f(\bar{x}) = \bar{\sigma}$, 也就有

$$\sum_{i=1}^{m} \bar{\lambda}_i g_i(\bar{x}) = 0 \Leftrightarrow \bar{\lambda}_i \geqslant 0, \quad g_i(\bar{x}) \leqslant 0, \quad \bar{\lambda}_i g_i(\bar{x}) = 0, \quad i = 1, 2, \cdots, m.$$

这正好是上面 KKT 条件的后两行结果. 由此, 再给出定理 5.20 的一个推论.

推论 5.23　若 $\bar{x}$ 为 (QCQP) 的可行解, $\bar{\lambda} \in \mathbb{R}_+^m$ 且满足 $M(\bar{x}, \bar{\lambda}) \in \mathcal{D}_{\mathcal{F}}$, 则有

$$\bar{\lambda}_i \geqslant 0, \quad g_i(\bar{x}) \leqslant 0, \quad \bar{\lambda}_i g_i(\bar{x}) = 0, \quad i = 1, 2, \cdots, m.$$

由此推论可以看出, 满足全局最优性条件一定满足 KKT 条件的互补松弛条件. 因此可以借用 KKT 条件的第一条求出欲解的 $\bar{x}$. 若线性方程组

$$\left(Q_0 + \sum_{i=1}^{m} \bar{\lambda}_i Q_i\right) x + \left(q_0 + \sum_{i=1}^{m} \bar{\lambda}_i q_i\right) = 0,$$

正好解出一个 $\bar{x}$, 满足 $M(\bar{x}, \bar{\lambda}) \in \mathcal{D}_{\mathcal{F}}$, 那么我们求解全局最优解的目标达到. 否则, (5.1) 起码提供一个 (QCQP) 的下界.

到此为止, 我们有了一个求解 (QCQP) 全局最优解的算法思路, 同时也遗留了诸多待研究的问题. 第一, (5.1) 得到的 $\bar{\lambda}$ 与 KKT 条件中的 λ^* 有什么关系? 第二, 在全局最优性条件的假设下, 又在假设 λ^* 已知的条件下, x^* 能否得到?

下面仅以我们的一些初始研究结果 (参考文献 [39, 40]), 解释我们对二次函数锥规划应用的理解.

首先, 通过一个例子来了解 KKT 条件中的 λ^* 与 (5.1) 得到的最优解 $\bar{\lambda}$ 的差异问题, 该例子说明 (5.1) 的最优解可能不唯一.

例 5.3　考虑如下二次规划问题,

$$\begin{aligned} \min \quad & x^{\mathrm{T}} \begin{pmatrix} 0 & 4 \\ 4 & 0 \end{pmatrix} x + \begin{pmatrix} 1 \\ 1 \end{pmatrix}^{\mathrm{T}} x \\ \text{s.t.} \quad & x_i(x_i - 1) \leqslant 0, \quad i = 1, 2, \\ & x \in \mathbb{R}^2. \end{aligned}$$

记 $\mathcal{F} = \{x \in \mathbb{R}^2 \mid x_i(x_i - 1) \leqslant 0, i = 1, 2\}$. 容易验证, $\lambda^* = (1,1)^{\mathrm{T}}$, $x^* = (0,0)^{\mathrm{T}}$ 满足上述 KKT 条件. $x_i(x_i - 1) \leqslant 0$ 的约束限定 $0 \leqslant x_i \leqslant 1$. 取 $\sigma^* = 0$, 有

$$M(x^*, \lambda^*) = \begin{pmatrix} 0 & 0 & 0 \\ 0 & 2 & 8 \\ 0 & 8 & 2 \end{pmatrix}.$$

而

$$\begin{pmatrix} 1 \\ x_1 \\ x_2 \end{pmatrix}^{\mathrm{T}} M(x^*, \lambda^*) \begin{pmatrix} 1 \\ x_1 \\ x_2 \end{pmatrix} = 2x_1^2 + 16x_1 x_2 + 2x_2^2 \geqslant 0, \quad \forall x \in \mathcal{F},$$

所以 $M(x^*, \lambda^*) \in \mathcal{D}_{\mathcal{F}}$. 根据定理 5.20 得到 $x^* = (0,0)^{\mathrm{T}}$ 是上述二次规划问题全局最优解. 特别注意, $M(x^*, \lambda^*)$ 不是一个半正定矩阵, 所以定理 5.20 给出的全局最优性条件超出推论 5.21 的条件.

上述二次规划问题对应的 (5.1) 模型为

$$\begin{aligned} \max \quad & \sigma \\ \text{s.t.} \quad & \begin{pmatrix} -2\sigma & 1-\lambda_1 & 1-\lambda_2 \\ 1-\lambda_1 & 2\lambda_1 & 8 \\ 1-\lambda_2 & 8 & 2\lambda_2 \end{pmatrix} \in \mathcal{D}_{\mathcal{F}}, \\ & \lambda \in \mathbb{R}_+^2, \quad \sigma \in \mathbb{R}. \end{aligned}$$

令 $\sigma = 0$, 对任意满足 $0 \leqslant \lambda_1, \lambda_2 \leqslant 1$ 的点 λ, 上述模型约束的矩阵中每一元素都是非负数. 因 $0 \leqslant x_i \leqslant 1, i = 1, 2$, 所以

$$\begin{pmatrix} 0 & 1-\lambda_1 & 1-\lambda_2 \\ 1-\lambda_1 & 2\lambda_1 & 8 \\ 1-\lambda_2 & 8 & 2\lambda_2 \end{pmatrix} \in \mathcal{D}_{\mathcal{F}}.$$

因此, 对所有 $0 \leqslant \lambda_1, \lambda_2 \leqslant 1$, $(\lambda_1, \lambda_2, 0)^{\mathrm{T}}$ 均为上述锥规划问题的最优解. 特别地, 包含 $(\lambda_1, \lambda_2, 0)^{\mathrm{T}} = (1,1,0)^{\mathrm{T}}$ 这组解. 由此可见, $(1,1,0)^{\mathrm{T}}$ 虽然对应上述锥规划问题的一组最优解, 但并不是唯一最优解. 从而, 通过求解 (5.1), 不能确保得到我们假设的 λ^*.

下面的引理表明, 即使 (5.1) 的最优解不唯一, 但通过 KKT 条件的第一个方程来求解驻点还是可能得到 (QCQP) 的全局最优解.

引理 5.24　假设 (x^*, λ^*) 满足全局最优性条件, 若 $(\bar{\sigma}, \bar{\lambda})$ 是 (5.1) 的任意一组最优解, 则 x^* 为如下优化问题的全局最优解.

$$\begin{aligned} \min \quad & L(x, \bar{\lambda}) \\ \text{s.t.} \quad & x \in \mathcal{F}. \end{aligned} \tag{5.10}$$

证明　由于 $(\bar{\sigma}, \bar{\lambda})$ 为 (5.1) 问题的可行解, 因此

$$\bar{U} = \begin{pmatrix} 2\left(c_0 + \sum_{i=1}^{m} \bar{\lambda}_i c_i - \bar{\sigma}\right) & \left(q_0 + \sum_{i=1}^{m} \bar{\lambda}_i q_i\right)^{\mathrm{T}} \\ q_0 + \sum_{i=1}^{m} \bar{\lambda}_i q_i & Q_0 + \sum_{i=1}^{m} \bar{\lambda}_i Q_i \end{pmatrix} \in \mathcal{D}_{\mathcal{F}}.$$

根据二次函数锥的定义, 可知对任意 $x \in \mathcal{F}$, 有

$$\begin{pmatrix} 1 \\ x \end{pmatrix}^{\mathrm{T}} \bar{U} \begin{pmatrix} 1 \\ x \end{pmatrix} \geqslant 0.$$

因此, 对任意 $x \in \mathcal{F}$,

$$x^{\mathrm{T}}\left(Q_0 + \sum_{i=1}^{m} \bar{\lambda}_i Q_i\right)x + 2\left(q_0 + \sum_{i=1}^{m} \bar{\lambda}_i q_i\right)^{\mathrm{T}} x + 2\left(c_0 + \sum_{i=1}^{m} \bar{\lambda}_i c_i\right) \geqslant 2\bar{\sigma}$$

成立, 因此得知 (5.10) 的最优值不小于 $\bar{\sigma}$.

此外, 根据 x^* 为 (QCQP) 最优解的假设, 得到

$$\begin{pmatrix} 1 & x^{*\mathrm{T}} \\ x^* & x^* x^{*\mathrm{T}} \end{pmatrix}$$

为 (5.2) 问题的一组最优解, 从而由强对偶的结论定理 5.3 和共轭对偶的理论, 可推出互补条件成立:

$$\begin{pmatrix} 1 & x^{*\mathrm{T}} \\ x^* & x^* x^{*\mathrm{T}} \end{pmatrix} \bullet \bar{U} = 0.$$

由此得到

$$x^{*\mathrm{T}}\left(Q_0 + \sum_{i=1}^{m} \bar{\lambda}_i Q_i\right)x^* + 2\left(q_0 + \sum_{i=1}^{m} \bar{\lambda}_i q_i\right)^{\mathrm{T}} x^* + 2\left(c_0 + \sum_{i=1}^{m} \bar{\lambda}_i c_i\right) = 2\bar{\sigma}.$$

因此, x^* 为 (5.10) 问题的全局最优解. ■

上述引理表明: 只要 (5.1) 解出有限的最优解 $(\bar{\sigma}, \bar{\lambda})$, 期望的全局最优解 x^* 一定是 (5.10) 问题的全局最优解, 因此, 求解 $\nabla L(x, \bar{\lambda}) = 0$ 的驻点, 还是可能求解出 x^*.

最后, 在线性独立约束规范的条件下, 通过理论分析, 针对性地设计求解 (QCQP) 最优解的算法.

引理 5.25　假设 (x^*, λ^*) 满足全局最优性条件, 且假设在 x^* 点线性独立约束规范成立, 若 $(\bar{\sigma}, \bar{\lambda})$ 为 (5.1) 问题的一组最优解, 则对任意向量 $d \in \mathbb{R}^n$, 当 d 满足 $\nabla g_i(x^*)^{\mathrm{T}} d \leqslant 0, \ \forall \ i \in \mathcal{I}(x^*)$ 时, 不等式 $\nabla L(x^*, \bar{\lambda})^{\mathrm{T}} d \geqslant 0$ 成立.

证明 在线性独立约束规范的假定下, 根据 (5.10) 问题的局部最优性条件, 可以得到上述引理. ∎

引理 5.26 对给定的 $m \times n$ 矩阵 A 及 n 维列向量 c, 方程组 "$Ax = 0$, $c^{\mathrm{T}}x < 0$" 存在解当且仅当方程组 "$A^{\mathrm{T}}y = c$" 不存在解.

证明 "充分性". 当 $A^{\mathrm{T}}y = c$ 无解, 则等价于 $\mathrm{rank}(A^{\mathrm{T}}, c) = \mathrm{rank}(A) + 1$, 即存在 $\bar{x} \in \mathbb{R}^n$ 使得 $A\bar{x} = 0$, $c^{\mathrm{T}}\bar{x} \neq 0$. 否则, $\forall x: Ax = 0 \Leftrightarrow \forall x: Ax = 0, c^{\mathrm{T}}x = 0$, 由此得到 $\mathrm{rank}\left(\begin{pmatrix} A \\ c^{\mathrm{T}} \end{pmatrix} \right) = \mathrm{rank}(A) = \mathrm{rank}(A^{\mathrm{T}}, c)$, 因而推出矛盾. 当 $c^{\mathrm{T}}\bar{x} < 0$ 时, 结论成立, 否则, 令 $\hat{x} = -\bar{x}$, 则 $\hat{x}$ 满足结论.

"必要性". 用反证法可直接得到矛盾. ∎

以上引理是 Farkas 引理的一种最简单情形.

定理 5.27 假设 (x^*, λ^*) 满足全局最优性条件, 且假设在 x^* 点线性独立约束规范成立, 若 $(\bar{\sigma}, \bar{\lambda})$ 为 (5.1) 问题的任意一组最优解, 则 $\bar{\lambda} \leqslant \lambda^*$.

证明 首先考虑 $i \notin \mathcal{I}(x^*)$ 时, $\bar{\lambda}_i$ 与 λ_i^* 的关系. 在假设 (x^*, λ^*) 满足全局最优性条件下, 由定理 5.3, 得知 (QCQP), (5.1) 和 (5.2) 目标值相同. 再由引理 5.24, 有 $L(x^*, \bar{\lambda}) = \bar{\sigma} = \sigma^* = f(x^*)$, 可知 $f(x^*) + \sum_{i=1}^{m} \bar{\lambda}_i g_i(x^*) = f(x^*)$, 其中 $\bar{\lambda}_i$ 均非负且 $g_i(x^*)$ 非正. 从而, 对任意 $i = 1, 2, \cdots, m$, 有 $\bar{\lambda}_i g_i(x^*) = 0$. 因此, 对 $i \notin \mathcal{I}(x^*)$ 情形, 由于 $g_i(x^*) < 0$, 可知 $\bar{\lambda}_i = \lambda_i^* = 0$.

对于任意 $i \in \mathcal{I}(x^*)$ 情形, 在线性独立约束规范的假定下, 向量组 $\{\nabla g_i(x^*) \mid i \in \mathcal{I}(x^*)\}$ 线性独立. 根据引理 5.26 可知, 存在向量 $\bar{d}$ 满足 $\nabla g_i(x^*)^{\mathrm{T}}\bar{d} < 0$, $\nabla g_{i'}(x^*)^{\mathrm{T}}\bar{d} = 0$, $\forall i' \in \mathcal{I}(x^*) - \{i\}$.

使用引理 5.25, 可以得到

$$\nabla_x L(x^*, \bar{\lambda})^{\mathrm{T}}\bar{d} = \nabla f(x^*)\bar{d} + \bar{\lambda}_i \nabla g_i(x^*)^{\mathrm{T}}\bar{d} \geqslant 0.$$

同时, 由于 $\nabla_x L(x^*, \lambda^*) = 0$, 可知

$$(\bar{\lambda}_i - \lambda_i^*)\nabla g_i(x^*)^{\mathrm{T}}\bar{d} \geqslant 0.$$

最终得到 $\bar{\lambda}_i \leqslant \lambda_i^*$. ∎

通过对 $\bar{\lambda}$ 与 λ^* 之间关系的探讨, 最终得到如下结论:

定理 5.28 假设 (QCQP) 问题存在 (x^*, λ^*) 满足全局最优性条件, 且假设在 x^* 点线性独立约束规范成立, 若 $(\bar{\sigma}, \bar{\lambda})$ 为 (5.1) 问题的一组最优解, 则 λ^* 为如下线

性锥优化问题的唯一最优解.

$$\max \quad e^{\mathrm{T}}\lambda$$

$$\text{s.t.} \quad \begin{pmatrix} 2\left(c_0 + \sum_{i=1}^{m}\lambda_i c_i - \bar{\sigma}\right) & \left(q_0 + \sum_{i=1}^{m}\lambda_i q_i\right)^{\mathrm{T}} \\ q_0 + \sum_{i=1}^{m}\lambda_i q_i & Q_0 + \sum_{i=1}^{m}\lambda_i Q_i \end{pmatrix} \in \mathcal{D}_{\mathcal{F}}, \qquad (5.11)$$

$$\lambda \geqslant 0,$$

其中 $e = (1,1,\cdots,1)^{\mathrm{T}}$.

证明　根据 (5.11) 问题的定义, 若 λ 为其可行解, 由引理 5.22, 可知 $(\bar{\sigma}, \bar{\lambda})$ 必然为 (5.1) 问题的最优解. 而 λ^* 为 (5.11) 问题的可行解, 也就为 (5.11) 问题的最优解. 根据定理 5.27, 可知 $\bar{\lambda} \leqslant \lambda^*$, 因此, λ^* 必然对应 (5.11) 问题的唯一最优解. ■

通过上述定理可知, 若 (QCQP) 问题存在满足全局最优性条件的点, 在线性独立约束规范的假定下, (QCQP) 问题最优解对应的 λ^* 是 (5.11) 问题的唯一最优解. 此时, 如果 $Q_0 + \sum_{i=1}^{m}\lambda_i^* Q_i$ 可逆, 则通过求解 $\nabla_x L(x, \lambda^*) = 0$, 可以得到解

$$x_{\lambda^*} = -\left(Q_0 + \sum_{i=1}^{m}\lambda_i^* Q_i\right)^{-1}\left(q_0 + \sum_{i=1}^{m}\lambda_i^* q_i\right),$$ 其必然为 (QCQP) 问题的一个全局最优解.

5.4.2　可解类与算法

在 (QCQP) 问题最优目标值有限且 $\mathcal{G} = \mathcal{F}$ 的条件下, 由于 (5.1)、(5.2) 和 (QCQP) 问题等价, 因此都是 NP- 难问题, 也就不存在多项式时间算法对其进行求解 (除非 P=NP).

依据定理 5.11, 现将 (5.1) 问题的二次函数锥 $\mathcal{D}_{\mathcal{F}}$ 限定在其他类型的可计算锥 $\mathcal{C}$ 上, 或将 (5.2) 中的锥 $\mathcal{D}_{\mathcal{F}}^*$ 用可计算锥 $\mathcal{C}^*(\mathcal{C}$ 的对偶锥) 替换, 从而将该问题松弛成可多项式时间求解的线性锥优化问题. 本节始终假定 $\mathcal{C} \subseteq \mathcal{D}_{\mathcal{F}}$ 及 $\mathcal{C}^* \supseteq \mathcal{D}_{\mathcal{F}}^*$.

对应 (5.1), 构造如下限定问题.

$$v_{\mathrm{RES}} = \max \quad \sigma$$

$$\text{s.t.} \quad \begin{pmatrix} 2\left(c_0 + \sum_{i=1}^{m}\lambda_i c_i - \sigma\right) & \left(q_0 + \sum_{i=1}^{m}\lambda_i q_i\right)^{\mathrm{T}} \\ q_0 + \sum_{i=1}^{m}\lambda_i q_i & Q_0 + \sum_{i=1}^{m}\lambda_i Q_i \end{pmatrix} \in \mathcal{C}, \qquad (5.12)$$

$$\sigma \in \mathbb{R}, \quad \lambda \in \mathbb{R}_+^m.$$

有如下定理:

定理 5.29 锥规划 (5.12) 问题的最优目标值是 (QCQP) 问题的下界, 即 $v_{\mathrm{RES}} \leqslant v_{\mathrm{QCQP}}$. 此外, 若 (QCQP) 问题存在可行解 x^* 及 $\lambda^* \in \mathbb{R}_+^m$ 满足 $M(x^*, \lambda^*) \in \mathcal{C}$, 则 (5.12) 问题与 (QCQP) 问题的最优目标值相等.

证明 根据 $\mathcal{C} \subseteq \mathcal{D}_{\mathcal{F}}$, 可知 $v_{\mathrm{RES}} \leqslant v_{\mathrm{NQF}}(\mathcal{F}) = v_{\mathrm{NQFD}}(\mathcal{F}) = v_{\mathrm{QCQP}}$, 即 (5.12) 的最优目标值为 (QCQP) 的下界. 另外, 若存在 (x^*, λ^*) 满足 $M(x^*, \lambda^*) \in \mathcal{C} \subseteq \mathcal{D}_{\mathcal{F}}$, 则根据定理 5.20 可知, x^* 为 (QCQP) 问题的一个全局最优解. 同时可以证明, (σ^*, λ^*), 其中 $\sigma^* = f(x^*)$, 是 (5.12) 问题的最优解且最优目标值为 σ^*, 故 $v_{\mathrm{RES}} = v_{\mathrm{QCQP}}$. ∎

假定 (σ_R, λ_R) 为 (5.12) 问题的一组最优解, 定义如下锥规划限定问题:

$$
\begin{aligned}
\max \quad & e^{\mathrm{T}}\lambda \\
\text{s.t.} \quad & \begin{pmatrix} 2\left(c_0 + \sum_{i=1}^m \lambda_i c_i - \sigma_R\right) & \left(q_0 + \sum_{i=1}^m \lambda_i q_i\right)^{\mathrm{T}} \\ q_0 + \sum_{i=1}^m \lambda_i q_i & Q_0 + \sum_{i=1}^m \lambda_i Q_i \end{pmatrix} \in \mathcal{C}, \\
& \lambda \geqslant 0.
\end{aligned}
\tag{5.13}
$$

与定理 5.28 类似, 有如下结论.

定理 5.30 若 (QCQP) 问题存在可行解 x^* 及 $\lambda^* \in \mathbb{R}_+^m$ 满足 $M(x^*, \lambda^*) \in \mathcal{C}$, 且在 x^* 点线性独立约束规范成立, 则 λ^* 对应 (5.13) 问题的唯一最优解.

证明 根据定理 5.29, 可知限定问题 (5.12) 的最优值 $v_{\mathrm{RES}} = f(x^*) = v_{\mathrm{QCQP}}$, 因此 (5.13) 中的 $\sigma_R = f(x^*)$. 由于 $M(x^*, \lambda^*) \in \mathcal{C} \subseteq \mathcal{D}_{\mathcal{F}}$ 且在 x^* 处线性独立约束规范成立, 根据定理 5.28 可知 λ^* 为 (5.11) 的唯一最优解. 而 λ^* 是 (5.13) 问题的可行解, 因此为 (5.13) 问题的唯一最优解. ∎

给定了上述锥规划问题 (5.12) 与 (5.13) 之后, 给出如下求解 (QCQP) 的算法.

QCQP 算法

步骤 1 对给定的 (QCQP) 问题, 构造相应的锥规划问题 (5.12).

步骤 2 求解 (5.12) 问题, 若 (5.12) 不可求解, 则该算法失效, 否则记其最优目标值为 $\bar{\sigma}$.

步骤 3 根据最优目标值 $\bar{\sigma}$ 构造相应的 (5.13) 问题.

步骤 4 求解 (5.13) 问题, 记其最优解为 λ^*.

步骤 5 求解 $x_{\lambda^*} = -\left(Q_0 + \sum_{i=1}^m \lambda_i^* Q_i\right)^+ \left(q_0 + \sum_{i=1}^m \lambda_i^* q_i\right)$, 其中 $\left(Q_0 + \sum_{i=1}^m \lambda_i^* Q_i\right)^+$ 表示矩阵 $\left(Q_0 + \sum_{i=1}^m \lambda_i^* Q_i\right)$ 的 Moore-Penrose 广义逆矩阵.

步骤 6　如果 x_{λ^*} 为 (QCQP) 的可行解且 $f(x_{\lambda^*}) = \bar{\sigma}$, 则返回 x_{λ^*} 作为 (QCQP) 问题的全局最优解, 否则返回 $\bar{\sigma}$ 作为 (QCQP) 问题的一个下界值.

有关 Moore-Penrose 广义逆矩阵的定义和计算, 请参考文献 [3]. 在步骤 2 中可能出现 (5.12) 不可求解, 如无可行解或解不可达等, 这就要求 (QCQP) 问题的计算实例满足一定的条件, 如可行解集非空且对偶问题有可行内点等条件. 从理论上来讲, 线性锥优化的强对偶定理给出了解可达的一个充分条件.

下面说明上述求解算法的正确性.

定理 5.31　如果 QCQP 算法成功返回 x_{λ^*}, 则 x_{λ^*} 必然是 (QCQP) 问题的全局最优解. 否则, 算法将返回 (QCQP) 问题的一个下界.

证明　在算法的步骤 6 中, 如果 x_{λ^*} 被成功返回, 则由于 $M(x_{\lambda^*}, \lambda^*) \in \mathcal{C} \subseteq \mathcal{D}_{\mathcal{F}}$, 故根据定理 5.20, x_{λ^*} 是 (QCQP) 问题的全局最优解. 否则, 根据定理 5.29 可知, $\bar{\sigma}$ 作为 (QCQP) 问题的一个下界将被成功返回.　∎

本章提出的可解类为满足定理 5.29 条件的情形. 具体在求解最优解 x^* 时, 在完成上述算法的前四步得到 λ^* 后, 需要求解

$$\left(Q_0 + \sum_{i=1}^{m} \lambda_i^* Q_i\right) x + \left(q_0 + \sum_{i=1}^{m} \lambda_i^* q_i\right) = 0.$$

即使全局最优解满足上述方程, 求解出这个解也不是一件易事. 为了简便而采用 Moore-Penrose 广义逆矩阵的计算方法.

于是上述算法计算效果的提高可从以下两个方面考虑.

第一, 可计算限定锥 $\mathcal{C}$ 的选择. 如果取 $\mathcal{C} = \mathcal{S}_+^{n+1}$, 则该可解类与传统的半正定锥规划可解类等价. 然而, 由于可以取 $\mathcal{S}_+^{n+1}$ 之外其他类型的可计算锥 $\mathcal{C}$, 当满足 $\mathcal{S}_+^{n+1} \subseteq \mathcal{C} \subseteq \mathcal{D}_{\mathcal{F}}$ 时, 则可以得到更大的可解类, 如当 $\mathcal{F} \subseteq \mathbb{R}_+^n$ 时, 取 $\mathcal{C} = \mathcal{S}_+^{n+1} + \mathcal{N}^{n+1}$, 其中 $\mathcal{N}^{n+1}$ 为元素全部非负的 $n+1$ 阶实对称矩阵, 此时就有 $\mathcal{S}_+^{n+1} \subsetneqq \mathcal{C} \subseteq \mathcal{D}_{\mathcal{F}}$. 从这种意义上讲, QCQP 算法将传统的基于半正定性条件的可解情形扩展到了更一般化的情形.

第二, 能否依据方程组

$$\left(Q_0 + \sum_{i=1}^{m} \lambda_i^* Q_i\right) x + \left(f_0 + \sum_{i=1}^{m} \lambda_i^* f_i\right) = 0$$

而设计出求解全局最优解的更有效方法?

5.4.3　算例

本子节选取一个典型算例验证本章的 QCQP 算法的效果, 并通过算例说明, QCQP 算法较以往算法确实扩大了 (QCQP) 问题的可解类.

考虑如下含两个二次约束的二次规划问题:

例 5.4

$$\min \quad F(x) = \frac{1}{2}x^{\mathrm{T}}Q_0 x + q_0^{\mathrm{T}}x$$

$$\mathrm{s.t.} \quad g_1(x) = \frac{1}{2}x^{\mathrm{T}}Q_1 x + q_1^{\mathrm{T}}x + c_1 \leqslant 0,$$

$$g_2(x) = \frac{1}{2}x^{\mathrm{T}}Q_2 x + q_2^{\mathrm{T}}x + c_2 \leqslant 0,$$

其中

$$Q_0 = \begin{pmatrix} -2 & 10 & 2 \\ 10 & 4 & 1 \\ 2 & 1 & -7 \end{pmatrix}, \quad q_0 = \begin{pmatrix} -12 \\ -6 \\ 56 \end{pmatrix},$$

$$Q_1 = \begin{pmatrix} 2 & 0 & 0 \\ 0 & -2 & 0 \\ 0 & 0 & 8 \end{pmatrix}, \quad q_1 = \begin{pmatrix} 0 \\ -2 \\ -64 \end{pmatrix},$$

$$Q_2 = \begin{pmatrix} 2 & 0 & 0 \\ 0 & 2 & 0 \\ 0 & 0 & 2 \end{pmatrix}, \quad q_2 = \begin{pmatrix} -2 \\ 0 \\ -16 \end{pmatrix},$$

$$c_1 = 256, \quad c_2 = 64.$$

容易验证, 这个算例的可行域为 $\mathbb{R}^3_+$ 的一个子集, 因此同样可以取 $\mathcal{S}^4_+ + \mathcal{N}^4$ 作为一个可计算限定锥. 通过构造相应的锥规划问题 (5.12) 和 (5.13), 利用 QCQP 算法, 最终得到了该问题的全局最优解 $x^* = [0,0,8]^{\mathrm{T}}$ 及其相应的 $\lambda^* = (1,2)^{\mathrm{T}}$, 以及最优值 $f(x^*) = 224$. 此外, 容易验证:

$$M(x^*, \lambda^*) = \begin{pmatrix} 320 & -16 & -8 & -40 \\ -16 & 4 & 10 & 2 \\ -8 & 10 & 6 & 1 \\ -40 & 2 & 1 & 5 \end{pmatrix}$$

$$= \begin{pmatrix} 320 & -16 & -8 & -40 \\ -16 & 4 & 0 & 2 \\ -8 & 0 & 6 & 1 \\ -40 & 2 & 1 & 5 \end{pmatrix} + \begin{pmatrix} 0 & 0 & 0 & 0 \\ 0 & 0 & 10 & 0 \\ 0 & 10 & 0 & 0 \\ 0 & 0 & 0 & 0 \end{pmatrix}$$

$$\in \mathcal{S}^4_+ + \mathcal{N}^4,$$

然而

$$Q_0 + \lambda_1^* Q_1 + \lambda_2^* Q_2 = \begin{pmatrix} 4 & 10 & 2 \\ 10 & 6 & 1 \\ 2 & 1 & 5 \end{pmatrix}$$

不是半正定矩阵. 因此该算例不满足半正定性条件. 若取 S_+^4 作为限定锥, 重新利用 QCQP 算法求解, 则该算法等价于传统的半正定限定方法. 计算半正定限定问题最终得到了最优值 222.88, 与 (QCQP) 问题之间存在非零间隙, 因此算法最终仅仅返回原问题的一个下界值.

在这个算例中, 目标函数 $f(x)$ 和约束函数 $g_1(x)$ 均不是凸函数, 所以本算例不是凸二次规划问题. 上述所选算例的半定限定锥规划问题存在间隙. 由此说明, 本章提出的 QCQP 求解算法的确扩大了二次约束二次规划问题的可解类, 这些可解类不属于文献 [72] 中提出的可解情形.

另外, 上述算例选择可计算锥 $S_+^{n+1} + \mathcal{N}^{n+1}$ 作为相应的非负二次函数锥的限定锥, 如果能设计出更大的可计算限定锥, 不但可以提高下界的效果, 而且可能扩大问题可解类, 得到更多的全局最优解. 因此, 作为本节结果的后续工作, 对二次函数锥的可计算内逼近策略进行深入研究, 具有重要的意义.

5.4.4　KKT 条件及全局最优性条件讨论

本节涉及了两个假设条件: KKT 条件及全局最优性条件. 随之产生的问题是: 这些条件什么时候满足?

回顾定理 3.5 的叙述可知, KKT 条件的满足需要考虑在给定点 $\bar{x}$ 是否有约束规范成立 (参考 3.2 节), 在满足 3.2 节的几类约束规范的条件下, KKT 条件有解. 还需要特别指出的是: KKT 条件只是一个点为局部最优解的必要条件.

全局最优性条件则给出二次约束二次规划问题全局最优解的一个充分条件. 根据定理 5.3, 在 (QCQP) 问题目标值有限及 $\mathcal{G} = \mathcal{F}$ 的条件下, (QCQP) 问题与二次函数锥规划问题 (5.1) 及对偶问题 (5.2) 等价. 因为 (5.1) 和 (5.2) 互为对偶问题且都是二次函数锥规划问题, 定理 5.15 给出了强对偶和可达的充分条件. 因此, 在 (QCQP) 问题目标值有限及 $\mathcal{G} = \mathcal{F}$ 的条件下, (5.1) 和 (5.2) 具有强对偶且都可达的条件是全局最优性条件满足的一个充分条件. 同样需要指出的是, 在全局最优性条件满足时, 求解出满足全局最优性条件的解一般来说是困难的, 因此才讨论一些近似算法.

本节充分利用线性独立约束规范使得 KKT 条件中 λ^* 具备唯一性的特点, 据此构造了求解唯一 λ^* 的模型和理论. 在一般情形下, 定理 5.20 依然成立, 但如何设计算法求解满足该定理条件的 x^* 和 λ^* 仍是一个值得研究的课题.

5.5　小结及相关工作

本章系统地介绍了二次函数锥规划的建模过程、二次函数锥的性质及其锥规划模型的性质. 通过一些简单的例子, 指出了二次函数锥规划研究需要注意的一些细节, 特别是内点条件的重要性, 这与线性规划差异较大.

值得注意的是, 二次函数锥规划虽不是可计算问题, 但其与二次约束二次规划问题的等价给我们带来了新的理论研究方法. 第 6 章中会系统地介绍一些基于二次函数锥的近似计算的理论和算法.

协正规划 (copositive programming) 问题是目前凸优化研究领域的一个研究热点 (参考文献 [5, 7, 13, 28]). 传统的协正锥 (copositive cone) 定义为

$$\mathcal{CP}^n = \{U \in \mathcal{S}^n \mid x^{\mathrm{T}} U x \geqslant 0, x \in \mathbb{R}^n_+\},$$

后被推广成一般形式

$$\mathcal{CP}^n_{\mathcal{G}} = \{U \in \mathcal{S}^n \mid x^{\mathrm{T}} U x \geqslant 0, x \in \mathcal{G} \subseteq \mathbb{R}^n\}.$$

它的对偶锥, 也称为全正锥 (completely positive cone) 为

$$(\mathcal{CP}^n_{\mathcal{G}})^* = \mathrm{cl}(\mathrm{cone}(\{xx^{\mathrm{T}} \mid x \in \mathcal{G} \subseteq \mathbb{R}^n\})).$$

在定义一个过渡集合

$$\mathcal{H}(\mathcal{G}) = \mathrm{cl}\left(\left\{\begin{pmatrix} t \\ x \end{pmatrix} \in \mathbb{R}^{n+1} \,\middle|\, \frac{x}{t} \in \mathcal{G}, t > 0\right\}\right)$$

后, J. Sturm 和 S. Zhang[59] 证明

$$\mathcal{D}_{\mathcal{G}} = \mathcal{CP}^n_{\mathcal{H}(\mathcal{G})}, \quad \mathcal{D}^*_{\mathcal{G}} = (\mathcal{CP}^n_{\mathcal{H}(\mathcal{G})})^*,$$

也给出了协正锥与二次函数锥之间的关系.

当 $\mathcal{G} = \mathbb{R}^n_+$ 时, 通过下面的推导可得到

$$\mathcal{D}_{\mathbb{R}^n_+} = \left\{U \in \mathcal{S}^{n+1} \,\middle|\, \begin{pmatrix} 1 \\ x \end{pmatrix}^{\mathrm{T}} U \begin{pmatrix} 1 \\ x \end{pmatrix} \geqslant 0, \text{ 对所有 } x \in \mathbb{R}^n_+ \text{成立}\right\}$$

就是一个 $n+1$ 阶协正锥.

对任意给定的 $U \in \mathcal{D}_{\mathbb{R}^n_+}$ 和任意的 $\begin{pmatrix} t \\ x \end{pmatrix} \in \mathbb{R}^{n+1}_+$, 当 $t > 0$ 时,

$$\begin{pmatrix} t \\ x \end{pmatrix}^{\mathrm{T}} U \begin{pmatrix} t \\ x \end{pmatrix} = t^2 \begin{pmatrix} 1 \\ x/t \end{pmatrix}^{\mathrm{T}} U \begin{pmatrix} 1 \\ x/t \end{pmatrix} \geqslant 0.$$

当 $t = 0$ 时, 对任意 $k > 0$ 的整数有

$$\begin{pmatrix} \frac{1}{k} \\ x \end{pmatrix}^{\mathrm{T}} U \begin{pmatrix} \frac{1}{k} \\ x \end{pmatrix} = \left(\frac{1}{k}\right)^2 \begin{pmatrix} 1 \\ kx \end{pmatrix}^{\mathrm{T}} U \begin{pmatrix} 1 \\ kx \end{pmatrix} \geqslant 0.$$

当 $k \to +\infty$ 时, 据此推出

$$\begin{pmatrix} 0 \\ x \end{pmatrix}^{\mathrm{T}} U \begin{pmatrix} 0 \\ x \end{pmatrix} \geqslant 0.$$

综合得到 $U \in \mathcal{CP}^{n+1}$. 明显 $\mathcal{CP}^{n+1} \subseteq \mathcal{D}_{\mathbb{R}^n_+}$. 故有 $\mathcal{CP}^{n+1} = \mathcal{D}_{\mathbb{R}^n_+}$.

由此可知, 二次函数锥规划问题是协正规划问题的一个推广. 对二次函数锥规划的对偶问题 (QFCD), 可以直接写成下列的协正规划问题

$$
\begin{aligned}
\min \quad & C \bullet V \\
\text{s.t.} \quad & A_i \bullet V = b_i, \quad i = 1, 2, \cdots, m, \\
& v_{11} = 1, \\
& V = (v_{ij}) \in (\mathcal{CP}^{n+1}_{\mathcal{H}(\mathcal{G})})^*.
\end{aligned}
$$

上面的讨论说明, 协正规划问题和二次函数锥规划问题的一些研究手段可以相互借鉴.

第6章 线性锥优化近似算法

线性规划、二阶锥规划和半定规划问题在多项式时间内可计算, 使得人们期望在此基础上求解一些更难的非线性规划问题. 但限于计算复杂性理论, 还没有构造出求解这些难问题最优解的多项式时间算法, 于是一些近似算法也就应运而生. 本章以二次约束二次规划问题为研究对象, 介绍两类典型的求解该问题的方法: 线性化重构技术 (reformulation linearization technique, RLT)[56] 和可行集覆盖法 (feasible set covering). 这两类方法具有相同的共性, 都将二次约束二次规划问题重新写成高维空间的线性锥优化问题, 再通过线性锥优化问题的求解而实现二次约束二次规划问题的求解或近似计算.

6.1 节介绍锥上的线性矩阵不等式 (linear matrix inequality, LMI)的各种形式, 然后引进线性化重构技术. 由于线性化重构技术和可行集覆盖法都对二次约束二次规划问题添加冗余约束 (redundant constraint), 然后松弛到一个可计算线性锥优化问题, 6.2 节将重点讨论有效冗余约束问题. 可行集覆盖法的思想来源于对二次函数锥结构的理解, 6.3 节将给出集合覆盖法的理论基础. 6.4 将介绍椭球可行集覆盖法在 0-1 二次整数规划的应用, 6.5 节则介绍二阶锥可行集覆盖法的应用.

本章基于二次约束二次规划问题, 讨论线性锥优化的近似算法. 二次约束二次规划 (QCQP) 的基本模型为

$$
\begin{aligned}
\min \quad & f(x) = \frac{1}{2}x^{\mathrm{T}}Q_0 x + q_0^{\mathrm{T}}x + c_0 \\
\text{s.t.} \quad & g_i(x) = \frac{1}{2}x^{\mathrm{T}}Q_i x + q_i^{\mathrm{T}}x + c_i \leqslant 0, \quad i = 1, 2, \cdots, m, \\
& x \in \mathbb{R}^n,
\end{aligned}
$$

其中, 对任意 $i = 0, 1, 2, \cdots, m$, Q_i 为 n 阶实对称常系数矩阵, q_i 为 $\mathbb{R}^n$ 中的常系数列向量, c_i 为实常数. 记 (QCQP) 的可行解集合为

$$
\mathcal{F} = \{x \in \mathbb{R}^n \mid g_i(x) \leqslant 0, i = 1, 2, \cdots, m\}.
$$

综述第 5 章有关 (QCQP) 模型和二次函数锥规划模型的表示, 记 $\mathcal{G} \supseteq \mathcal{F}$, 则二次函数锥规划模型为

$$
\begin{aligned}
\max \quad & \sigma \\
\text{s.t.} \quad & \begin{pmatrix} -2\sigma + 2c_0 + 2\sum_{i=1}^{m}\lambda_i c_i & \left(q_0 + \sum_{i=1}^{m}\lambda_i q_i\right)^{\mathrm{T}} \\ q_0 + \sum_{i=1}^{m}\lambda_i q_i & Q_0 + \sum_{i=1}^{m}\lambda_i Q_i \end{pmatrix} \in \mathcal{D}_{\mathcal{G}}, \\
& \sigma \in \mathbb{R}, \quad \lambda \in \mathbb{R}_+^m,
\end{aligned} \tag{6.1}
$$

及对偶模型

$$
\begin{aligned}
\min\quad & \frac{1}{2}\begin{pmatrix} 2c_0 & q_0^{\mathrm{T}} \\ q_0 & Q_0 \end{pmatrix}\bullet V \\
\mathrm{s.t.}\quad & \frac{1}{2}\begin{pmatrix} 2c_i & q_i^{\mathrm{T}} \\ q_i & Q_i \end{pmatrix}\bullet V \leqslant 0,\quad i=1,2,\cdots,m, \\
& \begin{pmatrix} 1 & 0 \\ 0 & 0 \end{pmatrix}\bullet V = 1, \\
& V\in\mathcal{D}_{\mathcal{G}}^{*}.
\end{aligned}
\tag{6.2}
$$

当 $\mathcal{F}\neq\varnothing$ 且 $\mathcal{G}=\mathcal{F}$ 时, 上述三个模型 (QCQP)、(6.1) 和 (6.2) 目标值相同.

6.1　线性化重构技术

线性规划模型中, 大家最为熟悉不过的是线性不等式

$$a_1x_1 + a_2x_2 + \cdots + a_nx_n \geqslant b,$$

其中 $a_1,a_2,\cdots,a_n\in\mathbb{R}$ 为常数, $x_1,x_2,\cdots,x_n$ 为决策变量.

线性锥优化模型中, 这样的线性不等式有两种形式. 第一种形式为

$$A\bullet X \geqslant c,$$

其中 $A,X\in\mathbb{E}$ 和 $c\in\mathbb{R}$, A,c 为常数, X 为决策变量. 如

$$A\bullet X \geqslant c,\quad b^{\mathrm{T}}x \geqslant c$$

和

$$A\bullet X + b^{\mathrm{T}}x \geqslant c,$$

其中 $A,X\in\mathcal{S}^{n+1}$, $b,x\in\mathbb{R}^n$, $c\in\mathbb{R}$, 都是第一种形式的线性不等式. 第二种形式为

$$\sum_{i=1}^{k}\theta_iM_i + M_0 \geqslant_{\mathcal{K}} 0,$$

等价为 $\sum_{i=1}^{k}\theta_iM_i + M_0 \in\mathcal{K}$, 其中 $M_i\in\mathbb{E},i=0,1,\cdots,k$ 为常数矩阵, $\mathcal{K}$ 为 $\mathbb{E}$ 空间中的一个真锥, $(\theta_1,\theta_2,\cdots,\theta_k)^{\mathrm{T}}\in\mathbb{R}^k$ 为决策变量.

为了方便, 统称以上两种形式的不等式为线性矩阵不等式.

线性化重构技术的核心步骤有三步: 第一步是将线性空间 $\mathbb{R}^n$ 上的非线性优化问题写成一个等价的线性锥优化问题; 第二步是线性锥优化的求解 (或近似求解); 第三步则寻求原有非线性优化问题的解.

以 (QCQP) 为例, 分解上述三个步骤. 首先将 (QCQP) 等价地写成

$$\min \quad f(x) = \frac{1}{2} \begin{pmatrix} 2c_0 & q_0^{\mathrm{T}} \\ q_0 & Q_0 \end{pmatrix} \bullet V$$

$$\text{s.t.} \quad g_i(x) = \frac{1}{2} \begin{pmatrix} 2c_i & q_i^{\mathrm{T}} \\ q_i & Q_i \end{pmatrix} \bullet V \leqslant 0, \quad i = 1, 2, \cdots, m, \tag{6.3}$$

$$V = \begin{pmatrix} 1 \\ x \end{pmatrix} \begin{pmatrix} 1 \\ x \end{pmatrix}^{\mathrm{T}}, \quad x \in \mathcal{F}.$$

上述模型中的目标函数和前 m 个约束函数都是决策变量 V 的线性函数, 因此, 最优目标值一定可以在决策变量定义域的凸包边界上达到. 而决策变量定义域的闭凸包为

$$\mathrm{cl}\left(\mathrm{conv}\left\{\begin{pmatrix} 1 \\ x \end{pmatrix} \begin{pmatrix} 1 \\ x \end{pmatrix}^{\mathrm{T}}, x \in \mathcal{F}\right\}\right).$$

此时, (QCQP) 问题与下列二次函数锥规划问题目标值相同.

$$\min \quad f(x) = \frac{1}{2} \begin{pmatrix} 2c_0 & q_0^{\mathrm{T}} \\ q_0 & Q_0 \end{pmatrix} \bullet V$$

$$\text{s.t.} \quad g_i(x) = \frac{1}{2} \begin{pmatrix} 2c_i & q_i^{\mathrm{T}} \\ q_i & Q_i \end{pmatrix} \bullet V \leqslant 0, \quad i = 1, 2, \cdots, m, \tag{6.4}$$

$$v_{11} = 1,$$

$$V = (v_{ij}) \in \mathcal{D}_{\mathcal{F}}^*.$$

实际上定理 5.3 已经得到相同的结论, 此处从线性函数所具有的特性再次推导出该结论. 上述 (6.4) 模型中, 已将 (QCQP) 模型中的目标函数和前 m 个约束函数线性化, (QCQP) 模型变成了一个线性锥优化模型: 二次函数锥规划模型 (6.2). 到此实现了线性重构技术的第一步: 具有相同目标值的线性锥优化模型的建立.

出于可计算的考虑, 线性重构技术的第二步是对线性锥优化模型 (6.4) 的求解. 一般情况下, 二次函数锥规划问题难以求解, 可以将其松弛为一个可计算的线性锥优化问题:

$$\min \quad f(x) = \frac{1}{2} \begin{pmatrix} 2c_0 & q_0^{\mathrm{T}} \\ q_0 & Q_0 \end{pmatrix} \bullet V$$

$$\text{s.t.} \quad g_i(x) = \frac{1}{2} \begin{pmatrix} 2c_i & q_i^{\mathrm{T}} \\ q_i & Q_i \end{pmatrix} \bullet V \leqslant 0, \quad i = 1, 2, \cdots, m, \tag{6.5}$$

$$v_{11} = 1,$$

$$V = (v_{ij}) \in \mathcal{D},$$

其中 $\mathcal{D} \supseteq \mathcal{D}_{\mathcal{F}}^*$ 为一个可计算的锥.

第二步可提供 (QCQP) 问题的一个下界. 如果深入地研究可计算锥 $\mathcal{D}$ 的构造, 可进一步改善下界, 这种想法已在 5.4 节中得以应用. 在那里我们求解 (6.1) 的限定问题, 将限定锥从 $\mathcal{S}_+^{n+1}$ 扩大到 $\mathcal{S}_+^{n+1} + \mathcal{N}^{n+1}$, 通过算例可发现确实改善了下界. 从对偶集的观点来看, $\mathcal{S}_+^{n+1} + \mathcal{N}^{n+1}$ 的对偶集为 $\mathcal{S}_+^{n+1} \cap \mathcal{N}^{n+1}$, 比 $\mathcal{S}_+^{n+1}$ 缩小了, 因此, 对 (6.5) 这样的模型, $\mathcal{D}$ 从 $\mathcal{S}_+^{n+1}$ 缩小到 $\mathcal{S}_+^{n+1} \cap \mathcal{N}^{n+1}$, 就可能带来下界的提升.

第三步则处理松弛后模型的最优解, 以构造出二次约束二次规划问题的一个可行解或最优解, 详细的过程将在 6.3 节中讨论. 6.3 节和 6.4 节将就 0-1 二次规划问题讨论和实现以上三个步骤.

由于第二步中采用了 $\mathcal{D} \supseteq \mathcal{D}_{\mathcal{F}}^*$ 的松弛技术, 其松弛后的最优目标值为二次函数锥规划问题的下界. 可以看出, 在 (6.5) 中增加一些线性矩阵不等式约束可能缩小可行解区域而使目标值提升. 明显地有, 二次约束二次规划模型中增加一些二次函数约束自然达到 (6.5) 中增加线性矩阵不等式约束的要求. 因此, 线性化重构技术的一个关键点是对求解问题增加二次函数约束. 下面通过两个例子来说明这一点.

例 6.1　对于 0-1 二次规划 (0-1 quadratic programming)问题

$$\min \quad \frac{1}{2}x^{\mathrm{T}}Q_0 x + q_0^{\mathrm{T}}x + c_0$$
$$\text{s.t.} \quad x \in \{0,1\}^n,$$

其中 $Q_0 \in \mathcal{S}^n, q_0 \in \mathbb{R}^n, c_0 \in \mathbb{R}$ 为常数. 将上述模型中约束 $x \in \{0,1\}^n$ 写成 $x_i(x_i - 1) = 0, i = 1, 2, \cdots, n$, 则等价地写成了一个二次约束二次规划模型. 如果再增加一些二次函数约束, 如 $x_i x_j \geqslant 0, i, j = 1, 2, \cdots, n$ 或 $x_i(1 - x_j) \geqslant 0, i, j = 1, 2, \cdots, n$, 则不影响最优解和最优目标值, 得到如下二次约束二次规划模型

$$\min \quad \frac{1}{2}x^{\mathrm{T}}Q_0 x + q_0^{\mathrm{T}}x + c_0$$
$$\text{s.t.} \quad x_i(x_i - 1) = 0, \quad i = 1, 2, \cdots, n,$$
$$x_i x_j \geqslant 0, \quad i, j = 1, 2, \cdots, n,$$
$$x_i(1 - x_j) \geqslant 0, \quad i, j = 1, 2, \cdots, n,$$

但线性化重构后的 (6.5) 有可能得到较好的下界.

例 6.2　对于有箱约束二次约束二次规划问题

$$\min \quad \frac{1}{2}x^{\mathrm{T}}Q_0 x + q_0^{\mathrm{T}}x + c_0$$
$$\text{s.t.} \quad \frac{1}{2}x^{\mathrm{T}}Q_i x + q_i^{\mathrm{T}}x + c_i \leqslant 0, \quad i = 1, 2, \cdots, m,$$
$$x \in [a, b],$$

其中 $a, b \in \mathbb{R}^n$, $a_i \leqslant b_i$, $i = 1, 2, \cdots, n$, 增加

$$
\begin{aligned}
&(x_i - a_i)(x_j - a_j) \geqslant 0, \\
&(x_i - a_i)(b_j - x_j) \geqslant 0, \\
&(b_i - x_i)(b_j - x_j) \geqslant 0, \\
&i, j = 1, 2, \cdots, n
\end{aligned}
$$

之后, 得到

$$
\begin{aligned}
\min \quad & \frac{1}{2} x^{\mathrm{T}} Q_0 x + q_0^{\mathrm{T}} x + c_0 \\
\text{s.t.} \quad & \frac{1}{2} x^{\mathrm{T}} Q_i x + q_i^{\mathrm{T}} x + c_i \leqslant 0, \quad i = 1, 2, \cdots, m, \\
& (x_i - a_i)(x_j - a_j) \geqslant 0, \quad i, j = 1, 2, \cdots, n, \\
& (x_i - a_i)(b_j - x_j) \geqslant 0, \quad i, j = 1, 2, \cdots, n, \\
& (b_i - x_i)(b_j - x_j) \geqslant 0, \quad i, j = 1, 2, \cdots, n.
\end{aligned}
$$

线性化重构后的 (6.5) 就有可能得到较好的下界.

有关增加约束的有效性将在 6.2 节中讨论.

在线性化重构技术的第二步, 线性化得到 (6.4) 模型后, 当 $\mathcal{F} \neq \varnothing$ 且 $\mathcal{G} = \mathcal{F}$ 时, 由 (6.1) 和 (6.2) 与 (QCQP) 最优目标值相等的特性, 可计算的核心工作是如何在多项式时间判别 $U \in \mathcal{D}_{\mathcal{F}}$ 或 $V \in \mathcal{D}_{\mathcal{F}}^*$. 当其中之一为多项式时间可判别, 那么, 对应的那个问题也就可以多项式时间计算. 限于目前对可计算锥的了解, 采取将 $U \in \mathcal{D}_{\mathcal{F}}$ 或 $V \in \mathcal{D}_{\mathcal{F}}^*$ 等价写成一个可计算锥上的线性矩阵不等式的形式, 以此确定可计算性. 下面就 $U \in \mathcal{D}_{\mathcal{F}}$ 或 $V \in \mathcal{D}_{\mathcal{F}}^*$ 给出一些多项式时间可计算的特殊类型.

$\mathcal{F}$ 为单二次函数约束的情形

首先讨论一类简单情形: $\mathcal{F} = \{x \in \mathbb{R}^n \mid g(x) \leqslant 0\}$, 其中 $g(x) = \frac{1}{2} x^{\mathrm{T}} Q x + q^{\mathrm{T}} x + c$ 为实二次函数, $Q \in \mathcal{S}^n$, $q \in \mathbb{R}^n$, $c \in \mathbb{R}$.

对给定矩阵 $U \in \mathcal{S}^{n+1}$, 记

$$
f_U(x) = \frac{1}{2} \begin{pmatrix} 1 \\ x \end{pmatrix}^{\mathrm{T}} U \begin{pmatrix} 1 \\ x \end{pmatrix}.
$$

非常直观, 有下面定理.

定理 6.1 当 $\mathcal{F} \neq \varnothing$ 时, $U \in \mathcal{D}_{\mathcal{F}}$ 当且仅当 $f_U(x) \geqslant 0$ 对任意 $x \in \mathcal{F}$ 成立.

因此判断 $U \in \mathcal{D}_{\mathcal{F}}$ 是否成立可以等价地转化为如下形式的一个二次约束的二

次规划问题:

$$
\begin{aligned}
\min \quad & f_U(x) \\
\text{s.t.} \quad & g(x) \leqslant 0, \\
& x \in \mathbb{R}^n.
\end{aligned}
\tag{6.6}
$$

并且 $U \in \mathcal{D}_{\mathcal{F}}$ 当且仅当问题 (6.6) 的最优目标值非负.

椭球约束   当 $Q \in \mathcal{S}_{++}^n$ 且 $\mathrm{int}(\mathcal{F}) \neq \varnothing$ 时, 对于 (6.6) 的二次约束二次规划问题, 考虑其对应的二次函数锥规划模型的一个在 $\mathcal{S}_+^{n+1}$ 的限定问题为

$$
\begin{aligned}
\max \quad & \sigma \\
\text{s.t.} \quad & U + \lambda \begin{pmatrix} 2c & q^{\mathrm{T}} \\ q & Q \end{pmatrix} - \sigma \begin{pmatrix} 2 & 0 \\ 0 & 0 \end{pmatrix} \in \mathcal{S}_+^{n+1}, \\
& \sigma \in \mathbb{R}, \quad \lambda \geqslant 0.
\end{aligned}
\tag{6.7}
$$

按半定规划对偶模型的形式可写出其对偶问题为

$$
\begin{aligned}
\min \quad & \frac{1}{2} U \bullet V \\
\text{s.t.} \quad & v_{11} = 1, \\
& \frac{1}{2} \begin{pmatrix} 2c & q^{\mathrm{T}} \\ q & Q \end{pmatrix} \bullet V \leqslant 0, \\
& V \in \mathcal{S}_+^{n+1},
\end{aligned}
\tag{6.8}
$$

其中 $V = (v_{ij})_{(n+1) \times (n+1)}$.

由于 $\mathcal{F}$ 为内点非空的有界闭椭球, 故存在 $n+1$ 个仿射线性无关点 $x^i \in \mathrm{int}(\mathcal{F}), i = 0, 1, 2, \cdots, n$. 对 $\displaystyle\sum_{i=0}^n k_i \begin{pmatrix} 1 \\ x^i \end{pmatrix} = 0$, 有 $\displaystyle\sum_{i=0}^n k_i = 0$ 和 $\displaystyle\sum_{i=1}^n k_i(x^i - x^0) = 0$. 由 $\{x^i, i = 0, 1, 2, \cdots, n\}$ 的仿射线性无关得到 $k_i = 0, i = 1, 2, \cdots, n$. 进一步得到 $k_0 = 0$. 因此, $\left\{ \begin{pmatrix} 1 \\ x^i \end{pmatrix}, i = 0, 1, 2, \cdots, n \right\}$ 线性无关. 取 $\{\alpha_i > 0, i = 0, 1, 2, \cdots, n\}$ 且 $\displaystyle\sum_{i=0}^n \alpha_i = 1$, 记 $\bar{V} = (\bar{v}_{ij}) = \displaystyle\sum_{i=0}^n \alpha_i \begin{pmatrix} 1 \\ x^i \end{pmatrix} \begin{pmatrix} 1 \\ x^i \end{pmatrix}^{\mathrm{T}}$, 则有 $\bar{V} \in \mathcal{S}_{++}^{n+1}$, $\bar{v}_{11} = 1$ 且 $\dfrac{1}{2} \begin{pmatrix} 2c & q^{\mathrm{T}} \\ q & Q \end{pmatrix} \bullet \bar{V} < 0$.

再由 $Q \in \mathcal{S}_{++}^n$ 和 $\lambda \geqslant 0$ 可知: 存在一个适当的 $\bar{\lambda} \geqslant 0$ 和 $\bar{\sigma}$ 使得

$$
\bar{U} = U + \bar{\lambda} \begin{pmatrix} 2c & q^{\mathrm{T}} \\ q & Q \end{pmatrix} - \bar{\sigma} \begin{pmatrix} 2 & 0 \\ 0 & 0 \end{pmatrix} \in \mathcal{S}_+^{n+1}.
$$

因此, $\bar{\sigma}$ 为 (6.8) 的下界. 由定理 5.7 得知 (6.7) 与对偶问题 (6.8) 之间不存在对偶间隙且 (6.7) 最优解可达. 从而得到如下定理:

定理 6.2 记 $\mathcal{F} = \{x \in \mathbb{R}^n \mid g(x) \leqslant 0\}$, 其中 $g(x) = \frac{1}{2}x^{\mathrm{T}}Qx + q^{\mathrm{T}}x + c$, $\mathrm{int}(\mathcal{F}) \neq \varnothing$ 且 $Q \in \mathcal{S}_{++}^n$. 对 $(n+1) \times (n+1)$ 的实对称矩阵 U, $U \in \mathcal{D}_{\mathcal{F}}$ 当且仅当如下系统存在可行解:

$$
\begin{cases}
U + \tau \begin{pmatrix} 2c & q^{\mathrm{T}} \\ q & Q \end{pmatrix} \in \mathcal{S}_+^{n+1}, \\
\tau \geqslant 0.
\end{cases} \tag{6.9}
$$

证明 由上面的讨论得知 (6.7) 和 (6.8) 的对偶间隙为 0. 再由 $\mathrm{int}(\mathcal{F}) \neq \varnothing$ 和 $Q \in \mathcal{S}_{++}^n$, 根据定理 4.12, 得到 (6.6) 与 (6.8) 之间对偶间隙为 0, 因此 (6.6) 问题最优值非负当且仅当 (6.7) 最优值非负.

当 (6.7) 最优值非负, 由上面讨论的可达性, 则存在 $\bar{\sigma} \geqslant 0, \bar{\lambda} \geqslant 0$ 使得

$$
U + \bar{\lambda} \begin{pmatrix} 2c & q^{\mathrm{T}} \\ q & Q \end{pmatrix} - \bar{\sigma} \begin{pmatrix} 2 & 0 \\ 0 & 0 \end{pmatrix} \in \mathcal{S}_+^{n+1},
$$

也就有

$$
U + \bar{\lambda} \begin{pmatrix} 2c & q^{\mathrm{T}} \\ q & Q \end{pmatrix} \in \mathcal{S}_+^{n+1},
$$

即 (6.9) 可行解存在.

反之, 若存在 $\bar{\lambda}$ 使得 (6.9) 成立, 取 $\bar{\sigma} = 0$, 则知 $(\bar{\sigma}, \bar{\lambda})$ 为 (6.7) 的一个可行解, 所以 (6.7) 的最优值不小于 0. 定理证毕. ∎

因此, 当 $\mathcal{F}$ 为椭球区域时, 相应的二次函数锥 $\mathcal{D}_{\mathcal{F}}$ 存在半正定表示. 通过半正定规划的相关算法可保证其可计算性. 此时, (QCQP) 对应的线性化 (6.1) 模型可以写成

$$
\begin{aligned}
\max \quad & \sigma \\
\mathrm{s.t.} \quad & U - \begin{pmatrix} 2\left(c_0 + \sum_{i=1}^m \lambda_i c_i - \sigma\right) & \left(q_0 + \sum_{i=1}^m \lambda_i q_i\right)^{\mathrm{T}} \\ q_0 + \sum_{i=1}^m \lambda_i q_i & Q_0 + \sum_{i=1}^m \lambda_i Q_i \end{pmatrix} = 0, \\
& U + \tau \begin{pmatrix} 2c & q^{\mathrm{T}} \\ q & Q \end{pmatrix} \in \mathcal{S}_+^{n+1}, \\
& \sigma \in \mathbb{R}, \quad \lambda \in \mathbb{R}_+^m, \quad \tau \in \mathbb{R}_+, \quad U \in \mathcal{S}^{n+1},
\end{aligned} \tag{6.10}
$$

此为一般的半定规划模型, 故可计算.

根据 $\mathcal{D}_{\mathcal{F}}$ 的半正定锥上的线性矩阵不等式表示, 可考虑其对偶锥 $\mathcal{D}_{\mathcal{F}}^*$ 的半正定锥上的线性矩阵不等式表示.

定理 6.3　记 $\mathcal{F} = \{x \in \mathbb{R}^n \mid g(x) \leqslant 0\}$, 其中 $g(x) = \frac{1}{2}x^{\mathrm{T}}Qx + q^{\mathrm{T}}x + c$, $\mathrm{int}(\mathcal{F}) \neq \varnothing$ 且 $Q \in \mathcal{S}_{++}^n$. 对 $(n+1) \times (n+1)$ 实对称矩阵 V, $V \in \mathcal{D}_{\mathcal{F}}^*$ 当且仅当如下条件成立

$$
\begin{cases}
\dfrac{1}{2}\begin{pmatrix} 2c & q^{\mathrm{T}} \\ q & Q \end{pmatrix} \bullet V \leqslant 0, \\
V \in \mathcal{S}_+^{n+1}.
\end{cases}
\tag{6.11}
$$

证明　根据对偶锥的定义, 当 $V \in \mathcal{D}_{\mathcal{F}}^*$ 时, 就有 $V \bullet U \geqslant 0$ 对任意 $U \in \mathcal{D}_{\mathcal{F}}$ 成立. 对任意 $U \in \mathcal{S}_+^{n+1}$, 由 $\mathcal{S}_+^{n+1} \subseteq \mathcal{D}_{\mathcal{F}}$, $V \bullet U \geqslant 0$ 可推出 $V \in \mathcal{S}_+^{n+1}$.

容易验证, 对任意 $\tau \geqslant 0$ 有 $U = -\tau\begin{pmatrix} 2c & q^{\mathrm{T}} \\ q & Q \end{pmatrix} \in \mathcal{D}_{\mathcal{F}}$. 因此, $V \bullet U \geqslant 0$ 对任意 $U \in \mathcal{D}_{\mathcal{F}}$ 成立就推出 $-\tau V \bullet \begin{pmatrix} 2c & q^{\mathrm{T}} \\ q & Q \end{pmatrix} \geqslant 0$ 对任意 $\tau \in \mathbb{R}_+$ 成立. 故而推出 (6.11) 成立.

反之, 当 (6.11) 成立时, 对任意 $U \in \mathcal{D}_{\mathcal{F}}$, 根据定理 6.2, 存在 $S \in \mathcal{S}_+^{n+1}$ 和 $\tau \geqslant 0$ 使得 $U = S - \tau\begin{pmatrix} 2c & q^{\mathrm{T}} \\ q & Q \end{pmatrix}$. 于是有 $U \bullet V \geqslant 0$, 亦即推出 $V \in \mathcal{D}_{\mathcal{F}}^*$. 定理证毕. ∎

当 $\mathcal{F}$ 为椭球区域时, 依据上述定理的半正定锥上的矩阵不等式表示, 模型 (6.2) 可以写成

$$
\begin{aligned}
\min \quad & \frac{1}{2}\begin{pmatrix} 2c_0 & q_0^{\mathrm{T}} \\ q_0 & Q_0 \end{pmatrix} \bullet V \\
\mathrm{s.t.} \quad & \frac{1}{2}\begin{pmatrix} 2c_i & q_i^{\mathrm{T}} \\ q_i & Q_i \end{pmatrix} \bullet V \leqslant 0, \quad i = 1, 2, \cdots, m, \\
& \begin{pmatrix} 1 & 0 \\ 0 & 0 \end{pmatrix} \bullet V = 1, \\
& \frac{1}{2}\begin{pmatrix} 2c & q^{\mathrm{T}} \\ q & Q \end{pmatrix} \bullet V \leqslant 0, \\
& V \in \mathcal{S}_+^{n+1}.
\end{aligned}
\tag{6.12}
$$

从 (6.10) 和 (6.12) 可以看出, 当 $\mathcal{F}$ 为椭球区域时, 这两个模型都是半定锥规划, 因此是可计算的.

需要特别注意, 我们考虑 $\mathcal{F}$ 为椭球的情形, 其原因之一是任何一个有界区域存在有限个椭球覆盖, 所以椭球覆盖可作为近似计算的方法之一, 这将在 6.3 节讨论.

一般性二次函数不等式约束 对于一般性的 $\mathcal{F} = \{x \in \mathbb{R}^n \mid g(x) \leqslant 0\}$, 其中 $g(x) = \frac{1}{2}x^{\mathrm{T}}Qx + q^{\mathrm{T}}x + c$, 文献 [59] 讨论了 $\mathcal{D}_{\mathcal{F}}$ 在半正定锥上可以线性矩阵不等式表示的条件, 文献 [30](定理 60) 给予了如下的总结:

定理 6.4 设 $\mathcal{F} = \left\{x \in \mathbb{R}^n \,\middle|\, g(x) = \frac{1}{2}x^{\mathrm{T}}Qx + q^{\mathrm{T}}x + c \leqslant 0\right\} \neq \varnothing$ 且 $Q \neq 0$, 则

$$\mathcal{D}_{\mathcal{F}}^* = \left\{V \in \mathcal{S}_+^{n+1} \,\middle|\, \frac{1}{2}\begin{pmatrix} 2c & q^{\mathrm{T}} \\ q & Q \end{pmatrix} \bullet V \leqslant 0\right\},$$

$$\mathcal{D}_{\mathcal{F}} = \mathrm{cl}\left\{U \in \mathcal{S}^{n+1} \,\middle|\, U + \tau\begin{pmatrix} 2c & q^{\mathrm{T}} \\ q & Q \end{pmatrix} \in \mathcal{S}_+^{n+1}, \tau \in \mathbb{R}_+\right\}.$$

特别当 $\left\{x \in \mathbb{R}^n \,\middle|\, g(x) = \frac{1}{2}x^{\mathrm{T}}Qx + q^{\mathrm{T}}x + c < 0\right\} \neq \varnothing$ 时,

$$\mathcal{D}_{\mathcal{F}} = \left\{U \in \mathcal{S}^{n+1} \,\middle|\, U + \tau\begin{pmatrix} 2c & q^{\mathrm{T}} \\ q & Q \end{pmatrix} \in \mathcal{S}_+^{n+1}, \tau \in \mathbb{R}_+\right\}.$$

进一步对二次约束二次规划优化问题

$$\begin{aligned} \min \quad & f(x) = \frac{1}{2}x^{\mathrm{T}}Q_0 x + q_0^{\mathrm{T}}x + c_0 \\ \mathrm{s.t.} \quad & g(x) = \frac{1}{2}x^{\mathrm{T}}Qx + q^{\mathrm{T}}x + c \leqslant 0, \\ & x \in \mathbb{R}^n, \end{aligned} \tag{6.13}$$

当上述优化问题的最优目标值有下界且 $\left\{x \in \mathbb{R}^n \,\middle|\, g(x) = \frac{1}{2}x^{\mathrm{T}}Qx + q^{\mathrm{T}}x + c < 0\right\} \neq \varnothing$ 时, 令

$$U = \begin{pmatrix} 2c_0 & q_0^{\mathrm{T}} \\ q_0 & Q_0 \end{pmatrix},$$

则 (6.7) 可计算、最优解可达且与对偶问题 (6.8) 的对偶间隙为 0, 它们的最优目标值与 (6.13) 的最优目标值相等.

定理 6.4 的证明参见文献 [30, 59]. 这个定理给出了两方面的结论. 首先, 是 $\mathcal{D}_{\mathcal{F}}$ 和 $\mathcal{D}_{\mathcal{F}}^*$ 在锥 $\mathcal{S}_+^{n+1}$ 上的线性矩阵不等式表示的条件. 可以看出, 在 $Q \neq 0$ 和 $\mathcal{F} \neq \varnothing$ 的条件下, $\mathcal{D}_{\mathcal{F}}^*$ 可表示为 $\mathcal{S}_+^{n+1}$ 上的线性矩阵不等式, 但 $\mathcal{D}_{\mathcal{F}}$ 还不能完全表示. 当 $\left\{x \in \mathbb{R}^n \,\middle|\, g(x) = \frac{1}{2}x^{\mathrm{T}}Qx + q^{\mathrm{T}}x + c < 0\right\} \neq \varnothing$ 时, 则 $\mathcal{D}_{\mathcal{F}}$ 和 $\mathcal{D}_{\mathcal{F}}^*$ 都可表示为锥 $\mathcal{S}_+^{n+1}$

上的线性不等式.

另外一个结论是单约束的二次约束二次规划问题何时可以多项式求解并求得全局最优解, 需要的条件是: 优化问题最优目标值有下界且 $\left\{ x \in \mathbb{R}^n \middle| g(x) = \frac{1}{2} x^{\mathrm{T}} Q x + q^{\mathrm{T}} x + c < 0 \right\} \neq \varnothing$. 此时, 优化问题 (6.7) 具有最优解可达.

与椭球约束的 $\mathcal{D}_{\mathcal{F}}$ 和 $\mathcal{D}_{\mathcal{F}}^*$ 在锥 $\mathcal{S}_+^{n+1}$ 上的线性矩阵不等式表示的定理 6.2 和定理 6.3 比较, 定理 6.4 要求的条件更加一般.

对于求解单约束的二次约束二次规划问题, 即在模型 (6.6) 中将 U 替代为

$$U = \begin{pmatrix} 2c_0 & q_0^{\mathrm{T}} \\ q_0 & Q_0 \end{pmatrix},$$

在定理 6.4 的条件下, 可知 (6.7) 具有最优解可达. 当在椭球约束的条件下, 根据有关对偶间隙为 0 的分析, (6.8) 具有最优解可达, 这样就保证我们在应用中可以求解 (6.8) 形式问题, 并利用最优解的秩一分解可得到原问题的近似解, 这将在 6.3 节讨论.

严格凸二次函数等式约束   此时 $\mathcal{F} = \{ x \in \mathbb{R}^n \mid g(x) = 0 \}$, 其中 $g(x) = \frac{1}{2} x^{\mathrm{T}} Q x + q^{\mathrm{T}} x + c$ 且 $Q \in \mathcal{S}_{++}^n$, 文献 [59] 讨论了 $\mathcal{D}_{\mathcal{F}}$ 在半正定锥上可线性矩阵不等式表示的条件, 文献 [30](定理 6.2) 总结为以下定理:

定理 6.5   设 $\mathcal{F} = \left\{ x \in \mathbb{R}^n \mid g(x) = \frac{1}{2} x^{\mathrm{T}} Q x + q^{\mathrm{T}} x + c = 0 \right\} \neq \varnothing$ 且 $Q \in \mathcal{S}_{++}^n$, 则

$$\mathcal{D}_{\mathcal{F}}^* = \left\{ V \in \mathcal{S}_+^{n+1} \middle| \begin{pmatrix} 2c & q^{\mathrm{T}} \\ q & Q \end{pmatrix} \bullet V = 0 \right\},$$

$$\mathcal{D}_{\mathcal{F}} = \mathrm{cl} \left\{ U \in \mathcal{S}^{n+1} \middle| U + \tau \begin{pmatrix} 2c & q^{\mathrm{T}} \\ q & Q \end{pmatrix} \in \mathcal{S}_+^{n+1}, \tau \in \mathbb{R} \right\}.$$

若存在 x^1 和 x^2 使得 $g(x^1) < 0$ 和 $g(x^2) > 0$ 时, 则有

$$\mathcal{D}_{\mathcal{F}} = \left\{ U \in \mathcal{S}^{n+1} \middle| U + \tau \begin{pmatrix} 2c & q^{\mathrm{T}} \\ q & Q \end{pmatrix} \in \mathcal{S}_+^{n+1}, \tau \in \mathbb{R} \right\}.$$

一个二次函数不等式约束加一个线性不等式约束情形

本子节讨论 $\mathcal{F}$ 满足下列条件的情形.

$$\mathcal{F} = \left\{ x \in \mathbb{R}^n \middle| g(x) \leqslant 0, a^{\mathrm{T}} \begin{pmatrix} 1 \\ x \end{pmatrix} \geqslant 0 \right\},$$

其中 $g(x) = \frac{1}{2}x^{\mathrm{T}}Qx + q^{\mathrm{T}}x + c$ 为实二次函数, $a \in \mathbb{R}^{n+1}$.

凸二次函数不等式约束加线性不等式约束   此时 $Q \in \mathcal{S}_+^n$, 文献 [59] 给出了可线性矩阵不等式表示的结论, 文献 [30](定理 6.3) 总结为以下定理:

定理 6.6   设

$$\mathcal{F} = \left\{ x \in \mathbb{R}^n \left| \frac{1}{2}x^{\mathrm{T}}Qx + q^{\mathrm{T}}x + c \leqslant 0, a^{\mathrm{T}}\begin{pmatrix} 1 \\ x \end{pmatrix} \geqslant 0 \right. \right\} \neq \varnothing,$$

且 $Q \in \mathcal{S}_+^n$ 和 $a \in \mathbb{R}^{n+1}$. 记 $\mathrm{rank}(Q) = r$, 则存在 $R \in \mathbb{R}^{r \times n}$, 使得 $Q = R^{\mathrm{T}}R$. 再记

$$B = \begin{pmatrix} 0 & 2R \\ 2c+1 & 2q^{\mathrm{T}} \\ 2c-1 & 2q^{\mathrm{T}} \end{pmatrix} \in \mathbb{R}^{(r+2) \times (n+1)}, \quad M_g = \begin{pmatrix} 2c & q^{\mathrm{T}} \\ q & Q \end{pmatrix},$$

则有

$$\mathcal{D}_{\mathcal{F}}^* = \left\{ V \in \mathcal{S}_+^{n+1} \left| \frac{1}{2}M_g \bullet V \leqslant 0, BVa \in \mathcal{L}^{r+2} \right. \right\},$$

$$\mathcal{D}_{\mathcal{F}} = \mathrm{cl}\left\{ U \in \mathcal{S}^{n+1} \mid U + \lambda M_g - (ay^{\mathrm{T}}B + B^{\mathrm{T}}ya^{\mathrm{T}}) \in \mathcal{S}_+^{n+1}, \lambda \in \mathbb{R}_+, y \in \mathcal{L}^{r+2} \right\}.$$

若存在 x^1 使得 $g(x^1) < 0$ 且 $a^{\mathrm{T}}\begin{pmatrix} 1 \\ x^1 \end{pmatrix} > 0$ 时, 则有

$$\mathcal{D}_{\mathcal{F}} = \left\{ U \in \mathcal{S}^{n+1} \mid U + \lambda M_g - (ay^{\mathrm{T}}B + B^{\mathrm{T}}ya^{\mathrm{T}}) \in \mathcal{S}_+^{n+1} \lambda \in \mathbb{R}_+, y \in \mathcal{L}^{r+2} \right\}.$$

约束 $\mathcal{F} = \left\{ (x,y) \in \mathbb{R}^{n_1} \times \mathbb{R}^{n_2} \mid \|x\| \leqslant d + \alpha^{\mathrm{T}}x + \beta^{\mathrm{T}}y \right\}$ 情形   在约束 $\|x\| \leqslant d + \alpha^{\mathrm{T}}x + \beta^{\mathrm{T}}y$ 中, $d \in \mathbb{R}$, $\alpha \in \mathbb{R}^{n_1}$, $\beta \in \mathbb{R}^{n_2}$ 时, 文献 [30](定理 6.4) 总结了以下定理并给予了严格证明.

定理 6.7   设 $\mathcal{F} = \left\{ (x,y) \in \mathbb{R}^{n_1} \times \mathbb{R}^{n_2} \mid \|x\| \leqslant d + \alpha^{\mathrm{T}}x + \beta^{\mathrm{T}}y \right\} \neq \varnothing$ 且 $d \in \mathbb{R}$, $\alpha \in \mathbb{R}^{n_1}$ 和 $\beta \in \mathbb{R}^{n_2}$. 记

$$a^{\mathrm{T}} = (d, \alpha^{\mathrm{T}}, \beta^{\mathrm{T}}), \quad C_1 = \begin{pmatrix} 0 & 0 & 0 \\ 0 & I_{n_1} & 0 \\ 0 & 0 & 0 \end{pmatrix} - aa^{\mathrm{T}},$$

$$C_2 = \begin{pmatrix} 0 & I_{n_1} & 0 \\ d & \alpha^{\mathrm{T}} & \beta^{\mathrm{T}} \end{pmatrix}, \quad V = \begin{pmatrix} t & x^{\mathrm{T}} & y^{\mathrm{T}} \\ x & X & W^{\mathrm{T}} \\ y & W & Y \end{pmatrix},$$

则有

$$\mathcal{D}_{\mathcal{F}}^* = \left\{ V \in \mathcal{S}_+^{n_1+n_2+1} \left| \|x\| \leqslant dt + \alpha^{\mathrm{T}}x + \beta^{\mathrm{T}}y, a^{\mathrm{T}}Va \geqslant \sum_{i=1}^{n_1} X_{ii} \right. \right\},$$

其中记 $X = (X_{ij})_{n_1 \times n_1}$.

$$\mathcal{D}_{\mathcal{F}} = \mathrm{cl}\left\{U \in \mathcal{S}^{n_1+n_2+1} \mid \bar{U} \in \mathcal{S}_+^{n_1+n_2+1}, \lambda \in \mathbb{R}_+, z \in \mathcal{L}^{n_1+1}\right\},$$

其中

$$\bar{U} = U + \lambda C_1 - (e_{n_1+n_2+1}z^\mathrm{T}C_2 + C_2^\mathrm{T}ze_{n_1+n_2+1}^\mathrm{T}),$$

$e_{n_1+n_2+1}$ 表示最后一个元素为 1 其余为 0 的 $n_1 + n_2 + 1$ 维列向量.

若存在 $(\bar{x}, \bar{y})$ 使得 $\|\bar{x}\| < d + \alpha^\mathrm{T}\bar{x} + \beta^\mathrm{T}\bar{y}$, 则有

$$\mathcal{D}_{\mathcal{F}} = \left\{U \in \mathcal{S}^{n_1+n_2+1} \mid \bar{U} \in \mathcal{S}_+^{n_1+n_2+1}, \lambda \in \mathbb{R}_+, z \in \mathcal{L}^{n_1+1}\right\}.$$

注意 $\mathcal{D}_{\mathcal{F}}^*$ 中二阶锥的约束 $\|x\| \leqslant dt + \alpha^\mathrm{T}x + \beta^\mathrm{T}y$, 表面看不是线性矩阵不等式形式, 但依据第 4 章有关半定规划的讨论, 其等价于

$$\begin{pmatrix} dt + \alpha^\mathrm{T}x + \beta^\mathrm{T}y & x^\mathrm{T} \\ x & (dt + \alpha^\mathrm{T}x + \beta^\mathrm{T}y)I_{n_1} \end{pmatrix} \in \mathcal{S}_+^{n_1+1}.$$

再经过半定锥的升维和增加一些线性等式约束, $\mathcal{D}_{\mathcal{F}}^*$ 可以表示成半定锥的线性矩阵不等式形式.

更进一步, 还可加入线性不等式约束. 当 $d_1 \geqslant 0$ 时, 令

$$\mathcal{F} = \left\{(x,y) \in \mathbb{R}^{n_1} \times \mathbb{R}^{n_2} \mid \|x\| \leqslant d + \alpha^\mathrm{T}x + \beta^\mathrm{T}y, d_1 \leqslant d + \alpha^\mathrm{T}x + \beta^\mathrm{T}y\right\}$$

和

$$\mathcal{F} = \left\{(x,y) \in \mathbb{R}^{n_1} \times \mathbb{R}^{n_2} \mid \|x\| \leqslant d + \alpha^\mathrm{T}x + \beta^\mathrm{T}y, d_1 \leqslant d + \alpha^\mathrm{T}x + \beta^\mathrm{T}y \leqslant d_2\right\}.$$

文献 [30] 还给出 $\mathcal{D}_{\mathcal{F}}^*$ 和 $\mathcal{D}_{\mathcal{F}}$ 的半正定锥上的线性矩阵不等式等价表示形式 (分别见其定理 6.7 和定理 6.9).

研究 $\mathcal{D}_{\mathcal{F}}^*$ 和 $\mathcal{D}_{\mathcal{F}}$ 在可计算锥上的线性矩阵不等式等价表示主要有两个方面的考虑.

一方面是对所研究问题的可计算性考虑. 当一个二次函数锥规划问题能够以可计算锥上线性矩阵不等式表示, 那么可多项式时间计算求解, 这类问题因而归类为可计算问题. 需要特别注意的是, 根据 3.5 节有关强对偶的理论, 可计算线性锥优化问题在满足一定的条件下才有强对偶且最优解可达, 所以锥优化问题一定要满足强对偶的相应条件.

对于如同 (6.6) 的一类特殊问题, 当仅有一个椭球约束时, 其与半定规划问题 (6.8) 等价. 由于有秩一分解技术, 当半定规划问题 (6.8) 最优解可达, 则 (6.6) 的最优解可以秩一分解得到. 文献 [59] 还给出了一个凸二次不等式约束和一个线性不等式约束情形的秩一分解方法.

另一个方面, 当一个二次约束二次规划问题的可行解区域有界时, 该区域可被有限个椭球覆盖, 而每一个椭球区域上的二次约束二次规划问题是可计算的. 由此导出近似计算的技术. 一个直观的看法是, 对于任意给定的一个有界闭集合, 可以用有限个椭球将其覆盖, 当椭球覆盖区域与原可行解区域边界偏差越小, 则近似的程度越高. 而由上面的讨论, $\mathcal{F}$ 是椭球, 其对应的 $\mathcal{D}_{\mathcal{F}}^*$ 或 $\mathcal{D}_{\mathcal{F}}$ 都能以半定锥上线性矩阵不等式表示, 因此, 当二次约束二次规划问题决策变量限定在椭球上, 其对应的二次函数锥规划问题可计算, 多个椭球覆盖对应的二次函数锥规划问题还是可计算的, 这一结论将在 6.3 节中讨论.

6.2 有效冗余约束

对于二次约束二次规划问题, 可以写成一个等价但形式简单的模型

$$
\begin{aligned}
\min \quad & \frac{1}{2}x^{\mathrm{T}}Q_0 x + q_0^{\mathrm{T}} x + c_0 \\
\text{s.t.} \quad & x \in \mathcal{F},
\end{aligned}
\tag{6.14}
$$

其中

$$
\mathcal{F} = \left\{ x \in \mathbb{R}^n \ \middle| \ \frac{1}{2}x^{\mathrm{T}}Q_i x + q_i^{\mathrm{T}} x + c_i \leqslant 0, i = 1, 2, \cdots, m \right\}.
$$

特别需要注意上述模型的表示形式, 我们将 (QCQP) 的约束全部隐藏在可行集 $\mathcal{F}$ 中. (6.14) 中除可行集 $\mathcal{F}$ 外, 没有其他额外约束.

观察模型 (6.1), 在没有 m 个约束且 $\mathcal{G} = \mathcal{F} \neq \varnothing$ 时, 可知 (6.14) 与下列二次函数锥规划问题目标值相同.

$$
\begin{aligned}
\max \quad & \sigma \\
\text{s.t.} \quad & \begin{pmatrix} -2\sigma + 2c_0 & q_0^{\mathrm{T}} \\ q_0 & Q_0 \end{pmatrix} \in \mathcal{D}_{\mathcal{F}}, \\
& \sigma \in \mathbb{R}.
\end{aligned}
\tag{6.15}
$$

因 (6.2) 为 (6.1) 的对偶模型, 故 (6.15) 的对偶模型为

$$
\begin{aligned}
\min \quad & \frac{1}{2} \begin{pmatrix} 2c_0 & q_0^{\mathrm{T}} \\ q_0 & Q_0 \end{pmatrix} \bullet V \\
\text{s.t.} \quad & v_{11} = 1, \\
& V = (v_{ij}) \in \mathcal{D}_{\mathcal{F}}^*.
\end{aligned}
\tag{6.16}
$$

如果不将 (QCQP) 中的约束 $\frac{1}{2}x^{\mathrm{T}}Q_i x + q_i^{\mathrm{T}} x + c_i \leqslant 0, i = 1, 2, \cdots, m$ 隐藏到 $\mathcal{F}$

中, 我们得到的是 $\mathcal{G} = \mathcal{F}$ 时的 (6.1) 和 (6.2). 当 $\mathcal{G} = \mathcal{F} \neq \varnothing$ 时, 可以发现 (QCQP)、(6.1)、(6.2)、(6.15) 和 (6.16) 有相同的目标值.

观察 (6.2) 和 (6.16) 还可以发现一个有趣的现象, (6.2) 中虽多出了 m 个约束

$$\frac{1}{2}\begin{pmatrix} 2c_i & q_i^{\mathrm{T}} \\ q_i & Q_i \end{pmatrix} \bullet V \leqslant 0, \quad i = 1, 2, \cdots, m,$$

但提供的目标值却与 (6.16) 一样. 这时产生的疑问是: 难道这些约束无用? 由此产生了以下对冗余约束的讨论.

一个约束冗余与否是针对一个集合来说的. 对给定的一个集合 $\mathcal{X}$ 和函数 $g(x)$, 若对所有的 $x \in \mathcal{X}$ 都有 $g(x) \leqslant 0$, 即 $\mathcal{X} \subseteq \{x \mid g(x) \leqslant 0\}$, 则称 $g(x) \leqslant 0$ 为集合 $\mathcal{X}$ 的冗余约束 (redundant constraint). 可以发现, 在集合 $\mathcal{X}$ 上添加冗余约束后, 原集合不发生改变, 即 $\{x \mid g(x) \leqslant 0\} \cap \mathcal{X} = \mathcal{X}$. 当 $\{x \mid g(x) \leqslant 0\} \cap \mathcal{X} \neq \mathcal{X}$ 时, 则称 $g(x) \leqslant 0$ 为集合 $\mathcal{X}$ 的有效约束 (valid constraint).

例如, 在 (6.14) 模型中限定 $\mathcal{X} = \mathcal{F}$ 时, 对 $i = 1, 2, \cdots, m$, 发现 (QCQP) 中每一个约束 $\frac{1}{2}x^{\mathrm{T}}Q_i x + q_i^{\mathrm{T}}x + c_i \leqslant 0$ 相对于 $\mathcal{F}$ 都是冗余约束.

类似的情况, 在 (6.16) 模型中选取 $\mathcal{X} = \{V \in \mathcal{S}^{n+1} \mid v_{11} = 1, V = (v_{ij}) \in \mathcal{D}_{\mathcal{F}}^*\}$, 即其可行解区域, 对每一个 $1 \leqslant i \leqslant m$, 不难验证

$$\frac{1}{2}\begin{pmatrix} 2c_i & q_i^{\mathrm{T}} \\ q_i & Q_i \end{pmatrix} \bullet V \leqslant 0$$

为 $\mathcal{X}$ 的冗余约束.

引理 6.8　设 $\mathcal{F}$ 为有界闭集并记 $H = \begin{pmatrix} 2h & a^{\mathrm{T}} \\ a & A \end{pmatrix}$, 则 $\frac{1}{2}x^{\mathrm{T}}Ax + a^{\mathrm{T}}x + h \leqslant 0$ 是 $\mathcal{F}$ 的冗余约束当且仅当 $H \bullet V \leqslant 0$ 是 $\{V \in \mathcal{S}^{n+1} \mid v_{11} = 1, V = (v_{ij}) \in \mathcal{D}_{\mathcal{F}}^*\}$ 的冗余约束.

证明　"必要性". 由定理 5.9, 对任给 $V \in \mathcal{D}_{\mathcal{F}}^*$, 都存在正整数 $r, \mu_i > 0$ 和 $x^i \in \mathcal{F}$, 使得 $V = \sum_{i=1}^{r} \mu_i \begin{pmatrix} 1 \\ x^i \end{pmatrix} \begin{pmatrix} 1 \\ x^i \end{pmatrix}^{\mathrm{T}}$, 于是

$$H \bullet V = \sum_{i=1}^{r} \mu_i \begin{pmatrix} 1 \\ x^i \end{pmatrix} \begin{pmatrix} 1 \\ x^i \end{pmatrix}^{\mathrm{T}} \bullet H = \sum_{i=1}^{r} \mu_i \begin{pmatrix} 1 \\ x^i \end{pmatrix}^{\mathrm{T}} H \begin{pmatrix} 1 \\ x^i \end{pmatrix} \leqslant 0.$$

必要性得证.

"充分性". 对任意 $x \in \mathcal{F}$, 由定理 5.9 知 $\begin{pmatrix} 1 \\ x \end{pmatrix} \begin{pmatrix} 1 \\ x \end{pmatrix}^{\mathrm{T}} \in \mathcal{D}_{\mathcal{F}}^*$, 于是 $H \bullet V \leqslant 0$

可推出 $\frac{1}{2}x^{\mathrm{T}}Ax + a^{\mathrm{T}}x + h \leqslant 0$ 对任意 $x \in \mathcal{F}$ 成立. ∎

因为本章中我们的主要工作是通过线性锥优化问题求 (QCQP) 问题的近似解, 上述引理正好给出了如何利用 (QCQP) 冗余二次函数来构造二次函数锥规划的冗余线性矩阵不等式. 在 $\mathcal{F}$ 为非空有界闭集的条件下, 根据引理 6.8 得知, (QCQP) 中相对 $\mathcal{F}$ 的冗余约束

$$\frac{1}{2}x^{\mathrm{T}}Q_i x + q_i^{\mathrm{T}}x + c_i \leqslant 0, \quad i = 1, 2, \cdots, m,$$

对应于相对 (6.16) 可行解区域的冗余约束

$$\frac{1}{2}\begin{pmatrix} 2c_i & q_i^{\mathrm{T}} \\ q_i & Q_i \end{pmatrix} \bullet V \leqslant 0, \quad i = 1, 2, \cdots, m.$$

引理 6.9 设 $\mathbb{E}$ 为欧氏空间, $\mathcal{X} \subseteq \mathbb{E}$ 为非空闭凸集且 $g(x) \leqslant 0$ 为 $x \in \mathbb{E}$ 的线性不等式, 则 $g(x) \leqslant 0$ 为 $\mathcal{X}$ 的有效约束的充分必要条件为: $\mathcal{X} \cap \{x \in \mathbb{E} \mid g(x) \leqslant 0\} \neq \mathcal{X}$. 该充分必要条件也可以等价地表示为: 存在 $c \in \mathbb{E}$, 使得

$$\min_{x \in \mathcal{X}} c \bullet x < \min_{x \in \mathcal{X} \cap \{x \mid g(x) \leqslant 0\}} c \bullet x.$$

证明 由定义知, $g(x) \leqslant 0$ 为 $\mathcal{X}$ 的有效约束的充分必要条件为 $\{x \mid g(x) \leqslant 0\} \cap \mathcal{X} \neq \mathcal{X}$.

当 $\{x \mid g(x) \leqslant 0\} \cap \mathcal{X} \neq \mathcal{X}$ 时, 存在 $\bar{x} \notin \{x \mid g(x) \leqslant 0\} \cap \mathcal{X}$ 但 $\bar{x} \in \mathcal{X}$. 因为 $g(x) \leqslant 0$ 为 $x \in \mathbb{E}$ 的线性不等式, 所以 $\{x \mid g(x) \leqslant 0\}$ 为半空间, 为闭凸集. 亦即得到 $\{x \mid g(x) \leqslant 0\} \cap \mathcal{X}$ 为闭凸集. 由引理 2.10 可知, 存在 $c \in \mathbb{E}$ 使得 $c \bullet \bar{x} < c \bullet x, \forall x \in \mathcal{X} \cap \{x \mid g(x) \leqslant 0\}$, 由此推出 $\min_{x \in \mathcal{X}} c \bullet x < \min_{x \in \mathcal{X} \cap \{x \mid g(x) \leqslant 0\}} c \bullet x$. 必要性得证.

采用反证法可易得充分性. ∎

上述引理表明这样一个事实, 在一个已知的可行解区域 $\mathcal{X}$ 上增加有效线性约束 $g(x) \leqslant 0$ 可能提升以某个线性函数为目标的相应最优目标值.

回到 (QCQP) 问题的线性锥优化近似求解主题. 比对 (6.16) 和 $\mathcal{G} = \mathcal{F}$ 时的 (6.2), 它们的目标值完全相等, 但由于 (6.2) 中多出了冗余约束而显得更为复杂. 为什么还要考虑带有冗余约束的 (6.2) 呢? 由于 (QCQP) 是 NP-难问题, 从前面章节中的讨论可以看出, 线性锥优化可为其提供全局最优解或提供一个好的下界, 所以我们更关注的是可计算的线性锥优化问题. 虽然 $\mathcal{G} = \mathcal{F}$ 时的 (6.2) 与 (QCQP) 的目标值相等, 但不能保证 (6.2) 中的 $\mathcal{D}_{\mathcal{F}}^*$ 的可计算性. 因此, 采用可计算锥 $\mathcal{C}^*$ 来松弛 $\mathcal{D}_{\mathcal{F}}^*$, 以使 (6.2) 松弛后的可计算锥优化问题为原问题提供一个下界. 据此, 添加冗余约束应考虑下面两方面的因素. 第一, 选择对 (QCQP) 冗余的约束能够保证在

添加约束后, (QCQP) 的最优解不丢失. 第二, 是当 $\mathcal{D}_{\mathcal{F}}^*$ 松弛到 $\mathcal{C}^*$ 时, 这些对 (6.2) 可行解集合冗余的约束不再对松弛后的线性锥优化问题可行解集冗余, 从而提高下界.

当 $\mathcal{X}$ 松弛到 $\mathcal{Y}$ 后, 即 $\mathcal{X} \subseteq \mathcal{Y}$, 若对 $\mathcal{X}$ 冗余的一个约束不再对 $\mathcal{Y}$ 冗余时, 则称这个约束是 $\mathcal{X}$ 松弛到 $\mathcal{Y}$ 的有效冗余约束 (valid redundant constraint).

在本节的讨论中, 主要依据 (6.16) 的可行解集合来讨论冗余约束的效果. 考虑新增线性约束

$$\frac{1}{2}H_i \bullet V \leqslant 0, \quad i = 1, 2, \cdots, k,$$

其中 $H_i = \begin{pmatrix} 2h_i & a_i^{\mathrm{T}} \\ a_i & A_i \end{pmatrix}$, $A_i \in \mathcal{S}^n, a_i \in \mathbb{R}^n, h_i \in \mathbb{R}$. 特别需要强调, $k = 0$ 表示不考虑新增线性约束. 从计算的过程来看, 冗余约束可以是一个一个地加入, 可以是一组整体加入, 也可以是考虑替代的新加入. 因此, 考虑以下三种情况.

记 $\mathcal{X} = \{V \in \mathcal{S}^{n+1} \mid v_{11} = 1, V = (v_{ij}) \in \mathcal{D}_{\mathcal{F}}^*\}$, $\mathcal{Y} = \{V \in \mathcal{S}^{n+1} \mid v_{11} = 1, V = (v_{ij}) \in \mathcal{C}^*\}$, 其中 $\mathcal{D}_{\mathcal{F}}^* \subseteq \mathcal{C}^*$.

第一, 单一有效冗余约束. 对一个 $\mathcal{X}$ 的冗余约束 $(k = 1)$, 若存在一个 $V \in \mathcal{Y}$, 且使得

$$\frac{1}{2}H_1 \bullet V \leqslant 0$$

不成立, 则称这个冗余约束对 $\mathcal{Y}$ 单一有效.

第二, 整体有效冗余约束. 对 $k \geqslant 2$ 个 $\mathcal{X}$ 的冗余约束, 若存在一个 $V \in \mathcal{Y}$, 且使得至少一个

$$\frac{1}{2}H_i \bullet V \leqslant 0, \quad i = 1, 2, \cdots, k$$

不成立, 则称这 k 个冗余约束对 $\mathcal{Y}$ 整体有效.

第三, 对已有 k 个冗余约束有效. 对已给定 k 个 $\mathcal{X}$ 的冗余约束 $\left\{\frac{1}{2}H_i \bullet V \leqslant 0, i = 1, 2, \cdots, k\right\}$, 若新增 $\mathcal{X}$ 的冗余约束 $\frac{1}{2}H \bullet V \leqslant 0$ 是

$$\mathcal{Y} \cap \left\{V \in \mathcal{S}^{n+1} \,\middle|\, \frac{1}{2}H_i \bullet V \leqslant 0, i = 1, 2, \cdots, k\right\}$$

的有效约束, 则称这个约束对已有 k 个冗余约束有效. 此等价于存在 $V \in \mathcal{Y}$ 满足 $\frac{1}{2}H_i \bullet V \leqslant 0, i = 1, 2, \cdots, k$, 但 $\frac{1}{2}H \bullet V \leqslant 0$ 不成立.

为了方便, 在不发生混淆的情况下, 以上三种情况都称为有效冗余约束. 在选择有效冗余约束时, 更多地是遵循单一有效原则. 对于多个冗余约束, 需要考虑哪些是可以剔除的.

定义 (6.16) 的冗余约束松弛模型为

$$\min \quad \frac{1}{2}\begin{pmatrix} 2c_0 & q_0^{\mathrm{T}} \\ q_0 & Q_0 \end{pmatrix}\bullet V$$
$$\text{s.t.} \quad v_{11}=1,$$
$$\frac{1}{2}H_i\bullet V\leqslant 0,\quad i=1,2,\cdots,k, \tag{6.17}$$
$$V=(v_{ij})\in\mathcal{C}^*,$$

其中 $H_0=\begin{pmatrix} 2c_0 & q_0^{\mathrm{T}} \\ q_0 & Q_0 \end{pmatrix}$, $H_i=\begin{pmatrix} 2h_i & a_i^{\mathrm{T}} \\ a_i & A_i \end{pmatrix}$, $i=1,2,\cdots,k$, $k\geqslant 0$, $\mathcal{C}^*\supseteq\mathcal{D}_{\mathcal{F}}^*$, $\mathcal{C}^*$ 是可计算锥且对每一个 $i=1,2,\cdots,k$, $\frac{1}{2}H_i\bullet V\leqslant 0$ 为 (6.16) 可行解集的冗余约束. 注意 $k=0$ 表示不考虑冗余约束.

由对偶理论可知, (6.17) 的对偶模型为

$$\max \quad \sigma$$
$$\text{s.t.} \quad H_0+\sum_{i=1}^{k}\lambda_i H_i-2\sigma E_1\in\mathcal{C}, \tag{6.18}$$
$$\sigma\in\mathbb{R},\quad \lambda\in\mathbb{R}_+^k,$$

其中 $E_1=\begin{pmatrix} 1 & 0 \\ 0 & 0 \end{pmatrix}\in\mathcal{S}^{n+1}$, $\mathcal{C}$ 和 $\mathcal{C}^*$ 互为对偶锥.

上述模型形式上为限定锥规划模型. 实际上, 当 $k=0$ 时, 上述模型中没有 $\sum_{i=1}^{k}\lambda_i H_i$ 和 $\lambda\in\mathbb{R}_+^k$ 两项, 它就变成 (6.15) 限定在 $\mathcal{C}$ 后的模型.

为了给出一些判别有效冗余约束的充分必要条件, 需要 (6.17) 和 (6.18) 的强对偶假设, 以利用 (6.18) 的性质给出一些判定结论. 先给出 (6.17) 严格可行解条件 (strictly feasible solution condition) 的假设: 存在 $\bar{V}\in\text{int}(\mathcal{C}^*)$ 使得 $\bar{v}_{11}=1$ 且任意冗余不等式约束对 $\bar{V}$ 严格不等式成立. 当没有冗余约束时, 上条件可简化为: 存在 $\bar{V}\in\text{int}(\mathcal{C}^*)$ 使得 $\bar{v}_{11}=1$ 成立.

定理 6.10 设 (6.17) 中无冗余约束时的最优目标值有下界且其有冗余约束时满足严格可行解条件. 若 $\mathcal{C}\subseteq\mathcal{S}^{n+1}$ 为非空闭凸锥, 则

(i) 当 $k=1$ 时, 约束 $\frac{1}{2}H_1\bullet V\leqslant 0$ 为 (6.17) 中的单一有效冗余约束的充分必要条件为 $-H_1\notin\mathcal{C}$.

(ii) 当 $k\geqslant 2$ 时, $\frac{1}{2}H_i\bullet V\leqslant 0$, $i=1,2,\cdots,k$, 为 (6.17) 整体有效冗余约束的充

分必要条件为 $\mathrm{cone}\{-H_i \mid i = 1, 2, \cdots, k\} \not\subseteq \mathcal{C}$, 其中 $\mathrm{cone}\{H_i \mid i = 1, 2, \cdots, k\}$ 表示 H_i 的凸锥包.

(iii) 新的一个约束 $\frac{1}{2}H \bullet V \leqslant 0$ 对 $\frac{1}{2}H_i \bullet V \leqslant 0, i = 1, 2, \cdots, k$, 整体有效的充分必要条件为 $-H \notin \{\mathcal{C} + \mathrm{cone}\{-H_i \mid i = 1, 2, \cdots, k\}\}$.

证明   首先证明 (i) 的必要性. 约束 $\frac{1}{2}H_1 \bullet V \leqslant 0$ 为 (6.17) 中的单一有效冗余约束表明: 存在 $\bar{V} \in \mathcal{C}^*$ 满足 $\bar{v}_{11} = 1$ 且 $\frac{1}{2}H_1 \bullet \bar{V} > 0$. 由对偶集合的定义得知 $-H_1 \notin \mathcal{C}$.

再证 (i) 的充分性. 当 $-H_1 \notin \mathcal{C}$ 时, 令 $\bar{\mathcal{C}} = \mathcal{C} + \{-\lambda H_1, \lambda \geqslant 0\}$, 则有 $\bar{\mathcal{C}} \supsetneqq \mathcal{C}$. 根据引理 2.10 和本定理条件中 $\mathcal{C}$ 为非空闭凸集的假设, 存在 $W \in \mathcal{S}^{n+1}$ 满足

$$W \bullet (-H_1) < 0 \leqslant W \bullet H, \quad \forall H \in \mathcal{C}.$$

由此得知 $W \in \mathcal{C}^*$, 但 $W \notin \bar{\mathcal{C}}^*$, 所以 $(\bar{\mathcal{C}})^* \subsetneqq \mathcal{C}^*$.

(6.18) 模型可等价写成

$$
\begin{aligned}
\max \quad & \sigma \\
\text{s.t.} \quad & H_0 - 2\sigma E_1 \in \bar{\mathcal{C}}, \\
& \sigma \in \mathbb{R}.
\end{aligned}
\tag{6.19}
$$

再利用共轭对偶理论写出它的对偶模型为

$$
\begin{aligned}
\min \quad & \frac{1}{2}H_0 \bullet V \\
\text{s.t.} \quad & v_{11} = 1, \\
& V = (v_{ij}) \in (\bar{\mathcal{C}})^*.
\end{aligned}
\tag{6.20}
$$

由定理 2.24(ii) 得知 $(\bar{\mathcal{C}})^* = \mathcal{C}^* \cap \{-\lambda H_1, \lambda \geqslant 0\}^*$. 再根据严格可行解假设, 原有 (6.17) 的严格可行解也是模型 (6.20) 的相对内点. 因为 (6.17) 中无冗余约束 ($k = 0$) 时最优目标值有下界的假设保证 (6.20) 有下界. 故 (6.19) 最优解可达且与 (6.20) 具有强对偶性.

当 (6.17) 和 (6.18) 中没有冗余约束 (即 $k = 0$) 时, 针对冗余约束的严格可行解自然为 (6.17) 的严格可行解. 由 (6.17) 下有界的假设, (6.17) 和 (6.18) 同样具有强对偶性.

观察 $k = 0$ 时的 (6.17) 和添加冗余约束时的 (6.20), 由上面讨论的结果 $(\bar{\mathcal{C}})^* \subsetneqq \mathcal{C}^*$ 和引理 6.9 的结论得知, 存在一个 H_0 使得 (6.20) 的最优目标值严格大于 $k = 0$ 时 (6.17) 的最优目标值. 再根据上述 (6.18) 与 (6.19) 模型的等价表示性和得到的强对偶性结论, 可知 (6.18)、(6.19) 和 (6.20) 的最优目标值相等, 并严格大于 $k = 0$ 时 (6.17) 的最优目标值. 因为 (6.18) 与 $k = 1$ 时的 (6.17) 具有强对偶性, 所以得知

$\frac{1}{2}H_1 \bullet V \leqslant 0$ 有效, 充分性得证.

相同的方法可证明 (ii) 和 (iii). ∎

在增加冗余约束时, 首选有效的, 否则对计算没有任何帮助. 上述定理的第 (i) 条表明, 对每一个 $\frac{1}{2}H_i \bullet V \leqslant 0$, 需要判别 $-H_i \in \mathcal{C}$ 是否成立. 当已经选择出 k 个有效冗余约束后, 给定一个 $\frac{1}{2}H \bullet V \leqslant 0$ 的冗余约束, 它是否有效? 文献 [26] 给出了一个线性锥优化问题来判定这个结论. 结果如下:

定理 6.11   假设 (6.17) 中锥 $\mathcal{C}$ 满足 $\mathcal{S}_+^{n+1} \subseteq \mathcal{C} \subseteq \mathcal{D}_{\mathcal{F}}$, 冗余约束满足严格可行解条件且 $\bar{V}$ 为一个严格可行解. 任选一个 $P \in \mathcal{S}_{++}^{n+1}$ 和 α 正常数, 满足 $P \bullet \bar{V} < \alpha$. 对任意给定的可构造冗余约束的 $H \in \mathcal{S}^{n+1}$, 构造下列锥规划问题

$$S^* = \min \quad \alpha s$$
$$\text{s.t.} \quad sP - H + \sum_{i=1}^{k} \lambda_i H_i \in \mathcal{C}, \tag{6.21}$$
$$s \in \mathbb{R}_+,$$
$$\lambda \in \mathbb{R}_+^k.$$

若 $\mathcal{C}$ 可计算, 则上述锥规划问题可计算. 进一步有

$$-H \in \bar{\mathcal{C}} = \{\mathcal{C} + \text{cone}\{-H_i \mid i = 1, 2, \cdots, k\}\}$$

的充要条件为 $S^* = 0$.

证明   按线性锥优化的对偶理论, 采用二次函数锥规划的不等式模型及对偶模型的推导 (参考 (5.5) 和 (5.6)) 结果, (6.21) 的对偶模型为

$$-\min \quad -H \bullet V$$
$$\text{s.t.} \quad H_i \bullet V \leqslant 0, \quad i = 1, 2, \cdots, k, \tag{6.22}$$
$$P \bullet V \leqslant \alpha,$$
$$V = (v_{ij}) \in \mathcal{C}^*,$$

且 (6.21) 任何一个可行解的目标值永远为上述模型的上界.

由于 P 正定, 故存在充分大的 s 和固定的 $\lambda \in \mathbb{R}_+^k$ 使得

$$sP - H + \sum_{i=1}^{k} \lambda_i H_i \in \mathcal{S}_+^{n+1} \subseteq \mathcal{C}.$$

因此, 对偶模型 (6.22) 有上界控制. 同时, 由定理的严格可行解假设, 存在 $\bar{V}$ 为 (6.22) 的一个严格可行解. 按共轭对偶的定理 3.22 可知 (6.21) 最优解可达.

按定理 6.10(iii), 对给定的 H, $-H \in \bar{\mathcal{C}}$ 的充分必要条件为存在 $\lambda \in \mathbb{R}_+^k$ 使得

$$-H + \sum_{i=1}^{k} \lambda_i H_i \in \mathcal{C}, \ \text{即} \ S^* = 0.$$

当 $\mathcal{C}$ 可计算时, 锥规划 (6.21) 为线性锥优化问题, 因此可计算. ∎

上述定理给出一个判别 H 是否可构造有效冗余约束的计算方法. 首先要求 $\{H_i \bullet V \leqslant 0, i = 1, 2, \cdots, k\}$ 存在一个 $\bar{V} \in \text{int}(\mathcal{C}^*)$ 的严格可行解. 如果这个严格可行解已经得到, 则可以任选一个正定矩阵 P 并构造 $\alpha > 0$ 使得 $P \bullet \bar{V} < \alpha$. 最后就剩下对 (6.21) 的求解了.

6.2.1　$\mathcal{C} = \mathcal{S}_+^{n+1}$ 和 $\mathcal{C} = \mathcal{S}_+^{n+1} + \mathcal{N}^{n+1}$ 的情况

上面讨论了冗余约束有效的一些判定准则, 这一部分将指出一些直观的冗余约束不是有效的.

线性约束的二次函数化

在二次约束二次规划或在整数二次规划问题中, 可能出现如下线性约束的情况:

$$a^{\mathrm{T}} x + b \geqslant 0,$$

其中 $a \in \mathbb{R}^n, b \in \mathbb{R}$. 一个非常直观的处理方式就是将其松弛为

$$(a^{\mathrm{T}} x + b)^2 = \begin{pmatrix} b \\ a \end{pmatrix} \begin{pmatrix} b \\ a \end{pmatrix}^{\mathrm{T}} \bullet \begin{pmatrix} 1 \\ x \end{pmatrix} \begin{pmatrix} 1 \\ x \end{pmatrix}^{\mathrm{T}} \geqslant 0.$$

它的对应冗余约束为 $H \bullet V \leqslant 0$, 其中

$$H = -\begin{pmatrix} b \\ a \end{pmatrix} \begin{pmatrix} b \\ a \end{pmatrix}^{\mathrm{T}}.$$

由于 $-H \in \mathcal{S}_+^{n+1}$, 故当 $\mathcal{C} = \mathcal{S}_+^{n+1}$ 或 $\mathcal{C} = \mathcal{S}_+^{n+1} + \mathcal{N}^{n+1}$, 这个冗余约束一定无效.

线性化重构技术

0-1 二次规划问题

$$\begin{aligned} \min \quad & \frac{1}{2} x^{\mathrm{T}} Q x + q^{\mathrm{T}} x \\ \text{s.t.} \quad & x \in \{0, 1\}^n \end{aligned}$$

的一类处理方法为线性化重构技术[56]. 直接将 $x \in \{0, 1\}^n$ 松弛到 $x \in [0, 1]^n$ 不是一个很好的方案. 通过观察可以发现, 当 $0 \leqslant x_i \leqslant 1 \ (i = 1, \cdots, n)$ 时, 有

$$x_i x_j \leqslant x_i, \quad x_i x_j \leqslant x_j, \quad x_i x_j \geqslant 0, \quad i, j = 1, \cdots, n.$$

不难验证这些约束为 0-1 二次规划的冗余约束. 将 0-1 二次规划松弛为

$$\min \quad \frac{1}{2}x^{\mathrm{T}}Qx + q^{\mathrm{T}}x$$
$$\text{s.t.} \quad x_ix_j \leqslant x_i, \quad i,j = 1, \cdots, n,$$
$$x_ix_j \geqslant 0, \quad i,j = 1, \cdots, n.$$

进一步写成锥优化问题

$$\min \quad \frac{1}{2}\begin{pmatrix} 0 & q^{\mathrm{T}} \\ q & Q \end{pmatrix} \bullet V$$
$$\text{s.t.} \quad v_{11} = 1,$$
$$\begin{pmatrix} 0 & -e_i^{\mathrm{T}} \\ -e_i & E_{ij} + E_{ji} \end{pmatrix} \bullet V \leqslant 0, \quad i,j = 1, \cdots, n,$$
$$\begin{pmatrix} 0 & 0 \\ 0 & -E_{ij} - E_{ji} \end{pmatrix} \bullet V \leqslant 0, \quad i,j = 1, \cdots, n,$$
$$V \in \mathcal{C}^*,$$

其中 $\mathcal{C}^* \supseteq \mathcal{D}_{[0,1]^n}^*$, e_i 为第 i 个位置为 1 其余为 0 的 n 维列向量, E_{ij} 为第 (i,j) 位置为 1 其余为 0 的 $n \times n$ 矩阵.

当上述模型中取 $\mathcal{C} = \mathcal{S}_+^{n+1} + \mathcal{N}^{n+1}$ 时, 就有 $\mathcal{C}^* = \mathcal{S}_+^{n+1} \cap \mathcal{N}^{n+1}$. 可以验证

$$x_ix_j \leqslant x_i, \quad x_ix_j \leqslant x_j, \quad x_ix_j \geqslant 0, \quad i,j = 1, \cdots, n$$

中的每一个约束单独来考虑都满足严格可行解条件 (参考 6.1 节定理 6.2 前有关椭球约束严格内点的讨论, 证明留给读者). 这时发现

$$-\begin{pmatrix} 0 & 0 \\ 0 & -E_{ij} - E_{ji} \end{pmatrix} \in \mathcal{N}^{n+1},$$

也就是说

$$\begin{pmatrix} 0 & 0 \\ 0 & -E_{ij} - E_{ji} \end{pmatrix} \bullet V \leqslant 0, \quad i,j = 1, \cdots, n$$

为无效冗余约束, 应该从上述模型去除.

故对应于上述二次规划松弛模型中的约束

$$x_ix_j \geqslant 0, \quad i,j = 1, \cdots, n$$

亦为无效冗余约束.

直观约束

对于 0-1 二次规划问题, 每一个 $1 \leqslant i \leqslant n$ 对应的 $x_i^2 - x_i = 0$ 是个直观的冗余约束, 增加冗余约束后模型可写成

$$
\begin{aligned}
\min \quad & \frac{1}{2} x^{\mathrm{T}} Q x + q^{\mathrm{T}} x \\
\text{s.t.} \quad & x_i^2 - x_i = 0, \quad i = 1, 2, \cdots, n, \\
& x \in \{0, 1\}^n.
\end{aligned}
$$

此时 x 的定义域 $x \in \{0,1\}^n$ 扩充到 $x \in \mathbb{R}^n$ 也不影响模型的等价性. 显然, 扩充到 $\mathbb{R}^n$ 的定义域太大. 一个非常直观的想法是构造一个球面, 将 $x \in \{0,1\}^n$ 此 2^n 个顶点全部覆盖. 这个球面方程为

$$
g(x) = \sum_{i=1}^{n} (2x_i - 1)^2 - n = 0.
$$

于是对任意 $\epsilon \geqslant 0$, 可以在上面模型中增加对 0-1 二次规划冗余的约束 $g(x) = \sum_{i=1}^{n} (2x_i - 1)^2 - n \geqslant -\epsilon$, 此约束等价考虑球面外的区域; 或 $g(x) = \sum_{i=1}^{n} (2x_i - 1)^2 - n \leqslant \epsilon$, 该约束等价于考虑球面内的区域; 或 $g(x) = \sum_{i=1}^{n} (2x_i - 1)^2 - n = 0$, 该约束等价于考虑球面上的区域. 下面仅以添加

$$
g(x) = \sum_{i=1}^{n} (2x_i - 1)^2 - n = 4 \sum_{i=1}^{n} x_i^2 - 4 \sum_{i=1}^{n} x_i \geqslant -\epsilon
$$

且 $\epsilon > 0$ 来讨论, 其他结果可类似讨论. 此时模型变为

$$
\begin{aligned}
\min \quad & \frac{1}{2} x^{\mathrm{T}} Q x + q^{\mathrm{T}} x \\
\text{s.t.} \quad & x_i^2 - x_i = 0, \quad i = 1, 2, \cdots, n, \\
& g(x) \geqslant -\epsilon, \\
& x \in \mathbb{R}^n.
\end{aligned}
$$

松弛到半定锥规划问题则为

$$
\begin{aligned}
\min \quad & \frac{1}{2} H_0 \bullet V \\
\text{s.t.} \quad & v_{11} = 1, \\
& H_i \bullet V = 0, \quad i = 1, 2, \cdots, n, \\
& -H \bullet V \leqslant 0, \\
& V = (v_{ij}) \in \mathcal{S}_+^{n+1},
\end{aligned}
$$

其中 $H_0 = \begin{pmatrix} 0 & q^{\mathrm{T}} \\ q & Q \end{pmatrix}$, $H_i = \begin{pmatrix} 0 & -\dfrac{1}{2}e_i^{\mathrm{T}} \\ -\dfrac{1}{2}e_i & E_{ii} \end{pmatrix}$, $i = 1, 2, \cdots, n$, $H =$

$4 \begin{pmatrix} \dfrac{\epsilon}{4} & -\dfrac{1}{2}(1,1,\cdots,1) \\ -\dfrac{1}{2}(1,1,\cdots,1)^{\mathrm{T}} & I_n \end{pmatrix}$, e_i 为第 i 个位置为 1 其余为 0 的 n 维列

向量, E_{ii} 为第 (i,i) 位置为 1 其余为 0 的 $n \times n$ 矩阵, I_n 为 n 阶单位矩阵.

明显可见, $\{0,1\}^n$ 中的任何一个解 x 所构成的 $V = \begin{pmatrix} 1 \\ x \end{pmatrix} \begin{pmatrix} 1 \\ x \end{pmatrix}^{\mathrm{T}}$ 满足 $H_i \bullet$

$V = 0, i = 1, 2, \cdots, n$, 且 $-H \bullet V < 0$. 选择 $\{0,1\}^n$ 中 n 个线性无关的解和 0 解, 按上述 V 的构造方法得到上述半定锥规划的 $n+1$ 个解. 将这 $n+1$ 个解的正凸组合记成 $\bar{V}$, 则容易验证

$$\begin{aligned} &\bar{v}_{11} = 1, \\ &H_i \bullet \bar{V} = 0, \quad i = 1, 2, \cdots, n, \\ &-H \bullet \bar{V} < 0, \\ &\bar{V} = (\bar{v}_{ij}) \in \mathcal{S}_{++}^{n+1}. \end{aligned}$$

所以, 松弛的半定锥规划问题满足严格可行解条件. 而且可通过其对偶模型得知松弛的半定锥规划问题下有界 (请读者自行验证).

于是可以通过定理 6.10 给出判定的结论. 由于冗余约束 $\{H_i \bullet V = 0, i = 1, 2, \cdots, n\}$ 为等号约束, 因此, 定理 6.10(iii) 中的结论改写成

$$-H \notin \mathcal{S}_+^{n+1} + \mathrm{cone}\{H_i, -H_i, i = 1, 2, \cdots, k\}.$$

非常明显, 上述例子 $H = \begin{pmatrix} \epsilon & 0 \\ 0 & 0 \end{pmatrix} + 4\sum_{i=1}^{n} H_i$. 因此, $-H \bullet V \leqslant 0$ 对整体 $\{H_i \bullet V = 0, i = 1, 2, \cdots, n\}$ 及松弛锥 $\mathcal{S}_+^{n+1}$ 是无效的.

有关冗余约束的有效性的更详尽讨论, 请参考文献 [26].

6.2.2 冗余约束算法及算例

基本沿袭 5.4 节的算法设计思想, 仅对 0-1 二次规划问题给出算法及算例. 利用二次约束二次规划问题的可计算限定线性锥优化模型 (6.18), 得到最优解后, 再求 0-1 二次规划问题的下界或最优解. 由于添加了冗余约束, 不一定具有线性独立规范, 但假设模型 (6.17) 满足严格可行解条件, 因此 (6.17) 与 (6.18) 具有强对偶且 (6.18) 最优解可达. 算法改进为:

步骤 1 对给定的 0-1 二次规划问题, 构造相应的锥优化问题 (6.18).

步骤 2 求解 (6.18) 问题, 若其不可解, 则该算法计算失败, 否则记其最优值为 (σ^*, λ^*).

步骤 3 求解 $x_{\lambda^*} = -\left(H_0 + \sum_{i=1}^{k} \lambda_i^* H_i\right)^+_{2:n+1,2:n+1} \left(H_0 + \sum_{i=1}^{k} \lambda_i^* H_i\right)_{2:n+1,1}$,

其中 $\left(H_0 + \sum_{i=1}^{k} \lambda_i^* H_i\right)^+_{2:n+1,2:n+1}$ 表示矩阵 $\left(H_0 + \sum_{i=1}^{k} \lambda_i^* H_i\right)_{2:n+1,2:n+1}$ 的 Moore-Penrose 广义逆矩阵, 其中 $(M)_{2:n+1,1}$ 表示矩阵 M 的第 2 行到 $n+1$ 行在第 1 列的元素形成的 n 维列向量, $(M)_{2:n+1,2:n+1}$ 表示后 n 行 n 列元素形成的 n 阶矩阵.

步骤 4 如果 $x_{\lambda^*} \in \{0,1\}^n$ 且在该点的目标值等于 σ^*, 则返回 x_{λ^*} 作为问题的全局最优解且最优目标值为 σ^*, 否则返回 σ^* 作为问题的一个下界值.

步骤 2 中的计算失败包括可行解集为空集或最优解不可达等, 因此需要赋予计算实例的原问题或对偶问题一些条件, 如强对偶定理中所需的相对内点和最优目标值有限等条件, 使得 (6.18) 可解, 这一点需要注意.

例 6.3 给定 0-1 二次规划问题为

$$\min \quad \frac{1}{2}x^{\mathrm{T}}Qx + q^{\mathrm{T}}x$$
$$\text{s.t.} \quad x \in \{0,1\}^n,$$

其中

$$Q = \begin{pmatrix} 282 & -414 & -59 & 12 & 255 & 72 & 97 & 135 \\ -414 & 161 & -97 & 23 & -81 & 67 & 95 & -34 \\ -59 & -97 & 68 & 5 & 58 & -152 & -164 & -43 \\ 12 & 23 & 5 & 111 & -57 & -45 & -37 & -90 \\ 255 & -81 & 58 & -57 & 287 & -90 & -121 & 351 \\ 72 & 67 & -152 & -45 & -90 & 86 & 198 & 26 \\ 97 & 95 & -164 & -37 & -121 & 198 & 162 & 16 \\ 135 & -34 & -43 & -90 & 351 & 26 & 16 & 183 \end{pmatrix}$$

和

$$q = [259, -256, 271, -127, 240, -225, -323, 123]^{\mathrm{T}}.$$

考虑如下等价问题

$$\min \quad \frac{1}{2}x^{\mathrm{T}}Qx + q^{\mathrm{T}}x$$
$$\text{s.t.} \quad x_i^2 - x_i = 0, \quad i = 1,2,\cdots,n,$$
$$x \in \mathbb{R}^n.$$

首先考虑不添加冗余约束的情形, 并取 $\mathcal{C} = \mathcal{S}_+^9 + \mathcal{N}^9$. 对应的锥优化问题 (6.18) 为

$$\max \quad \sigma$$
$$\text{s.t.} \quad \begin{pmatrix} -2\sigma & (f-\lambda)^{\mathrm{T}} \\ f-\lambda & Q+2\Lambda \end{pmatrix} \in \mathcal{C},$$
$$\lambda \in \mathbb{R}^n.$$

采用 CVX[24] 计算得到

$$\lambda^* = (120.09, 152.50, 63.33, 73.19, -49.55, 71.39, 72.93, -1.36)^{\mathrm{T}}.$$

$$x^* = (-0.1842, 0.4636, 0.8323, 1.0944, -0.0401, 0.9897, 1.1176, 0.1165)^{\mathrm{T}}.$$

注意到 x^* 不是可行解, 但提供一个下界为 -497.6225.

再考虑增加冗余约束 $x_i x_j \leqslant x_i, i, j = 1, \cdots, n$, 由上面的讨论得知

$$H_{ij} = \begin{pmatrix} 0 & -e_i^{\mathrm{T}} \\ -e_i & E_{ij} + E_{ji} \end{pmatrix}.$$

而 (6.18) 形式的锥优化问题为

$$\max \quad \sigma$$
$$\text{s.t.} \quad \begin{pmatrix} -2\sigma & (f-\lambda)^{\mathrm{T}} \\ f-\lambda & Q+2\Lambda m \end{pmatrix} + \sum_{i,j=1}^{n} \mu_{ij} H_{ij} \in \mathcal{S}_+^9 + \mathcal{N}^9,$$
$$\sigma \in \mathbb{R}, \quad \lambda \in \mathbb{R}^n, \quad \mu \in \mathbb{R}^{n^2}.$$

采用 CVX 计算得到

$$\lambda^* = (-33.35, 6.83, 68.82, 69.83, -51.34, 70.83, 68.83, -2.35)^{\mathrm{T}}$$

和

$$\mu_{12}^* = 500, \quad \mu_{ij}^* = 0, \quad i \neq 1, j \neq 2.$$

进一步计算出

$$x^* = (0, 1, 1, 1, 0, 1, 1, 0)^{\mathrm{T}}.$$

这是 0-1 二次规划的一个全局最优解且最优值为 -473.

6.3 椭球覆盖法

可行集椭球覆盖法的基本思想来源于引理 5.16(ii), 当 $\mathcal{G}_1 \supseteq \mathcal{G}_2 \supseteq \mathcal{F}$ 时, $v_{\text{QFCP}}(\mathcal{G}_1) \leqslant v_{\text{QFCP}}(\mathcal{G}_2) \leqslant v_{\text{QFCP}}(\mathcal{F}) = v_{\text{QCQP}}$, 因此可以通过改变 $\mathcal{G}(\mathcal{G} \supseteq \mathcal{F})$ 来得到二次约束二次规划的较好下界. 虽说二次函数锥规划 (6.1) 和 (6.2) 对给定的

$\mathcal{G} = \mathcal{F}$ 难以求解, 但 $\mathcal{G}$ 的改变可能产生可多项式时间求解问题, 如当 $\mathcal{G} = \mathbb{R}^n$ 时, 二次函数锥规划就变成了多项式时间可计算的半定规划问题. 寻求一些对 $\mathcal{F}$ 的覆盖来求解 (6.1) 或 (6.2), 可能使得这两个问题变得简单并可得到较好的下界. 于是一些逼近算法应运而产生.

本节假定 (QCQP) 问题的可行域 $\mathcal{F}$ 为非空有界闭集, 利用最为简单的椭球区域来覆盖 $\mathcal{F}$, 从而实现二次函数锥规划的近似计算. 对于任何一个有界非空闭集 $\mathcal{F}$, 根据数学分析中的有界覆盖定理, 总存在有限个椭球覆盖这个集合. 特别在给定计算精度后, 可以构造覆盖的椭球使其与 $\mathcal{F}$ 边界的最大距离不超过该精度. 这种思想将贯穿本节的理论分析. 本节的主要内容也可参考论文献 [39].

6.3.1　近似计算的基本理论

由 6.1 节的分析可知, 若 $\mathcal{G}$ 为 $\mathbb{R}^n$ 空间中的椭球, 则相应的二次函数锥 $\mathcal{D}_\mathcal{G}$ 存在等价的半正定锥上线性矩阵不等式表示, 因此所对应的二次函数锥规划问题就是可计算的. 当 $\mathcal{G}$ 为一系列椭球的并集, 则 $\mathcal{G}$ 上的二次函数锥存在如下线性矩阵不等式表示.

定理 6.12　设 $\mathcal{G} = \mathcal{G}_1 \cup \mathcal{G}_2 \cup \cdots \cup \mathcal{G}_s$, 其中 $\mathcal{G}_i = \left\{ x \in \mathbb{R}^n \,\middle|\, \frac{1}{2}x^\mathrm{T}B_i x + b_i^\mathrm{T}x + d_i \leqslant 0 \right\}$, $B_i \in \mathcal{S}_{++}^n$ 且 $\mathrm{int}(\mathcal{G}_i) \neq \varnothing$, $b_i \in \mathbb{R}^n$, $d_i \in \mathbb{R}$, 则对任意 $(n+1) \times (n+1)$ 实对称矩阵 U, $U \in \mathcal{D}_\mathcal{G}$ 当且仅当如下约束系统可行:

$$\begin{cases} U + \tau_i \begin{pmatrix} 2d_i & b_i^\mathrm{T} \\ b_i & B_i \end{pmatrix} \in \mathcal{S}_+^{n+1}, \\ \tau_i \geqslant 0, \\ i = 1, 2, \cdots, s. \end{cases} \tag{6.23}$$

证明　由定理 6.2, 对任意 $i \in \{1, 2, \cdots, s\}$,

$$\begin{pmatrix} 1 \\ x \end{pmatrix}^\mathrm{T} U \begin{pmatrix} 1 \\ x \end{pmatrix} \geqslant 0, \quad \forall\, x \in \mathcal{G}_i,$$

当且仅当

$$\begin{cases} U + \tau_i \begin{pmatrix} 2d_i & b_i^\mathrm{T} \\ b_i & B_i \end{pmatrix} \in \mathcal{S}_+^{n+1}, \\ \tau_i \geqslant 0 \end{cases}$$

可行. 因此, 对任意 $i = 1, 2, \cdots, s$

$$\begin{pmatrix} 1 \\ x \end{pmatrix}^\mathrm{T} U \begin{pmatrix} 1 \\ x \end{pmatrix} \geqslant 0, \quad \forall\, x \in \mathcal{G}_i,$$

成立当且仅当

$$
\left\{
\begin{array}{l}
U + \tau_i \begin{pmatrix} 2d_i & b_i^{\mathrm{T}} \\ b_i & B_i \end{pmatrix} \in \mathcal{S}_+^{n+1}, \\[2mm]
\tau_i \geqslant 0, \\[2mm]
i = 1, 2, \cdots, s
\end{array}
\right.
$$

可行. ∎

因此, 当 $\mathcal{G}$ 为 $\mathbb{R}^n$ 空间一系列椭球的并集时, 相应的二次函数锥 $\mathcal{D}_{\mathcal{G}}$ 存在等价的半正定锥上线性矩阵不等式表示, 此时对应的二次函数锥规划问题也就可计算. 另外若 $\mathcal{G}$ 含有内点, 则 $\mathcal{D}_{\mathcal{G}}$ 为真锥.

当 $\mathcal{G}$ 为一系列椭球的并集时, 进一步可以得知 $\mathcal{D}_{\mathcal{G}}$ 及其对偶锥 $\mathcal{D}_{\mathcal{G}}^*$ 具有如下性质:

定理 6.13 设 $\mathcal{G} = \mathcal{G}_1 \cup \mathcal{G}_2 \cup \cdots \cup \mathcal{G}_s$, 其中 $\mathcal{G}_i = \left\{ x \in \mathbb{R}^n \,\middle|\, \dfrac{1}{2} x^{\mathrm{T}} B_i x + b_i^{\mathrm{T}} x + d_i \leqslant 0 \right\}, 1 \leqslant i \leqslant s$, 为具有内点的椭球, 则有

$$
\mathcal{D}_{\mathcal{G}} = \mathcal{D}_{\mathcal{G}_1} \cap \mathcal{D}_{\mathcal{G}_2} \cap \cdots \cap \mathcal{D}_{\mathcal{G}_s},
$$

$$
\mathcal{D}_{\mathcal{G}}^* = \mathcal{D}_{\mathcal{G}_1}^* + \mathcal{D}_{\mathcal{G}_2}^* + \cdots + \mathcal{D}_{\mathcal{G}_s}^*.
$$

并且 $V \in \mathcal{D}_{\mathcal{G}}^*$ 的充要条件为下列系统可行

$$
\left\{
\begin{array}{l}
V = V_1 + V_2 + \cdots + V_s, \\[2mm]
\dfrac{1}{2} \begin{pmatrix} 2d_i & b_i^{\mathrm{T}} \\ b_i & B_i \end{pmatrix} \bullet V_i \leqslant 0, \quad i = 1, 2, \cdots, s, \\[3mm]
V_i \in \mathcal{S}_+^{n+1}, \quad i = 1, 2, \cdots, s.
\end{array}
\right.
$$

证明 首先证明定理的第一部分. 先考虑以下的等价关系:

$$
\begin{aligned}
\forall U \in \mathcal{D}_{\mathcal{G}} \quad &\Leftrightarrow \begin{pmatrix} 1 \\ x \end{pmatrix}^{\mathrm{T}} U \begin{pmatrix} 1 \\ x \end{pmatrix} \geqslant 0, \ \forall\, x \in \mathcal{G} \\[2mm]
&\Leftrightarrow \begin{pmatrix} 1 \\ x \end{pmatrix}^{\mathrm{T}} U \begin{pmatrix} 1 \\ x \end{pmatrix} \geqslant 0, \ \forall\, x \in \mathcal{G}_i, \ i = 1, 2, \cdots, s \\[2mm]
&\Leftrightarrow U \in \mathcal{D}_{\mathcal{G}_i}, \ i = 1, 2, \cdots, s \\[2mm]
&\Leftrightarrow U \in \mathcal{D}_{\mathcal{G}_1} \cap \mathcal{D}_{\mathcal{G}_2} \cap \cdots \cap \mathcal{D}_{\mathcal{G}_s}.
\end{aligned}
$$

接着证明第二部分. 由于 $\mathcal{G}$ 为有界闭集, 依据定理 5.9 可知, 对任意 $V \in \mathcal{D}_{\mathcal{G}}^*$, 存在分解

$$
V = \sum_{i=1}^{r} \mu_i \begin{pmatrix} 1 \\ x^i \end{pmatrix} \begin{pmatrix} 1 \\ x^i \end{pmatrix}^{\mathrm{T}},
$$

其中对任意 $i = 1, 2, \cdots, r$, 有 $x^i \in \mathcal{G}$, $\mu_i > 0$. 由于 $\mathcal{G} = \mathcal{G}_1 \cup \mathcal{G}_2 \cup \cdots \cup \mathcal{G}_s$, 故对任意 $i = 1, 2, \cdots, r$, 存在椭球 $\mathcal{G}_t$, 使得 $x^i \in \mathcal{G}_t$, 其中 $1 \leqslant t \leqslant s$. 由此可得 $V \in \mathcal{D}_{\mathcal{G}_1}^* + \mathcal{D}_{\mathcal{G}_2}^* + \cdots + \mathcal{D}_{\mathcal{G}_s}^*$, 从而 $\mathcal{D}_{\mathcal{G}}^* \subseteq \mathcal{D}_{\mathcal{G}_1}^* + \mathcal{D}_{\mathcal{G}_2}^* + \cdots + \mathcal{D}_{\mathcal{G}_s}^*$.

另一方面, 由 $\mathcal{G}_i \subseteq \mathcal{G}$ 和引理 5.16(i) 可得到 $\mathcal{D}_{\mathcal{G}}^* \supseteq \mathcal{D}_{\mathcal{G}_i}^*$. 再由定理 2.27(i) 得知 $\mathcal{D}_{\mathcal{G}}^*$ 为闭凸锥, 因此 $\mathcal{D}_{\mathcal{G}}^* \supseteq \mathcal{D}_{\mathcal{G}_1}^* + \mathcal{D}_{\mathcal{G}_2}^* + \cdots + \mathcal{D}_{\mathcal{G}_s}^*$. 所以 $\mathcal{D}_{\mathcal{G}}^* = \mathcal{D}_{\mathcal{G}_1}^* + \mathcal{D}_{\mathcal{G}_2}^* + \cdots + \mathcal{D}_{\mathcal{G}_s}^*$.

最后一部分的证明可由第二部分的结论和定理 6.3 直接得到. 于是定理得证. ∎

对给定的可行域 $\mathcal{F} \subseteq \mathbb{R}^n$, 若 $\mathcal{G} \supseteq \mathcal{F}$, 则称 $\mathcal{G}$ 为 $\mathcal{F}$ 的覆盖. 因此, 对给定的集合 $\mathcal{F} \subseteq \mathbb{R}^n$, 以及相应的不可计算的二次函数锥 $\mathcal{D}_{\mathcal{F}}$, 可以设计一系列内点非空的椭球 $\mathcal{G}_1, \mathcal{G}_2, \cdots, \mathcal{G}_s$, 使得 $\mathcal{F} \subseteq \mathcal{G} = \mathcal{G}_1 \cup \mathcal{G}_2 \cup \cdots \cup \mathcal{G}_s$. 此时, 对每一个固定的 s, 二次函数锥 $\mathcal{D}_{\mathcal{G}}$ 是一个具有线性矩阵不等式表示的可计算锥, 且由引理 5.16(i) 知其为 $\mathcal{D}_{\mathcal{F}}$ 的限定锥.

假设可行域 $\mathcal{F}$ 的一个覆盖序列满足 $\mathcal{G}^1 \supseteq \mathcal{G}^2 \supseteq \cdots \supseteq \mathcal{F}$, 且 $\bigcap_{i=1}^{+\infty} \mathcal{G}^i = \mathcal{F}$, 由引理 5.16(i) 知 $\mathcal{D}_{\mathcal{G}^1} \subseteq \mathcal{D}_{\mathcal{G}^2} \subseteq \cdots \subseteq \mathcal{D}_{\mathcal{F}}$. 下面讨论该二次函数锥序列的收敛性. 首先先给出如下定义:

对集合 $\mathcal{F} \subseteq \mathbb{R}^n$, 实数 $\delta > 0$ 及 $p > 1$, 可定义 $\mathcal{F}$ 的 δ-邻域为

$$B_{\delta, \mathcal{F}} = \{x \in \mathbb{R}^n \mid 存在一个 y \in \mathcal{F} 使得 \|x - y\|_p < \delta\}.$$

在后面给出的算例中, 为了便于计算, 上述距离 $\|x - y\|_p$ 采用了 $\|x - y\|_\infty = \max_{1 \leqslant i \leqslant n} |x_i - y_i|$.

若对任意 $\epsilon > 0$, 存在正整数 N_ϵ, 使得 $\mathcal{G}^i \subseteq B_{\epsilon, \mathcal{F}}$ 对任意 $i > N_\epsilon$ 成立, 则称覆盖序列 $\{\mathcal{G}^i\}$ 一致收敛于 $\mathcal{F}$.

对于上述锥序列, 有如下收敛性定理.

定理 6.14　若 $\mathcal{F}$ 为非空有界闭集且覆盖序列 $\{\mathcal{G}^i\}$ 一致收敛于 $\mathcal{F}$, 则 $\mathrm{int}(\mathcal{D}_{\mathcal{F}}) \subseteq \bigcup_{i=1}^{\infty} \mathcal{D}_{\mathcal{G}^i}$.

证明　对任意 $U \in \mathrm{int}(\mathcal{D}_{\mathcal{F}})$, 由定理 5.8 知 $\min_{x \in \mathcal{F}} f_U(x) = \beta > 0$. 因此, 存在 $\delta > 0$ 使得 $\min_{x \in B_{\delta, \mathcal{F}}} f_U(x) \geqslant 0$. 由于 $\{\mathcal{G}^i\}$ 一致收敛于 $\mathcal{F}$, 故存在 $N > 0$, 使得对任意 $i > N$, 有 $\mathcal{G}^i \subseteq B_{\delta, \mathcal{F}}$. 于是得到 $U \in \mathcal{D}_{\mathcal{G}_i}$, 也就有 $U \in \mathcal{D}_{\mathcal{G}_i} \subseteq \bigcup_{k=1}^{\infty} \mathcal{D}_{\mathcal{G}^k}$ 因此 $\mathrm{int}(\mathcal{D}_{\mathcal{F}}) \subseteq \bigcup_{k=1}^{\infty} \mathcal{D}_{\mathcal{G}^k}$. ∎

上述定理表明, 随着可行域 $\mathcal{F}$ 覆盖的逐渐精细化, 锥的逼近效果会越来越精确. 然而, 随着覆盖的细化, 所需的椭球数量 N 可能是非常庞大的, 这必将影响逼近锥的计算效率. 因此, 一个重要问题是如何设计椭球覆盖, 达到尽可能好的逼近效果.

6.3.2 自适应逼近方案

6.3.1 小节给出了一类基于椭球覆盖的可计算逼近思想. 本子节考虑如何设计可行域的椭球覆盖, 使得逼近效果尽可能的有效. 直观上, 不同实例具有不同的数值性质. 若可以设计出一种覆盖方案, 使其根据实例的数值特性自动地生成合理覆盖椭球, 则算法往往更为有效. 因此, 本小节试图设计一套逼近策略, 使其对问题不同实例具有自适应性.

椭球覆盖逼近算法

考虑 (QCQP) 问题, 为了方便, 对 $0 \leqslant i \leqslant m$, 记

$$H_i = \begin{pmatrix} 2c_i & q_i^{\mathrm{T}} \\ q_i & Q_i \end{pmatrix}.$$

取 $\mathcal{G} = \mathcal{G}_1 \cup \mathcal{G}_2 \cup \cdots \cup \mathcal{G}_s$ 为可行域 $\mathcal{F}$ 的一个椭球覆盖, 其中 $\mathcal{G}_i = \left\{ x \in \mathbb{R}^n \middle| \frac{1}{2} x^{\mathrm{T}} B_i x + b_i^{\mathrm{T}} x + d_i \leqslant 0 \right\}$ 为内点非空的椭球, 并用相应的二次函数锥 $\mathcal{D}_{\mathcal{G}}$ 内逼近 $\mathcal{D}_{\mathcal{F}}$ 时, 则有如下问题:

$$\begin{aligned} \max \quad & \sigma \\ \text{s.t.} \quad & H_0 + \sum_{i=1}^{m} \lambda_i H_i - 2\sigma E_1 = U, \\ & U \in \mathcal{D}_{\mathcal{G}}, \quad \sigma \in \mathbb{R}, \quad \lambda \in \mathbb{R}_+^m, \end{aligned} \tag{6.24}$$

其中 $E_1 = \begin{pmatrix} 1 & 0 \\ 0 & 0 \end{pmatrix} \in \mathcal{S}^{n+1}$. 根据定理 6.12 中 $\mathcal{D}_{\mathcal{G}}$ 的线性矩阵不等式表示, (6.24) 问题可等价写成如下形式:

$$\begin{aligned} \max \quad & \sigma \\ \text{s.t.} \quad & H_0 + \sum_{i=1}^{m} \lambda_i H_i - 2\sigma E_1 = U, \\ & U + \tau_j \begin{pmatrix} 2d_j & b_j^{\mathrm{T}} \\ b_j & B_j \end{pmatrix} \in \mathcal{S}_+^{n+1}, \quad j = 1, 2, \cdots, s, \\ & \sigma \in \mathbb{R}, \quad \lambda \in \mathbb{R}_+^m, \quad \tau \in \mathbb{R}_+^s, \end{aligned} \tag{6.25}$$

其中 $H_i = \begin{pmatrix} 2c_i & q_i^{\mathrm{T}} \\ q_i & Q_i \end{pmatrix} \in \mathcal{S}^{n+1}, i = 0, 1, 2, \cdots, m.$

相应地, (6.24) 的对偶问题为

$$
\begin{aligned}
\min \quad & \frac{1}{2} H_0 \bullet V \\
\text{s.t.} \quad & v_{11} = 1, \\
& \frac{1}{2} H_i \bullet V \leqslant 0, \quad i = 1, 2, \cdots, m, \\
& V = (v_{ij}) \in \mathcal{D}_{\mathcal{G}}^*,
\end{aligned} \tag{6.26}
$$

根据定理 6.13 的 $\mathcal{D}_{\mathcal{G}}^*$ 的线性矩阵不等式表示, (6.26) 问题可等价写成如下形式:

$$
\begin{aligned}
\min \quad & \frac{1}{2} H_0 \bullet V \\
\text{s.t.} \quad & v_{11} = 1, \\
& \frac{1}{2} H_i \bullet V \leqslant 0, \quad i = 1, 2, \cdots, m, \\
& V = V_1 + V_2 + \cdots + V_s, \\
& \frac{1}{2} \begin{pmatrix} 2d_j & b_j^{\mathrm{T}} \\ b_j & B_j \end{pmatrix} \bullet V_j \leqslant 0, \quad j = 1, 2, \cdots, s, \\
& V_j \in \mathcal{S}_+^{n+1}, \quad j = 1, 2, \cdots, s.
\end{aligned} \tag{6.27}
$$

根据共轭对偶理论, 不难验证 (6.25) 与 (6.27) 为互为对偶的半定规划问题, 进一步有如下定理.

定理 6.15　设 $\mathcal{F} \subseteq \mathbb{R}^n$ 为非空有界闭集, $\mathcal{G}$ 为 $\mathcal{F}$ 的有限个内点非空椭球覆盖, 则锥规划问题 (6.25) 和 (6.27) 具有强对偶性且 (6.27) 最优解可达.

证明　由于 $\mathcal{F}$ 非空且 $\mathcal{G}$ 是有限个有界闭椭球的并集, 故存在 (QCQP) 的一个可行解 $x \in \mathcal{F}$ 以及 $\mathcal{G}_1, \mathcal{G}_2, \cdots, \mathcal{G}_s$ 中一个椭球 $\mathcal{G}_t$ 满足 $x \in \mathcal{G}_t$. 令 $V = \begin{pmatrix} 1 \\ x \end{pmatrix} \begin{pmatrix} 1 \\ x \end{pmatrix}^{\mathrm{T}}$ 且 $V_t = V, V_j = 0, j \neq t$, 则知 $(V_1, V_2, \cdots, V_s)$ 为 (6.27) 的可行解.

由于 (6.25) 与 (6.27) 互为对偶, 故得知 (6.25) 的最优目标值为 (6.27) 最优目标值的下界, 再因 (6.27) 可行解的存在而得到 (6.25) 上有界.

观察 (6.25), 对所有 $1 \leqslant j \leqslant s$ 有 $B_j \in \mathcal{S}_{++}^n$, 因此当固定 $\bar{\lambda} > 0$ 时, 存在 $\bar{\tau} > 0$ 和 $\bar{\sigma}$ 使得

$$
H_0 + \sum_{i=1}^m \bar{\lambda}_i H_i - 2\bar{\sigma} E_1 + \bar{\tau}_j \begin{pmatrix} 2d_j & b_j^{\mathrm{T}} \\ b_j & B_j \end{pmatrix} \in \mathcal{S}_{++}^{n+1}, \quad j = 1, 2, \cdots, s.
$$

由此可知 $(\bar{\sigma}, \bar{\lambda}, \bar{\tau})$ 为 (6.25) 的一个内点. 加之 (6.25) 上有界, 由定理 3.22 得到 (6.25) 与 (6.27) 为强对偶且 (6.27) 可达. 故本定理得证. ∎

(6.27) 为半定规划问题, 其自由变量包括 $V_1, \cdots, V_s$, 即变量个数数量级为 $\mathcal{O}(sn^2)$, 其与椭球个数 s 成线性关系, 与问题维数 n 成二次关系. 然而, 对高维情形, 为了得到关于 $\mathcal{F}$ 的足够精细的覆盖, 往往需要引入大量的椭球, 这在计算效率上存在问题. 故需要考虑更精巧的椭球覆盖策略.

由于 (6.25) 和 (6.27) 都是半定规划, 它们两个模型更便于实际计算. 因此, 根据定理 3.30, 相应的最优性条件如下:

$$
\begin{cases}
(V, V_1, \cdots, V_s) \text{ 为 (6.27) 问题可行解}, \\
(U, \sigma, \lambda, \tau) \text{ 为 (6.25) 问题可行解}, \\
\lambda_i H_i \bullet V = 0, \ i = 1, 2, \cdots, m, \\
U \bullet V_j = 0 \ \tau_j \begin{pmatrix} d_j & b_j^{\mathrm{T}} \\ b_j & B_j \end{pmatrix} \bullet V_j = 0, \quad j = 1, 2, \cdots s.
\end{cases}
\tag{6.28}
$$

6.3.3 敏感点与自适应逼近算法

直观上, 对不同的目标函数, 可行域 $\mathcal{F}$ 中的每一区域的重要程度不一样, 其中某些重要区域的覆盖精细程度对松弛 (限定) 问题的最优值影响非常大, 而某些区域的覆盖精度对松弛问题的最优值影响微弱. 故考虑在可行域对目标值比较敏感的区域设计足够精细的覆盖, 而在对目标值非敏感区域仅用少量椭球进行粗糙覆盖, 从而提高覆盖效率. 因此, 我们将研究如何检测可行域的敏感区域, 使得算法自动地在敏感区域上改进逼近精度.

本小节内始终假设 $\mathcal{G} = \mathcal{G}_1 \cup \mathcal{G}_2 \cup \cdots \cup \mathcal{G}_s \supseteq \mathcal{F}$, 其中 $\mathcal{G}_i = \left\{ x \in \mathbb{R}^n \,\middle|\, \frac{1}{2} x^{\mathrm{T}} B_i x + b_i^{\mathrm{T}} x + d_i \leqslant 0 \right\}$, $1 \leqslant i \leqslant s$, 为内点非空椭球区域.

由定理 6.15, (6.27) 的最优解可达. 设 $V^* = V_1^* + \cdots + V_s^*$ 为 (6.27) 问题的最优解, 记

$$
\mathcal{J} = \{ j \mid V_j^* \neq 0, 1 \leqslant j \leqslant s \}.
$$

首先给出下述定理.

定理 6.16 若 $V^* = V_1^* + \cdots + V_s^*$ 为 (6.27) 问题的最优解, 则 $[V_j^*]_{11} = 0$ 的充分必要条件为 $V_j^* = 0$.

若 $V_j^* \neq 0$, 则存在分解

$$
V_j^* = \sum_{i=1}^{n_j} \mu_{ji} \begin{pmatrix} 1 \\ x_{ji} \end{pmatrix} \begin{pmatrix} 1 \\ x_{ji} \end{pmatrix}^{\mathrm{T}},
\tag{6.29}
$$

其中 $n_j > 0$, $x_{ji} \in \mathcal{G}_j$, $\mu_{ji} > 0$, 且

$$\sum_{i=1}^{n_j} \mu_{ji} = [V_j^*]_{11}$$

和

$$\sum_{j \in \mathcal{J}} \sum_{i=1}^{n_j} \mu_{ji} = 1.$$

证明　若 $V_j^* = 0$, 明显有 $[V_j^*]_{11} = 0$. 反之, 若 $[V_j^*]_{11} = 0$, 由 (6.27) 得到

$$\frac{1}{2} \begin{pmatrix} 2d_j & b_j^{\mathrm{T}} \\ b_j & B_j \end{pmatrix} \bullet V_j^* \leqslant 0,$$

且 $V_j^* \in \mathcal{S}_+^{n+1}$. 记

$$V_j^* = \begin{pmatrix} 0 & \alpha^{\mathrm{T}} \\ \alpha & W^* \end{pmatrix},$$

由 V_j^* 的半正定性可得到 $\alpha = 0$, 再由上面的不等式得到 $B_j W^* \leqslant 0$. 由 $B_j \in \mathcal{S}_{++}^n$ 和 $W^* \in \mathcal{S}_+^n$ 得到 $W^* = 0$. 所以 $V_j^* = 0$.

当 $V_j^* \neq 0$ 时, 根据定理 2.6, 可知有 $V_j^* = \sum_{i=1}^{n_j} p_i p_i^{\mathrm{T}}$ 且

$$p_i^{\mathrm{T}} \begin{pmatrix} 2d_j & b_j^{\mathrm{T}} \\ b_j & B_j \end{pmatrix} p_i \leqslant 0,$$

其中 $n_j = \mathrm{rank}(V_j^*) > 0$.

记 $(p_i)_1$ 为 p_i 的第一个分量. 当 $(p_i)_1 = 0$ 时, 由 B_j 的正定性及上式得到 $p_i = 0$, 所以, 对任意 $1 \leqslant i \leqslant n_j$ 有 $(p_i)_1 \neq 0$. 取 $\mu_{ji} = (p_i)_1^2$, 并记 $x_{ji} = \frac{1}{(p_i)_1}(p_i)_{2:n+1}$, $(p_i)_{2:n+1}$ 表示 p_i 后 n 个元素的向量, 则有

$$V_j^* = \sum_{i=1}^{n_j} \mu_{ji} \begin{pmatrix} 1 \\ x_{ji} \end{pmatrix} \begin{pmatrix} 1 \\ x_{ji} \end{pmatrix}^{\mathrm{T}}$$

和

$$\begin{pmatrix} 1 \\ x_{ji} \end{pmatrix}^{\mathrm{T}} \begin{pmatrix} 2d_j & b_j^{\mathrm{T}} \\ b_j & B_j \end{pmatrix} \begin{pmatrix} 1 \\ x_{ji} \end{pmatrix} \leqslant 0,$$

其中 $\mu_{ji} > 0$, 且 $\sum_{i=1}^{n_j} \mu_{ji} = [V_j^*]_{11}$.

由上面的讨论及 $[V^*]_{11} = 1$, 结论 $\sum_{j \in \mathcal{J}} \sum_{i=1}^{n_j} \mu_{ji} = 1$ 明显成立. ∎

因此, 可以按如下方式定义最敏感点. 对于定理 6.16 的 (6.29) 分解形式, 令

$$x^* = \operatorname{argmin}_{x \in \{x_{ji} \mid j \in \mathcal{J}, \ i=1,2,\cdots,n_j\}} \begin{pmatrix} 1 \\ x \end{pmatrix}^{\mathrm{T}} \begin{pmatrix} 2c_0 & q_0^{\mathrm{T}} \\ q_0 & Q_0 \end{pmatrix} \begin{pmatrix} 1 \\ x \end{pmatrix}. \tag{6.30}$$

记 t 为上述最优解 x^* 的最小下标 j, 并称 x^* 为最敏感点 (the most sensitive point), 其对应的椭球 $\mathcal{G}_t$ 为最敏感椭球 (the most sensitive ellipsoid).

定理 6.17 若 V^* 为 (6.27) 问题的最优解, 其相应的最敏感点为 x^*, 则

$$\frac{1}{2} \begin{pmatrix} 1 \\ x^* \end{pmatrix}^{\mathrm{T}} \begin{pmatrix} 2c_0 & q_0^{\mathrm{T}} \\ q_0 & Q_0 \end{pmatrix} \begin{pmatrix} 1 \\ x^* \end{pmatrix}$$

为 (QCQP) 最优目标值的下界. 此外, 若 $x^* \in \mathcal{F}$, 则 x^* 为 (QCQP) 的全局最优解 且 $\begin{pmatrix} 1 \\ x^* \end{pmatrix} \begin{pmatrix} 1 \\ x^* \end{pmatrix}^{\mathrm{T}}$ 为 (6.27) 的最优解.

证明 由 $H_0 = \begin{pmatrix} 2c_0 & q_0^{\mathrm{T}} \\ q_0 & Q_0 \end{pmatrix}$ 和 $\mu_{ji} > 0$ 对所有 $j \in \mathcal{J}, i = 1, 2, \cdots, n_j$ 成立, 可得 (6.27) 的最优值为

$$\frac{1}{2} H_0 \bullet V^* = \frac{1}{2} \sum_{j \in \mathcal{J}} \sum_{i=1}^{n_j} \mu_{ji} \begin{pmatrix} 1 \\ x_{ji} \end{pmatrix}^{\mathrm{T}} H_0 \begin{pmatrix} 1 \\ x_{ji} \end{pmatrix} \geqslant \frac{1}{2} \begin{pmatrix} 1 \\ x^* \end{pmatrix}^{\mathrm{T}} H_0 \begin{pmatrix} 1 \\ x^* \end{pmatrix}.$$

当 $x^* \in \mathcal{F}$ 时, x^* 为二次约束二次规划问题 (QCQP) 的可行解, 故其函数值

$$\frac{1}{2} \begin{pmatrix} 1 \\ x^* \end{pmatrix}^{\mathrm{T}} H_0 \begin{pmatrix} 1 \\ x^* \end{pmatrix}$$

为 (QCQP) 最优目标值的上界. 而根据 $\mathcal{G} \supseteq \mathcal{F}$ 和 $\mathcal{F}$ 为内点非空有界闭集的假设, 由引理 5.16(ii) 和定理 5.3 可知上述函数值同时为 (QCQP) 最优目标值的下界. 因此推得 x^* 为 (QCQP) 的全局最优解.

因为 $\begin{pmatrix} 1 \\ x^* \end{pmatrix} \begin{pmatrix} 1 \\ x^* \end{pmatrix}^{\mathrm{T}}$ 为 (6.27)的一个可行解及上面推导出其函数值为 (6.27) 的一个下界, 故知其为 (6.27) 的最优解. ∎

于是可以总结出这样的一个自适应逼近方案. 首先, 给出有限个系列椭球覆盖 $\mathcal{F}$ 并计算 (6.27), 得到最优解. 其次, 按定理 6.16 给出分解, 定理 2.6 的证明中已经给出分解算法. 然后, 按定理 6.17 找出最敏感点. 最后, 根据最敏感点的情况 (定理 6.17) 给出下界、全局最优解或继续细化椭球等策略.

另外, 对最敏感点 x^* 给出一些说明. 当 $x^* \in \mathcal{F}$ 时, 定理 6.17 说明其为 (QCQP) 问题的全局最优解. 否则, 最敏感点一定不可行. 这也说明, 定理 2.6 证明中给出的分解算法可以保证分解的最敏感点一定落到某个椭球上. 只要它不是全局最优解, 则一定破坏了可行性.

下面给出自适应逼近方案.

自适应逼近方案

步骤 1　设计可行域 $\mathcal{F}$ 的初始椭球覆盖 $\mathcal{G}^s = \mathcal{G}_1$, 设置 $s = 1$.

步骤 2　根据当前的逼近锥 $\mathcal{G}^s$, 求解相应的锥规划松弛问题 (6.27), 记最优解为 $V^* = V_1^* + \cdots + V_s^*$, 相应的最优值记为 l_s.

步骤 3　对矩阵 V^* 进行分解, 求得最敏感点 x^* 及相应的最敏感椭球 $\mathcal{G}_t$.

步骤 4　若 $x^* \notin \mathcal{F}$, 则去掉覆盖 $\mathcal{G}^s$ 中的椭球 $\mathcal{G}_t$, 设计新的椭球 $\mathcal{G}_{t_1}, \cdots, \mathcal{G}_{t_z}$ 替代 $\mathcal{G}_t$ 后, 系列椭球形成 $\mathcal{F}$ 的新覆盖且新的覆盖不包含 x^*, 令 $\mathcal{G}^{s+1}$ 为由下标 $(\{1, 2, \cdots, s\} - \{t\}) \cup \{t_1, t_2, \cdots, t_z\}$ 的椭球系列组成, 令 $s = s + 1$, 进入下一步, 否则返回 x^* 作为 (QCQP) 问题的最优解, 其相应的最优值为 l_s.

步骤 5　若 s 小于最大迭代次数 (用户指定), 则返回步骤 2 进行下一轮迭代, 否则返回 $\max\{l_1, \cdots, l_s\}$ 作为 (QCQP) 问题最优值的一个下界估计.

上述逼近方案并不是一个具体的算法, 特别是步骤 4, 并没有给出一般性的椭球覆盖的策略, 具体的策略实际上需要根据可行域 $\mathcal{F}$ 的具体结构而具体给出. 因此, 为了最终在算法上实现前述自适应逼近方案, 仅需要在第 4 步设计具体的椭球覆盖算法. 6.3.4 小节将针对一类具体的非凸二次规划问题 —— 箱约束二次规划 (box-constrained quadratic programming, BQP) 问题, 来实现上述逼近方案.

最后, 由于下界序列 $l_1, \cdots, l_s$ 随着 s 的增加不一定保持单调递增 (这取决于椭球覆盖方法的设计), 因此要求算法在最后一步返回当前最好下界 $\max\{l_1, \cdots, l_s\}$. 此外, 对足够小的实数 $\delta > 0$, 步骤 4 中的最敏感点 x^* 若满足 $x^* \in B_{\delta, \mathcal{F}}$, 则可寻找可行域 $\mathcal{F}$ 中距离 x^* 最近的点, 作为近似解. 由于二次目标函数是连续函数, 故当 δ 足够小, 该近似解的目标值将会非常接近最优值.

6.3.4　算法与应用

我们针对箱约束的二次规划问题说明自适应逼近策略的实现细节. 箱约束二次规划问题的一般模型为

$$
\begin{aligned}
v_{\mathrm{BQP}} = \min \quad & \frac{1}{2} x^{\mathrm{T}} Q x + q^{\mathrm{T}} x \\
\text{s.t.} \quad & x_i^2 - x_i \leqslant 0, \quad i = 1, 2, \cdots, n, \\
& x \in \mathbb{R}^n.
\end{aligned}
\tag{6.31}
$$

记其可行域为 $\mathcal{F}$, 则 $\mathcal{F} = \{x \in \mathbb{R}^n \mid x_i^2 - x_i \leqslant 0, i = 1, 2, \cdots, n\} = [0, 1]^n$. 明显可见

$\mathcal{F}$ 为非空有界闭集. 令 $H_0 = \begin{pmatrix} 0 & q^{\mathrm{T}} \\ q & Q \end{pmatrix}$.

BQP 问题对应的非负二次函数锥规划模型为

$$
\begin{aligned}
\max\quad & \sigma \\
\text{s.t.}\quad & \begin{pmatrix} -2\sigma & (q-2\lambda)^{\mathrm{T}} \\ q-2\lambda & Q+2\mathrm{Diag}(\lambda) \end{pmatrix} \in \mathcal{D}_{\mathcal{G}}, \\
& \sigma \in \mathbb{R}, \quad \lambda \in \mathbb{R}_{+}^{n}.
\end{aligned}
\tag{6.32}
$$

其对偶问题为

$$
\begin{aligned}
\min\quad & \frac{1}{2} H_0 \bullet V \\
\text{s.t.}\quad & V = \begin{pmatrix} 1 & x^{\mathrm{T}} \\ x & X \end{pmatrix}, \\
& x_{ii} - x_i \leqslant 0, \quad i = 1,2,\cdots,n, \\
& V \in \mathcal{D}_{\mathcal{G}}^{*},
\end{aligned}
\tag{6.33}
$$

其中 $X = (x_{ij}) \in \mathcal{S}^n$.

根据定理 5.3, 可知, 当 $\mathcal{G} = \mathcal{F}$ 时, (6.31), (6.32) 和 (6.33) 三个问题具有相同的最优值.

下面设计具体的自适应逼近策略求解该问题. 为了实现逼近策略, 仅需要为上子节中自适应逼近方案步骤 4 指定具体的椭球覆盖方法. 首先给出如下的覆盖构造: 对于给定的空间矩形体 $\mathcal{T} = \{x \in \mathbb{R}^n \mid u_i \leqslant x_i \leqslant v_i\}$, 定义与 $\mathcal{T}$ 对应的椭球覆盖为 $\mathcal{G}_{\mathcal{T}} = \{x \in \mathbb{R}^n \mid g(x) \leqslant 0\}$, 其中

$$
g(x) = \sum_{i=1}^{n} \frac{(2x_i - v_i - u_i)^2}{(v_i - u_i)^2} - n.
\tag{6.34}
$$

容易验证 $\mathcal{T} \subseteq \mathcal{G}_{\mathcal{T}}$. 在算法第一步, 可以取 $\mathcal{G}^1 = \mathcal{G}_{\mathcal{T}_1}$, 其中 $\mathcal{T}_1 = [0,1]^n$.

对步骤 4, 假定当前覆盖为 $\mathcal{G}^s = \mathcal{G}_{\mathcal{T}_1} \cup \mathcal{G}_{\mathcal{T}_2} \cup \cdots \cup \mathcal{G}_{\mathcal{T}_s}$. 记当前步骤的最敏感点 x^*, 最敏感椭球 $\mathcal{G}_{\mathcal{T}_t}$, 以及相应的矩形体 $\mathcal{T}_t = \{x \in \mathbb{R}^n \mid \hat{u}_i \leqslant x_i \leqslant \hat{v}_i,\ i = 1,2,\cdots,n\}$. 若 $x^* \in [0,1]^n$, 则 x^* 已经是 (6.31) 问题的最优解, 算法终止迭代. 否则, 对 $x^* \notin [0,1]^n$ 情形, 定义 $id = \mathrm{argmax}_i[\max(x_i^* - 1, -x_i^*)]$, 即 id 表示 x^* 距离可行域最远的项对应的脚标. 此时, 将矩形体 $\mathcal{T}_t$ 沿着与 id 轴垂直的方向的矩形体中心进行切分, 并得到两个新矩形 $\mathcal{T}_{t_1}$ 及 $\mathcal{T}_{t_2}$, 分别为 $\mathcal{T}_{t_1} = \left\{ x \in \mathcal{T}_t \mid x_{id} \leqslant \dfrac{\hat{u}_{id} + \hat{v}_{id}}{2} \right\}$, $\mathcal{T}_{t_2} = \left\{ x \in \mathcal{T}_t \mid x_{id} \geqslant \dfrac{\hat{u}_{id} + \hat{v}_{id}}{2} \right\}$. 最终, 定义 $\mathcal{G}^{k+1} = \mathcal{G}_{\mathcal{T}_1} \cup \mathcal{G}_{\mathcal{T}_2} \cup \cdots \cup \mathcal{G}_{\mathcal{T}_{t-1}} \cup \mathcal{G}_{\mathcal{T}_{t_1}} \cup$

$\mathcal{G}_{\mathcal{T}_{t_2}} \cup \mathcal{G}_{\mathcal{T}_{t+1}} \cup \cdots \cup \mathcal{G}_{\mathcal{T}_s}$，则可实现步骤 4.

下面首先给出这个算法的收敛性分析.

定理 6.18　记 $\{l_i\}_{i=1,2,\cdots}$ 为求解 BQP 的自适应逼近算法返回的下界序列，则对任意 $\epsilon > 0$，存在 $N_\epsilon \in \mathbb{N}_+$，使得 $|\, v_{\mathrm{BQP}} - \max_{1 \leqslant i \leqslant s} l_i\,| < \epsilon$ 对任意 $s \geqslant N_\epsilon$ 成立.

证明　对任意 $\delta > 0$，定义 $[0,1]^n$ 的邻域 $\mathcal{B}_{\delta,[0,1]^n} = \{x \in \mathbb{R}^n \mid$ 存在 $y \in [0,1]^n$ 使得 $\|x - y\|_\infty < \delta\}$. 根据 BQP 目标函数的连续性，对任意 $\epsilon > 0$，存在 $\delta > 0$，使得 $\left| \min_{x \in [0,1]^n} \left(\frac{1}{2} x^{\mathrm{T}} Q x + f^{\mathrm{T}} x \right) - \min_{x \in \mathcal{B}_{\delta,[0,1]^n}} \left(\frac{1}{2} x^{\mathrm{T}} Q x + f^{\mathrm{T}} x \right) \right| < \epsilon$ 成立.

在自适应逼近算法迭代过程中，若存在某个循环迭代 s 中，最敏感点 x^* 满足 $x^* \in \mathcal{B}_{\delta,[0,1]^n}$，则可得 $\min_{x \in \mathcal{B}_{\delta,[0,1]^n}} \left(\frac{1}{2} x^{\mathrm{T}} Q x + f^{\mathrm{T}} x \right) \leqslant \frac{1}{2} x^{*\mathrm{T}} Q x^* + f^{\mathrm{T}} x^* \leqslant l_s \leqslant \min_{x \in [0,1]^n} \left(\frac{1}{2} x^{\mathrm{T}} Q x + f^{\mathrm{T}} x \right)$，从而可知 $\min_{x \in [0,1]^n} \left(\frac{1}{2} x^{\mathrm{T}} Q x + f^{\mathrm{T}} x \right) - l_s < \epsilon$. 注意到在迭代步骤中，若最敏感点 x^* 所对应的 x_{id} 轴的长度若小于 δ，则 $x^* \in \mathcal{B}_{\delta,[0,1]^n}$.

根据自适应逼近策略中的椭球覆盖方法，可知对任意椭球 $\mathcal{G}_{\mathcal{T}_i}$，其沿着 x_j 轴方向的半长轴长度等于矩形体 $\mathcal{T}_i$ 沿着 x_j 轴方向的边的长度的 $\frac{\sqrt{n}}{2}$ 倍，故进行 $\left(\left\lceil \frac{\sqrt{n}}{\delta} \right\rceil \right)^n$ 次迭代后，经过各步迭代切分得到的所有矩形中，至少存在一个矩形体 $\mathcal{T}^*$ 的某条边长度小于 $\frac{\delta}{\sqrt{n}}$（否则，所有矩形的总体积将超过 $[0,1]^n$ 的体积）. 假设 $\mathcal{T}^*$ 是在第 s_0 次迭代过程中经过切分得到的矩形，则在前 s_0 步迭代中，必然存在某一次迭代，进行切分的矩阵的 x_{id} 轴的长度小于 $\frac{2\delta}{\sqrt{n}}$，因此相应的覆盖矩形的椭球的 x_{id} 轴长度小于 δ，从而得到 $x^* \in \mathcal{B}_{\delta,[0,1]^n}$.

综上所述，令 $N_\epsilon = s_0$，则 $|\, v_{\mathrm{BQP}} - \max_{1 \leqslant i \leqslant s} l_i\,| < \epsilon$ 对任意 $s \geqslant N_\epsilon$ 成立. ∎

上述定理收敛性证明中提到了迭代次数上界值 $\left(\left\lceil \frac{\sqrt{n}}{\delta} \right\rceil \right)^n$，这个上界值大约为覆盖矩形体 $[0,1]^n$ 所需的半径为 δ 球的个数. 实际计算中，由于算法的自适应特性，真正收敛效率往往远高于理论上的收敛速度.

最终，归结所有前述的讨论可得如下收敛性定理.

定理 6.19　令 $l_s^* = \max\limits_{i \in \{1,2,\cdots,s\}} l_i$ 为 s 次迭代后的最优下界值，则

$$\lim_{s \to +\infty} l_s^* = v_{\mathrm{BQP}}.$$

接下来通过算例数值验证上述自适应逼近策略.

例 6.4

$$\min \quad x^{\mathrm{T}}Qx + q^{\mathrm{T}}x$$
$$\text{s.t.} \quad x \in [0,1]^{10},$$

其中

$$Q = \begin{pmatrix}
54 & 24 & -79 & 88 & 11 & -109 & -76 & -14 & 250 & 81 \\
24 & 303 & -24 & -61 & 24 & -6 & -5 & 112 & 85 & 76 \\
-79 & -24 & 72 & 28 & 40 & -9 & 64 & -25 & 25 & -3 \\
88 & -61 & 28 & -81 & -132 & 16 & 71 & 7 & 148 & 44 \\
11 & 24 & 40 & -132 & -86 & -2 & 69 & -7 & 14 & 22 \\
-109 & -6 & -9 & 16 & -2 & 153 & -34 & -52 & 24 & 65 \\
-76 & -5 & 64 & 71 & 69 & -34 & -149 & -108 & -11 & 113 \\
-14 & 112 & -25 & 7 & -7 & -52 & -108 & 49 & -21 & -106 \\
250 & 85 & 25 & 148 & 14 & 24 & -11 & -21 & 22 & -80 \\
81 & 76 & -3 & 44 & 22 & 65 & 113 & -106 & -80 & -179
\end{pmatrix},$$

$$q = (84 \quad -89 \quad 10 \quad -54 \quad 30 \quad -60 \quad 49 \quad 74 \quad 171 \quad -19)^{\mathrm{T}}.$$

该问题最优值为 -611. 传统的 SDP 松弛得到的下界为 -661.37, 而 BQP 自适应逼近算法得到了下界值序列 l_s 满足 $l_1 = -661.37$, $l_{10} = -632.10$, $l_{20} = -618.98$, $l_{30} = -612.32$, $l_{40} = -611.68$, $l_{50} = -611.08$(参见图 6.1, 其中上部分曲线表示自适应下界, 下部分直线表示 SDP 下界).

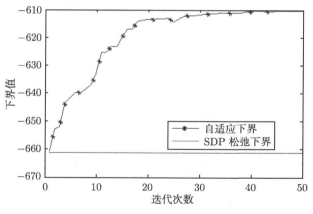

图 6.1 SDP 下界与自适应下界

上面算例说明了, 自适应逼近策略在迭代过程中可以很有效地改进松弛效果, 从而明显提高下界估计值.

6.4　二阶锥覆盖法

椭球覆盖法的核心思想是用系列椭球覆盖一个有界闭集, 这个闭集可以是可行解区域, 也可以是包含可行解区域的一个集合. 仿效有界闭集的椭球覆盖法, 二阶锥为无界集合, 采用系列二阶锥来覆盖一个无界集合, 从而达到可行解区域无界的优化问题近似求解. 本节的主要内容来源于文献 [32, 60].

本节沿用 5.5 节 $\mathcal{G}$ 上的协正锥定义

$$\mathcal{CP}_{\mathcal{G}}^n = \{U \in \mathcal{S}^n \mid x^{\mathrm{T}} U x \geqslant 0, x \in \mathcal{G} \subseteq \mathbb{R}^n\}$$

和全正锥 (completely positive cone) 的定义

$$(\mathcal{CP}_{\mathcal{G}}^n)^* = \mathrm{cl}(\mathrm{cone}(\{xx^{\mathrm{T}} \mid x \in \mathcal{G} \subseteq \mathbb{R}^n\})).$$

6.4.1　二阶锥的线性矩阵不等式表示

由二次函数锥的研究, 采用系列椭球覆盖有界可行解区域近似计算时, 最后转化为研究一个椭球上的二次函数锥的线性矩阵不等式表示形式. 模仿这样的思路, 对二阶锥覆盖, 罗列下面的结论.

引理 6.20　当 $\mathcal{G} \subseteq \mathbb{R}^n$ 为闭凸集时, 则有 $\mathcal{CP}_{\mathcal{G}}^n = \mathcal{CP}_{\mathrm{cone}(\mathcal{G})}^n$.

证明　记 $f_U(x) = x^{\mathrm{T}} U x$. 若 $U \in \mathcal{CP}_{\mathcal{G}}^n$, 则有 $f_U(x) \geqslant 0, \forall\, x \in \mathcal{G}$. 对任意一个 $\bar{x} \in \mathrm{cone}(\mathcal{G})$, 存在一个 $x \in \mathcal{G}$ 和一个常数 $\lambda \geqslant 0$, 满足 $\bar{x} = \lambda x$. 因此, $f_U(\bar{x}) = \lambda^2 f_U(x) \geqslant 0$. 由此得到 $U \in \mathcal{CP}_{\mathrm{cone}(\mathcal{G})}^n$ 和 $\mathcal{CP}_{\mathcal{G}}^n \subseteq \mathcal{CP}_{\mathrm{cone}(\mathcal{G})}^n$. 反之, 因为 $\mathcal{G} \subseteq \mathrm{cone}(\mathcal{G})$, 根据协正锥的定义, 不难证明 $\mathcal{CP}_{\mathrm{cone}(\mathcal{G})}^n \subseteq \mathcal{CP}_{\mathcal{G}}^n$. 综合得到 $\mathcal{CP}_{\mathcal{G}}^n = \mathcal{CP}_{\mathrm{cone}(\mathcal{G})}^n$. ■

记一般形式的二阶锥为

$$\mathcal{L} = \{x \in \mathbb{R}^n \mid \sqrt{x^{\mathrm{T}} Q x} \leqslant q^{\mathrm{T}} x\},$$

其中 $Q \in \mathcal{S}_{++}^n$ 和 $q \in \mathbb{R}^n$. 当 $\mathcal{L} \neq \varnothing$ 时, 称 $\mathcal{L}$ 为非平凡二阶锥. 记

$$\mathcal{L}(1) = \{x \in \mathbb{R}^n \mid x^{\mathrm{T}} Q x \leqslant 1, q^{\mathrm{T}} x = 1\}.$$

下面给出 $\mathcal{L}$ 与 $\mathcal{L}(1)$ 的关系.

引理 6.21　若 $\mathcal{L} = \{x \in \mathbb{R}^n \mid \sqrt{x^{\mathrm{T}} Q x} \leqslant q^{\mathrm{T}} x\}$ 为非平凡二阶锥, 其中 $Q \in \mathcal{S}_{++}^n$ 和 $q \in \mathbb{R}^n$, 则 $\mathcal{L} = \mathrm{cone}(\mathcal{L}(1))$.

证明　因为 $Q \in \mathcal{S}_{++}^n$ 和 $\mathcal{L}$ 非平凡, 所以 $0 < \sqrt{\bar{x}^{\mathrm{T}} Q \bar{x}} \leqslant q^{\mathrm{T}} \bar{x}$ 对任意 $\bar{x} \in \mathcal{L}$ 且 $\bar{x} \neq 0$ 成立. 记 $x = \dfrac{\bar{x}}{q^{\mathrm{T}} \bar{x}}$. 容易验证 $x \in \mathcal{L}(1)$. 因此, $\mathcal{L} \subseteq \mathrm{cone}(\mathcal{L}(1))$. 另外, 由 $\mathcal{L}(1) \subseteq \mathcal{L}$, 得到 $\mathrm{cone}(\mathcal{L}(1)) \subseteq \mathcal{L}$. 综合得到 $\mathcal{L} = \mathrm{cone}(\mathcal{L}(1))$. ■

应用引理 6.20 和引理 6.21 的结论可知: $\mathcal{L}$ 和 $\mathcal{L}(1)$ 上的协正锥相同.

引理 6.22 若 $\mathcal{L} = \{x \in \mathbb{R}^n \mid \sqrt{x^{\mathrm{T}}Qx} \leqslant q^{\mathrm{T}}x\}$ 为非平凡二阶锥, 其中 $Q \in \mathcal{S}_{++}^n$ 和 $q \in \mathbb{R}^n$, 则有 $\mathcal{CP}_{\mathcal{L}}^n = \mathcal{CP}_{\mathcal{L}(1)}^n$.

上述引理说明, 若 $\mathcal{L} = \left\{x \in \mathbb{R}^n \mid \sqrt{x^{\mathrm{T}}Qx} \leqslant q^{\mathrm{T}}x\right\}$ 为非平凡二阶锥, 其中 $Q \in \mathcal{S}_{++}^n$ 和 $q \in \mathbb{R}^n$, 则判断一个矩阵 $U \in \mathcal{S}^n$ 是否属于协正锥 $\mathcal{CP}_{\mathcal{L}}^n$ 等价于判断下列优化问题

$$\begin{aligned}
\min \quad & x^{\mathrm{T}}Ux \\
\text{s.t.} \quad & x^{\mathrm{T}}Qx \leqslant 1, \\
& q^{\mathrm{T}}x = 1
\end{aligned} \tag{6.35}$$

的最优目标值是否非负. 总结为下面的定理.

定理 6.23 设 $\mathcal{L} = \{x \in \mathbb{R}^n \mid \sqrt{x^{\mathrm{T}}Qx} \leqslant q^{\mathrm{T}}x\}$ 为非平凡二阶锥, 其中 $Q \in \mathcal{S}_{++}^n$ 和 $q \in \mathbb{R}^n$, $U \in \mathcal{CP}_{\mathcal{L}}^n$ 的充要条件为 (6.35) 的最优目标值非负.

证明 由引理 6.22, $U \in \mathcal{CP}_{\mathcal{L}}^n$ 就有 $U \in \mathcal{CP}_{\mathcal{L}(1)}^n$. 由 $\mathcal{CP}_{\mathcal{L}(1)}^n$ 的定义得到 (6.35) 的最优目标值非负. 反之, 当 (6.35) 的最优目标值非负时, (6.35) 的可行域为 $\mathcal{L}(1)$, 即有 $U \in \mathcal{CP}_{\mathcal{L}(1)}^n$, 再由引理 6.22, 就有 $U \in \mathcal{CP}_{\mathcal{L}}^n$. ■

仿效 4.3.1 小节半定规划松弛的讨论, 记 $B = qq^{\mathrm{T}}$, 得到 (6.35) 的一个半定规划松弛模型

$$\begin{aligned}
\min \quad & U \bullet X \\
\text{s.t.} \quad & Q \bullet X \leqslant 1, \\
& B \bullet X = 1, \\
& X \in \mathcal{S}_+^n.
\end{aligned} \tag{6.36}$$

再利用第 4 章有关半定规划不等式模型的讨论, 上述模型的对偶模型为

$$\begin{aligned}
\max \quad & -\lambda_1 - \lambda_2 \\
\text{s.t.} \quad & U + \lambda_1 Q + \lambda_2 B \in \mathcal{S}_+^n, \\
& \lambda_1 \geqslant 0, \quad \lambda_2 \in \mathbb{R}.
\end{aligned} \tag{6.37}$$

对半定松弛 (6.36) 的可行解, 有如下结论.

引理 6.24 设 $Q \in \mathcal{S}_{++}^n$, $q \in \mathbb{R}^n$ 且 $B = qq^{\mathrm{T}}$. 若秩为 r 的非零 $X \in \mathcal{S}^n$ 为 (6.36) 的可行解, 则存在分解 $X = \sum_{i=1}^{r} \mu_i x^i (x^i)^{\mathrm{T}}$, 对 $i = 1, 2, \cdots, r$, 满足 $\mu_i > 0$, $(x^i)^{\mathrm{T}}Qx^i \leqslant 1$, $q^{\mathrm{T}}x^i = 1$ 和 $\sum_{i=1}^{r} \mu_i = 1$, 其中 $x^i \in \mathbb{R}^n$.

证明 设 X 为 (6.36) 的可行解. 记 $\alpha = Q \bullet X$. 当 $X \in \mathcal{S}_+^n$ 为非零矩阵时, 由 $Q \in \mathcal{S}_{++}^n$ 得到 $0 < \alpha \leqslant 1$, 进一步有 $\alpha B \bullet X = Q \bullet X$, 亦即 $(Q - \alpha B) \bullet X = 0$. 由定

理 2.6 的特别情形可知, 存在分解 $X = \sum\limits_{i=1}^{r} p^i (p^i)^{\mathrm{T}}$ 满足 $(p^i)^{\mathrm{T}}(Q - \alpha B)p^i = 0$ 对所有 $i = 1, 2, \cdots, r$ 成立. 特别注意

$$(p^i)^{\mathrm{T}} B p^i = (q^{\mathrm{T}} p^i)^2 = \frac{1}{\alpha}(p^i)^{\mathrm{T}} Q p^i > 0.$$

记 $x^i = \dfrac{1}{q^{\mathrm{T}} p^i} p^i$ 和 $\mu_i = (p^i)^{\mathrm{T}} B p^i$, 则有 $\sum\limits_{i=1}^{r} \mu_i = 1$, $\mu_i > 0$, $(x^i)^{\mathrm{T}} Q x^i \leqslant 1$ 和 $q^{\mathrm{T}} x^i = 1$ 对所有 $i = 1, 2, \cdots, r$ 成立. 因此得到结论. ∎

由此可以得到 (6.35)、(6.36) 和 (6.37) 三个问题最优目标值相等的结论.

定理 6.25　若 $U \in \mathcal{S}^n$ 和以 $Q \in \mathcal{S}^n_{++}$ 且 $q \in \mathbb{R}^n$ 生成的 $\mathcal{L} = \{x \in \mathbb{R}^n \mid \sqrt{x^{\mathrm{T}} Q x} \leqslant q^{\mathrm{T}} x\}$ 为非平凡二阶锥, 则 (6.35)、(6.36) 和 (6.37) 三个问题的最优目标值相等.

证明　分别记 (6.35)、(6.36) 和 (6.37) 的最优目标值为 v_1, v_2 和 v_3. 因为 $\mathcal{L}$ 为非平凡, 可知 (6.35) 的可行域为非空的有界闭集, 而目标函数为连续函数, 所以 (6.35) 的最优目标值有限且最优解可达. 记 x 为 (6.35) 的任意可行解, 不难验证 $X = x x^{\mathrm{T}}$ 为 (6.36) 的可行解. 因此得到 $v_1 \geqslant v_2$. 由 $Q \in \mathcal{S}^n_{++}$, 可取 $\lambda_2 = 0$ 和一个充分大的 $\lambda_1 > 0$ 使得 $U + \lambda_1 Q + \lambda_2 B \in \mathcal{S}^n_{++}$. 由此得知 (6.37) 的强可行解. 由 (6.36) 的可行解集非空, 得到 (6.37) 上有界. 因为 (6.36) 和 (6.37) 是半定规划不等式模型的变形, 由定理 4.9 可知 (6.36) 最优解可达且 $v_2 = v_3$.

记 $\bar{X}$ 为 (6.36) 的一个最优解, 由引理 6.24, 存在分解

$$\bar{X} = \sum_{i=1}^{r} \mu_i \bar{x}^i (\bar{x}^i)^{\mathrm{T}},$$

其中 $r = \mathrm{rank}(\bar{X})$, $\bar{x}^i \in \mathbb{R}^n$, $\sum\limits_{i=1}^{r} \mu_i = 1$, $\mu_i > 0$, $(\bar{x}^i)^{\mathrm{T}} Q \bar{x}^i \leqslant 1$ 和 $q^{\mathrm{T}} \bar{x}^i = 1$ 对所有 $i = 1, 2, \cdots, r$ 成立. 因此得到

$$v_1 \geqslant v_2 = \sum_{i=1}^{r} \mu_i (\bar{x}^i)^{\mathrm{T}} U \bar{x}^i \geqslant \min_{1 \leqslant i \leqslant r} (\bar{x}^i)^{\mathrm{T}} U \bar{x}^i \geqslant v_1.$$

综合得到 $v_1 = v_2 = v_3$, 即 (6.35)、(6.36) 和 (6.37) 三个问题的最优目标值相等. ∎

现在可以将二阶锥覆盖的线性矩阵不等式表示总结为下面两个定理.

定理 6.26　若 $\mathcal{L} = \{x \in \mathbb{R}^n \mid \sqrt{x^{\mathrm{T}} Q x} \leqslant q^{\mathrm{T}} x\}$ 为非平凡二阶锥, 其中 $Q \in \mathcal{S}^n_{++}$ 和 $q \in \mathbb{R}^n$, 记 $B = q q^{\mathrm{T}}$, 则 $U \in \mathcal{CP}^n_{\mathcal{L}}$ 的充要条件为下列约束可行

$$\begin{aligned} &U + \lambda(Q - B) \in \mathcal{S}^n_+, \\ &\lambda \geqslant 0. \end{aligned} \tag{6.38}$$

证明 综合引理 6.22 和定理 6.25, 知 $U \in \mathcal{CP}_{\mathcal{L}}^n = \mathcal{CP}_{\mathcal{L}(1)}^n$ 当且仅当 (6.37) 的最优目标值非负, 即有 $\lambda_1 \geqslant 0$ 和 λ_2 满足

$$-\lambda_1 - \lambda_2 \geqslant 0,$$
$$U + \lambda_1 Q + \lambda_2 B \in \mathcal{S}_+^n,$$
$$\lambda_1 \geqslant 0, \quad \lambda_2 \in \mathbb{R}.$$

必要性. 取 $\lambda = \lambda_1$, 上式变为

$$-\lambda - \lambda_2 \geqslant 0,$$
$$U + \lambda(Q - B) + (\lambda_2 + \lambda)B \in \mathcal{S}_+^n,$$
$$\lambda \geqslant 0, \quad \lambda_2 \in \mathbb{R}.$$

因为 $B = qq^{\mathrm{T}} \in \mathcal{S}_+^n$, 当 $\lambda \leqslant -\lambda_2$ 时, 由 $U + \lambda(Q - B) + (\lambda_2 + \lambda)B \in \mathcal{S}_+^n$ 得到 $U + \lambda(Q - B) \in \mathcal{S}_+^n$.

充分性. 取 $\lambda_1 = \lambda$ 和任意 $\lambda_2 \leqslant -\lambda$, 则由上述推导得到 (6.37) 的目标值非负, 故 $U \in \mathcal{CP}_{\mathcal{L}}^n$. ∎

从对偶的角度来看, 有下列结论.

定理 6.27 若 $\mathcal{L} = \{x \in \mathbb{R}^n \mid \sqrt{x^{\mathrm{T}}Qx} \leqslant q^{\mathrm{T}}x\}$ 为非平凡二阶锥, 其中 $Q \in \mathcal{S}_{++}^n$ 和 $q \in \mathbb{R}^n$, 记 $B = qq^{\mathrm{T}}$, $(\mathcal{CP}_{\mathcal{L}}^n)^*$ 为 $\mathcal{CP}_{\mathcal{L}}^n$ 的对偶集合, 则 $X \in (\mathcal{CP}_{\mathcal{L}}^n)^*$ 的充要条件为 X 满足

$$\begin{aligned} (Q - B) \bullet X &\leqslant 0, \\ X &\in \mathcal{S}_+^n. \end{aligned} \tag{6.39}$$

另外, $(\mathcal{CP}_{\mathcal{L}}^n)^* = \mathrm{cone}(\mathcal{Z})$, 其中 $\mathcal{Z} = \{xx^{\mathrm{T}} \mid x \in \mathcal{L}(1)\}$.

证明 由对偶集合的定义, $X \in (\mathcal{CP}_{\mathcal{L}}^n)^*$ 的充要条件是 $X \bullet Y \geqslant 0$ 对所有 $Y \in \mathcal{CP}_{\mathcal{L}}^n$ 成立. 定理 6.26 表明, $Y \in \mathcal{CP}_{\mathcal{L}}^n$ 的充要条件为存在 $S \in \mathcal{S}_+^n$ 和一个常数 $\lambda \geqslant 0$ 使得 $Y = S - \lambda(Q - B)$. 因此 $X \in (\mathcal{CP}_{\mathcal{L}}^n)^*$ 的充分必要条件是对任意 $S \in \mathcal{S}_+^n$ 和 $\lambda \geqslant 0$ 满足 $X \bullet S - \lambda X \bullet (Q - B) \geqslant 0$. 其等价为 $X \in \mathcal{S}_+^n$ 和 $(Q - B) \bullet X \leqslant 0$.

由 $\mathcal{L}(1) \subseteq \mathcal{L}$ 及对偶集合的定义, 不难得到 $\mathrm{cone}(\mathcal{Z}) \subseteq (\mathcal{CP}_{\mathcal{L}}^n)^*$. 当 $X \in (\mathcal{CP}_{\mathcal{L}}^n)^*$ 且 $X \neq 0$ 时, 则有 $B \bullet X \geqslant Q \bullet X > 0$. 类似引理 6.24 证明中的方法, 得到分解 $X = \sum_{i=1}^r \mu_i x^i (x^i)^{\mathrm{T}}$ 满足 $r = \mathrm{rank}(X)$, $x^i \in \mathbb{R}^n$, $\sum_{i=1}^r \mu_i = B \bullet X$, $\mu_i > 0$, $(x^i)^{\mathrm{T}}Qx^i \leqslant 1$ 和 $q^{\mathrm{T}}x^i = 1$ 对所有 $i = 1, 2, \cdots, r$ 成立. 因此 $X \in \mathrm{cone}(\mathcal{Z})$.

综合得到 $(\mathcal{CP}_{\mathcal{L}}^n)^* = \mathrm{cone}(\mathcal{Z})$. ∎

6.4.2 二阶锥覆盖的构造

类似二次函数锥, 协正锥有下列性质.

引理 6.28   若 $\mathcal{G}_1 \subseteq \mathcal{G}_2 \subseteq \mathbb{R}^n$, 则 $\mathcal{CP}^n_{\mathcal{G}_2} \subseteq \mathcal{CP}^n_{\mathcal{G}_1}$ 和 $(\mathcal{CP}^n_{\mathcal{G}_1})^* \subseteq (\mathcal{CP}^n_{\mathcal{G}_2})^*$. 当 $\mathcal{G} \subseteq \mathbb{R}^n$ 时, 有 $(\mathcal{CP}^n_{\mathcal{G}})^* \subseteq \mathcal{S}^n_+ \subseteq \mathcal{CP}^n_{\mathcal{G}}$.

由协正锥的定义, 特别注意结论 $\mathcal{S}^n_+ = \mathcal{CP}^n_{\mathbb{R}^n} = (\mathcal{CP}^n_{\mathbb{R}^n})^*$, 则不难得到上述结果.

引理 6.29   设 $\mathcal{G} \subseteq \mathbb{R}^n$. 若 $\mathcal{G}$ 为内点非空集, 则 $\mathcal{CP}^n_{\mathcal{G}}$ 和 $(\mathcal{CP}^n_{\mathcal{G}})^*$ 都是真锥.

仿效定理 5.6 的证明可得到上述结论.

引理 6.30(Corollary 16.4.2[53])   若 $K_1, K_2, \cdots, K_s$ 为 $\mathbb{R}^n$ 中的非空闭凸锥, 则

$$\left(\bigcap_{i=1}^{s} K_i \right)^* = \mathrm{cl} \left(\sum_{i=1}^{s} K_i^* \right).$$

若所有的 $\{K_i,\ i = 1, 2, \cdots, s\}$ 皆包含一个相同的相对内点, 则上式中右端的闭包符号可以去掉.

定理 6.31   设 $\mathcal{G} \subseteq \mathbb{R}^n$. 若 $\mathcal{G} = \bigcup_{i=1}^{k} \mathcal{G}_i$ 且每一个 $\mathcal{G}_i$ 非空, 则 $\mathcal{CP}^n_{\mathcal{G}} = \bigcap_{i=1}^{k} \mathcal{CP}^n_{\mathcal{G}_i}$ 和 $(\mathcal{CP}^n_{\mathcal{G}})^* = \sum_{i=1}^{k} (\mathcal{CP}^n_{\mathcal{G}_i})^*$.

证明   由 $\mathcal{G}_i \subseteq \mathbb{R}^n$ 和引理 6.28, 得知 $\mathcal{CP}^n_{\mathcal{G}} \subseteq \mathcal{CP}^n_{\mathcal{G}_i}$ 对 $i = 1, 2, \cdots, k$ 成立. 进一步可知 $\mathcal{CP}^n_{\mathcal{G}} \subseteq \bigcap_{i=1}^{k} \mathcal{CP}^n_{\mathcal{G}_i}$.

当 $U \in \bigcap_{i=1}^{k} \mathcal{CP}^n_{\mathcal{G}_i}$ 时, 则有 $U \bullet xx^{\mathrm{T}} \geqslant 0$ 对所有 $x \in \mathcal{G}_i$ 和 $i = 1, 2, \cdots, k$ 成立. 此等价为 $U \bullet xx^{\mathrm{T}} \geqslant 0$ 对所有 $x \in \bigcup_{i=1}^{k} \mathcal{G}_i = \mathcal{G}$ 成立. 因此, $U \in \mathcal{CP}^n_{\mathcal{G}}$ 和 $\bigcap_{i=1}^{k} \mathcal{CP}^n_{\mathcal{G}_i} \subseteq \mathcal{CP}^n_{\mathcal{G}}$. 综合得到 $\mathcal{CP}^n_{\mathcal{G}} = \bigcap_{i=1}^{k} \mathcal{CP}^n_{\mathcal{G}_i}$.

注意到 $\mathcal{S}^n_+ \subseteq \mathcal{CP}^n_{\mathcal{G}_i}$ 对所有 $i = 1, 2, \cdots, k$ 成立且 $\mathcal{S}^n_+$ 为内点非空, 所以对 $i = 1, 2, \cdots, k$, $(\mathcal{CP}^n_{\mathcal{G}_i})^*$ 为一个有共同内点的非空闭凸锥. 由引理 6.30 可得到 $(\mathcal{CP}^n_{\mathcal{G}})^* = \left(\bigcap_{i=1}^{k} \mathcal{CP}^n_{\mathcal{G}_i} \right)^* = \sum_{i=1}^{k} (\mathcal{CP}^n_{\mathcal{G}_i})^*$. ∎

所以, 可以针对下列的协正规划及其对偶问题, 用二阶锥规划覆盖的方法得到原问题的可计算松弛模型和对偶问题的可计算限定模型. 协正规划原问题为

$$\begin{aligned} \min \quad & D \bullet X \\ \mathrm{s.t.} \quad & A_i \bullet X \leqslant b_i, \quad i = 1, 2, \cdots, m, \\ & X \in (\mathcal{CP}^n_{\mathcal{F}})^*, \end{aligned} \tag{6.40}$$

其中, $\mathcal{F} \subseteq \mathbb{R}^n$ 为给定集合, $b \in \mathbb{R}^m$ 为给定常数向量, $D \in \mathcal{S}^n$ 和 $A_i \in \mathcal{S}^n, i = 1, 2, \cdots, m$, 为给定常数矩阵. 其对偶模型为

$$
\begin{aligned}
\max \quad & b^{\mathrm{T}} y \\
\text{s.t.} \quad & \sum_{i=1}^{m} y_i A_i + S = D, \\
& S \in \mathcal{CP}_{\mathcal{F}}^n, \quad y \in \mathbb{R}_+^m.
\end{aligned}
\tag{6.41}
$$

将集合 $\mathcal{F}$ 用一系列的非平凡二阶锥 $\{\mathcal{G}_i, i = 1, 2, \cdots, k\}$ 覆盖, 即 $\bigcup_{i=1}^{k} \mathcal{G}_i \supseteq \mathcal{F}$, 其中 $\mathcal{G}_i = \{x \in \mathbb{R}^n \mid \sqrt{x^{\mathrm{T}} Q_i x} \leqslant q_i^{\mathrm{T}} x\}$, $Q_i \in \mathcal{S}_{++}^n$ 和 $q_i \in \mathbb{R}^n$. 记 $B_i = q_i q_i^{\mathrm{T}}$. 由定理 6.27 和定理 6.31 可得到 (6.40) 可计算的松弛模型为

$$
\begin{aligned}
\min \quad & D \bullet X \\
\text{s.t.} \quad & A_i \bullet X \leqslant b_i, \quad i = 1, 2, \cdots, m, \\
& X = X_1 + X_2 + \cdots + X_k, \\
& (Q_i - B_i) \bullet X_i \leqslant 0, \quad i = 1, 2, \cdots, k, \\
& X_i \in \mathcal{S}_+^n, \quad i = 1, 2, \cdots, k,
\end{aligned}
\tag{6.42}
$$

并且得到 (6.41) 的可计算限定模型为

$$
\begin{aligned}
\max \quad & b^{\mathrm{T}} y \\
\text{s.t.} \quad & \sum_{i=1}^{m} y_i A_i + S = D, \\
& S + \lambda_i (Q_i - B_i) \in \mathcal{S}_+^n, \quad i = 1, 2, \cdots, k, \\
& \lambda \in \mathbb{R}_+^k, \quad y \in \mathbb{R}_+^m.
\end{aligned}
\tag{6.43}
$$

明显可见上述两个模型为半定规划模型, 因此是多项式时间可计算的. 至于模型 (6.42) 和 (6.43) 提供的下界好坏则取决于二阶锥覆盖 $\{\mathcal{G}_i, i = 1, 2, \cdots, k\}$ 的构造.

6.4.3 二阶锥覆盖在协正规划中的应用

考虑到二阶锥的特殊结构和构造非平凡二阶锥的简易性, 我们在这小节中仅考虑常规的协正规划问题, 即在模型 (6.40) 和 (6.41) 中取 $\mathcal{F} = \mathbb{R}_+^n$, 亦即 $\mathcal{CP}_{\mathcal{F}}^n = \mathcal{CP}^n$ 这类特殊模型.

对于如下的二次规划问题

$$
\begin{aligned}
\min \quad & x^{\mathrm{T}} Q x + 2 q_0^{\mathrm{T}} x \\
\text{s.t.} \quad & q_i^{\mathrm{T}} x = c_i, \quad i = 1, 2, \cdots, m, \\
& x \in \mathbb{R}_+^n, \\
& x_j \in \{0, 1\}, \quad j \in \mathcal{B},
\end{aligned}
\tag{6.44}
$$

其中, $Q \in \mathcal{S}^n$, $q_i \in \mathbb{R}^n, i = 0, 1, \cdots, m$, $c_i \in \mathbb{R}, i = 1, 2, \cdots, m$, 为给定常数, $\mathcal{B} \subseteq \{1, 2, \cdots, n\}$ 为给定指标集, 文献 [7] 指出与其目标值相同的协正规划问题为

$$
\begin{aligned}
\min \quad & Q \bullet X + 2q_0^{\mathrm{T}} x \\
\text{s.t.} \quad & q_i^{\mathrm{T}} x = c_i, \quad i = 1, 2, \cdots, m, \\
& q_i^{\mathrm{T}} X q_i = c_i^2, \quad i = 1, 2, \cdots, m, \\
& X_{jj} = x_j, \quad j \in \mathcal{B}, \\
& \begin{pmatrix} 1 & x^{\mathrm{T}} \\ x & X \end{pmatrix} \in (\mathcal{CP}^{n+1})^*.
\end{aligned} \tag{6.45}
$$

符合 (6.44) 的典型问题至少包括有: 箱约束二次规划问题

$$
\begin{aligned}
\min \quad & x^{\mathrm{T}} Q x + q^{\mathrm{T}} x \\
\text{s.t.} \quad & 0 \leqslant x_i \leqslant 1, \quad i = 1, 2, \cdots, n, \\
& x \in \mathbb{R}^n,
\end{aligned}
$$

0-1 二次规划问题

$$
\begin{aligned}
\min \quad & x^{\mathrm{T}} Q x + q^{\mathrm{T}} x \\
\text{s.t.} \quad & x \in \{0, 1\}^n
\end{aligned}
$$

和标准二次规划 (standard quadratic programming) 问题

$$
\begin{aligned}
\min \quad & x^{\mathrm{T}} Q x \\
\text{s.t.} \quad & \sum_{i=1}^n x_i = 1, \\
& x \in \mathbb{R}_+^n
\end{aligned}
$$

等. 这些问题都是 NP-难问题, 我们可以建立相应的协正规划模型 (6.45), 尝试用二阶锥覆盖的方法来计算其下界或近似求解.

引理 6.32   假设点集 $\{v^1, v^2, \cdots, v^n\} \subset \mathbb{R}^n$ 线性无关, 则以 Q 为决策变量的下列不等式组可行:

$$
\begin{aligned}
& Q \bullet [v^i(v^i)^{\mathrm{T}}] \leqslant 1, \quad i = 1, 2, \cdots, n, \\
& Q \in \mathcal{S}_{++}^n.
\end{aligned} \tag{6.46}
$$

证明   因为 $\{v^1, v^2, \cdots, v^n\}$ 线性无关, 所以 $V = (v^1, v^2, \cdots, v^n)^{\mathrm{T}}$ 可逆. 记 e^i 表示除第 i 个分量为 1 其余分量全为 0 的 $n \times 1$ 向量. 对 $i = 1, 2, \cdots, n$, 令 $u^i = V^{-1} e^i$ 和 $Q = \sum_{i=1}^n u^i (u^i)^{\mathrm{T}}$, 则有 Q 正定且 $Q \bullet [v^i(v^i)^{\mathrm{T}}] = 1$ 对 $i = 1, 2, \cdots, n$ 恒成立. 因此上述不等式组可行.   ■

引理 6.33　记 $\mathcal{X}$ 为 $\mathbb{R}^n$ 中 n 个线性无关点集 $\{v^1, v^2, \cdots, v^n\}$ 的凸组合和 $q \in \mathbb{R}^n$ 为满足 $\{(v^i)^{\mathrm{T}} q = 1, i = 1, 2, \cdots, n\}$ 的唯一解. 若 Q 为 (6.46) 的任何一个可行解, 则 $\mathcal{X} \subseteq \mathcal{L} = \{x \in \mathbb{R}^n \mid \sqrt{x^{\mathrm{T}} Q x} \leqslant q^{\mathrm{T}} x\}$.

证明　由于 $\mathcal{X}$ 和 $\mathcal{L}$ 都是凸集, $\mathcal{X} \subseteq \mathcal{L}$ 的充要条件为 $v^i \in \mathcal{L}$ 对所有 $i = 1, 2, \cdots, n$ 成立. 注意到 $Q \bullet [v^i(v^i)^{\mathrm{T}}] = (v^i)^{\mathrm{T}} Q v^i \leqslant q^{\mathrm{T}} v^i = 1$, 因此 $v^i \in \mathcal{L}$ 且 $\mathcal{X} \subseteq \mathcal{L}$. ∎

至此, 得到一个构造二阶锥覆盖的办法: 给定 $\mathbb{R}^n$ 中 n 个线性无关点 $\{v^1, v^2, \cdots, v^n\}$, 由引理 6.33 可构造一个二阶锥 $\mathcal{L} = \{x \in \mathbb{R}^n \mid \sqrt{x^{\mathrm{T}} Q x} \leqslant q^{\mathrm{T}} x\}$ 覆盖这 n 个线性无关点的凸组合集, 也就包含由原点及这 n 个线性无关点凸组合集生成的锥.

从引理 6.22 的结果可以发现以下的几何直观, 一个二阶锥 $\mathcal{L} = \{x \in \mathbb{R}^n \mid \sqrt{x^{\mathrm{T}} Q x} \leqslant q^{\mathrm{T}} x\}$ 上的协正锥, 等价其一个割面 $\mathcal{L}(1) = \{x \in \mathbb{R}^n \mid \sqrt{x^{\mathrm{T}} Q x} \leqslant q^{\mathrm{T}} x, q^{\mathrm{T}} x = 1\}$ 上的协正锥. 协正锥 $\mathcal{CP}^n = \{U \mid x^{\mathrm{T}} U x \geqslant 0, x \in \mathbb{R}_+^n\}$ 定义在 $\mathbb{R}_+^n$ 上, 而

$$\mathbb{R}_+^n = \mathrm{cone}\left(\left\{x \in \mathbb{R}^n \,\middle|\, \sum_{i=1}^n x_i = 1, x \in \mathbb{R}_+^n\right\}\right).$$

记 $\Delta = \left\{x \in \mathbb{R}^n \,\middle|\, \sum_{i=1}^n x_i = 1, x \in \mathbb{R}_+^n\right\}$. 此单纯性 (simplex) 是 $\mathbb{R}^n$ 中一个有界集合, 由原点与 n 个线性无关的点集 $\{e^1, e^2, \cdots, e^n\}$ 凸组合而成, 其中 e^i 表示第 i 个分量为 1 余下分量全为 0 的 n 维向量. 由上述的二阶锥覆盖方法, 以 Δ 可以构造一个二阶锥覆盖 $\mathbb{R}_+^n$, 而 Δ 的细分可达到 $\mathbb{R}_+^n$ 的细致覆盖, 以进一步实现协正规划的近似计算. 图 6.2 为 $\mathbb{R}_+^3$ 的一个二阶锥覆盖示意图. 从图中不难发现, 每个二阶锥都包含一个单纯形.

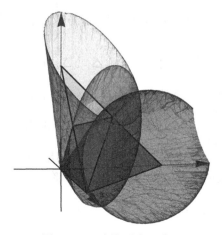

图 6.2　二阶锥覆盖示意图

引理 6.33 只告知覆盖 $\mathcal{X}$ 二阶锥的存在性, 但满足引理 6.32 约束条件的 Q 不一定唯一, 文献 [60] 给出如下选取 Q 的方法:

$$\begin{aligned}\min\quad &\log\det(Q^{-1})\\ \text{s.t.}\quad &Q\bullet[v^i(v^i)^{\mathrm{T}}]\leqslant 1,\quad i=1,2,\cdots,n,\\ &Q\in\mathcal{S}_{++}^n.\end{aligned}\tag{6.47}$$

注意 $x^{\mathrm{T}}Qx\leqslant 1$ 是一个中心点在原点的椭球, 按体积公式, 其体积为 $\frac{4}{3}\pi\sqrt{\det(Q^{-1})}$. 模型 (6.47) 中, 目标函数中 $\det(Q^{-1})$ 与 $x^{\mathrm{T}}Qx\leqslant 1$ 的体积成正比, 因此其优化的目的是寻找覆盖 $\mathcal{X}$ 的最小椭球. 由引理 6.32 的结论和证明, 记 $V=(v^1,v^2,\cdots,v^n)^{\mathrm{T}}$, e^i 表示除第 i 个分量为 1 其余分量全为 0 的 $n\times 1$ 向量, $u^i=V^{-1}e^i, i=1,2,\cdots,n$ 和 $Q_0=\sum_{i=1}^n u^i(u^i)^{\mathrm{T}}$, 则有 Q_0 正定且 $Q_0\bullet[v^i(v^i)^{\mathrm{T}}]=1$ 对 $i=1,2,\cdots,n$ 恒成立, 为 (6.47) 的一个可行解. 因此, $x^{\mathrm{T}}Qx\leqslant 1$ 的体积不超过 $\frac{4}{3}\pi\sqrt{\det(Q_0^{-1})}=\frac{4}{3}\pi\det(V)$, 而 $\det(V)$ 正好是由原点及点集 $\{v^1,v^2,\cdots,v^n\}$ 所形成多面体的体积.

优化问题 (6.47) 的约束为半正定锥上的线性约束, 其目标函数为凸函数, 故为一个可计算凸优化问题[6]. 实际上, 求解 Q 以满足引理 6.32 约束条件和 $x^{\mathrm{T}}Qx\leqslant 1$ 的体积最小的方法不唯一, 但可写成半定锥上的线性矩阵不等式形式的可计算模型, 进一步的细节可参考文献 [46].

明显可见 $\Delta=\left\{x\in\mathbb{R}^n\,\middle|\,\sum_{i=1}^n x_i=1, x\in\mathbb{R}_+^n\right\}$ 为 $\mathbb{R}^n$ 空间中平面 $\sum_{i=1}^n x_i=1$ 上的一个单纯形, 在不产生混淆的情况下沿用单纯形的称呼. 对于协正规划问题, 已经得到二阶锥覆盖方法的所有理论基础. 对 $\Delta=\left\{x\in\mathbb{R}^n\,\middle|\,\sum_{i=1}^n x_i=1, x\in\mathbb{R}_+^n\right\}$ 按平面 $\sum_{i=1}^n x_i=1$ 上的单纯形进行细分, $\Delta=\Delta_1\cup\Delta_2\cup\cdots\cup\Delta_k$, 其中每一个细分 Δ_j 亦为单纯形, 是由 Δ 集内 n 个线性无关点 $\{v^i, i=1,2,\cdots,n\}$ 的凸组合生成. 由于 n 个点都取自平面 $\sum_{i=1}^n x_i=1$, 故 $(v^i)^{\mathrm{T}}e=1, i=1,2,\cdots,n$, 其中 e 为所有分量都为 1 的向量. 将 $\{v^i, i=1,2,\cdots,n\}$ 代入优化问题 (6.47), 可求出二阶锥的一个最优解并记为 Q_j. 再依据引理 6.33 得知 Δ_j 被二阶锥

$$\mathcal{L}^j=\{x\in\mathbb{R}^n\mid\sqrt{x^{\mathrm{T}}Q_jx}\leqslant e^{\mathrm{T}}x\}$$

覆盖, 且 Δ_j 被截集

$$\mathcal{L}^j(1) = \{x \in \mathbb{R}^n \mid \sqrt{x^{\mathrm{T}} Q_j x} \leqslant e^{\mathrm{T}} x, e^{\mathrm{T}} x = 1\}, \quad j = 1, 2, \cdots, k$$

覆盖.

在此基础上得到协正规划问题的可计算松弛 (6.42) 和可计算约束 (6.43), 其中 $B_j = ee^{\mathrm{T}}, 1 \leqslant j \leqslant k$. 下面就 $\mathbb{R}_+^n$ 的二阶锥覆盖和细分给予进一步讨论.

对给定的一个集合 $\mathcal{X} \subseteq \mathbb{R}^n$ 和 $\delta > 0$, $\mathcal{X}$ 的 δ 邻域定义为

$$\mathcal{B}_{\delta, \mathcal{X}} = \{x \in \mathbb{R}^n \mid 存在 y \in \mathcal{X} 使得 \|x - y\|_\infty < \delta\},$$

其中 $\|\cdot\|_\infty$ 为无穷范数.

定理 6.34 若协正规划问题 (6.40) 最优目标值 v_{CP} 有限, $\Delta = \Delta_1 \cup \Delta_2 \cup \cdots \cup \Delta_t$, 其中 Δ_i 为平面 $\sum\limits_{i=1}^n x_i = 1$ 上的单纯形, 记 l_t, $t = 1, 2, \cdots$ 为 (6.42) 的最优目标值, 则对任意 $\epsilon > 0$, 存在 $N_\epsilon \in \mathbb{N}_+$, 当 $N \geqslant N_\epsilon$ 时, $|v_{\mathrm{CP}} - \max_{1 \leqslant t \leqslant N} l_t| < \epsilon$.

证明 记 $\mathcal{F} = \{X \in \mathcal{S}^n \mid X \in (\mathcal{CP}^n)^*, A_i \bullet X \leqslant b_i, i = 1, 2, \cdots, m\}$ 为 (6.40) 的可行解集. 对任意给定 $\delta > 0$, 记

$$\mathcal{N}_\delta = \{X \in \mathcal{S}^n \mid X \in (\mathcal{CP}_{\mathcal{B}_{\delta, \Delta}}^n)^*, A_i \bullet X \leqslant b_i, i = 1, 2, \cdots, m\}.$$

由协正锥的定义, 不难得到 $\mathcal{N}_\delta \supseteq \mathcal{F}$. 记 $v(\delta) = \min_{X \in \mathcal{N}_\delta} D \bullet X$. 当 $0 \leqslant \tau_1 \leqslant \tau_2$ 时, 可知 $\mathcal{B}_{\tau_1, \Delta} \subseteq \mathcal{B}_{\tau_2, \Delta}$, 由引理 6.28, 得到 $\mathcal{N}_{\tau_1} \leqslant \mathcal{N}_{\tau_2}$, 可知 $v(\delta)$ 是关于 δ 的单调增函数. 再由 v_{CP} 为有限值、(6.40) 目标函数为连续函数和 δ 趋于零时 v_{CP} 为 $v(\delta)$ 的上界, 可推出对任意 $\epsilon > 0$, 存在 $\delta_1 > 0$, 当 $0 < \delta \leqslant \delta_1$ 时, 有 $|v_{\mathrm{CP}} - v(\delta)| < \epsilon$.

注意到 $n - 1$ 维仿射空间 $\sum\limits_{i=1}^n x_i = 1$ 中一个等边长 s 单纯形的体积为 $\dfrac{s^{n-1}}{(n-1)!} \sqrt{\dfrac{n}{2^{n-1}}}$. 因此, 可以用等边长为 s 的 $\left(\left\lceil \dfrac{\sqrt{2}}{s} + 1 \right\rceil\right)^{n-1}$ 个单纯形细分 Δ.

记第 t 个细分单纯形为 Δ_t、覆盖它的二阶锥为 $\mathcal{L}^t$ 及二阶锥在超平面 $\sum\limits_{i=1}^n x_i = 1$ 的截集为 $\mathcal{L}^t(1)$. 由 (6.47) 模型及其相关的讨论, 用反证法可得到: 存在 $\delta_2 > 0$, 当 $s \leqslant \delta_2$ 时, 有 $\mathcal{L}^t(1) \subseteq \mathcal{B}_{\delta_1, \Delta}$.

当 $s \leqslant \delta_2$ 时, 对每一个单纯形 Δ_t, 由 (6.47) 计算得到覆盖二阶锥 $\mathcal{L}^t = \{x \in \mathbb{R}^n \mid \sqrt{x^{\mathrm{T}} Q_t x} \leqslant e^{\mathrm{T}} x\} \subseteq \mathrm{cone}(\mathcal{B}_{\delta_1, \Delta})$. 取 $N_\epsilon = \left(\left\lceil \dfrac{\sqrt{2}}{\delta_2} + 1 \right\rceil\right)^{n-1}$, 则 $(\mathcal{CP}_{\mathcal{L}^t}^n)^* \subseteq (\mathcal{CP}_{\mathcal{B}_{\delta_1, \Delta}}^n)^*$ 且 $\sum\limits_{t=1}^{N_\epsilon} (\mathcal{CP}_{\mathcal{L}^t}^n)^* \subseteq (\mathcal{CP}_{\mathcal{B}_{\delta_1, \Delta}}^n)^*$. 因此, $v(\delta_1) \leqslant l_{N_\epsilon} \leqslant v_{\mathrm{CP}}$, 于是 $|v_{\mathrm{CP}} -$

$\max_{1 \leqslant t \leqslant N} l_t \,| < \epsilon$ 对任意 $N \geqslant N_\epsilon$ 成立. ∎

在给出线性锥优化近似计算框架之前, 先给出 (6.42) 最优解的分解结论.

定理 6.35 设 $X, X_1, \cdots, X_k \subseteq \mathcal{S}_+^n$ 且满足 $X = X_1 + X_2 + \cdots + X_k$ 和 $B = ee^{\mathrm{T}}$. 对 $i = 1, 2, \cdots, k$, 若 $(Q_i - B) \bullet X_i \leqslant 0$ 且 $\mathrm{rank}(X_i) = r_i$ 时, 则存在如下分解

$$X = \sum_{i=1}^{k} \sum_{j=1}^{r_i} \mu_{ij} x_{ij} x_{ij}^{\mathrm{T}}, \tag{6.48}$$

其中 $\mu_{ij} > 0$, $x_{ij} \in \mathbb{R}^n$, $x_{ij}^{\mathrm{T}} Q_i x_{ij} \leqslant 1$, $e^{\mathrm{T}} x_{ij} = 1$ 和 $\sum_{i=1}^{k} \sum_{j=1}^{r_i} \mu_{ij} = B \bullet X$.

证明 对每一个 X_i, 由定理 2.6 可知, 存在一个分解 $X_i = \sum_{j=1}^{r_i} \bar{x}_{ij} \bar{x}_{ij}^{\mathrm{T}}$ 满足 $\bar{x}_{ij}^{\mathrm{T}} (Q_i - B) \bar{x}_{ij} \leqslant 0$ 对所有 $j = 1, 2, \cdots, r_i$ 成立. 因此, $\bar{x}_{ij}^{\mathrm{T}} Q_i \bar{x}_{ij} \leqslant \bar{x}_{ij}^{\mathrm{T}} ee^{\mathrm{T}} \bar{x}_{ij}$. 因为 $Q_i \in \mathcal{S}_{++}^n$ 和 $\bar{x}_{ij}$ 非零, 有 $0 < e^{\mathrm{T}} \bar{x}_{ij}$. 记 $x_{ij} = \dfrac{\bar{x}_{ij}}{e^{\mathrm{T}} \bar{x}_{ij}}$ 和 $\mu_{ij} = \bar{x}_{ij}^{\mathrm{T}} B \bar{x}_{ij}$, 则有 $X_i = \sum_{j=1}^{r_i} \mu_{ij} x_{ij} x_{ij}^{\mathrm{T}}$, $x_{ij}^{\mathrm{T}} Q_i x_{ij} \leqslant 1$, $e^{\mathrm{T}} x_{ij} = 1$ 和 $\sum_{j=1}^{r_i} \mu_{ij} = B \bullet X_i$. 再由 $X = X_1 + X_2 + \cdots + X_k$, 将 X_i 的分解式求和则得到结论. ∎

记 $\mathcal{I} = \{(i,j) \mid i = 1, 2, \cdots, k, 1 \leqslant j \leqslant r_i\}$. 对分解 (6.48), 若每一个 $(i,j) \in \mathcal{I}$ 都有 $x_{ij} \in \mathbb{R}_+^n$ 时, 则 X 是 (6.40) 的一个可行解, 亦为 (6.40) 的一个最优解. 否则, 至少存在一个 $(i,j) \in \mathcal{I}$ 使得 $x_{ij} \notin \mathbb{R}_+^n$. 此时定义 $\mathcal{I}_p = \{(i,j) \mid (i,j) \in \mathcal{I}, x_{ij} \notin \mathbb{R}_+^n\}$, 表示分解出的不可行解标号集. 由此定义敏感点为

$$x^* = \operatorname{argmin}_{x \in \{x_{ij} \mid (i,j) \in \mathcal{I}_p\}} x^{\mathrm{T}} D x.$$

当敏感点不唯一时, 用 t 表示其中 i 最小的标号, 并称对应的 Δ_t 为敏感单纯形.

类似 6.3 节的椭球覆盖自适应逼近方案, 我们给出协正规划自适应逼近方案.

协正规划自适应逼近算法

步骤 0 以目标值相同为标准, 限定 $\mathcal{F} = \mathbb{R}_+^n$, 给定一个可以等价写成 (6.40) 的 $\mathbb{R}^n$ 中优化问题.

步骤 1 初始设定 $\mathcal{L}^0 = \{x \in \mathbb{R}^n \mid \sqrt{x^{\mathrm{T}} x} \leqslant e^{\mathrm{T}} x\}$. 明显有 $\mathcal{L}^0$ 覆盖 Δ. 令 $B_1 = ee^{\mathrm{T}}$, $Q_1 = I$, $k = 1$. 给定邻域精度 δ, 迭代上限 K.

步骤 2 求解 (6.42), 并记最优解为 $X^* = X_1^* + \cdots + X_k^*$, 最优值为 l_k.

步骤 3 按 (6.48) 分解 X^*, 如果没有敏感点, 则输出 X^* 为 (6.40) 的最优解. 否则, 确定敏感点及对应的敏感单纯形 Δ_t.

步骤 4 当敏感点 $x^* \notin \operatorname{cone}(\mathcal{B}_{\delta, \Delta})$ 且未达到迭代上限 K 时, 继续步骤 5. 否则输出 $\max\{l_1, \cdots, l_k\}$ 为 (6.40) 的下界.

步骤 5 从覆盖 Δ 的单纯形中去掉 $\mathcal{L}^t$. 选出 $\mathcal{L}^t$ 中的最长边, 将其等分后组成两个新的单纯形. 就这两个新单纯形按 (6.47) 分别计算出新的二阶锥. 令 $k = k+1$ 并取 $B_i = ee^T, i = 1, 2, \cdots, k$. 继续步骤 2.

计算示例

文献 [60] 采用 MATLAB 7.9.0 编程, 在 Intel Core 2 CPU 2.8 Ghz, 4G 内存计算机上得到以下计算结果. 主要调用 CVX[24] 及 SeDuMi 1.3[78] 求解 (6.42), 并调用商业软件 Baron[54] 求解测试示例的最优解.

我们仅选择 0-1 二次规划问题

$$\min \quad x^T Q x + q^T x$$
$$\text{s.t.} \quad x \in \{0,1\}^n$$

的计算实现来说明自适应逼近算法的计算效率.

按文献 [7] 的结论, 上述 0-1 二次规划与以下的协正规划问题目标值相同.

$$\min \quad Q \bullet X + q^T x$$
$$\text{s.t.} \quad x_i = X_{ii}, \quad i = 1, 2, \cdots n,$$
$$\begin{pmatrix} 1 & x^T \\ x & X \end{pmatrix} \in (\mathcal{CP}^{n+1})^*.$$

我们遵循文献 [27] 的方法产生随机示例, 计算结果见表 6.1. 表中 n 表示变量个数, f_{opt} 表示最优目标值, f_A 表示我们的自适应逼近算法计算到的目标值, $\%\text{Error} = \dfrac{f_{opt} - f_A}{f_{opt}}$, "迭代次数" 表示二阶锥覆盖的个数, "CPU" 表示计算机 CPU 时间. 所有计算算例中, $\delta = 10^{-2}$.

表 6.1 0-1 二次规划协正规划自适应逼近

例	n	f_{opt}	f_A	%Error	迭代次数	CPU
spar010-100-1	10	−535	−537.437	0.46%	8	16.92s
spar010-100-2	10	−390	−391.088	0.28%	34	68.19s
spar010-100-3	10	−554	−554.001	0.00%	1	0.21s
spar020-100-1	20	−915	−919.745	0.52%	23	213.43s
spar020-100-2	20	−984	−986.233	0.23%	18	174.81s
spar020-100-3	20	−910	−914.531	0.50%	21	193.45s
spar030-060-1	30	−1917	−1920.863	0.20%	257	35211.51s
spar030-060-2	30	−2362	−2366.173	0.18%	228	34735.73s
spar030-060-3	30	−2003	−2010.641	0.38%	385	53287.61s
spar030-080-1	30	−2187	−2192.226	0.24%	312	43726.12s
spar030-080-2	30	−1761	−1767.003	0.34%	307	40273.47s
spar030-080-3	30	−1777	−1784.365	0.41%	288	35238.88s

从表 6.1 的计算结果可以看出, 协正规划自适应逼近算法总体上可以有效地提供协正规划最优目标值的近似, 但对于规模较大的问题, 花费的计算时间增长较快.

协正规划逼近算法突出了 (6.40) 近似求解, 而对那些可化成 (6.40) 的原优化问题求解尚未交代, 这一部分工作有待进一步研究.

6.5   小结及相关工作

本章主要提供了利用可计算线性锥优化模型求解难解问题的三种近似方法. 第一种方法考虑增加一些有效的冗余约束. 冗余约束的有效性是相对于线性锥优化松弛或限定的锥而言, 我们给出判断一个冗余约束是否有效的可计算优化问题. 第二种是椭球覆盖逼近方法. 该法局限于定义域为有界闭集的情形. 第三种为二阶锥覆盖方法, 它将定义域扩大到无界的情形. 就这一方法, 目前的应用结果还非常初等, 仅限于定义域为 $\mathbb{R}^n_+$ 的协正规划问题. 本章主要内容是我们研究小组近些年来研究成果的总结, 还有非常大的提升空间, 很多问题可以继续开展研究. 我们相信, 这样的成果综述将给后来的研究者有所提示和帮助.

从可计算的角度来研究线性锥优化问题主要是出于对 NP-难优化问题求解的期望. 因此, 本书中的大量例子为二次约束二次规划问题, 特别可以发现二次函数锥规划问题完全以二次约束二次规划问题为背景而提出.

针对二次约束二次规划问题, 第一种近似方法目前得到一些学者的关注, 自线性重构技术的提出[56], 添加冗余约束的思想得到了一定的认可. 文献 [8] 对线性重构技术的思想有很好的论述, 而文献 [76] 对线性重构技术中的冗余约束选取和转换成线性矩阵不等式中矩阵类型给予分类. 文献 [66] 在半定锥松弛及考虑松弛后解的结构的基础上, 运用图论中的节点覆盖模型, 给出提高松弛下界的一种方法. 第二、三种方法的提出得益于二次函数锥规划的研究, 提出椭球覆盖和自适应逼近的思想来源于文献 [39], 其后我们研究小组[12, 60, 77] 将其应用到协正锥的判别、协正规划的近似求解和 0-1 二次背包问题的近似求解, 都得到了非常好的计算结果. 因此, 这类利用可计算线性锥优化问题近似求解非凸/非连续优化问题可能具备良好的应用前景.

第7章 应用案例

在第 1 章、第 4 章和第 5 章已经给出过线性锥优化的部分应用问题, 本章进一步提供一些应用案例, 以加深对线性锥优化理论的了解. 7.1 节基于不同范数的选择, 给出描述线性方程组近似解的不同目标和模型, 其涉及线性规划、二阶锥规划和半定规划问题. 7.2 节根据投资管理问题中有关风险和效益的不同目标要求, 建立相应的模型并写成等价的二阶锥规划模型, 继而在收益系数不确定的情况下, 讨论了投资管理的鲁棒优化模型. 7.3 节主要讨论单变量的多项式优化问题, 给出半定规划的求解方案. 7.4 节在鲁棒优化的考虑下, 分别建立了线性规划和凸二次约束二次规划的二阶锥和半定规划模型. 7.5 节指出协正矩阵的判别不是一个可计算的问题, 但可以采用二次函数锥规划的逼近方法近似求解, 并给出求解方法和示例.

这一章的主要工作是将原有的优化问题转化成等价的线性锥优化模型, 然后交予公开的计算软件求解. 至于问题本身理论上最优解是否可达, 本章并没有全部回答. 实际应用中, 应该根据数据的具体情况, 通过第 4~6 章的理论给出问题可解的结论, 再进行计算. 有关可计算线性锥优化一些公开算法和使用, 请参考附录.

7.1 线性方程组的近似解

线性方程组的近似解 (approximate solution of linear equations) 定义为: 给定 $A \in \mathcal{M}(m,n)$ 和 $b \in \mathbb{R}^m$, 寻求使得 $Ax = b$ 尽可能满足的近似解.

该问题的提出源于如下问题的需要, 假设已知一个问题的因果关系服从线性函数关系, 但对其系数只能通过大量数据估计出, 比如统计学中线性回归模型中的回归系数, 物理学中弹簧有关拉力与变化长度的胡克定律 (Hooke's law) 中胡克系数等问题. A 和 b 中的参数通常有这样的背景, m 为数据的样本量, n 为待确定变量个数, A 的系数为实际数据或通过实际数据处理而成, b 为输出的测出值. 由于需要经过大量的数据而确定待定系数, 经常会出现 m 远大于 n 的情形, 这时 $Ax = b$ 变成了超定方程组. 因此, 我们希望求尽量满足 $Ax = b$ 规律的近似解. 如对胡克定律, 我们发现弹簧的拉力 F 与变化长度 l 有如下关系 $F = -kl$, 其中 k 称为胡克常数, 是需要确定的一个常数. 通常通过多次的物理实验得到多对 (l, F) 数据再最后确定 k.

在数据处理过程中, 根据不同需要可以给出不同的目标函数使得 $Ax = b$ 尽可能满足. 最为直观的是 l_1 范数 (l_1-norm)模型, 实用中较为常见的是最小二乘方法 (least square method), 根据实际的需求又产生了 l_∞ 范数 (l_∞-norm)和对数近似 (logarithm approximation)等不同的近似解模型. 下面将逐一介绍.

l_1 范数模型

l_1 范数的基本模型为

$$\min_{x \in \mathbb{R}^n} \ \|Ax - b\|_1, \tag{7.1}$$

其中 $A \in \mathcal{M}(m,n)$ 和 $b \in \mathbb{R}^m$ 为给定的常数, 定义 $\|y\|_1 = \sum_{i=1}^{m} |y_i|, y \in \mathbb{R}^m$.

这个模型最为直观, 偏差的大小 $\|Ax - b\|_1$ 与 b 都采用相同计量单位, 但 $\|Ax - b\|_1$ 对于 x 是一个非光滑函数. 从优化的角度来看 (7.1) 等价如下模型

$$\begin{aligned}
\min \ & \sum_{i=1}^{m} t_i \\
\text{s.t.} \ & -t_i \leqslant \sum_{j=1}^{n} a_{ij}x_j - b_i \leqslant t_i, \quad i = 1, 2, \cdots, m, \\
& x \in \mathbb{R}^n, \quad (t_1, t_2, \cdots, t_m)^{\mathrm{T}} \in \mathbb{R}_+^m,
\end{aligned} \tag{7.2}$$

其中 $A = (a_{ij}), b = (b_1, b_2, \cdots, b_m)^{\mathrm{T}}$.

这其实是一个线性规划模型, 据此处理了 $\|Ax - b\|_1$ 对于 x 非光滑的问题, 同时也说明本问题可计算.

l_2 范数模型

l_2 范数的基本模型为

$$\min_{x \in \mathbb{R}^n} \ \|Ax - b\|_2, \tag{7.3}$$

其中定义 $\|y\|_2 = \sqrt{\sum_{i=1}^{m} y_i^2}, y \in \mathbb{R}^m$.

上述模型常称为最小二乘模型, 由二阶锥的定义, 可知其等价于如下的优化模型

$$\begin{aligned}
\min \ & t \\
\text{s.t.} \ & \begin{pmatrix} Ax - b \\ t \end{pmatrix} \in \mathcal{L}^{m+1}, \\
& x \in \mathbb{R}^n, \quad t \in \mathbb{R}.
\end{aligned} \tag{7.4}$$

这是一个具有 (4.3) 形式的二阶锥规划不等式约束模型. 更深一个层次的应用研究需要知道上述模型最优解是否可达. 利用第 4 章的结果, 其对偶问题为

$$
\begin{aligned}
\max \quad & b^{\mathrm{T}}y \\
\text{s.t.} \quad & A^{\mathrm{T}}y = 0, \\
& s = 1, \\
& \begin{pmatrix} y \\ s \end{pmatrix} \in \mathcal{L}^{m+1}.
\end{aligned}
$$

明显可以看出 $\begin{pmatrix} y \\ s \end{pmatrix} = \begin{pmatrix} 0 \\ 1 \end{pmatrix} \in \mathrm{int}(\mathcal{L}^{m+1})$. 由原问题 (7.4) 可行解集非空及对偶模型的定义得知, 上述对偶问题有上界. 综上并由定理 4.4 得知 (7.4) 最优解可达, 并且原始对偶问题有强对偶性. 非常直观, 当 A 的行向量满秩时, $A^{\mathrm{T}}y = 0$ 有唯一的解 $y = 0$, 其目标值为 $b^{\mathrm{T}}y = 0$. 由强对偶性便可得到原问题的最小二乘解为精确解. 这与线性代数理论完全吻合.

l_∞ 范数模型

l_∞ 范数的基本模型为

$$
\min_{x \in \mathbb{R}^n} \quad \|Ax - b\|_\infty, \tag{7.5}
$$

其中定义 $\|y\|_\infty = \max\limits_{1 \leqslant i \leqslant m} |y_i|, y \in \mathbb{R}^m$. 其等价线性规划模型如下:

$$
\begin{aligned}
\min \quad & t \\
\text{s.t.} \quad & -t \leqslant \sum_{j=1}^{n} a_{ij}x_j - b_i \leqslant t, \quad i = 1, 2, \cdots, m, \\
& x \in \mathbb{R}^n, \quad t \in \mathbb{R}_+.
\end{aligned} \tag{7.6}
$$

比较 l_1 和 l_∞ 范数模型, 前者认为每一组数据的偏差 $\left| \sum\limits_{j=1}^{n} a_{ij}x_j - b_i \right|$ 受关注程度相同, 因此要求总体和 $\sum\limits_{i=1}^{m} t_i$ 最小. 而后者则要求

$$
\left| \sum_{j=1}^{n} a_{ij}x_j - b_i \right|, \quad i = 1, 2, \cdots, m
$$

中最大的偏差最小, 更关注个体绝对偏差的控制.

对数范数模型

将 $b = (b_1, b_2, \cdots, b_m)^{\mathrm{T}}$ 的分量按非递减顺序排列并画出这 m 个点的图, 当发现 b 的取值范围过大且数值呈现指数函数的图形时, 可以采用预处理的方法而考虑 $\log b_i$ 和 $\log\left(\sum\limits_{j=1}^{n} a_{ij}x_j\right)$ 的偏差作为评价指标, 此时要求数据满足 $b_i > 0$ 和 $\sum\limits_{j=1}^{n} a_{ij}x_j > 0$. 对数范数模型为

$$\min_{x \in \mathbb{R}^n} \max_{1 \leqslant i \leqslant m} \left| \log\left(\sum_{j=1}^{n} a_{ij}x_j\right) - \log b_i \right|. \tag{7.7}$$

上述模型是依据 l_∞ 范数的逻辑而建立, 可以写成如下等价的模型

$$\begin{aligned}
\min \quad & t \\
\text{s.t.} \quad & \frac{1}{t} \leqslant \frac{\sum\limits_{j=1}^{n} a_{ij}x_j}{b_i} \leqslant t, \quad i = 1, 2, \cdots, m, \\
& x \in \mathbb{R}^n, \quad t \in \mathbb{R}_{++}.
\end{aligned} \tag{7.8}$$

进一步可写成下列半定规划等价模型

$$\begin{aligned}
\min \quad & t \\
\text{s.t.} \quad & \begin{pmatrix} t - \dfrac{\sum\limits_{j=1}^{n} a_{ij}x_j}{b_i} & 0 & 0 \\[4mm] 0 & \dfrac{\sum\limits_{j=1}^{n} a_{ij}x_j}{b_i} & 1 \\[4mm] 0 & 1 & t \end{pmatrix} \in \mathcal{S}_+^3, \quad i = 1, 2, \cdots, m, \\[2mm]
& x \in \mathbb{R}^n, \quad t \in \mathbb{R}_+.
\end{aligned} \tag{7.9}$$

如果想进一步从理论上研究上述半定规划问题最优解的可达性, 则第 4 章的半定规划理论可以提供充分条件. 先将其写成形如 (4.9) 的半定规划不等式形式

$$\begin{aligned}
\min \quad & t \\
\text{s.t.} \quad & \sum_{j=1}^{n} A_j x_j + A_0 t - D \in \mathcal{S}_+^{3m}, \\
& x \in \mathbb{R}^n, \quad t \in \mathbb{R}_+,
\end{aligned}$$

其中

$$A_j = \begin{pmatrix} -\dfrac{a_{1j}}{b_1} & 0 & 0 & \cdots & 0 & 0 & 0 \\ 0 & \dfrac{a_{1j}}{b_1} & 0 & \cdots & 0 & 0 & 0 \\ 0 & 0 & 0 & \cdots & 0 & 0 & 0 \\ \vdots & \vdots & \vdots & & \vdots & \vdots & \vdots \\ 0 & 0 & 0 & \cdots & -\dfrac{a_{mj}}{b_m} & 0 & 0 \\ 0 & 0 & 0 & \cdots & 0 & \dfrac{a_{mj}}{b_m} & 0 \\ 0 & 0 & 0 & \cdots & 0 & 0 & 0 \end{pmatrix},$$

$$A_0 = \begin{pmatrix} 1 & 0 & 0 & \cdots & 0 & 0 & 0 \\ 0 & 0 & 0 & \cdots & 0 & 0 & 0 \\ 0 & 0 & 1 & \cdots & 0 & 0 & 0 \\ \vdots & \vdots & \vdots & & \vdots & \vdots & \vdots \\ 0 & 0 & 0 & \cdots & 1 & 0 & 0 \\ 0 & 0 & 0 & \cdots & 0 & 0 & 0 \\ 0 & 0 & 0 & \cdots & 0 & 0 & 1 \end{pmatrix},$$

$$-D = \begin{pmatrix} 0 & 0 & 0 & \cdots & 0 & 0 & 0 \\ 0 & 0 & 1 & \cdots & 0 & 0 & 0 \\ 0 & 1 & 0 & \cdots & 0 & 0 & 0 \\ \vdots & \vdots & \vdots & & \vdots & \vdots & \vdots \\ 0 & 0 & 0 & \cdots & 0 & 0 & 0 \\ 0 & 0 & 0 & \cdots & 0 & 0 & 1 \\ 0 & 0 & 0 & \cdots & 0 & 1 & 0 \end{pmatrix}.$$

注意上式与 (4.9) 形式的微小差别. 按 (4.9) 要求, 需要满足 $x \in \mathbb{R}_+^n$. 在目前的条件下, 观察导出 (4.10) 共轭对偶的过程, 对偶问题中 x_i 变量对应的约束由不等式号变成等号, 亦即是

$$\begin{aligned} \max \quad & D \bullet Y \\ \text{s.t.} \quad & A_j \bullet Y = 0, \quad j = 1, 2, \cdots, n, \\ & A_0 \bullet Y \leqslant 1, \\ & Y \in \mathcal{S}_+^{3m}. \end{aligned}$$

明显可见, 可以选充分小的 $\epsilon > 0$ 使得 $\bar{Y} = \epsilon I \in \mathcal{S}_{++}^{3m}$ 且 $A_0 \bullet \bar{Y} < 1$. 在原问题可行解集非空的假设下, 由定理 3.22 得知 (7.9) 模型最优解可达, 即该问题可解.

根据以上讨论得知, 要分析一个线性锥优化问题是否可求出最优解, 可利用对偶模型和共轭对偶理论给出最优解可达的充分条件. 针对每一个具体的计算实例,

该例的最优解可达性需要就具体模型做具体分析. 为了突显问题的建模过程, 在以下应用问题的介绍中将省略模型最优解可达性的分析, 读者可以根据需要自行补足.

7.2 投资管理问题

面对着投资市场上成千上万的投资机会以及瞬息万变的投资环境, 投资者最关心的问题自然是投资收益率的高低及投资风险的大小, 这就产生了投资管理 (portfolio management)问题. 早在 1952 年, Harry M. Markowitz[42] 就将数理统计的均值方差概念引入了资产组合选择的研究中, 第一次给出了风险和收益的量化定义. 他的基本假定是 (i) 所有投资者都是风险规避的; (ii) 所有投资者处于同一单期投资期; (iii) 投资者根据收益率的均值和方差选择投资组合, 使其在给定风险水平下期望收益率最高, 或者在给定的期望收益率水平下风险最小.

假定投资者有 n 种投资选择, 投资的期望收益率为 $b \in \mathbb{R}^n_{++}$. 假设每两种投资产品之间的期望收益率相关, 则组合投资的期望收益率存在一个半正定协方差矩阵 V. 若投资者对每种产品的投资百分比为 $x \in \mathbb{R}^n_+$, 第一类模型可以归结为: 在满足一定的收益条件下最小投资风险, 模型如下:

$$\begin{aligned}
\min \quad & x^{\mathrm{T}}Vx \\
\text{s.t.} \quad & b^{\mathrm{T}}x \geqslant \mu, \\
& e^{\mathrm{T}}x = 1, \\
& x \in \mathbb{R}^n_+,
\end{aligned} \tag{7.10}$$

其中, $e = (1,1,\cdots,1)^{\mathrm{T}}$, μ 为给定的收益下界. 以 $x^{\mathrm{T}}Vx$ 最小为目标, 表示投资产品间相关性越小, 风险也就越小.

由于 V 是一个半正定矩阵, 故上述模型为一个凸二次规划问题. 可变形为

$$\begin{aligned}
\min \quad & t \\
\text{s.t.} \quad & x^{\mathrm{T}}Vx \leqslant t, \\
& b^{\mathrm{T}}x \geqslant \mu, \\
& e^{\mathrm{T}}x = 1, \\
& x \in \mathbb{R}^n_+, \quad t \in \mathbb{R}.
\end{aligned}$$

由 4.2 节二阶锥可表示函数的结论, 可知其等价于如下一个二阶锥规划问题

$$\min \quad t$$
$$\text{s.t.} \quad \begin{pmatrix} Bx \\ \dfrac{1-t}{2} \\ \dfrac{1+t}{2} \end{pmatrix} \in \mathcal{L}^{n+2}, \tag{7.11}$$

$$b^{\mathrm{T}}x \geqslant \mu,$$
$$e^{\mathrm{T}}x = 1,$$
$$x \in \mathbb{R}_+^n, \quad t \in \mathbb{R},$$

其中 $V = B^{\mathrm{T}}B$, $B \in \mathcal{M}(n,n)$. 实际上根据 V 的秩, 可以进一步将 (7.11) 的第一个约束精确为

$$\begin{pmatrix} Bx \\ \dfrac{1-t}{2} \\ \dfrac{1+t}{2} \end{pmatrix} \in \mathcal{L}^{r+2},$$

其中 $r = \mathrm{rank}(V)$, $V = B^{\mathrm{T}}B$, $B \in \mathcal{M}(r,n)$.

另一个情景是将最大风险控制在 ν 以下的最大化期望收益投资问题

$$\begin{aligned} \max \quad & b^{\mathrm{T}}x \\ \mathrm{s.t.} \quad & x^{\mathrm{T}}Vx \leqslant \nu, \\ & e^{\mathrm{T}}x = 1, \\ & x \in \mathbb{R}_+^n. \end{aligned} \tag{7.12}$$

可以写成如下的等价模型

$$\begin{aligned} \max \quad & b^{\mathrm{T}}x \\ \mathrm{s.t.} \quad & \begin{pmatrix} Bx \\ \dfrac{1-\nu}{2} \\ \dfrac{1+\nu}{2} \end{pmatrix} \in \mathcal{L}^{n+2}, \\ & e^{\mathrm{T}}x = 1, \\ & x \in \mathbb{R}_+^n. \end{aligned} \tag{7.13}$$

当然, 我们还关心在满足一定收益的条件下, 单位收益风险最小的第三类模型

$$\begin{aligned} \min \quad & \dfrac{x^{\mathrm{T}}Vx}{b^{\mathrm{T}}x} \\ \mathrm{s.t.} \quad & b^{\mathrm{T}}x \geqslant \mu, \\ & e^{\mathrm{T}}x = 1, \\ & x \in \mathbb{R}_+^n. \end{aligned} \tag{7.14}$$

由 4.2 节二阶锥可表示函数的分式函数结论, (7.14) 可等价地写成下列二阶锥规划模型

$$\min \quad t$$

$$\text{s.t.} \quad \begin{pmatrix} Bx \\ \dfrac{t-s}{2} \\ \dfrac{t+s}{2} \end{pmatrix} \in \mathcal{L}^{n+2},$$

$$b^{\mathrm{T}}x - s = 0,$$
$$e^{\mathrm{T}}x = 1,$$
$$s \geqslant \mu,$$
$$x \in \mathbb{R}^n_+, \quad s,t \in \mathbb{R}.$$

(7.15)

注意到前面假设投资期望收益率 b 为确定常数, 可以考虑在另一类较为实际的环境中, b 为一个不确定的收益率, 但在 $\mathcal{B} = \left\{ b^0 + \sum_{j=1}^{p} w_j v^j \mid \|w\|_2 \leqslant 1 \right\}$ 区域中变化. 上述区域中, $b^0 \in \mathbb{R}^n$ 为常数, 表示收益率的中间点; p 为引起收益率不确定的主因素个数; v^j 表示第 j 个主因素变化的规范化向量且 $\{v^j, j = 1, 2, \cdots, p\}$ 线性无关. $\mathcal{B}$ 的几何直观是 p 维仿射空间中一个以 b^0 为中心点, $\{v^j, j = 1, 2, \cdots, p\}$ 为轴方向和轴长度 $\|v^j\|_2$ 的椭球. 在以上不确定环境下, 可以考虑一个最低收益不低于 μ 的鲁棒投资管理 (robust portfolio management) 问题

$$\min \quad x^{\mathrm{T}}Vx$$
$$\text{s.t.} \quad \min_{b \in \mathcal{B}} b^{\mathrm{T}}x \geqslant \mu,$$
$$e^{\mathrm{T}}x = 1,$$
$$x \in \mathbb{R}^n_+,$$

(7.16)

其中 V 和 e 的定义与 (7.10) 中相同.

注意 (7.16) 中, 依据 $\mathcal{B}$ 的定义, 可得到

$$\min_{b \in \mathcal{B}} b^{\mathrm{T}}x \geqslant \mu \Leftrightarrow (b^0)^{\mathrm{T}}x + \min_{\|w\|_2 \leqslant 1} \sum_{j=1}^{p} w_j (v^j)^{\mathrm{T}}x \geqslant \mu.$$

将 w 看成变量且要求 $\|w\|_2 \leqslant 1$, 则知其在 $-\left((v^1)^{\mathrm{T}}x, (v^2)^{\mathrm{T}}x, \cdots, (v^p)^{\mathrm{T}}x\right)^{\mathrm{T}}$ 方向且长度为 1 的点上取得最小值. 记 $Q = (v^1, v^2, \cdots, v^p)$, 则

$$\min_{\|w\|_2 \leqslant 1} \sum_{j=1}^{p} w_j (v^j)^{\mathrm{T}}x = -\sqrt{x^{\mathrm{T}}QQ^{\mathrm{T}}x}.$$

因此可知

$$\min_{b \in \mathcal{B}} b^{\mathrm{T}}x \geqslant \mu \Leftrightarrow \sqrt{x^{\mathrm{T}}QQ^{\mathrm{T}}x} \leqslant (b^0)^{\mathrm{T}}x - \mu.$$

根据与 (7.10) 化成二阶锥规划模型 (7.11) 相同的道理, (7.16) 等价于如下的一个二阶锥规划问题

$$\begin{aligned}
\min \quad & t \\
\text{s.t.} \quad & \begin{pmatrix} Bx \\ \dfrac{1-t}{2} \\ \dfrac{1+t}{2} \end{pmatrix} \in \mathcal{L}^{n+2}, \\
& \begin{pmatrix} Q^{\mathrm{T}}x \\ (b^0)^{\mathrm{T}}x - \mu \end{pmatrix} \in \mathcal{L}^{p+1}, \\
& e^{\mathrm{T}}x = 1, \\
& x \in \mathbb{R}_+^n.
\end{aligned} \tag{7.17}$$

到此, 我们发现投资管理中一定收益条件下的风险最小化、风险控制下的收益最大化、单位收益风险最小化和鲁棒投资优化管理等四类模型都可化成了二阶锥规划模型, 并都是可计算问题.

7.3　单变量多项式优化

单变量 x 的 n 阶多项式可表示为

$$p(x) = a_n x^n + a_{n-1} x^{n-1} + \cdots + a_1 x + a_0,$$

其中, $a_i \in \mathbb{R}, i = 0, 1, 2, \cdots, n$. 明显看出, 当 n 为奇数且 $a_n \neq 0$ 时, $p(x)$ 在 $\mathbb{R}$ 中无上下界. 当 n 为偶数且 $a_n \neq 0$ 时, $p(x)$ 依据 a_n 的符号, 有下界或上界. 下面仅考虑当 n 为偶数且 $a_n > 0$ 时的情形, 此时 $p(x)$ 有下界. 考虑下列的优化问题

$$\begin{aligned}
\min \quad & p(x) \\
\text{s.t.} \quad & x \in \mathbb{R},
\end{aligned} \tag{7.18}$$

其中 $p(x) = x^{2n} + a_{2n-1} x^{2n-1} + \cdots + a_1 x + a_0$.

上述模型可等价写成

$$\begin{aligned}
\max \quad & t \\
\text{s.t.} \quad & p(x) \geqslant t, \quad \forall x \in \mathbb{R}, \\
& t \in \mathbb{R}.
\end{aligned} \tag{7.19}$$

这是一种半无限规划模型的描述.

如果我们能够求解到 (7.18) 问题的最小值, 记成 r_0, 则有 $p(x) - r_0 \geqslant 0, \forall x \in \mathbb{R}$. 此时, 可用一些常见的迭代方法, 如 Newton 迭代方法[29], 去求解 $p(x) - r_0 = 0$ 的解.

若 $p(x) = \sum_{i=1}^{r} q_i(x)^2$ 时, 其中 $q_i(x)$ 为多项式且 $r \geqslant 1$ 为整数, 则称 $p(x)$ 可以表示成多项式平方和 (sum of squares). 明显可以看出, 当 $p(x)$ 可以表示成多项式平方和时, 则 $p(x)$ 为偶数阶多项式且 $p(x) \geqslant 0$ 对所有 $x \in \mathbb{R}$ 成立, 故此时其为一个非负多项式 (nonnegative polynomial).

反之, 当 $p(x)$ 为一个 n 阶非负多项式时, 可知 n 为偶数且 $a_n > 0$. 进一步, 由于 $p(x)$ 为 $\mathbb{R}$ 上的连续函数, 当 x 趋于 $\pm\infty$ 时, $p(x)$ 趋于正无穷. 因此, $p(x)$ 的最小值可达并记可达点为 x_0 和最小值为 $r_0 \geqslant 0$. 此时, 由代数学基本定理得到 $p(x) - r_0 = q(x)(x - x_0)^{n_0} \geqslant 0$ 对所有 $x \in \mathbb{R}$ 成立, 其中 $q(x_0) \neq 0$. 由此推出, $n_0 \geqslant 2$ 为偶数且 $q(x)$ 为非负多项式. 注意到当 $q(x)$ 为二阶非负多项式时, 一定可以写成多项式平方和的形式. 再由归纳法假设任意一个阶数不超过 $n-1$ 的非负多项式可以写成多项式平方和形式, 记 $q(x) = \sum_{i=1}^{r} q_i(x)^2$, 则 $p(x) = q(x)(x - x_0)^{n_0} + r_0 = \sum_{i=1}^{r} (q_i(x)(x - x_0)^{n_0/2})^2 + (\sqrt{r_0})^2$, 即得到 $p(x)$ 为多项式平方和.

总结上面的讨论, $p(x)$ 为非负多项式的充分必要条件是其可以表示成多项式平方和形式. 当 $2n$ 阶多项式 $p(x)$ 写成平方和形式 $\sum_{i=1}^{r} q_i(x)^2$ 时, 记

$$(q_1(x), q_2(x), \cdots, q_r(x))^{\mathrm{T}} = P\,(1, x, x^2, \cdots, x^n)^{\mathrm{T}},$$

其中 P 为一个 $n+1$ 阶矩阵, 则有

$$p(x) = \sum_{i=1}^{r} q_i(x)^2 = (q_1(x), q_2(x), \cdots, q_r(x))\,(q_1(x), q_2(x), \cdots, q_r(x))^{\mathrm{T}}$$
$$= (1, x, x^2, \cdots, x^n) P^{\mathrm{T}} P (1, x, x^2, \cdots, x^n)^{\mathrm{T}}$$
$$= (1, x, x^2, \cdots, x^n) X (1, x, x^2, \cdots, x^n)^{\mathrm{T}},$$

此处 $X = P^{\mathrm{T}} P$ 为一个 $n+1$ 阶的半正定矩阵. 反之, 任何一个上述形式的多项式一定为非负多项式.

模型 (7.19) 中, 约束要求 $p(x) - t = x^{2n} + a_{2n-1} x^{2n-1} + \cdots + a_1 x + a_0 - t$ 为非负多项式. 因此, 其模型等价为

$$
\begin{aligned}
\max \quad & t \\
\text{s.t.} \quad & x_{11} + t = a_0, \\
& \sum_{i+j=2(n+1)-k} x_{ij} = a_{2n-k}, \quad k = 1, 2, \cdots, 2n-1, \\
& x_{n+1,n+1} = 1, \\
& X = (x_{ij}) \in \mathcal{S}_+^{n+1}, \quad t \in \mathbb{R}.
\end{aligned}
\tag{7.20}
$$

上式是一个半定规划模型, 因此求解问题 (7.18) 就等价于线性锥优化中的半定规划求解. 记上述问题的最优目标值为 t_0, 可再通过其他一些计算方法求非负多项式 $p(x) - t_0$ 的根.

上述单变量多项式的优化求解方法带来了对多变量多项式最优化问题求解的尝试. 一个多变量非负多项式能否写成平方和形式, 这正是 David Hilbert(1862-1943) 在 1900 年提出的 23 个问题中的第 17 个. 1927 年匈牙利科学家 Emil Artin (1898-1962) 给出一个否定的回答. 理论上的结果告知, 一个多变量非负多项式虽不一定能写成多项式平方和形式, 但对给定的任何非 0 精度, 可以通过一个多项式平方和逼近. 这也就给多项式优化的求解带来了一线光明. 2001 年, 文献 [38] 采用平方和逼近多项式并用半定规划求解的方法给出求解多项式优化的计算方法. 当时也引起学术界的关注, 但计算效率的不理想又使得这方面的研究暂时冷却下来.

7.4 鲁 棒 优 化

考虑如下线性规划问题

$$\min \quad c^{\mathrm{T}} x$$
$$\text{s.t.} \quad Ax \geqslant b,$$
$$x \in \mathbb{R}_+^n,$$

其中系数 $c \in \mathbb{R}^n$, $A \in \mathcal{M}(m,n)$ 和 $b \in \mathbb{R}^m$, 但因种种不确定因素我们只能假设这些系数在某个范围内取值. 4.2 节已经建立了一个鲁棒线性规划模型, 要求约束对系数在不确定范围内变化情形下继续满足, 而使目标达到最小值, 这实际上是参数最坏情形下的一个最优过程.

一般可以将鲁棒优化 (robust optimization)模型写成

$$\min \quad f(x)$$
$$\text{s.t.} \quad g_i(x, u_i) \leqslant 0, \quad \forall u_i \in \mathcal{U}_i, \quad i = 1, \cdots, m, \qquad (7.21)$$
$$x \in \mathbb{R}^n,$$

其中 $f(x)$ 和 $\{g_i(x, u_i), i = 1, 2, \cdots, m\}$ 为实函数, $\{\mathcal{U}_i, i = 1, \cdots, m\}$ 为不确定系数的变化范围.

需要特别注意, 模型中目标函数 $f(x)$ 与不确定参数无关. 观察 4.2 节建立的鲁棒线性规划模型可以发现, 目标函数中系数可以具有不确定性, 不妨记 (7.21) 中目标函数写成 $g(x, u_0), u_0 \in \mathcal{U}_0$, 但通过一个变形, 上述模型可等价为一个目标函数与不确定系数无关的鲁棒优化模型:

$$\min \quad t$$
$$\text{s.t.} \quad g(x, u_0) \leqslant t, \quad u_0 \in \mathcal{U}_0,$$
$$g_i(x, u_i) \leqslant 0, \quad \forall u_i \in \mathcal{U}_i, \quad i = 1, \cdots, m,$$
$$x \in \mathbb{R}^n, \quad t \in \mathbb{R}.$$

此模型可计算.

鲁棒线性规划

(7.21) 问题中一类简单的模型为鲁棒线性规划问题, 其目标和约束函数为决策变量的线性函数, 而系数具有不确定性. 此时模型如下:

$$
\begin{aligned}
\min \quad & c^{\mathrm{T}}x \\
\text{s.t.} \quad & a_i^{\mathrm{T}}x \leqslant b_i, \quad i = 1, 2, \cdots, m, \\
& a_i \in \left\{ v_i^0 + \sum_{j=1}^{p_i} u_j v_i^j \ \middle| \ \|u\|_2 \leqslant 1 \right\}, \quad i = 1, 2, \cdots, m, \\
& x \in \mathbb{R}_+^n,
\end{aligned}
\tag{7.22}
$$

其中 p_i 为造成第 i 个约束系数不确定的因素个数, $\{v_i^j \in \mathbb{R}^n, j = 0, 1, 2, \cdots, p_i\}$ 为给定向量组, v_i^0 为第 i 个约束系数的中位值, $\{v_i^j, j = 1, 2, \cdots, p_i\}$ 为可变化的度量, 一般要求它们线性无关, $\{u_j, j = 1, 2, \cdots, p_i\}$ 为不确定因素的变化范围.

因函数沿梯度方向上升速度最快, 对任意 $x \in \mathbb{R}_+^n$, 有

$$
\max_{a_i \in \{v_i^0 + \sum\limits_{j=1}^{p_i} u_j v_i^j \ | \ \|u\|_2 \leqslant 1\}} a_i^{\mathrm{T}}x = \max_{\|u\|_2 \leqslant 1} (v_i^0)^{\mathrm{T}}x + \sum_{j=1}^{p_i} u_j (v_i^j)^{\mathrm{T}}x
$$

$$
= (v_i^0)^{\mathrm{T}}x + \|((v_i^1)^{\mathrm{T}}x, \cdots, (v_i^{p_i})^{\mathrm{T}}x)^{\mathrm{T}}\|_2.
$$

在系数的不确定变化范围内, 鲁棒优化要求约束继续满足, 故知

$$
a_i^{\mathrm{T}}x \leqslant b_i, \forall a_i \in \left\{ v_i^0 + \sum_{j=1}^{p_i} u_j v_i^j \ \middle| \ \|u\|_2 \leqslant 1 \right\}
$$

$$
\Leftrightarrow \|((v_i^1)^{\mathrm{T}}x, \cdots, (v_i^{p_i})^{\mathrm{T}}x)^{\mathrm{T}}\|_2 \leqslant b_i - (v_i^0)^{\mathrm{T}}x.
$$

于是 (7.22) 等价为如下的二阶锥规划模型

$$
\begin{aligned}
\min \quad & c^{\mathrm{T}}x \\
\text{s.t.} \quad & \begin{pmatrix} (v_i^1)^{\mathrm{T}}x \\ \vdots \\ (v_i^{p_i})^{\mathrm{T}}x \\ b_i - (v_i^0)^{\mathrm{T}}x \end{pmatrix} \in \mathcal{L}^{p_i+1}, \quad i = 1, \cdots, m, \\
& x \in \mathbb{R}_+^n.
\end{aligned}
$$

这也是一个可计算模型.

鲁棒凸二次约束二次规划

考虑如下的鲁棒凸二次约束二次规划问题

$$\min \quad d^{\mathrm{T}}x$$

$$\text{s.t.} \quad \frac{1}{2}x^{\mathrm{T}}A_i^{\mathrm{T}}A_ix + q_i^{\mathrm{T}}x + c_i \leqslant 0, \quad i = 1, 2, \cdots, m,$$

$$(A_i, q_i, c_i) \in \left\{ (A_i^0, q_i^0, c_i^0) + \sum_{j=1}^{p_i} u_j(A_i^j, q_i^j, c_i^j) \ \middle| \ \|u\|_2 \leqslant 1 \right\},$$

$$x \in \mathbb{R}^n,$$

其中 $d \in \mathbb{R}^n$ 为给定系数, p_i 为影响第 i 个约束中系数变化的因素个数; 对 $i = 1, 2, \cdots, m$, $A_i \in \mathcal{M}(q, n)$, $q_i \in \mathbb{R}^n$ 和 $c_i \in \mathbb{R}$ 为不确定系数; 对所有 $j = 0, 1, 2, \cdots, p_i$, $A_i^j \in \mathcal{M}(q, n)$, $q_i^j \in \mathbb{R}^n$ 和 $c_i^j \in \mathbb{R}$ 为给定常数.

上述模型中, 假设 m 个约束间的系数不确定性相互独立, 即第 i 个约束中的系数单独变化, 只与中位值 (A_i^0, q_i^0, c_i^0) 和各个方向的最大量 $\{(A_i^j, q_i^j, c_i^j), j = 1, 2, \cdots, p_i\}$ 有关. 这些数据可以通过实验或其他的方法估计得到.

就第 i 个约束而言, 记 $U_i(x) = (A_i^0 x, A_i^1 x, \cdots, A_i^{p_i} x)$ 和

$$V_i(x) = \begin{pmatrix} 2c_i^0 + 2(q_i^0)^{\mathrm{T}}x & c_i^1 + (q_i^1)^{\mathrm{T}}x & \cdots & c_i^{p_i} + (q_i^{p_i})^{\mathrm{T}}x \\ c_i^1 + (q_i^1)^{\mathrm{T}}x & 0 & & \\ \vdots & & \ddots & \\ c_i^{p_i} + (q_i^{p_i})^{\mathrm{T}}x & & & 0 \end{pmatrix},$$

则对任意 $\|u\|_2 \leqslant 1$, 有

$$\frac{1}{2}x^{\mathrm{T}}A_i^{\mathrm{T}}A_ix + q_i^{\mathrm{T}}x + c_i \leqslant 0$$

$$\Leftrightarrow \frac{1}{2}\begin{pmatrix} 1 \\ u \end{pmatrix}^{\mathrm{T}} U_i^{\mathrm{T}}(x)U_i(x)\begin{pmatrix} 1 \\ u \end{pmatrix} + \frac{1}{2}\begin{pmatrix} 1 \\ u \end{pmatrix}^{\mathrm{T}} V_i(x)\begin{pmatrix} 1 \\ u \end{pmatrix} \leqslant 0$$

$$\Leftrightarrow \frac{1}{2}\begin{pmatrix} 1 \\ u \end{pmatrix}^{\mathrm{T}} \left[U_i^{\mathrm{T}}(x)U_i(x) + V_i(x)\right]\begin{pmatrix} 1 \\ u \end{pmatrix} \leqslant 0$$

$$\Leftrightarrow -U_i^{\mathrm{T}}(x)U_i(x) - V_i(x) \in \mathcal{D}_{\mathcal{G}},$$

其中 $\mathcal{G} = \{u \in \mathbb{R}^{p_i} \mid \|u\|_2 \leqslant 1\}$ 且 $\mathcal{D}_{\mathcal{G}}$ 是 5.1 节定义的二次函数锥.

由第 6 章的定理 6.2 得到

$$-U_i^{\mathrm{T}}(x)U_i(x) - V_i(x) \in \mathcal{D}_{\mathcal{G}}$$

$$\Leftrightarrow \text{存在}\lambda_i \geqslant 0 \text{ 使得} -U_i^{\mathrm{T}}(x)U_i(x) - V_i(x) + \lambda_i \begin{pmatrix} -1 & 0 \\ 0 & I \end{pmatrix} \in \mathcal{S}_+^{n+1}$$

$$\Leftrightarrow 存在 \lambda_i \geqslant 0 \ 使得 \begin{pmatrix} -V_i(x) + \lambda_i \begin{pmatrix} -1 & 0 \\ 0 & I \end{pmatrix} & U_i^{\mathrm{T}}(x) \\ U_i(x) & I \end{pmatrix} \in \mathcal{S}_+^{2n+1}.$$

据此, 得到鲁棒凸二次约束二次规划的一个半定规划模型

$$\min \quad d^{\mathrm{T}}x$$

$$\text{s.t.} \quad \begin{pmatrix} -V_i(x) + \lambda_i \begin{pmatrix} -1 & 0 \\ 0 & I \end{pmatrix} & U_i^{\mathrm{T}}(x) \\ U_i(x) & I \end{pmatrix} \in \mathcal{S}_+^{2n+1}, \quad i = 1, 2, \cdots, m,$$

$$x \in \mathbb{R}^n, \quad \lambda \in \mathbb{R}_+^m.$$

这个模型同样可计算.

7.5　协正锥的判定

协正锥 (copositive cone) 定义为

$$\mathcal{CP}^n = \left\{ M \in \mathcal{S}^n \mid x^{\mathrm{T}}Mx \geqslant 0, \forall x \in \mathbb{R}_+^n \right\}.$$

不难验证, $\mathcal{S}_+^{n+1} \subseteq \mathcal{CP}^{n+1} \subseteq \mathcal{D}_{\mathbb{R}_+^n}$. 因此, 通过协正锥可以描述更多的优化问题, 具体应用可以参考综述性文献 [5, 7, 13]. 判断一个矩阵不属于协正锥为 NP 完全的[45], 因此, 与协正锥有关的优化问题近似求解也就成为一个研究方向. 本节将借鉴第 5 章二次函数锥规划问题的理论和近似计算方法, 通过近似计算判断一个矩阵是否为协正. 本节主要内容是文献 [12] 工作的总结.

明显可见, 当一个矩阵 $M \in \mathcal{S}^n$ 是协正的, 则下列优化问题目标值非负.

$$\begin{aligned} v_c = \min \quad & x^{\mathrm{T}}Mx \\ \text{s.t.} \quad & x \in \mathcal{F} = \left\{ x \in \mathbb{R}^n \mid e^{\mathrm{T}}x = 1, x \geqslant 0 \right\}. \end{aligned} \tag{7.23}$$

反之, 当上述优化问题非负, 因 $\mathcal{F}$ 为有界闭集, 得知其最优解可达且 $x^{\mathrm{T}}Mx \geqslant 0, \forall x \in \mathcal{F}$. 对任何 $y \in \mathbb{R}_+^n$, 当 $y = 0$ 时, 明显有 $y^{\mathrm{T}}My = 0$, 否则可记 $y = \left(\sum_{i=1}^n y_i \right) \dfrac{y}{\sum_{i=1}^n y_i} = \left(\sum_{i=1}^n y_i \right) z$, 其中 $z \in \mathcal{F}$. 由此得到 $y^{\mathrm{T}}My = \left(\sum_{i=1}^n y_i \right)^2 z^{\mathrm{T}}Mz \geqslant 0$.

综上可知, M 为协正矩阵的充要条件为优化问题 (7.23) 目标值非负.

优化问题 (7.23) 可看成一个二次规划问题, 本节的主要工作是采用二次函数锥规划的理论, 通过近似计算的方法给出判定协正矩阵的算法. 算法的主要框架类似 6.3 节的椭球覆盖近似算法, 详细的推导过程和算法构造想法可参考文献 [12].

应用二次函数锥规划的理论并考虑冗余约束 $e^{\mathrm{T}}x = 1$, 得到与 (7.23) 目标值相同的二次函数锥规划及其对偶模型, 分别表示如下:

$$\begin{aligned}
\max \quad & \sigma \\
\text{s.t.} \quad & \begin{pmatrix} -\sigma & 0 \\ 0 & M \end{pmatrix} + \mu \begin{pmatrix} -2 & e^{\mathrm{T}} \\ e & 0 \end{pmatrix} \in \mathcal{D}_{\mathcal{F}}, \\
& \sigma, \mu \in \mathbb{R}
\end{aligned} \tag{7.24}$$

和

$$\begin{aligned}
\min \quad & H_0 \bullet Y \\
\text{s.t.} \quad & y_{11} = 1, \\
& \begin{pmatrix} -2 & e^{\mathrm{T}} \\ e & 0 \end{pmatrix} \bullet Y = 0, \\
& Y = (y_{ij}) \in \mathcal{D}_{\mathcal{F}}^{*},
\end{aligned} \tag{7.25}$$

其中 $H_0 = \begin{pmatrix} 0 & 0 \\ 0 & M \end{pmatrix} \in \mathcal{S}^{n+1}$.

将 $e^{\mathrm{T}}x = 1$ 的冗余约束加入到模型中考虑, 并用 s 个内点非空的椭球

$$\mathcal{G}_i = \left\{ x \in \mathbb{R}^n \ \middle| \ \frac{1}{2}x^{\mathrm{T}}B_i x + b_i^{\mathrm{T}}x + d_i \leqslant 0, B_i \in \mathcal{S}_{++}^n \right\}, \quad i = 1, 2, \cdots, s,$$

覆盖 $\mathcal{F}$, 其中 $\mathcal{G}_i \neq \varnothing$. 由 6.3 节的定理 6.12 和定理 6.13 分别得到如下可计算线性锥优化模型

$$\begin{aligned}
\max \quad & \sigma \\
\text{s.t.} \quad & \begin{pmatrix} -\sigma & 0 \\ 0 & M \end{pmatrix} + \mu \begin{pmatrix} -2 & e^{\mathrm{T}} \\ e & 0 \end{pmatrix} \\
& + \lambda_i \begin{pmatrix} 2d_i & b_i^{\mathrm{T}} \\ b_i & B_i \end{pmatrix} \in \mathcal{S}_{+}^{n+1}, \quad i = 1, 2, \cdots, s, \\
& \mu \in \mathbb{R}, \quad \sigma \in \mathbb{R}, \quad \lambda \in \mathbb{R}_{+}^s
\end{aligned} \tag{7.26}$$

及其对偶模型

$$\begin{aligned}
\min \quad & H_0 \bullet Y \\
\text{s.t.} \quad & y_{11} = 1, \\
& \begin{pmatrix} 2 & -e^{\mathrm{T}} \\ -e & 0 \end{pmatrix} \bullet Y = 0, \\
& Y = Y_1 + Y_2 + \cdots + Y_s, \\
& \begin{pmatrix} 2d_i & b_i^{\mathrm{T}} \\ b_i & B_i \end{pmatrix} \bullet Y_i \leqslant 0, Y_i \in \mathcal{S}_{+}^{n+1}, \quad i = 1, 2, \cdots, s.
\end{aligned} \tag{7.27}$$

定理 7.1　若对 $i = 1, 2, \cdots, s$ 的每一个内点非空的椭球 $\mathcal{G}_i = \Big\{ x \in \mathbb{R}^n \Big| \frac{1}{2} x^{\mathrm{T}} B_i x +$ $b_i^{\mathrm{T}} x + d_i \leqslant 0, B_i \in \mathcal{S}_{++}^n \Big\}$，都存在一点 $\bar{x}^i \in \mathbb{R}^n$ 满足 $e^{\mathrm{T}} \bar{x}^i = 1$ 且 $\frac{1}{2} (\bar{x}^i)^{\mathrm{T}} B_i \bar{x}^i + b_i^{\mathrm{T}} \bar{x}^i +$ $d_i < 0$，则 (7.26) 和 (7.27) 的对偶间隙为零且都可解.

证明　采用共轭对偶的理论来证明本定理. 令变换

$$
\begin{aligned}
Y &= Y_1 + Y_2 + \cdots + Y_s, \\
u_i &= - \begin{pmatrix} 2d_i & b_i^{\mathrm{T}} \\ b_i & B_i \end{pmatrix} \bullet Y_i, \quad i = 1, 2, \cdots, s, \\
u_{s+1} &= y_{11} = \begin{pmatrix} 1 & 0 \\ 0 & 0 \end{pmatrix} \bullet Y, \\
u_{s+2} &= \begin{pmatrix} 2 & -e^{\mathrm{T}} \\ -e & 0 \end{pmatrix} \bullet Y, \\
u_{s+3} &= H_0 \bullet Y,
\end{aligned}
\tag{7.28}
$$

$$
\mathcal{U} = \big\{ (Y, u) \in \mathcal{S}^{n+1} \times \mathbb{R}^{s+3} \mid u_i \geqslant 0, i = 1, 2, \cdots, s; u_{s+1} = 1; u_{s+2} = 0 \big\}
$$

和

$$
\mathcal{K} = \big\{ (Y, u) \in \mathcal{S}^{n+1} \times \mathbb{R}^{s+3} \mid \text{满足 (7.28) 且 } Y_i \in \mathcal{S}_+^{n+1}, i = 1, 2, \cdots, s \big\}.
$$

不难验证，$\mathcal{K}$ 为一个锥，且 (7.27) 可等价表示为

$$
\begin{aligned}
\min \quad & u_{s+3} \\
\text{s.t.} \quad & (Y, u) \in \mathcal{U} \cap \mathcal{K}.
\end{aligned}
\tag{7.29}
$$

再求其共轭函数

$$
h(Z, v) = \max_{(Y, u) \in \mathcal{U}} \{ Y \bullet Z + u^{\mathrm{T}} v - u_{s+3} \} < +\infty,
$$

可得到

$$
\mathcal{V} = \big\{ (Z, v) \in \mathcal{S}^{n+1} \times \mathbb{R}^{s+3} \mid Z = 0, v_i \leqslant 0, i = 1, 2, \cdots, s; v_{s+3} = 1 \big\}
$$

和 $\mathcal{V}$ 上定义的共轭函数 $h(Z, v) = v_{s+1}$. 更进一步可推出 $\mathcal{K}$ 的对偶锥为

$$
\mathcal{K}^* = \left\{ \begin{aligned} & (Z, v) \in \mathcal{S}^{n+1} \times \mathbb{R}^{s+3} \mid Z - \begin{pmatrix} 2d_i & b_i^{\mathrm{T}} \\ b_i & B_i \end{pmatrix} v_i + \begin{pmatrix} 1 & 0 \\ 0 & 0 \end{pmatrix} v_{s+1} \\ & + \begin{pmatrix} 2 & -e^{\mathrm{T}} \\ -e & 0 \end{pmatrix} v_{s+2} + H_0 v_{s+3} \in \mathcal{S}_+^{n+1}, i = 1, 2, \cdots, s \end{aligned} \right\}.
$$

整理后可得到 (7.27) 的对偶模型 (7.26).

由于 $\bar{x}^i$ 是椭球 $\mathcal{G}_i$ 的内点, 所以存在 $\mathcal{G}_i$ 内的 $n+1$ 个仿射线性无关的点 $\{\bar{x}^{ij},$ $j = 1, \cdots, n+1\}$ 使得 $\bar{x}^i = \sum_{j=1}^{n+1} \bar{\alpha}_{ij} \bar{x}^{ij}$, 其中 $\bar{\alpha}_{ij} > 0$ 对 $j = 1, \cdots, n+1$ 成立且 $\sum_{j=1}^{n+1} \bar{\alpha}_{ij} = 1$. 对 $i = 1, \cdots, s$, 考虑矩阵

$$\bar{Y}_i = \frac{1}{s} \sum_{j=1}^{n+1} \bar{\alpha}_{ij} \begin{pmatrix} 1 \\ \bar{x}^{ij} \end{pmatrix} \begin{pmatrix} 1 \\ \bar{x}^{ij} \end{pmatrix}^{\mathrm{T}}.$$

容易验证 $\begin{pmatrix} 2 & -e^{\mathrm{T}} \\ -e & 0 \end{pmatrix} \bullet \bar{Y}_i = 0$ 对 $i = 1, \cdots, s$ 成立. 因 $\{\bar{x}^{ij}, \ j = 1, \cdots, n+1\}$ 为仿射线性无关, 故知 $\mathrm{rank}(\bar{Y}_i) = n+1$, 进而得知 $\bar{Y}_i \in \mathcal{S}_{++}^{n+1}$ 对 $i = 1, \cdots, s$ 成立. 令 $\bar{Y} = \sum_{i=1}^{s} \bar{Y}_i$, 且 $\bar{u}$ 是由 $\{\bar{Y}_i, i = 1, 2, \cdots, s\}$ 代入到 (7.28) 计算得到, 则知 $(\bar{Y}, \bar{u})$ 为 $\mathcal{U}$ 的相对内点, 再按定理 2.18 得知 $(\bar{Y}, \bar{u})$ 为 $\mathcal{K}$ 的相对内点.

对 (7.26) 中的任意矩阵 M 和 $\bar{\mu}$, 由于 $B_i \in \mathcal{S}_{++}^{n+1}$ 和对角占优的性质, 故存在充分大 $\bar{\lambda}_i > 0$ 和充分小 $\bar{\sigma} \in \mathbb{R}$ 使得

$$\bar{S} = \begin{pmatrix} -\bar{\sigma} & 0 \\ 0 & M \end{pmatrix} + \bar{\mu} \begin{pmatrix} 2 & -e^{\mathrm{T}} \\ -e & 0 \end{pmatrix}$$

满足

$$\bar{S} + \bar{\lambda}_i \begin{pmatrix} c_i & (b_i)^{\mathrm{T}} \\ b_i & B_i \end{pmatrix} \in \mathcal{S}_{++}^{n+1}, \quad i = 1, \cdots, s.$$

由此证明 $\mathcal{V} \cap \mathcal{K}^* \neq \varnothing$, 所以 (7.27) 和 (7.26) 都存在可行解. 再根据定理 3.22 可得到强对偶和可解性的结论. ∎

对 (7.27) 的最优解 $Y^* = Y_1^* + \cdots + Y_s^*$, 记 $\mathcal{I}(Y^*) = \{i \mid Y_i^* \neq 0\}$.

推论 7.2 若 $Y^* = Y_1^* + \cdots + Y_s^*$ 为 (7.27) 的最优解, 当 $Y_i^* \neq 0$ 时, 则可分解成

$$Y_i^* = \sum_{j=1}^{n_i} \alpha_{ij} \begin{pmatrix} 1 \\ x^{ij} \end{pmatrix} \begin{pmatrix} 1 \\ x^{ij} \end{pmatrix}^{\mathrm{T}},$$

其中 $n_i \in \{1, 2, \cdots, n+1\}, \alpha_{ij} > 0, \ x^{ij} \in \mathcal{G}_i$. 进一步, Y^* 可分解成

$$Y^* = \sum_{i \in \mathcal{I}(Y^*)} \sum_{j=1}^{n_i} \alpha_{ij} \begin{pmatrix} 1 \\ x^{ij} \end{pmatrix} \begin{pmatrix} 1 \\ x^{ij} \end{pmatrix}^{\mathrm{T}}, \tag{7.30}$$

其中 $\displaystyle\sum_{i\in\mathcal{I}(Y^*)}\sum_{j=1}^{n_i}\alpha_{ij}=1$ 且 $\alpha_{ij}>0, i\in\mathcal{I}(Y^*), j=1,2,\cdots,n_i$.

上述推论为定理 6.16 的直接应用.

对于 (7.30) 中的分解项, 称

$$x^* = \mathrm{argmin}_{\{x^{ij}:i\in\mathcal{I}(Y^*);\ j=1,2,\cdots,n_i\}}((x^{ij})^{\mathrm{T}}Mx^{ij})$$

为敏感点. 记 t 为敏感点 x^* 对应的指标, $t\in\{1,2,\cdots,s\}$, 则椭球 $\mathcal{G}_t$ 称为敏感椭球.

定理 7.3　假设 Y^* 为 (7.27) 的最优解且 x^* 为分解的敏感点, 则有

$$u^* = (x^*)^{\mathrm{T}}Mx^* \leqslant v_c. \tag{7.31}$$

若 $u^*\geqslant 0$, 则矩阵 M 是协正阵. 若 $x^*\in\mathbb{R}_+^n$ 且 $u^*<0$, 则 M 不是协正阵. 特别当 $x^*\in\mathcal{F}$ 时, 则 $\begin{pmatrix}1\\x^*\end{pmatrix}\begin{pmatrix}1\\x^*\end{pmatrix}^{\mathrm{T}}$ 是 (7.25) 的最优解且 x^* 是 (7.23) 的最优解.

证明　由 $\mathcal{F}$ 为有界闭集可得知 (7.23) 的 v_c 有界. 更因为

$$\begin{aligned}
v_c &\geqslant \sum_{i\in\mathcal{I}(Y^*)}\sum_{j=1}^{n_i}\alpha_{ij}(x^{ij})^{\mathrm{T}}Mx^{ij}\\
&\geqslant \sum_{i\in\mathcal{I}(Y^*)}\sum_{j=1}^{n_i}\alpha_{ij}(x^*)^{\mathrm{T}}Mx^*\\
&= (x^*)^{\mathrm{T}}Mx^*,
\end{aligned}$$

所以 (7.31) 成立.

由定理 5.3 可得知 (7.23)、(7.24) 和 (7.25) 具有相同的目标值. 又因 $\mathcal{G}=\bigcup_{i=1}^{s}\mathcal{G}_i$ 为 $\mathcal{F}$ 的覆盖, (7.27) 提供 v_c 的一个下界, 所以当 $u^*\geqslant 0$ 时可得到 $v_c\geqslant u^*\geqslant 0$. 此时, 由协正阵的讨论得知 M 为协正矩阵.

若 $x^*\in\mathbb{R}_+^n$ 且 $u^*<0$, 则有 $\bar{x}=x^*/\|x^*\|_1\in\mathcal{F}$ 且 $\bar{x}^{\mathrm{T}}M\bar{x}<0$. 这表明 M 不是协正矩阵.

若 $x^*\in\mathcal{F}$, 则知 $Y^*=\begin{pmatrix}1\\x^*\end{pmatrix}\begin{pmatrix}1\\x^*\end{pmatrix}^{\mathrm{T}}$ 是 (7.25) 的可行解, 且

$$\begin{pmatrix}1\\x^*\end{pmatrix}\begin{pmatrix}1\\x^*\end{pmatrix}^{\mathrm{T}}\bullet H_0 = (x^*)^{\mathrm{T}}Mx^* \leqslant v_c.$$

因此, Y^* 是 (7.25) 的最优解且 x^* 是 (7.23) 的最优解. ∎

上述定理表明, 当 $u^* \geqslant 0$ 或 $x^* \in \mathbb{R}_+^n$ 时, 可以直接确定矩阵 M 是否协正. 当 $u^* < 0$ 且 $x^* \notin \mathbb{R}_+^n$ 时, 只能给出 (7.23) 的一个下界, 但无法确定 M 是否协正. 这种情况下, 只能认为目前可行解集 $\mathcal{F}$ 的覆盖 $\mathcal{G} = \bigcup_{i=1}^{s} \mathcal{G}_i$ 还不够精细. 下一步的任务就是将敏感点所在的椭球继续细分. 依据这样思路得到一个自适应的算法. 由于计算的精度要求和迭代的时间限制, 可能会重复出现 $u^* < 0$ 且 $x^* \notin \mathbb{R}_+^n$ 的情形.

因此, 再给出如下的定义. 对给定的精度 $\epsilon > 0$ 和矩阵 $M \in \mathcal{S}^n$, 如果 $u^* = (x^*)^{\mathrm{T}} M x^* \geqslant -\epsilon$, 则称 M 是 ϵ 协正. 从计算的角度来看, 当这种情形出现时, 还是无法判断 M 是否为协正矩阵, 因此遇到这样的情形时, 就视同无法判别.

协正矩阵判定的自适应算法框架如下:

协正矩阵判断算法

初始化　设 $\mathcal{G} = \left\{ x \in \mathbb{R}^n \,\middle|\, \sum_{i=1}^{n} (2x_i - 1)^2 \leqslant n \right\}$, $\mathcal{T} = \mathcal{T}_1 = [u^1, \, v^1]$, 其中 $u_i^1 = 0, v_i^1 = 1, i = 1, 2, \cdots, n$. 给定 $\epsilon > 0$ 为允许偏差, 记 l 为目标值的最好下界和 s 为最好上界.

步骤 1　计算 (7.27), 设最优解为 $Y^* = Y_1^* + \cdots + Y_k^*$ 且记最优目标值为 v_{rc}. 更新 $l = \max\{l, v_{rc}\}$. 当 $l \geqslant -\epsilon$ 时, 就知 M 是 ϵ 协正, 算法停止.

步骤 2　按推论 7.2 分解 Y^* 并求得敏感点 x^* 和敏感椭球 $\mathcal{G}_t = \left\{ x \in \mathbb{R}^n \,\middle|\, \right.$ $\sum_{i=1}^{n} \frac{(2x_i - v_i^t - u_i^t)^2}{(v_i^t - u_i^t)^2} \leqslant n \right\}$ (椭球 $\mathcal{G}_t$ 与矩形 $\mathcal{T}_t = [u^t, \, v^t]$ 一一对应). 当 $x^* \in \mathbb{R}_+^n$ 时, 算法停止, M 是否为协正矩阵由 u^* 的符号确定 (参见定理 7.3).

步骤 3　考虑将 $\mathcal{T}_t = [u^t, \, v^t]$ 细分为 $\mathcal{T}_{t1} = [u^{t1}, \, v^{t1}]$ 和 $\mathcal{T}_{t2} = [u^{t2}, \, v^{t2}]$, 对应 $\mathcal{G}_t$ 的细分椭球 $\mathcal{F}_{t1}$ 和 $\mathcal{F}_{t2}$, 进行覆盖椭球集合 $\mathcal{G}$ 的更新. 具体更新方法及椭球与区间的对应关系稍后讨论.

步骤 4　将 x^* 中的负分量都设置为 0 而得到一点 $\tilde{x} \in \mathbb{R}_+^n$. 计算 $s = \min\{s, \tilde{x}^{\mathrm{T}} M \tilde{x}\}$. 当 $s < 0$ 时, 则 M 不是协正矩阵, 算法停止. 否则转回步骤 1.

由于 (7.23) 的可行解集合包含在 $[0, 1]^n$ 矩形内, 我们以矩形分割可行解区域. 对给定的每一个矩形 $\mathcal{T}_t = [u^t, \, v^t]$, 都一一对应于一个椭球 $\mathcal{G}_t = \left\{ x \in \right.$ $\mathbb{R}^n \,\middle|\, \sum_{i=1}^{n} \frac{(2x_i - v_i^t - u_i^t)^2}{(v_i^t - u_i^t)^2} \leqslant n \right\}$.

当敏感点 x^* 落在敏感椭球 $\mathcal{G}_t$ 中时, 对应矩形 $\mathcal{T}_t = [u^t, \, v^t]$. 当 $x^* \in \mathbb{R}_+^n$ 时, 由步骤 2 知算法已停止. 否则按 x^* 坐标分量最负的坐标轴方向 $id = \mathrm{argmin}_{\{i=1, \cdots, n\}}$

$\{x_i\}$ 分割, 对 $\mathcal{T}_t$ 分割成如下两个矩形 $\mathcal{T}_{t1} = [u^{t1},\ v^{t1}]$ 和 $\mathcal{T}_{t2} = [u^{t2},\ v^{t2}]$, 其中 $u^{t1} = u^t$ 和 $v^{t2} = v^t$; 且当 $i \neq id$ 时, $v_i^{t1} = v_i^t$ 和 $u_i^{t2} = u_i^t$; $v_{id}^{t1} = u_{id}^{t2} = (u_{id}^t + v_{id}^t)/2$. 故可得到两个椭球 $\mathcal{G}_{t1}$ 和 $\mathcal{G}_{t2}$, 分别表示为

$$\mathcal{G}_{t1} = \left\{ x \in \mathbb{R}^n \left| \sum_{i=1}^{n} \frac{(2x_i - v_i^{t1} - u_i^{t1})^2}{(v_i^{t1} - u_i^{t1})^2} \leqslant n \right. \right\}$$

和

$$\mathcal{G}_{t2} = \left\{ x \in \mathbb{R}^n \left| \sum_{i=1}^{n} \frac{(2x_i - v_i^{t2} - u_i^{t2})^2}{(v_i^{t2} - u_i^{t2})^2} \leqslant n \right. \right\}.$$

上述算法自始至终需要保持每个矩形中都含 $\mathcal{F}$ 的内点. 因此, 需要逐对判别

$$e^{\mathrm{T}} u^{t1} < 1, \quad e^{\mathrm{T}} v^{t1} > 1$$

和

$$e^{\mathrm{T}} u^{t2} < 1, \quad e^{\mathrm{T}} v^{t2} > 1.$$

上述两组不等式最多只有一组成立. 删除满足条件组对应的椭球. 将 $\mathcal{G}_t$ 从 $\mathcal{G}$ 中删除并增加不满足条件的矩形对应的椭球到 $\mathcal{G}$ 中. 如此新得到的 $\mathcal{G}$ 最多增加一个椭球.

上述算法的计算效果可由以下定理总结.

定理 7.4 对任意给定的 $\epsilon > 0$, 上述算法有限步终止. 若算法在步骤 1 停止, 则 M 是一个 ϵ 协正矩阵. 若算法在步骤 2 停止, 则 M 的协正性由 (7.27) 的最优目标值决定. 若最优目标值为非负数, 则 M 是协正的; 若最优目标值为负数, 则 M 是非协正的. 若算法在步骤 4 停止, 则 M 是非协正的.

详细证明请参见文献 [12]. 文献 [12] 将上述算法在 Intel Core 2 CPU 2.13Ghz 2G memory 个人计算机以 MATLAB 7.9.0 编程, 调用 SeDuMi 1.3 求解半定规划 (7.27), 部分实验结果节选如下.

例 7.1 对 5×5 矩阵

$$M = \begin{pmatrix} 15 & -10 & 10 & 10 & 0 \\ -10 & 15 & -10 & 10 & 10 \\ 10 & -10 & 15 & -10 & 10 \\ 10 & 10 & -10 & 15 & -10 \\ 0 & 10 & 10 & -10 & 15 \end{pmatrix}.$$

设定 $\epsilon = 0.001$, 算法经 7 个循环迭代 (约 0.8432 秒) 即可得到下界 $l = 0.5273$, 所以 M 是协正矩阵.

例 7.2　在文献 [70] 中, 对 $n = 3, 4, 5, 6, 7, 8, 9, 10$ 的每一个矩阵阶数, 各产生 1000 个随机矩阵, 其中矩阵的对角元素为 1, 对角线以外的元素为 $[-1, 1]$ 均匀分布. 在我们的数值实验中, 将其扩充到 $n = 20, 40, 60$ 并按文献 [70] 的规则产生 100 随机矩阵. 表 7.1 为计算结果, 其中 "# of unsolved" 表示无法判断协正性的结果, "CPU" 表示 CPU 计算时间, 单位为秒. "avg.iter." 表示我们算法的平均循环次数. 数值结果显示, 文献 [70] 中有一些矩阵无法判别协正性, 但我们的算法可以全部判别所有算例.

表 7.1　数值结果

矩阵阶	# of unsolved		CPU time (sec.)		Avg.iter.
	本书算法	文献 [70]	本书算法	文献 [70]	本书算法
3	0	0	0.0508	0.1	1.1650
4	0	0	0.1060	0.7	1.5670
5	0	0	0.3266	3.2	2.1960
6	0	0	1.2321	19.1	3.0140
7	0	0	3.1489	96.4	3.4600
8	0	8	1.8644	398.7	2.7710
9	0	6	2.0343	351.2	2.0040
10	0	2	0.8344	363.5	1.4200
20	0	—	0.5465	—	1.9500
40	0	—	4.2022	—	1.0000
60	0	—	101.7502	—	1.0000

以上数值实验表明, 二次函数锥规划的椭球覆盖近似算法是一种可行的方法, 为复杂问题的研究提供了一种有效可行的计算方法. 从上述算法描述中可以得到这样的直观结论: 因为 (7.27) 中对应的椭球约束数 s 随循环的增加, 每次至多增加一个, 因此计算量的增加还是可以接受的.

7.6　小　　结

为了更进一步地了解线性锥优化的理论和模型, 本章按线性规划、二阶锥规划、半定规划和二次函数锥规划的分类顺序选择了一些简单应用案例. 由于我们缺少对线性锥优化应用问题的系统整理, 所选择的应用案例较为单薄且多偏向理论应用, 有待改进之处仍然很多.

我们试图通过本章罗列的几个应用实例说明应用中需要注意的问题.

第一, 模型的建立. 由于目前所知的可计算线性锥优化仅有线性规划、二阶锥规划和半定规划, 受限于此, 我们想方设法地将实际问题建立成这些模型之一. 即使无法写成这些模型, 也得通过松弛或限定的方法化成这些模型求解; 或化成一系列这些模型近似求解.

第二, 注重线性锥优化理论的应用. 本书笔墨繁多地给出了各种线性锥优化模型的强对偶性质和最优解可达的条件等共轭对偶理论结果. 在实际应用中, 很多人可能忽略这些结论. 认为一旦将模型写出, 余下的工作就交给软件计算了. 我们特别在本章前两节的两个案例介绍中, 利用对偶模型给出最优解可达的条件. 需要强调的是: 共轭对偶理论不仅仅在线性锥优化理论分析中非常实用, 同时, 可以给出优化问题最优解可达等结论. 这可避免盲目依赖软件求解而不了解软件计算得到的解是否可用的危险.

最后, 以二次函数锥规划为例给出了对难解问题的处理方法. 二次函数锥规划模型涵盖了更多的应用问题, 但由于其模型自身的难度, 我们无法给出多项式时间可计算最优解的算法, 近似算法似乎是一个非常有效可行的处理方法.

本书中近似算法的研究都处在一个起步阶段, 还有相当大的研究空间. 如何设计优良的近似算法将是下一阶段研究重点之一.

附录　CVX 使用简介

　　线性锥优化中哪些问题可计算自始至终是本书的重点讨论内容之一. 目前我们知道线性规划、二阶锥规划和半定规划问题是可计算的, 其主要算法为内点算法[16, 46]. 在本书的第 6 章, 借助上述三类可计算问题, 针对二次函数锥规划问题, 给出了可计算的问题子类, 对可行解区域有界的一般情形设计了近似算法框架, 对协正锥规划问题也给出了可计算线性锥优化的近似计算方法. 本书前七章的理论内容使我们对线性锥优化问题的结构、强对偶性和可计算性有了较为全面的了解, 但优化理论学习的一个重要目的是利用理论结果更有效地解决实际问题.

　　理论提供给我们分析问题的逻辑和建立模型的工具, 算法则真正实现计算求解. 目前, 内点算法为线性锥优化可计算模型的一个主要求解方法, 而 SeDuMi[78] 和 SDPT3[61] 是对研究者公开、免费使用、较为普及的实现内点算法的核心软件. CVX[24] 以 Matlab 为平台, 并以 SeDuMi 和 SDPT3 为核心调用算法, 遵循线性锥优化模型的表现方式, 达到了求解线性锥优化问题最为直观的输入效果. 因此, 本章以前面七章的内容为背景, 介绍 CVX 在求解线性锥优化问题相关模型的具体实现.

　　由于 CVX 以 Matlab 为开发平台, 因此本章内容假设读者对 Matlab 的基本命令有一定基础. A.1 节重点介绍 CVX 的使用环境和求解线性锥优化的典型命令. A.2 节介绍 CVX 判断函数为凸 (凹) 的基本准则和核心库函数的作用, 这部分是 CVX 算法开发的核心. A.3 节介绍主要控制参数和输出结果的形式.

A.1　使用环境和典型命令

　　CVX 需要 Matlab 6.5.2 或以上的版本, 在使用它之前务必已成功安装 CVX 和 Matlab. 使用 CVX 的第一步是运行 Matlab, 进入工作区后, 将 "Current Directory" 设置到 CVX 存储的目录, 如使用者将 CVX 存储在目录 D:\cvx 下, 则在 "Current Directory" 选定 D:\cvx. 第二步在 Matlab 的 "Command Window" 输入: cvx_setup 并回车. 当屏幕显示 "No errors! cvx has been successfully installed." 这时, 可以正常使用 CVX 了.

　　本节主要针对线性规划、二阶锥规划和半定规划问题, 介绍求解这些问题的典型命令. CVX 采用 Matlab 编程语言, 形式上与优化问题的表达形式非常接近, 非常容易被理解. 基于这一节的内容, 这三类问题的计算实例都可以使用 CVX 计算求解. 我们以一些简单的例子, 介绍 CVX 的使用方法.

首先针对大家熟悉的线性规划问题, 介绍 CVX 求解实现的过程, 借此推广到其他可计算线性锥优化问题.

例 A.1　考虑如下的线性规划的标准模型

$$\begin{aligned}
\min \quad & -x_1 - 2x_2 \\
\text{s.t.} \quad & x_1 + x_2 + x_3 = 40, \\
& 2x_1 + x_2 + x_4 = 60, \\
& x_1, x_2, x_3, x_4 \geqslant 0.
\end{aligned}$$

CVX 编程为

cvx_begin	% CVX 的标准开始语句.
A = [1 1 1 0; 2 1 0 1];	% 约束的 2×4 矩阵.
b = [40 60]';	% 约束的右端项.
c = [−1 − 2 0 0]';	% 目标函数的系数.
variable x(4);	% 设定 x 为变量.
minimize($c' * x$);	% 目标函数.
subject to	% 与模型一致, 不起任何作用.
A $*$ x == b;	% 约束方程.
x == nonnegative(4);	% 变量为第一卦限.
cvx_end	% CVX 的标准结束语句.
x	% 注意写在 CVX 模块之外.

计算输出部分结果为

$$\text{Status : Solved}$$
$$\text{Optimal value(cvx\_optval)} : -80$$
$$x = 0\ 40\ 0\ 20.$$

表示该问题得以求解, 最优解 $x = (0, 40, 0, 20)^{\mathrm{T}}$, 最优目标值为: −80.

CVX 程序设计时需要注意如下几点. 第一, 程序以模块形式表达, cvx_begin 开始, cvx_end 结束, 中间采用 Matlab 语言和 CVX 特定的函数语言编写. 第二, 在优化目标和约束描述之前给出变量的定义. 用 variable 定义一个变量, variables 定义多个变量, 变量之间用空格间隔. 变量必须明确其维数. 第三, 优化目标和约束描述仿实际优化模型形式编写. 目标命令为 minimize() 和 maximize(), 分别表示对括号内的目标函数极小化和极大化. 约束通过命令 subject to 来表示, 实际上这个命令不起任何作用, 省略后对程序没有影响. 约束在目标命令之后, 都采用 Matlab 中的逻辑关系 ">=", "<=" 和 "==" 表示. 有逻辑运算符号的表达式被 CVX 认定为约束语句. 最后, 针对线性锥优化的不同模型, 给出锥的约束形式语言, 如上述程序

的 x==nonnegative(4), 表示限定在第一卦限.

CVX 模块中的逻辑关系 ">=", "<=" 可以用 ">", "<" 替代, 它们具有等价的
作用. 需要注意模块之内约束符号 "==" 与赋值 "=" 的差别. 它们之间不能替代,
否则将出现错误. 另外, CVX 中的 variable x(n) 为模块内的全程变量, 模块内不能
重新计算赋值, 如在模块内出现 x(1)=1, 则出现赋值覆盖, 是一个错误. 当约束要求
第一个分量为 1 时, 则在模块内写成约束形式 x(1)==1. 注意上述程序中, cvx_end
后的 x 表示输出最优解 x 的结果, 如果在模块内有这样一行命令, 则输出结果为
"cvx real affine expression (2x1 vector)", 只表明是一个 2 维列向量, 在 cvx_begin 到
cvx_end 这个模块中是一个全程变量.

在本书给出的可计算线性锥优化问题中, 第一类为线性规划问题, 对应的锥为
第一卦限锥 $\mathbb{R}_+^n$. CVX 中将 $x \in \mathbb{R}_+^n$ 等价地表示成 x==nonnegative(n), 也可以直接
用 Matlab 语言写成 x>= 0. 上述的 0 被默认为一个 n 维列向量. 一般的 $l \leqslant x \leqslant u$
中的 l 和 u 需赋予具体的 n 维列向量数值, 如 $0 \leqslant x_1 \leqslant 1, 3 \leqslant x_2 \leqslant 4$ 可写成

$$l=[0\ 3]';$$
$$u=[1\ 4]';$$
$$l<=x<=u;$$

CVX 特别将二阶锥 $(x,y)^{\mathrm{T}} \in \mathcal{L}^{n+1}$ 表示成

$$variables\ x(n)\ \ y\ ;$$
$$\{x, y\}\ \ <In>\ \ lorentz(n);$$

需要注意, {x, y} <In> lorentz(n) 的表达式中是 lorentz(n), 而不是 lorentz(n+1)!

在 Matlab 中有二阶锥等价的表示语句,

$$variables\ x(n)\ \ y\ ;$$
$$norm(x, 2)<=\ y;$$

下列 Matlab 语句也起到相同功效,

$$sqrt(x'*x)<=\ y;$$

但 CVX 不认为是合法语句, 会输出

Disciplined convex programming error:

Illegal operation: sqrt(convex).

的错误信息, 表示不满足 CVX 的凸性规则. 有关 CVX 的凸性规则将在 A.2 节
介绍.

基于以上语言, 类似线性规划问题求解程序, 二阶锥规划问题求解就可以模仿
写出来了.

例 7.2　某公司有 6 个建筑工地要开工, 每个工地的位置 (用平面坐标 a, b 表

示, 距离单位: 公里) 及水泥日用量 d(吨) 由表 A.1 给出. 现规划建立一个新的料场并假设从料场到工地之间均有直线道路相连, 试选定料场位置使总的吨公里数最小.

表 A.1   工地的位置 (a, b) 及水泥日用量 d

	1	2	3	4	5	6
a	1.25	8.75	0.5	5.75	3	7.25
b	1.25	0.75	4.75	5	6.5	7.75
d	3	5	4	7	6	11

解   设待建料场位置为 x, y, 则该问题的优化模型为

$$\min \quad 3t_1 + 5t_2 + 4t_3 + 7t_4 + 6t_5 + 11t_6$$
$$\text{s.t.} \quad \sqrt{(x-1.25)^2 + (y-1.25)^2} \leqslant t_1,$$
$$\sqrt{(x-8.75)^2 + (y-0.75)^2} \leqslant t_2,$$
$$\sqrt{(x-0.5)^2 + (y-4.75)^2} \leqslant t_3,$$
$$\sqrt{(x-5.75)^2 + (y-5)^2} \leqslant t_4,$$
$$\sqrt{(x-3)^2 + (y-6.5)^2} \leqslant t_5,$$
$$\sqrt{(x-7.25)^2 + (y-7.75)^2} \leqslant t_6,$$
$$x, y, t_i (i = 1, 2, \cdots, 6) \in \mathbb{R}.$$

上述模型是 1.2 节的 Torricelli 点问题的变形, 是一个二阶锥规划问题. CVX 的程序如下:

```
cvx_begin
    a = [1.25 8.75 0.5 5.75 3 7.25]';
    b = [1.25 0.75 4.75 5 6.5 7.75]';
    d = [3 5 4 7 6 11]';
    variables x(2) t(6);
    minimize(d' * t);
    subject to
        norm(x - [a(1) b(1)]') <= t(1);              % 采用 2 范数程序语言.
        norm(x - [a(2) b(2)]') <= t(2);
        norm(x - [a(3) b(3)]') <= t(3);
        norm(x - [a(4) b(4)]') <= t(4);
        {x - [a(5) b(5)]', t(5)}  < In >  lorentz(2);   % 采用二阶锥程序语言.
        {x - [a(6) b(6)]', t(6)}  < In >  lorentz(2);
cvx_end
x                                                        % 输出选定料场位置.
```

以上算例得以成功计算, 目标的最优值为: 117.855(吨公里), 新建料场位置为:
$(5.7279, 5.0412)^{\mathrm{T}}$.

对于半定规划问题, 通常 n 阶矩阵变量要求实对称 $X \in \mathcal{S}^n$, CVX 写成

$$\text{variable X(n, n) symmetric.}$$

半正定的约束 $X \in \mathcal{S}^n_+$ 用

$$\text{X==semidefinite(n)}$$

表示. 这样的写法已默认 X 为实对称矩阵. 半正定锥上的关系 $X \succeq Y$ 表示成

$$\text{X-Y==semidefinite(n).}$$

n 阶矩阵与 $X \in \mathcal{S}^n$ 的 Frobenius 内积 $A \bullet X$ 写成

$$\text{trace(A*X).}$$

有了这些语句, 任何一个半定规划问题都可以通过 CVX 来计算了.

例 A.3　*如下的程序*

```
n = 6;
A = ones(n, n);  C = eye(n);  b = 2;
cvx_begin
variable X(n, n) symmetric;
minimize(trace(C * X));
subject to
    trace(A * X) >= b;
    X(1, 1) == 1;
    X == semidefinite(n);
cvx_end
X
```

求解下列半定规划问题

$$\begin{aligned}
\min \quad & C \bullet X \\
\text{s.t.} \quad & A \bullet X \geqslant b, \\
& x_{11} = 1, \\
& X = (x_{ij}) \in \mathcal{S}^n_+,
\end{aligned}$$

*其中, $n = 6$, C 为单位矩阵, A 为元素都为 1 的矩阵, $b = 2$. 计算输出的部分结果
为*

Status : Solved

Optimal value (cvx_optval) : +1.03431

$$X =$$

$$1.0000 \quad 0.0828 \quad 0.0828 \quad 0.0828 \quad 0.0828 \quad 0.0828$$

$$0.0828 \quad 0.0069 \quad 0.0069 \quad 0.0069 \quad 0.0069 \quad 0.0069$$

$$0.0828 \quad 0.0069 \quad 0.0069 \quad 0.0069 \quad 0.0069 \quad 0.0069$$

$$0.0828 \quad 0.0069 \quad 0.0069 \quad 0.0069 \quad 0.0069 \quad 0.0069$$

$$0.0828 \quad 0.0069 \quad 0.0069 \quad 0.0069 \quad 0.0069 \quad 0.0069$$

$$0.0828 \quad 0.0069 \quad 0.0069 \quad 0.0069 \quad 0.0069 \quad 0.0069$$

到此为止, 我们发现本书前七章研究的线性规划、二阶锥规划和半定规划的标准模型、一般模型和不等式模型都可以通过 CVX 简单表达且得到求解. 只要在理论上得知一个问题等价于上面三类可计算线性锥优化问题之一并写成了对应的线性锥优化模型, 那么, 编程语言非常之简单. 实际上 CVX 提供了更方便的功能, 一些凸优化问题不需要变形为线性锥优化问题, 就可以计算, 这大大节省了模型转换和数据转换输入等繁琐的工作. 具体内容将在 A.2 节中介绍.

本书前七章的理论部分对每一个线性锥优化模型都给出了对偶模型及强对偶结论. 由于 SeDuMi 和 SDPT3 算法设计采用了原始对偶的信息, 算法成功输出的同时也提供原始对偶最优解的信息. 因此, CVX 提供对偶解输出的程序命令. 只需在变量定义后加入

$$\text{dual variable } z$$

表示对偶变量, 而不需要给出其维数. 在约束给出对偶变量的匹配, 如线性规划标准型的例子加入

$$z : A*x == b,$$

或等价地

$$A*x == b : z$$

就可以得到对偶解的信息. 对于对偶变量的设定, 必须有线性锥优化理论的基础, 才可能准确定义出对偶变量的对应关系. 我们再以上面三个主要程序来理解对偶变量的设定和程序使用.

将线性规划标准形模型的 CVX 程序修改为

```
cvx_begin
    A=[1 1 1 0; 2 1 0 1];
    b=[40 60]';
    c=[-1 -2 0 0]';
    variable x(4);
    dual variables y z;        % 设定 y 和 z 为对偶变量.
```

```
    minimize(c'*x);
    subject to
        y : A*x==b;                    % 对应等式约束的对偶变量, 2 维.
        z : x==nonnegative(4);         % 对应变量 x 的对偶变量, 4 维.
cvx_end
x
y                                      % 输出对偶变量值.
z                                      % 输出对偶变量值.
```

输出的部分结果为

> Status: Solved
> Optimal value (cvx_optval): -80
> x = -0.0000   40.0000   0   20.0000
> y =-2   0
> z= 1   0   2   0

通过上述的程序可知, 对偶变量 y, z 的对应关系和维数完全由其约束中的对偶关系确定. 同时, 必须知道线性规划定理 4.1 中关于原始和对偶模型中原始及对偶变量的关系. 参见定理 4.1 可知, x 为原问题的最优解, y 和 z 为对偶问题的最优解且 $x^{\mathrm{T}}z = 0$.

由于采用约束与变量的对应关系, CVX 目前无法给出本书 4.2 节有关二阶锥规划各模型的二阶锥对偶变量信息. 实际上 CVX 给出的是 Lagrange 对偶的 Lagrange 乘子的信息 (参考第 3 章).

对于半定规划, 则可以得到对偶变量的信息, 如上述的半定规划例子修改为

```
n = 6;
A = ones(n, n);
C = eye(n);
b =2;
cvx_begin
variable X(n, n) symmetric;
dual variables y1 y2 V;
minimize( trace( C*X ) );
subject to
        y1 : trace( A*X ) >= b;
        y2 : X(1, 1)==1;
        V : X == semidefinite(n);
```

$$\begin{aligned}&\text{cvx\_end}\\&\text{y1}\\&\text{y2}\\&\underline{\text{V}}\end{aligned}$$

部分输出结果为

Status: Solved
Optimal value (cvx_optval): +1.03431
y1 = 0.0586
y2 = 0.9172
V =

$$\begin{array}{cccccc}
0.0243 & -0.0586 & -0.0586 & -0.0586 & -0.0586 & -0.0586\\
-0.0586 & 0.9414 & -0.0586 & -0.0586 & -0.0586 & -0.0586\\
-0.0586 & -0.0586 & 0.9414 & -0.0586 & -0.0586 & -0.0586\\
-0.0586 & -0.0586 & -0.0586 & 0.9414 & -0.0586 & -0.0586\\
-0.0586 & -0.0586 & -0.0586 & -0.0586 & 0.9414 & -0.0586\\
-0.0586 & -0.0586 & -0.0586 & -0.0586 & -0.0586 & 0.9414
\end{array}$$

由于上述半定规划模型属于第 4 章的半定规划一般模型 (4.7), 参见 (4.7) 和 (4.8) 的关系, 就可以知道对偶变量的含义.

A.2　可计算凸优化规则及核心函数库

CVX 不是对任何凸优化问题都可以求解, 首先必须满足其设定的凸优化规则 (disciplined convex programming). CVX 可以作为一个平台软件的核心是给出了这些可计算规则, 同时以一个核心函数库的方式记录那些可计算凸优化问题并允许不断的扩展.

首先, 介绍 CVX 给出的可计算基本规则. 一个优化问题由目标函数和约束式来表示, 这些目标函数和约束式统称表达式. 表达式由决策变量的函数形式及等号或不等号关系符号组成. 在目标函数和约束的表达式中, CVX 采用核心函数库的方式存贮合法的函数形式. 这些函数既保证可计算性, 也要保证函数的凸 (凹) 性等. 表达式通过满足 CVX 凸优化规则 (也称可计算基本规则) 的判别, 实现可计算问题类的扩展. 满足 CVX 凸优化规则的表达式称为有效表达式.

CVX 的表达式中仅考虑常数、线性函数、凸函数和凹函数四类. 优化问题限定为三类问题: 第一类为极小化问题, 要求目标函数为凸函数, 分无约束和有约束两种情形; 第二类为极大化问题, 要求目标函数为凹函数, 分无约束和有约束两种情形; 第三类为可行性问题, 包含至少一个约束.

有效约束必须满足以下三个规则:

- 等号约束, 采用关系符号 "==", 如果两端都是函数形式, 要求等号两端必须为变量的线性函数; 如果一端为集合, 另一端必须为变量的线性函数.
- 小于等于约束, 关系符号 "<=" 或 "<" 都可以等价使用, 不等号的左端是凸函数且右端为凹函数.
- 大于等于约束, 关系符号 ">=" 或 ">" 都可以等价使用, 不等号的左端是凹函数且右端为凸函数.

不等号约束 "~=" 不容许使用. 上述约束逻辑运算符号的两端可以是向量的形式, 但必须符合要求.

对于目标函数或约束中的表达式, 有效的表达形式必须满足下列规则:

- 常数表达式, 是 Matlab 的数值运算且结果为有限值.
- 线性表达式, 具有下列情形之一:
  - 常数表达式,
  - 表示变量所在的集合,
  - 调用已标明为线性的 Matlab 中或自定义的核心函数,
  - 线性函数的和或差,
  - 线性函数与常数表达式的乘积.
- 凸函数表达式, 具有下列情形之一:
  - 调用已标明为凸的 Matlab 中或自定义的核心函数,
  - 线性函数的偶数幂函数,
  - 凸表达式的和,
  - 一个凸表达式和一个凹表达式的差,
  - 一个凸表达式和一个非负常数的乘积,
  - 一个凹表达式和一个非正常数的乘积.
- 凹函数表达式, 具有下列情形之一:
  - 调用已标明为凹的 Matlab 中或自定义的核心函数;
  - 线性函数的 p 幂函数, 其中 $p \in (0, 1)$;
  - 凹表达式的和;
  - 一个凹表达式和一个凸表达式的差;
  - 一个凹表达式和一个非负常数的乘积;
  - 一个凸表达式和一个非正常数的乘积.
- 复合函数 $f(g(x))$ 表达式, 具有下列情形之一:
  - $f(u)$ 为凸、凹或线性函数, $g(x)$ 为线性函数; $f(g(x))$ 分别为凸、凹或线性函数.

　　– $f(u)$ 是非减且凸函数, $g(x)$ 是凸函数, $f(g(x))$ 是凸函数;

　　– $f(u)$ 是非增且凸函数, $g(x)$ 是凹函数, $f(g(x))$ 是凸函数;

　　– $f(u)$ 是线性函数, $g(x)$ 是线性函数, $f(g(x))$ 是凸函数;

　　– $f(u)$ 是非减且凹函数, $g(x)$ 是凹函数, $f(g(x))$ 是凹函数;

　　– $f(u)$ 是非增且凹函数, $g(x)$ 是凸函数, $f(g(x))$ 是凹函数;

　　– $f(u)$ 是线性函数, $g(x)$ 是线性函数, $f(g(x))$ 是凹函数.

　　上述所有的线性、凸、凹、非增、非减等函数必须是 CVX 核心函数库认定的合法函数, 这样才能进行上述的规则判定. 当上述表达式中 $g(x)$ 为向量函数 (泛函) 时, 线性、凸、凹、非增、非减都按向量函数的对应性质讨论.

　　如果一个表达式无法满足上述规则, 则 CVX 将返回错误信息而拒绝进一步计算. 如

$$\mathrm{sqrt}(x'*x)<= y;$$

CVX 不认为是有效语句, 会输出

<blockquote>
Disciplined convex programming error:

Illegal operation: sqrt(convex).
</blockquote>

的错误信息. 这是因为 $\mathrm{sqrt}(x'*x)$ 中的 $f(u)=\mathrm{sqrt}(u)$ 没有在 CVX 的核心函数库中被定义为合法凸函数, 如当 $g(x)=x(x-1), x\in\mathbb{R}$ 时, $\mathrm{sqrt}(x(x-1))$ 在 $x\geqslant 1$ 或 $x\leqslant 0$ 才有定义, 不能认为其为 $\mathbb{R}$ 的凸函数. 由于 norm() 被 CVX 核心函数库接受, 当 A 为一个 $m\times n$ 实常数矩阵, $b\in\mathbb{R}^m$ 的常数向量, $c\in\mathbb{R}_+$ 的常数且 $x\in\mathbb{R}^n$ 的列决策变量时, 下面的表达式

$$\mathrm{norm}(A*x-b)+c*\mathrm{norm}(x,1)$$

被 CVX 接受为有效凸函数表达式. 被接受的原因是 A∗x-b 为线性向量函数, norm() 为单调升的凸函数, norm(A∗x-b) 和 norm(x, 1) 符合复合函数的第一条规则, 整体表达式 norm(A∗x-b)+c∗norm(x, 1) 符合凸函数表达式规则之三.

　　上述罗列的判断凸或凹的规则都比较简单, 是提供判别目标和约束函数是否为凸或凹的充分条件. CVX 实现上述规则的原理是通过 CVX 核心函数库记录每一个函数的线性函数、凸函数、凹函数、单调增或单调减等特性, 然后通过上述规则给予判断. 需要注意的是: 一些理论上的凸 (凹) 函数可能不满足这些规则而不被 CVX 核心函数库认为合法. 如 $(x^2+1)^2=x^4+2x^2+1, x\in\mathbb{R}$ 明显为一个凸函数, 但 Matlab 的 square(square(x) + 1) 命令不被 CVX 认为是凸函数. 究其原因是其采用了函数复合的形式, $f(u)=u^2, g(x)=x^2+1$. 此时来看, $g(x)$ 明显是一个凸函数, $f(u)$ 是一个凸函数但不是非减, 不满足复合函数的规则, 因此 CVX 认为无效. 这样考虑是有道理的, 如 $g(x)=x^2-1$, 有 $(x^2-1)^2$ 不是凸函数.

因此, 使用者一定要对 CVX 核心函数库中的函数有较全面的了解, 在使用 CVX 随时注意编译中类似上述错误信息的出现. 一旦出现, 需查找 CVX[24] 的说明部分.

对于核心函数库中的函数, 我们通过前七章的一些应用例子介绍几个函数, 以方便读者的理解.

根据上面的介绍, sqrt 是 Matlab 内部提供的函数, 但其不属于 CVX 核心函数库. Matlab 提供了 norm(x, p) 函数, 当 x 为一个向量且 $p = 2$ 时, 其与 sqrt 功能完全等价. 当 $x \in \mathbb{R}^n$ 且 $p = 2$ 时, norm(x, p) 在 CVX 核心函数库定义为凸和非减函数. 当 A 为 $m \times n$ 矩阵, x 为 n 维列向量的变量, b 为 m 维列向量的常数时, 由上面的规则, CVX 接受 norm(Ax-b, p) 的命令. 7.1 节的 l_1 范数模型

$$\min_{x \in \mathbb{R}^n} \|Ax - b\|_1$$

非常简单地得以实现.

当 n, m, A 和 b 已输入, l_1 范数模型的编程为

    cvx_begin
    variable x(n);
    minimize(norm(A*x-b, 1)); % 其中 norm(A*x-b, 1) 表示 l_1 范数
    cvx_end

l_∞ 范数模型

$$\min_{x \in \mathbb{R}^n} \|Ax - b\|_\infty$$

的编程为

    cvx_begin
    variable x(n);
    minimize(norm(A*x-b, Inf)); % 其中 norm(A*x-b, Inf) 表示 l_1 范数
    cvx_end

类似 l_2 范数同样可以简单编程计算, norm(A*x-b, 2) 可默认地写成 norm(A*x-b).

对于 7.2 节 (7.14) 形式的优化问题, 我们在理论上已经推导出其为一个二阶锥规划问题, 但写出 (7.15) 的二阶锥规划模型还需有一定的理论基础, 不如直接求解 (7.14) 方便. 针对类似问题, CVX 在核心函数库中专门提供了求解这些问题的函数, 同时也提供了增加函数到核心函数库的功能, 这个功能将在 A.3 节介绍.

描述 7.2 节 (7.14) 优化问题目标函数的一个 CVX 函数命令为

$$\text{quad\_over\_lin}(A*x\text{-}b, c'*x\text{+}d)$$

其中 A 为 $m \times n$ 实系数矩阵, x 为 n 维列决策变量, b 为 m 维列系数向量, c 为 n

维列系数向量, d 为常数, 其表达的函数关系为

$$\frac{(Ax-b)^{\mathrm{T}}(Ax-b)}{c^{\mathrm{T}}x+d}.$$

若用上述命令求解 (7.14), 首先将 V 分解成 $V=A^{\mathrm{T}}A$, 其中 A 为 n 阶实矩阵; 然后

```
A=[·····];                          % 假设已输入 A 矩阵.
b=[·····]';                         % 假设已输入 b 向量.
n=size(b);                          % 计算出 b 的维数, 也是 A 的阶数.
cvx_begin
variable x(n);
minimize( quad_over_lin( A*x, b'*x) );
subject to
    b'*x>=0;
    ones(1, n)*x==1;
    x>=0;
cvx_end
```

就是求解 (7.14) 的程序.

注意 quad_over_lin(A*x-b, c'*x+d) 命令中, 分子是 $(Ax-b)^{\mathrm{T}}(Ax-b)$ 的形式, 自然保证这是一个凸函数. 对 (7.14) 目标函数的分子 $x^{\mathrm{T}}Vx$, 如要采用 CVX 的 quad_over_lin(A*x-b, c'*x+d) 命令还需做分解 $V=A^{\mathrm{T}}A$. 当 V 为半正定矩阵时, $x^{\mathrm{T}}Vx$ 是一个凸函数, 我们可以自己设计一个计算 (7.14) 的程序加载到 CVX 核心函数库中, 就不需要这样的分解了.

quad_over_lin(A*x-b, c'*x+d) 作为一个 Matlab 中的函数可在 CVX 环境外使用. 当 $c^{\mathrm{T}}x+d \geqslant 0$ 时, 它输出 $\dfrac{(Ax-b)^{\mathrm{T}}(Ax-b)}{c^{\mathrm{T}}x+d}$ 函数值, 当 $c^{\mathrm{T}}x+d < 0$ 时, 它输出 $+\infty$.

A.3　参数控制及核心函数的扩展

CVX 目前支持的核心算法为 SeDuMi 和 SDPT3, 其中 SeDuMi 为默认算法. 如果要特别指定采用哪一个算法, 可在 Matlab 的命令窗口运行

cvx_solver sdpt3

后, 则其后调用 SDPT3 算法. 若输入并运行

cvx_solver sedumi

则回到调用 SeDuMi. 目前运算的结果比较, SeDuMi 比 SDPT3 普遍较快.

如果在 Matlab 的程序文件.m 中插入上述命令, 则只在当时的运行环境中调用指定的算法, 程序运算结束后恢复默认的 SeDuMi 指定算法.

CVX 误差精度 (tolerance)采用三个评价标准, 分别记为内部精度 (solver tolerance) ϵ_{solver}, 标准精度 (standard tolerance) $\epsilon_{\text{standard}}$ 和容忍精度 (reduced tolerance) $\epsilon_{\text{reduced}}$, 满足关系 $\epsilon_{\text{solver}} \leqslant \epsilon_{\text{standard}} \leqslant \epsilon_{\text{reduced}}$, 它们的标准为: 内部精度为算法的内设精度; 标准精度给出一个模型得以求解的临界值; 容忍精度给出一个算法没有精确求解的临界值, 当不高于这个精度并高于标准精度时, CVX 认为该模型没有精确求解, 当高于这个精度时, CVX 报告计算失败的结果. 默认的三个精度值为 $[\epsilon_{\text{solver}}, \epsilon_{\text{standard}}, \epsilon_{\text{reduced}}] = [\epsilon^{\frac{1}{2}}, \epsilon^{\frac{1}{2}}, \epsilon^{\frac{1}{4}}]$, 其中 $\epsilon = 2.22 \times 10^{-16}$ 为机器精度. CVX 设置了五个可以选择的精度标准, 分别为

- cvx_precision low: $[\epsilon^{\frac{3}{8}}, \epsilon^{\frac{1}{4}}, \epsilon^{\frac{1}{4}}]$.
- cvx_precision medium: $[\epsilon^{\frac{1}{2}}, \epsilon^{\frac{3}{8}}, \epsilon^{\frac{1}{4}}]$.
- cvx_precision default: $[\epsilon^{\frac{1}{2}}, \epsilon^{\frac{1}{2}}, \epsilon^{\frac{1}{4}}]$.
- cvx_precision high: $[\epsilon^{\frac{3}{4}}, \epsilon^{\frac{3}{4}}, \epsilon^{\frac{3}{8}}]$.
- cvx_precision best: $[0, \epsilon^{\frac{1}{2}}, \epsilon^{\frac{1}{4}}]$.

注意最佳精度中的第一项 $\epsilon_{\text{solver}} = 0$, 表明只要没有达到 0 这个精度, 则算法就一直算下去.

精度要求的实现通过在 CVX 内部或外部加入命令实现, 如

$$\text{cvx\_begin}$$
$$\text{cvx\_precision high}$$
$$\cdots$$
$$\text{cvx\_end}$$

表示在 cvx_begin 到 cvx_end 内部采用 cvx_precision high 精度. 若 cvx_precision high 在 cvx_begin 到 cvx_end 之外出现, 则 cvx_precision high 为全局精度.

当 CVX 程序正确无误后, 计算结果可能有以下六种情况输出, 分别罗列如下:

- Solved: 对偶互补的最优解得到, 存贮在 CVX 程序定义的变量中, 最优值为 cvx_optval.
- Unbounded: 对于极小化目标函数的模型, 表明原问题沿一个方向无解, 这个方向通过原始问题的变量表出, 目标值 cvx_optval 为 -Inf. 对于极大化问题可以得到类似信息. 需要注意的是: 无界情况下的无界方向通过原始问题的变量输出, 其不一定是原问题的可行解.
- Infeasible: 通过对偶问题的无界方向推出原问题无可行解. 输出的原始问题的变量值为 NaNs, 极小化问题的目标值 cvx_optval 为 +Inf, 极大化的目标值

cvx_optval 为 -Inf.

- Inaccurate 有时因算法的设计和精度的问题, 无法肯定算例的计算结果, 因此出现:
  - Inaccurate/Solved: 算例可能有互补对偶解,
  - Inaccurate/Unbounded: 算例可能无界,
  - Inaccurate/Infeasible: 算例可能不可行.
- Failed: 算法无法得到满足要求的解, 此时变量和目标值都标识 NaNs.
- Overdetermined: CVX 的预处理发现算例的约束个数大于变量个数.

由于 SeDuMi 和 SDPT3 都采用原始和对偶解信息, 通过原始和对偶解的可行和正交互补条件来判断是否达到最优解 (参考 Fenchel 引理 2.35), 加之计算机本身计算误差的问题, 使用者对于计算软件的输出结果不应无条件相信, 最好对计算结果加以验证和分析. 以 4.3 节的例 4.4 说明这个问题.

对于例 4.4 的半定规划

$$\min \quad \begin{pmatrix} 0 & 1 \\ 1 & 0 \end{pmatrix} \bullet X$$

$$\text{s.t.} \quad \begin{pmatrix} 0 & 0 \\ 0 & 1 \end{pmatrix} \bullet X = 0,$$

$$X = (x_{ij}) \in \mathcal{S}_+^2,$$

其对偶模型为

$$\max \quad 0$$

$$\text{s.t.} \quad \begin{pmatrix} 0 & 0 \\ 0 & 1 \end{pmatrix} y + S = \begin{pmatrix} 0 & 1 \\ 1 & 0 \end{pmatrix},$$

$$S \in \mathcal{S}_+^2, \quad y \in \mathbb{R}.$$

我们得知其理论上最优目标值为 0 且对偶问题不存在可行解. CVX 程序为

```
A =[0 0;0 1];
C =[0 1;1 0];
 b=0;
cvx_begin
variable X(2,2) symmetric;
dual variables y S;
minimize( trace( C*X ) );
subject to
```

$$\begin{aligned}
&y : \text{trace}(A*X) == b;\\
&S : X == \text{semidefinite}(2);
\end{aligned}$$

cvx_end

X

y

S

CVX 将给出这样的输出：

Status: Solved

Optimal value (cvx_optval): -0.666667

X = 1.0e+007 *

　　1.9447 -0.0000

　　-0.0000 0

y = -5.8340e+007

S = 1.0e+007 *

　　0　　0.0000

　　0.0000 5.8340

可以明显看出, 计算结果出现了问题. 直观的验证是 S 不满足约束条件, 将得到的解 X 代入到目标函数中与最优目标值 cvx_optval 并不相同. 究其原因是因为 SeDuMi 采用的是原始对偶算法, 采用原始解和对偶解的互相修正的迭代方法, 当两个解分别满足原始和对偶问题可行性和正交互补条件时, 则算法输出 'Solved' 的信息. 由于有计算机本身的误差问题, 可行性判别和正交互补条件判别都是在一定误差精度下近似, 故产生上述错误. 可以用下述的一个可能性计算结果解释上述出现的错误.

我们让 SeDuMi 算法设定最佳精度 cvx_precision best, 其中的第一项 $\epsilon_{\text{solver}} = 0$, 表明只要没有达到 0 这个精度, 则算法就一直算下去. 最后计算得到

$$X = [\ 4.0760\text{e}+89,\ -3.9323\text{e}+21\ ;\ -3.9323\text{e}+21,\ 0\ ],$$
$$S = [\ 0,\ 1\ ;\ 1,\ 3.5957\text{e}+92\ ].$$

X 和 S 都不是半正定的. 当重新定义

$$X2 = [\ 4.0760\text{e}+89,\ 0\ ;\ 0,\ 0\ ],$$
$$S2 = [\ 0,\ 0\ ;\ 0,\ 3.5957\text{e}+92\ ]$$

后, 则它们之间的 Frobenius 相对距离非常小, 为

$$\text{norm}(X\text{-}X2,'\text{fro}')/\text{norm}(X,'\text{fro}') = 1.36\text{e-}68$$

和

$$\text{norm(S-S2,'fro')/norm(S,'fro')} = 3.93\text{e-}93,$$

其中 norm(S,'fro') 表示 S 的 Frobenius 范数.

这时, $X2$ 和 $S2$ 为半正定且严格正交互补. $X2$ 为原问题可行, 但 $S2$ 却不是对偶可行, 不满足 $\begin{pmatrix} 0 & 0 \\ 0 & 1 \end{pmatrix} y + S = \begin{pmatrix} 0 & 1 \\ 1 & 0 \end{pmatrix}$. 从一个相对的观点来看却非常满足的上述约束, 因为

$$\text{norm(C - y * A - S2, 'fro') / norm(S2, 'fro')} = 3.93\text{e-}93.$$

因此 SeDuMi 在不允许有误差精度的情况下得到它的错误结论!

据此, 我们特别提醒, 要注意 CVX 的计算结果输出. 在可能的情况下, 对输出的解进行一定的验证是非常必要的.

Matlab 本身提供函数的增加功能, 如何区别满足 CVX 的核函数与 Matlab 的函数? 在读者自设的 CVX 程序实现中一定要注意函数内部的开始和结束语句一定用 cvx_begin 和 cvx_end 标识, 这样其中的语句一定满足 CVX 可计算的基本规则, 整个也就自然满足可计算的那些基本规则. 例如

在 A.2 节中, 我们知道 Matlab 命令

$$\text{square(square(x)+1)}$$

无法被 CVX 认为是一个凸函数, 现构造一个 Matlab 的函数

```
function cvx_optval =square_pos(x)
v=max(0, x);
cvx_optval =square(v);
```

则可将这个函数增加在 CVX 的核函数库中, 这时

$$\text{square\_pos(square(x)+1)}$$

按复合函数的可计算规则是凸函数.

A.4　小　　结

本附录主要从线性锥优化计算实现的角度介绍了 CVX 的主要功能和使用方法. 在目前情况下线性锥优化计算主要使用 SeDuMi 和 SDPT3 两个计算软件, 可能得到不令人完全满意的计算输出, 建议使用者特别注意对输出结果的验证. 同时, 设计和开发完善且高效的内点算法商业软件来求解可计算线性锥优化问题, 将对线性锥优化的研究和应用提供极大的帮助.

参 考 文 献

[1]   Abadie J. On the Kuhn-Tucker theorem// Abadie J. Nonlinear Programming. North-Holland Pub. Co., 1967.

[2]   Alizadeh F and Goldfarb D. Second-order cone programming. Math. Programming, 2003, 95(1): 3–51.

[3]   Ben-Israel A and Greville T N E. Generalized Inverses: Theory and Applications. 2nd edition. Springer, 2003.

[4]   Blum L, Shub M and Smale S. On a theory of computation and complexity over the real numbers: NP-completeness, recursive functions and universal machines. Bull Am Math Soc (NS), 1989, 21(1): 1–46.

[5]   Bomze I M. Copositive optimization -recent developments and applications. European J. of Operational Research, 2012, 216(3): 509–520.

[6]   Boyd S and Vandenberghe L. Convex Optimization. Cambridge University Press, 2008.

[7]   Burer S. On the copositive representation of binary and continuous nonconvex quadratic programs. Math. Programming, 2009, 120: 479–495.

[8]   Burer S and Saxena A. Old wine in a new bottle: the MILP road to MIQCP. http://www.optimization-online.org/ DB_FILE/ 2009/ 07/ 2338.pdf, 2009.

[9]   Cottle R and John F. A theorem of Fritz John in mathematical programming. Memorandum, Rand Corporation, 1963.

[10] Dantzig G B. Linear Programming and Extensions. Princeton University Press, 1963.

[11] Dantzig G B and Thapa M N. Linear Programming 2: Theory and Extensions. Springer-Verlag, 2003.

[12] Deng Z, Fang S C, Jin Q and Xing W. Detecting copositivity of a symmetric matrix by an adaptive ellipsoid-based approximation scheme. European J. of Operational Research, 2013, 229: 21–28.

[13] Dür M. Copositive programming -a survey//Diehl M et al. Recent Advances in Optimization and its Applications in Engineering, 2010, Part 1: 3–20.

[14] Fang S C, Gao D Y, Sheu R L and Wu S Y. Canonical dual approach to solving 0-1 quadratic programming problems. J. Industrial and Management Optimization, 2008, 4(1): 125–142.

[15] Fang S C, Gao D Y, Sheu R L and Xing W. Global optimization for a class of fractional programming problems. J. Global Optimization, 2009, 45: 337–353.

[16] Fang S C and Puthenpura S. Linear Optimization and Extensions: Theory and Algorithms. Prentice-Hall Inc., 1993.

[17] Frenk H, Roos K, Terlaky T and Zhang S. High Performance Optimization. Applied Optimization, 33, Springer, 1999.

[18] Gao D Y. Canonical dual transformation method and generalized triality theory in nonsmooth global optimization. J. Global Optimization, 2000, 17: 127–160.

[19] Gao D Y. Canonical duality theory and solutions to constrainted nonconvex quadratic programming. J. Global Optimization, 2004, 29: 377–399.

[20] Gao D Y, Ruan N and Sherali H D. Solutions and optimality criteria for nonconvex constrained global optimization problems with connections between canonical and Lagrangian duality. J. Global Optimization, 2009, 45: 473–497.

[21] Gao D Y and Strang G. Geometric nonlinearity: potential energy, complementary energy and the gap function. Quart. Appl. Math., 1989, 47(3): 487–504.

[22] Garey M R and Johnson D S. Computers and Intractability: A Guide to the Theory of NP-Completeness. W. H. Freeman and Company, 1979.

[23] Goemans M X and Williamson D P. Improved approximation algorithms for maximum cut and satisfyability problems using semidefinite programming. J. ACM, 1995, 42: 1115–1145.

[24] Grant M and Boyd S. CVX Users' Guide for CVX version 1.22. http://www.stanford.edu/~boyd/cvx, 2012.

[25] Guignard M. Generalized Kuhn-Tucker condition for mathematical programming problems in a Banach space. SIAM J. Control, 1969, 7(2): 232–241.

[26] Guo X, Chen D and Xing W. Effectiveness of redundant constraints in conic reformulation for 0-1 quadratic programming. Working paper, Tsinghua University, 2012.

[27] Hansen P, Jaumard B, Ruiz M and Xiong J. Global minimization of indefinite quadratic functions subject to box constraints. Naval Research Logistics, 1993, 40: 373–392.

[28] Hiriart-Urruty J B and Seeger A. A variational approach to copositive matrices. SIAM Review, 2010, 52(4): 593–629.

[29] 黄红选, 韩继业. 数学规划. 清华大学出版社, 2006.

[30] Jin Q. Quadratically Constrained Quadratic Programming Problems and Extensions. Ph. D. Dissertation, North Carolina State University, 2011.

[31] Jin Q, Fang S C and Xing W. On the global optimality of generalized trust region subproblems. Optimization, 2010, 59: 1139–1151.

[32] Jin Q, Tian Y, Deng Z, Fang S C and Xing W. Exact computable representation of some second-order cone constrained quadratic programming problems. J. Operations Research Society of China, 2013, 1: 107–134.

[33] Ju Y, Xing W, Lin C, Hu J and Wang F. Linear Algebra: Theory and Applications. CENGAGE Learning and Tsinghua University Press, 2010.

[34] Karmarkar N. A new polynomial-time algorithm for linear programming, Combina-

torica, 1984, 4: 373–395.

[35] Khachiyan L G. A polynomial algorithm in linear programming (in Russian). Doklady Akademii Nauk SSSR, 1979, 244: 1093–1097. (English translation: Soviet Mathematics Doklady 20: 191–194).

[36] Klee V and Minty G J. How good is the simplex algorithm?//Shisha O. Inequalities III (Proceedings of the Third Symposium on Inequalities held at the University of California, Los Angeles, Calif., September 1-9, 1969, dedicated to the memory of Theodore S. Motzkin). New York-London: Academic Press, 1972: 159–175.

[37] Kuhn H W and Tucker A W. Nonlinear programming. In Second Berkeley Symposium on Mathematical Statistics and Probability, 1951, 1: 481–492.

[38] Lasserre J B. Global optimization with polynomials and the problem of moments. SIAM J. Optimization, 2001, 11(3): 796–817.

[39] 路程. 非负二次函数锥规划: 理论与算法. 北京: 清华大学博士论文, 2011.

[40] Lu C, Fang S C, Jin Q, Wang Z and Xing W. KKT solution and conic relaxation for solving quadratically constrained quadratic programming problems. SIAM J. Optimization, 2011, 21: 1475–1490.

[41] Mangasarian O L and Fromovitz S. The Fritz John necessary optimality conditions in the presence of equality and inequality constraints. J. Mathematical Analysis and Applications, 1967, 17(1): 37–47.

[42] Markowitz H M. Portfolio selection. The Journal of Finance, 1952, 7(1): 77–91.

[43] Matsukawa Y and Yoshise A. A primal barrier function Phase I algorithm for nonsymmetric conic optimization problems. Japan J. Indust. Appl. Math., 2012, 29: 499–517.

[44] Motzkin T S and Straus E G. Maxima for graphs and a new proof of a theorem of Turán. Canadian J. Mathematics, 1965, 17: 533–540.

[45] Murty K G and Kabdai S N. Some NP-complete problems in quadratic and linear programming. Math. Programming, 1987, 39: 117–129.

[46] Nemirovski A S. Lectures on Modern Convex Optimization. Department of ISYE, Georgia Institute of Technology, 2005.

[47] Nemirovski A S and Yudin D B. Problem Complexity and Method Efficiency in Optimization. New York: Wiley-Interscience, 1983.

[48] Nemirovski A S. Advances in convex optimization: conic programming. Plenary Lecture in International Congress of Mathematicians, ICM2006, Madrid, 2006.

[49] Nesterov Y E and Nemirovski A S. Interior-Point Polynomial Algorithms in Convex Programming. Society for Industrial and Applied Mathematics, Philadelphia, 1994.

[50] Nesterov Y E and Todd M J. Self-scaled barriers and interior-point methods for convex programming. Mathematics of Operations Research, 1997, 22(1): 1–42.

[51] Nesterov Y E and Todd M J. Primal-dual interior-point methods for self-scaled cones. SIAM J. Optimization, 1998, 8(2): 324–364.

[52] Pardalos P M and Vavasis S A. Quadratic programming with one negative eigenvalue is NP-hard. J. Global Optimization, 1991, 1(1): 15–22.

[53] Rockafellar R T. Convex Analysis. Princeton University Press, 1972.

[54] Sahinidis N and Tawarmalani M. BARON 9.0.4: Global Optimization of Mixed-Integer Nonlinear Programs, 2010. http://archimedes.cheme.cmu.edu /baron /baron.html.

[55] Saigal R. Linear Programming: A Modern Integrated Analysis. Kluwer Academic Publishers, 1995.

[56] Sherali H D and Adams W P. A Reformulation-Linearization Technique for Solving Discrete and Continous Nonconvex Problems. Kluwer Academic Publishing, 1999.

[57] Shor N Z. Dual quadratic estimates in polynomial and Boolean programming. Annals of Operations Research, 1990, 25: 163–168.

[58] Slater M. Lagrange multipliers revisited. Cowles Foundation Discussion Papers 80, Cowles Foundation for Research in Economics, Yale University, 1959.

[59] Sturm J F and Zhang S. On cones of nonnegative quadratic functions. Mathematics of Operations Research, 2003, 28: 246–267.

[60] Tian Y, Deng Z, Fang S C and Xing W. Computable representation of the cone of nonnegative quadratic forms over a general second-order cone and its application to completely positive programming. J. Industrial and Management Optimization, 2013, 9(3): 701–719.

[61] Toh K, Tütüncü R and Todd M. On the implementation and usage of SDPT3–a Matlab software package for semidefinite-quadratic-linear programming, version 4.0. http://www.math.nus.edu.sg/ ~mattohkc/ sdpt3.html, July 2006.

[62] Vavasis S A. Nonlinear Optimization: Complexity Issues. New York: Oxford University Press, 1991.

[63] Wang Z, Fang S C, Gao D Y and Xing W. Global extremal conditions for multi-integer quadratic programming. J. Industrial and Management Optimization, 2008, 4(2): 213–225.

[64] Wang Z, Fang S C and Xing W. On constraint qualifications: Motivation, design and inter-relations. J. Industrial and Management Optimization, to appear, 2013.

[65] Wolkowicz H, Saigal R and Vandenberghe L. Handbook of Semidefinite Programming: Theory, Algorithms, and Applications. Springer, 2000.

[66] Xia Y, Sheu R L, Sun X and Li D. Tightening a copositive relaxation for standard quadratic optimization problems. Computational Optimization and Applications, 2013, 55: 379–398.

[67] Xing W, Fang S C, Sheu R L and Zhang L. Canonical dual solutions to quadratic optimization over one quadratic constraint. Working paper, Tsinghua University, 2010.

[68] Xing W, Fang S C, Sheu R L and Wang Z. A canonical dual approach for solving linearly constrained quadratic programs. European J. Operational Research, 2012,

218: 21–27.

[69] 邢文训, 谢金星. 现代优化计算方法 (第二版). 清华大学出版社, 2005.

[70] Yang S and Li X. Algorithms for determining the copositivity of a given symmetric matrix. Linear Algebra Appl., 2009, 430: 609–618.

[71] Ye Y. Linear Conic Programming, Manuscript. Stanford University, http://www. stanford.edu/class/msande314, 2004.

[72] Ye Y and Zhang S. New results on quadratic minimization. SIAM J. Optimization, 2003, 14: 245–267.

[73] Yakubovich V A. S-procedure in nonlinear control theory. Vestnik Leningrad Univ., 1971, 1: 62–77(in Russian).

[74] 袁亚湘. 非线性优化计算方法. 科学出版社, 2008.

[75] Zangwill W I. Nonlinear Programming: A Unified Approach. Prentice-Hall, 1969.

[76] Zheng X, Sun X and Li D. Convex relaxations for nonconvex quadratically constrained quadratic programming: Matrix cone decomposition and polyhedral approximation. Math. Programming, Ser. B, 2011, 129: 301–329.

[77] Zhou J, Chen D, Wang Z and Xing W. A conic approximation method for the 0-1 quadratic knapsack problem. J. Industrial and Management Optimization, 2013, 9(3): 531–547.

[78] http://sedumi.ie.lehigh.edu.

索 引

凹函数 (concave function), 40

半定规划 (semi-definite programming), 1, 112, 251
半定规划松弛 (SDP relaxation), 120
半空间 (half space), 20
半无限规划 (semi-infinite programming), 79
半序 (partial order), 34
半正定 (positive semi-definite), 11
半正定锥 (positive semi-definite cone), 31
闭包 (closure), 18
闭集 (closed set), 18
边界 (boundary), 18
标准二次规划 (standard quadratic programming), 218
标准精度 (standard tolerance), 259
冰淇淋锥 (ice cream cone), 31
不确定的线性动力系统 (uncertain dynamical linear system), 118

长步算法 (long-step algorithm), 141
超平面 (hyperplane), 20
传递性 (transitivity), 34
次梯度 (subgradient), 44

单纯形 (simplex), 219
笛卡儿积 (Cartesian product), 4, 9
点到集合距离 (distance between a point and a set), 21
短步算法 (short-step algorithm), 141

对偶集 (dual set), 35
对偶内点算法 (dual interior-point method), 127
对数近似 (logarithm approximation), 226
多胞形 (polytope), 29
多面体 (polyhedron), 29
多面体的维数 (dimension of polyhedron), 29
多项式的平方和 (sum of squares), 234
多项式时间可计算 (polynomially computable), 55
多项式时间算法 (polynomial time algorithm), 17, 53

二次规划 (quadratic programming), 143
二次函数锥 (cone of quadratic functions), 7, 142
二次函数锥规划 (conic programming over cones of nonnegative quadratic functions), 1, 142, 145, 149
二次函数锥规划 (英文简称)(quadratic-function cone programming, QFCP), 142
二次约束二次规划 (quadratically constrained quadratic programming), 121, 142
二阶锥 (second-order cone), 31, 212
二阶锥规划 (second-order cone programming), 1, 99, 249
二阶锥可表示函数 (second-order cone representable function), 107

二阶锥可表示集合 (second-order cone representable set), 107

二阶最优性条件 (second order optimality condition), 64

反对称性 (antisymmetry), 34

范数 (norm), 12

仿射空间 (affine space), 11

仿射空间位移法 (displacement for an affine space), 24

仿射线性无关 (affine linearly independent), 11

仿射组合 (affine combination), 11

非负多项式 (nonnegative polynomial), 234

非负二次函数锥 (cone of nonnegative quadratic functions), 142, 144

非负二次函数锥规划 (conic programming over the cone of nonnegative quadratic functions), 142

非平凡支撑超平面 (non-trivial supporting hyperplane), 29

分离 (separation), 20

共轭对偶 (conjugate dual), 57, 79, 81

共轭函数 (conjugate function), 46

广义 Lagrange 对偶 (extended Lagrangian dual), 77

胡克定律 (Hooke's law), 225

互补松弛条件 (complementary slackness condition), 63

迹 (trace), 12

积极约束集 (active constraint set), 61, 143

尖锥 (pointed cone), 30

近似比 (approximation ratio), 53

局部极小解 (local minimizer), 58

局部约束方向集 (set of locally constrained directions), 61

局部最优解 (local optimizer), 58

矩阵的秩 (rank of matrix), 11

开集 (open set), 18

可达 (attainable), 58

可达方向集 (set of attainable directions), 68

可达方向约束规范 (attainable direction constraint qualification), 70

可计算 (computable), 55

可计算性问题 (computable problem), 52

可计算锥 (computable cone), 158

可加性 (additivity), 34

可解问题 (solvable problem), 58

可行方向 (feasible direction), 60

可行方向约束规范 (feasible direction constraint qualification), 70

可行集覆盖法 (feasible set covering), 175

可行问题 (feasible problem), 58

连续函数 (continuous function), 39

连续可微 (continuously differentiable), 39

列生成空间 (range of A), 12

邻域 (neighborhood), 18

零空间 (null space), 12

鲁棒投资管理 (robust portfolio management), 232

鲁棒凸二次约束二次规划 (robust convex quadratically constrained quadratic programming), 237

鲁棒线性规划 (robust linear programming), 111, 236

鲁棒优化 (robust optimization), 235

路径追踪 (path following), 127

内部精度 (solver tolerance), 259

内点 (interior point), 18

内点方向集 (set of interior directions), 68

内点算法 (interior-point method), 127

内积 (inner product), 12

牛顿法 (Newton method), 127

牛顿方向 (Newton direction), 133

欧氏空间 (Euclidean space), 13

启发式算法 (heuristic algorithms), 53

强对偶 (strong duality), 75

切方向集 (set of tangent directions), 66

全局最小解 (global minimizer), 58

全局最优解 (global optimizer), 58

全局最优性条件 (global optimality condition), 163

全正锥 (completely positive cone), 173, 212

容忍精度 (reduced tolerance), 259

冗余约束 (redundant constraint), 175, 188

弱对偶 (weak duality), 75

上方图 (epigraph), 40

实锥 (solid cone), 30

双曲线 (hyperbola), 110

松弛锥 (relaxation cone), 159

松弛锥规划 (relaxation conic programming), 192

随机近似方法 (randomized approximation approach), 125

梯度 (gradient), 39

投资管理 (portfolio management), 230

凸包 (convex hull), 21

凸包函数 (convex hull function), 40

凸二次约束二次规划 (convex quadratically constrained quadratic programming), 110

凸函数 (convex function), 40

凸集 (convex set), 21

凸优化规则 (disciplined convex programming), 254

凸组合 (convex combination), 11

维数 (dimension), 11

无约束优化问题 (unconstrained optimization problem), 58

误差精度 (tolerance), 259

下水平集 (lower level set), 107

下有界 (bounded below), 58

线性尺度变换 (linear scaling), 134

线性独立约束规范 (linearly independent constraint qualification, LICQ), 69

线性方程组的近似解 (approximate solution of linear equations), 225

线性规划 (linear programming), 1, 248

线性化重构技术 (reformulation linearization technique, RLT), 175, 176, 194

线性矩阵不等式 (linear matrix inequality, LMI), 118, 175, 176

线性无关 (linearly independent), 11

线性约束二次规划 (linearly constrained quadratic programming), 143

线性锥优化 (linear conic programming), 1, 89

限定锥 (restriction cone), 159

限定锥规划 (restriction conic programming), 159

相对内点 (relative interior), 19

相关阵满足性问题 (correlation matrix satisfying problem), 4

箱约束二次规划 (box-constrained quadratic programming), 208, 218

协正规划 (copositive programming), 173, 216

协正锥 (copositive cone), 142, 173, 212, 238

严格局部 (全局) 最优解 (strictly local/global optimizer), 58

严格可行解条件 (strictly feasible solution condition), 191

一阶最优性条件 (first order optimality condition), 64

一致性, 同次性 (homogeneity), 34

有效冗余约束 (valid redundant constraint), 190

有效约束 (valid constraint), 188

有序向量空间 (ordered vector space), 34

预测修正法 (predictor-corrector algorithm), 141

原–对偶内点算法 (primal-dual interior-point method), 127

原始内点算法 (primal interior-point method), 127

原问题 (primal problem), 74

约束规范 (constraint qualification), 63, 67

障碍函数 (barrier function), 127

真分离 (proper separation), 20

真凸函数 (proper convex function), 40

真锥 (proper cone), 30

正定 (positive definite), 11

正则对偶 (canonical duality), 97

秩一分解 (rank-one decomposition), 16, 122

中心路径 (central path), 127

锥 (cone), 30

锥包 (conic hull), 30

锥组合 (conic combination), 30

自尺度 (self-scaled), 141, 158

自对偶嵌入 (self-dual embedding), 141

自反性 (reflexivity), 34

最大割 (max-cut), 5, 125

最大团 (maximum clique), 143

最敏感点 (the most sensitive point), 207

最敏感椭球 (the most sensitive ellipsoid), 207

最小二乘方法 (least square method), 226

最优性矩阵 (optimality matrix), 162

最优性条件 (system of optimality conditions), 127

l_∞ 范数 (l_∞-norm), 226

l_1 范数 (l_1-norm), 226

0-1 二次规划 (0-1 quadratic programming), 178, 194, 218, 223

Abadie 约束规范 (Abadie's constraint qualification), 70

Cottle 约束规范 (Cottle's constraint qualification), 70

Fenchel(或称共轭) 不等式 (Fenchel's inequality/conjugate inequality), 47

FPTAS(fully polynomial time approximation scheme), 54

Frobenius 范数 (Frobenius norm), 13

Guignard 约束规范 (Guignard's constraint qualification), 70

Karush-Kuhn-Tucker 条件 (Karush-Kuhn-Tucker condition), 63

Kuhn-Tucker 约束规范 (Kuhn-Tucker's
　　constraint qualification), 70
Lagrange 乘子 (Lagrangian multiplier),
　　64, 74
Lagrange 对偶 (Lagrangian dual), 57
Lagrange 函数 (Lagrangian function),
　　6, 74
Lagrange 对偶问题 (Lagrangian dual
　　problem), 74
Lorentz 锥 (Lorentz cone), 31
Lyapunov 二次函数 (Lyapunov's
　　quadratic function), 119

Mangasarian-Fromovitz 约束规范

(Mangasarian-Fromovitz's
　　constraint qualification), 73
PTAS (polynomial time approximation
　　scheme), 54

Slater 约束规范 (Slater's constraint
　　qualification), 69

Taylor 公式 (Taylor Formula), 40
Torricelli 点 (Torricelli point), 3

Zangwill 约束规范 (Zangwill's constraint
　　qualification), 70

《运筹与管理科学丛书》已出版书目

1. 非线性优化计算方法　袁亚湘　著　2008 年 2 月

2. 博弈论与非线性分析　俞　建　著　2008 年 2 月

3. 蚁群优化算法　马良等　著　2008 年 2 月

4. 组合预测方法有效性理论及其应用　陈华友　著　2008 年 2 月

5. 非光滑优化　高　岩　著　2008 年 4 月

6. 离散时间排队论　田乃硕　徐秀丽　马占友　著　2008 年 6 月

7. 动态合作博弈　高红伟　〔俄〕彼得罗相　著　2009 年 3 月

8. 锥约束优化——最优性理论与增广 Lagrange 方法　张立卫　著　2010 年 1 月

9. Kernel Function-based Interior-point Algorithms for Conic Optimization　Yanqin Bai
   著　2010 年 7 月

10. 整数规划　孙小玲　李　端　著　2010 年 11 月

11. 竞争与合作数学模型及供应链管理　葛泽慧　孟志青　胡奇英　著　2011 年 6 月

12. 线性规划计算(上)　潘平奇　著　2012 年 4 月

13. 线性规划计算(下)　潘平奇　著　2012 年 5 月

14. 设施选址问题的近似算法　徐大川　张家伟　著　2013 年 1 月

15. 模糊优化方法与应用　刘彦奎　陈艳菊　刘　颖　秦　蕊　著　2013 年 3 月

16. 变分分析与优化　张立卫　吴　佳　张　艺　著　2013 年 6 月

17. 线性锥优化　方述诚　邢文训　著　2013 年 8 月